中华伦理
源远流长
承方古碧
泽社万方

羅国杰

时年九十有六
丙戌友

《中华伦理范畴丛书》总序

张立文

"内修则外理，形端则影直"。由山东曲阜孔子研究院发起编纂《中华伦理范畴》丛书，准备从中华民族传统伦理道德中撷取60个重要德目，并对每个德目自甲骨金文以至现代进行全面系统研究，以凸显其文本之梳理，明演变之理路，辑现代之意义，立德者之诠释的价值。撰写者探赜索隐，钩深致远，编纂者孜孜矻矻，兀兀穷年，为弘扬中华伦理精神和道德建设做出了贡献。

一

何谓伦理？何谓道德？讲中华伦理不能不明乎此。从词源涵义来看，伦的本义是辈、类的意思。《说文》："伦，辈也。从人，侖声。一曰道也。"段玉裁注："伦，引申之谓'同类之次曰辈'。"《礼记·曲礼下》："儗人必于其伦。"郑玄注："伦，犹类也。"理的本意是条理，引申为道理。《说文》："理，治玉也。从玉，里声。"《说文解字系传校勘记》引徐锴说："物之脉理惟玉最密，故从玉。"理的本义是指玉、石的纹理。工匠依玉石的固有纹理，加以剖析雕琢，便是治玉，或曰理玉。天有天理，地有地理，人有人理，社会有条理，人事有事理，各有其理，便引申为原理。伦理的义蕴便是指事物的道理。《礼记·乐记》："乐者通伦理者也。"郑玄注："伦犹类也，理分也。"[①] 即为伦

《中华伦理范畴》丛书编委会

主　任：傅永聚
副主任：孙文亮　张洪海
编　委：成积春　陈　东　马士远　任怀国　修建军
　　　　曹　莉　王东波　李　建　王幕东　周海生
　　　　滕新才　曾　超　曾　毅　曾振宇　傅礼白
　　　　仝晰纲　查昌国　于云翰　张　涛　项永琴
　　　　李玉洁　任亮直　柴洪全　董　伟　孔繁岭
　　　　陈新钢　李秀英　郑治文　刘厚琴　李绍强
　　　　张亚宁　陈紫天　刘　智　朱爱军　赵东玉
　　　　李健胜　冀运鲁　邱仁富　齐金江　王汉苗
　　　　王　苏　张　淼　刘振佳　冯宗国　孔德立
　　　　刘　伟　孔祥安　魏衍华　王淑琴　王曰美
　　　　何爱霞　李方安　孙俊才　张生珍　赵　华
　　　　赵溢阳　张纹华
总　编：傅永聚　韩钟文　曾振宇
副总编：胡钦晓　成积春　陈　东

第二函主编：傅永聚　成积春　齐金江

国家社会科学基金项目

《中华伦理智慧与当代心态伦理研究》(07BZX048)

结题成果之一

图书在版编目(CIP)数据

中华伦理范畴丛书. 第2函 / 傅永聚等主编. —北京：中国社会科学出版社，2012.12
ISBN 978-7-5161-0803-1

Ⅰ.①中… Ⅱ.①傅… Ⅲ.①伦理学—研究—中国
Ⅳ.①B82-092

中国版本图书馆CIP数据核字(2012)第079380号

出 版 人	赵剑英
责任编辑	冯春凤
责任校对	林福国等
责任印制	王炳图

出　　版	中国社会科学出版社
社　　址	北京鼓楼西大街甲158号（邮编100720）
网　　址	http://www.csspw.cn
	中文域名：中国社科网　010-64070619
发 行 部	010-84083685
门 市 部	010-84029450
经　　销	新华书店及其他书店
印　　刷	北京华联印刷有限公司
装　　订	北京华联印刷有限公司
版　　次	2012年12月第1版
印　　次	2012年12月第1次印刷
开　　本	880×1230　1/32
总 印 张	130.125
插　　页	2
总 字 数	3336千字
总 定 价	390.00元（全九册）

凡购买中国社会科学出版社图书，如有质量问题请与本社联系调换
电话：010-64009791
版权所有　侵权必究

乐

刘厚琴

中国社会科学出版社

《中华伦理范畴》丛书总序

张立文

"内修则外理,形端则影直。"由山东曲阜孔子研究院发起编纂《中华伦理范畴》丛书,准备从中华民族传统伦理道德中撷取60个重要德目,并对每个德目自甲骨金文以至现代,进行全面系统研究,以凸显集文本之梳理、明演变之理路、辨现代之意义、立撰者之诠释的价值。撰写者探赜索隐,钩深致远,编纂者孜孜矻矻,兀兀穷年,为弘扬中华伦理精神和道德建设作出了贡献。

一

何谓伦理?何谓道德?讲中华伦理不能不明乎此。从词源涵义来看,伦的本义是辈、类的意思。《说文》:"伦,辈也。从人,仑声。一曰道也。"段玉裁注:伦,引申之谓"同类之次曰辈"。《礼记·曲礼下》:"儗人必于其伦。"郑玄注:"伦,犹类也。"理的本义是条理,引申为道理。《说文》:"理,治玉也。从玉,里声。"《说文解字系传校勘记》引徐错说:"物之脉理唯玉最密,故从玉。"理的本义是指玉、石的纹理。工匠依玉石的固有纹理,加以剖析雕琢,便是治玉,或曰理玉。天有天理,地有地理,人有人理,社会有条理,人事有事理,各有其理,便引申为原理。伦理的义蕴便是指人、事、物的道理。《礼记·乐记》："乐者通伦理者也。"郑玄注："伦犹类也，理分也。"① 即为伦类理分。

在一般意义上，伦理与道德紧密联系，伦理以道德为自己的研究对象，道德通过伦理而呈现，道的初义是指道路，《说文》："道，所行道也……一达谓之道。"道是人所经行的通达一定目的地的道路。道既是主体实存的人行走出来的，也是指引主体实存要到达一定地方而不发生偏差的必经之路，由此而引申为一种必然趋势，或人们必须遵守的原则和原理；道有起点和终点，其间有一定距离的路程，而引申为事物变化运动的过程。道的这种隐然的可被引申的可能性，随着人们在社会实践中对主体和客体体认的加深，道的隐然的内涵亦渐渐显示出来，而成为中华民族哲学思想的最重要的范畴。

道无见于甲骨文而见于金文，德有见于甲骨。② 金文《毛公鼎》在甲骨文"䘖"（郭沫若：《殷契粹编》八六四，1937 年拓本）的基础上加"心"字，作"悳"。假如说甲骨文德意蕴着循行而前视，或行走而上视，那么，金文德字意味着人对自身行为和视觉认知的深入，譬如视什么？如何走？到那里？都与能想能思的心相联系，古人以心为五官之君，受心的支配，故演为《毛公鼎》的字形，于是《秦公钟》便作"惪"，即为德字；又舍"彳"，《侯马盟书》作"悳"，《令孤君壶》作"悳"，"惪"或"悳"字，即古之德字。由"德"与"惪"的分别，《说文》训德为"升"，属彳部。段玉裁《说文解字注》："升当作登。《辵部》曰：'迁，登也。'此当同之……今俗谓用力徙前曰德，古语也。"又《说

---

① 《乐记》，《礼记正义》卷 37，《十三经注疏》，中华书局 1980 年版，第 1528 页。
② 参见拙著《和合学概论——21 世纪文化战略的构想》，首都师范大学出版社 1996 年版，第 684 页。

文·心部》训"悳，外得于人，内得于己也。从直从心。"德与悳同。《礼记·曲礼上》："道德仁义，非礼不成。"《韩非子·五蠹》："上古竞于道德，中世出于智谋，当今争于气力。"既有通物得理之意，又有协调人间修德的竞争之意。

追究伦理道德之词源含义，是为了明伦理道德意义之真。然由于时代的差异，价值观念的不同，各理解者、诠释者见仁见智，各说齐陈。或谓道德是指"人类现实生活中由经济关系所决定，用善恶标准去评价，依靠社会舆论、内心信念和传统习惯来维持的一类社会现象"①；或谓"道德是行为原则及其具体运用的总称"②；或谓"道德则就个人体现伦理规范的主体与精神意义而言"，"道德则重个人意志的选择"，"道德可视为社会伦理的个体化与人格化"③；或谓道德是"一种社会意识形式，是规定人们的共同生活和行为、调整人际之间和个人与社会之间的关系的原则、规范的总和"④。各人依据自己的体认，而有其合理性和时代的需要，但都就人与人、人与社会的关系来规定道德的内涵。

就伦理而言，或谓伦理是表示有关道德的理论，伦理学是以道德作为自己的研究对象的科学。⑤ 或谓"伦理学（ethǒs）是哲学的一个分支。它研究什么是道德上的善与恶、是与非。伦理学的同义语是道德哲学。它的任务是分析、评价并发展规范的道德标准，以处理各种道德问题"⑥；或谓伦理就人类社会中人际关

---

① 罗国杰主编《伦理学》，人民出版社1989年版，第7页。
② 张岱年：《中国伦理思想研究》，上海人民出版社1989年版，第3页。
③ 成中英：《中国伦理精神的历史建构序》，江苏人民出版社1992年版，第2页。
④ 黄楠森、夏甄陶主编《人学词典》，中国国际广播出版社1990年版，第423页。
⑤ 罗国杰主编《伦理学》，人民出版社1989年版，第4页。
⑥ 《简明不列颠百科全书》第五卷，中国大百科全书出版社1986年版，第456页。

系的内在秩序而言，它侧重社会秩序的规范，可视为个体道德的社会化与共识化；① 或谓伦理学是哲学的一个分支学科，即关于道德的科学。伦理是中国古代用以概括人与人之间的道德原则和规范的。② 这些规定涉及社会秩序的规范和人与人之间的道德原则，以及善与恶、是与非的道德标准等问题，有其合理性；又以伦理学是哲学的分支学科，乃是根据学科分类来规定，它不属于伦理学内涵的表述。

现代西方伦理学，学派纷呈。如胡塞尔、舍勒、哈特曼的现象学价值伦理学；海德格尔、萨特的存在主义伦理学；弗洛伊德的精神分析伦理学；詹姆士、杜威的实用主义伦理学；鲍恩、弗留耶林、布莱特曼、霍金的人格主义伦理学；马里坦的新托马斯主义伦理学；弗罗姆的人道主义伦理学；弗莱彻尔的境遇伦理学；斯金纳的行为技术伦理学；马斯洛的自我实现伦理学。③ 就伦理学的方法而言，自英国亨利·西季威克1874年出版《伦理学方法》以来，它作为确证和建构伦理精神的价值合理性方法，说明伦理精神价值合理性方法的核心是价值选择和主体行为的程序合理性，是人们据以确定"应当"做什么或什么为"正当"的合理程序。西季威克所阐述的"自我本位"的价值合理性方法曾是英语世界中影响最大的道德哲学文献。然而，马克斯·韦伯《新教伦理与资本主义精神》的出版，却为确证伦理精神的价值合理性提供一种超越西季威克的新视野、新方法。韦伯认为，确证伦理精神价值合理性的标准和方法，是伦理与经济、社会发展的关系，以及主体所遵循的普遍的行为准则。这样便转西

---

① 成中英：《中国伦理精神的历史建构序》，江苏人民出版社1992年版，第2页。
② 《中国大百科全书·哲学卷》，中国大百科全书出版社1987年版，第515页。
③ 参见万俊人《现代西方伦理学史》，北京大学出版社1992年版。

季威克式行为的目的或效果的合理性为韦伯式的主体所遵循的行为准则的普遍性及其合理性,即转"伦理本位"为"关系本位"。被称为第二次世界大战后伦理学、政治哲学领域中最重要的理论著作的约翰·罗尔斯的《正义论》,他要在伦理与政治、伦理与经济等关系中建构"正义",作为社会的共同准则的普遍价值合理性。由于规则的普遍性与合理性,都必须在"关系"中确立,使罗尔斯陷入了两难;他在价值合理性的确证上超越了自我本位的抽象,却陷入了关系本位的抽象;他追求某种现实的具体,却陷入历史的抽象。这种"关系抽象",也是现代西方伦理学的价值方法内在的局限。针对这种局限,阿拉斯戴尔·麦金太尔诘难:"谁之正义?何种合理性?"麦金太尔认为,在历史传统和现实生活中,存在多种对立的正义和互竞的合理性,正义和合理性是一个历史的概念,没有超越一定历史传统的正义和共同体的普遍价值。伦理价值及其合理性,关键是主体的道德品质(美德),否则一定价值都不能成为行为准则。麦金太尔认为,罗尔斯的正义论缺乏人格或品质的解释力,传统的多样性使正义和价值合理性也具有多样性。尽管麦氏试图解构罗氏以正义为一种伦理价值的普遍性和合理性,即现实的合理性,而寻求真正的合理性,但麦氏自己却从罗氏的现实的"关系抽象"走入了历史的"关系抽象",最后回归亚里士多德以"美德"确证价值的合理性和现实性。[①]

21世纪的伦理学和伦理精神的价值合理性,应度越人类本位主义的存在主义的、精神分析的、实用主义的、人格主义的、新托马斯主义的、人道主义的、行为技术的、自我实现的伦理学,这种伦理学是在人类中心主义的观照下,把人与政治、经济、宗

---

① 参见樊浩《伦理精神的价值生态》,中国社会科学出版社2001年版,第2—7页。

教、人际的关系合理性作为伦理精神价值；也要度越伦理精神的价值合理性的利己主义、直觉主义、功利主义的"自我本位"，以及"关系本位"的伦理学方法。之所以要度越，是因为其"天地万物与吾一体"的观念的缺失，是"天地之塞，吾其体；天地之帅，吾其性。民吾同胞，物吾与也"① 伦理价值合理性的丧失，而要建构"天人和合"，"天人共和乐"的伦理精神的价值合理性。

笔者曾在《和合学概论——21世纪文化战略的构想》一书中，提出道德和合与和合伦理学，便是企图弥补这些缺失，建构自然、社会、人际、心灵、文明间融突的和合伦理精神的价值合理性。在道德和合与和合伦理学的视阈中，道德不仅是人与人、人与社会、人的心灵及文明间关系伦理精神原则和行为规范，而且是人与宇宙自然间关系的伦理精神原则和行为规范。基于此，笔者规定道德是指协调、和谐人与自然、人与社会、人与人、人的心灵、不同文明间融突而和合的总和。

道德与伦理，两者不离不杂。伦理是指人与自然、人与社会、人与人、人的心灵、各文明间关系的伦辈差分中而成的次序和谐的道理、理则价值的合理性的和合。如孟子说："人吃饱了，穿暖了，住得安逸了，如果没有教育，就与禽兽差不多。"圣人为此而忧虑，便派契做司徒的官，来管理教育，用人之所以为人的伦理价值合理性和行为规范来教化人民。"教以人伦：父子有亲，君臣有义，夫妇有别，长幼有序，朋友有信。"② 父子、君臣、夫妇、长幼、朋友的辈分及其之间的差分，这便是伦辈或"名分"；亲、义、别、序、信，这就是伦辈之间关系的理则、道理或规范，它体现了伦理关系及其行为的价值合理性和中华民族的伦理精神。

---

① 《正蒙·乾称篇》，《张载集》，中华书局1978年版，第62页。
② 《滕文公上》，《孟子集注》卷五，世界书局1936年版，第39页。

二

中华民族伦理精神的价值合理性的合理性，就在于与时偕行的社会历史发展中，以其伦理精神价值的具体合理性适应现实社会的伦理道德的需要。现实应然需要的，就是合理的；但合理的，不一定就是现实需要的。中华伦理精神的价值合理性是在现实社会不断发展中不断丰富完善的。

（一）道废与伦理

伦理道德是现实社会政治、经济、文化精神之本，本立则道生；现实社会政治、经济、文化精神废，即断裂，则"道"亦废。由于其道废，使社会政治、经济、文化破缺和动乱，社会失序、政治失衡、伦理失理、道德失德，便要求建设伦理精神和行为规范。老子说："大道废，有仁义。""六亲不和，有孝慈，国家昏乱，有忠臣。"[①] 大道被废弃，才有仁义道德的建构；父子、兄弟、夫妇的不和睦，才要求孝慈道德的建构；国家陷于动乱，就需要有忠臣的道德。这里仁义、孝慈、忠是为了化解大道废、六亲不和、国家昏乱的道德伦理缺失和紧张的需要，这种需要是伦理精神的价值合理性应有之义。所以老子表述为"失道而后德，失德而后仁，失仁而后义，失义而后礼"[②]。这个失道、失德、失仁、失义的次序，不一定合理，但由其缺失而需要弥补、重建，这是与价值合理性相符合的。

孔老时处"礼崩乐坏"的时代，社会无序，伦理错位，臣弑其君，子弑其父，重利轻义。孔子对于这种违反伦理道德和礼

---

① 《老子》第18章。
② 《老子》第38章。

乐典章的事件，非常气愤：是可忍，孰不可忍！他要求做君主的要像君主的样子，做臣子的要像做臣子样子，做父亲的要像做父亲的样子，做儿子的要像做儿子的样子。这就是说君君、臣臣、父父、子子，各行其道，各尽其责，各安其位，各守其礼，这便是其伦辈名分的价值合理性。孔子对于传统伦理道德的破坏、断裂，既表示了强烈的不满，又显示了严重的忧患。作为当时维护国家秩序的典章制度的礼乐，既是社会伦理精神的体现，亦是人们行为规范。鲁大夫季孙氏僭用天子的礼乐。按当时的规定奏乐舞蹈，天子为八佾64人，诸侯六佾48人，大夫四佾32人（佾，朱熹注："舞列也，天子八，诸侯六，大夫四，士二。每佾人数，如其佾数，或曰每佾八人，未详孰是。"一是每佾人数与佾数相等；二是每佾人数固定为八人，不受佾数而变化。现一般采用后说，并以服虔《左传解谊》："天子八人，诸侯六八，大夫四八，士二八"为是）。季氏作为大夫只能用四佾，而他"八佾舞于庭"，是严重违制的行为。同时仲孙、叔孙、季孙三家，在祭祀祖先时僭用天子的礼，唱着只有天子祭祀时才能唱的《雍》这篇诗来撤除祭品。这是违反伦理精神和行为规范的非合理性的活动，孔子对此持严肃的批判态度，而试图重建伦理精神和道德价值的合理性。为此，孔子重视"正名"，他在回答子路治国以什么为先时说，要以纠正名分上的不合理为先，这是因为"名不正，则言不顺；言不顺，则事不成；事不成；则礼乐不兴；礼乐不兴，则刑罚不中；刑罚不中，则民无所措手足"[①]。名分上的不合理性就是指当时"礼崩乐坏"的季氏八佾舞于庭、觚不觚、君臣父子等违戾礼乐价值的不合理性的行为活动，这就造成了言语不顺理、事业不成功、礼乐不兴盛、刑罚不得当、人民的手足无所措的情境，社会就不会和谐安定。

---

① 《子路》，《论语集注》卷七，世界书局1936年版，第54页。

(二) 治心与治身

老子、孔子用正、负不同的方面批判"礼崩乐坏"的典章制度和伦理道德的价值不合理性，并从不同方面试图建构伦理精神和行为规范的价值合理性。尽管他们各自作出了努力和贡献，但无能为力作出超越时代情势的改变，因而当时收效甚微。然而随着时代的发展，孔子儒家的伦理精神和行为规范逐渐显现其价值的合理性。

就德礼教化与法律刑政而言，孔子做了一个诠释："子曰：道之以政，齐之以刑，民免而无耻；道之以德，齐之以礼，有耻且格"①。"道"作"导"，引导；政指法制禁令；礼指制度品节。《礼记·缁衣篇》载，子曰："夫民，教之以德，齐之以礼，则民有格心；教之以政，齐之以刑，则民有遁心。"管理国家和人民，以政法来引导，用刑罚来齐一，人民只是避免罪恶，而没有廉耻心；用道德来教导，以礼乐来齐一，人民不但有廉耻心，而且人心归服。"为政以德，譬如北辰，居其所而众星共之。"②以道德来管理国政，就好像北斗星一样，众星都围绕着它，归顺它。意谓用道德价值力量来感化人民，而不用繁刑重罚，人民自然归顺。

政刑是外在法制禁令和刑罚，属于他律，是对于人民违犯法制禁令行为的处理，刑罚加诸身，要受皮肉之苦，人们不再受牢狱之苦而逃避犯罪，可能起到治身的功效，但不能治心，没有道德的廉耻心，就没有道德礼教的自觉，还可能重新犯罪或作出违反典章制度、伦理道德的事。德礼的教化和引导，是培养人民道德操行品节的自觉性，使其自觉向善，自然不会作出触犯法制禁

---

① 《为政》，《论语集注》卷一，世界书局1936年版，第4—5页。
② 同上。

令和违戾礼乐制度的行为,自觉做到非礼勿视,非礼勿听,非礼勿言,非礼勿动,便能"克己复礼为仁"[①]。克制自己,使自己的视听言动都符合礼,就是仁。克制自己就属于自律,自律依靠道德自觉,而不靠他律法制禁令;克制自己是治心,树立善的道德伦理价值观,法制禁令只能治身,治身并不能辨别善恶是非,而不能不作出违反礼乐的行为;治心是治内,心是视听言动行为活动的支配者,有仁爱之心,有"己所不欲,勿施于人"的善心,这是根本、大本。治身是治外,外受制于内,所以治身相对治心而言是枝叶,根深叶茂,根固枝壮。这就是为什么需要培育伦理精神、行为规范的价值合理性的所在。

(三)民族与世界

在当前经济全球化,技术一体化、网络普及化的情境下,西方强势文化以各种形式、无孔不入地横扫全球,东方及其他地区在西方强势文化的冲击下,逐渐被边缘化,乃至丧失了本民族传统文字语言,一些国家、民族在实行言语文字改革的旗号下,走向西化,造成本民族传统文化的断裂,年青一代根本看不懂本国、本民族古代语言文字、经典文本、史事记载。一个民族、国家的思想灵魂的载体,民族精神的传承,自立的根本,是与这个国家、民族的固有传统文化分不开的。民族传统文化载体的丧失和断裂,随之而来的是这个民族的民族精神和民族之魂的沦丧,民族之根的枯萎。一个无根的民族,无民族精神的民族,无民族之魂的民族,只能成为强势民族的附庸,其民族精神、民族之魂也会被强势民族精神、民族之魂所代替。从世界多元文化而言,这种趋势的持续,是可悲的。

一个无文化之根的民族,其价值观念、伦理道德、思维方

---

① 《颜渊》,《论语集注》卷六,世界书局1936年版,第49页。

式，乃至风俗习惯（包括传统节日）都可能被强势文化的价值观念、伦理道德、思维方式、风俗习惯所代替。当下所说的与世界接轨，实乃与西方强势文化接轨，这种接轨的结果，若按西方二元对立的思维定势来观照，必然导致非此即彼、你死我活的格局，强势文化要吃掉、消灭弱势文化，名之曰生存竞争，适者生存，为其强食弱肉的合理性作论证。民族精神、民族之魂，是这个民族之所以成为这个民族的根本标志，是这个民族主体性的凸显。世界是多元的，民族文化是多彩的。在世界文化的百花园中，多元民族文化竞放异彩，构成了绚丽多姿、生气盎然境域。这就是说，各民族文化思想、价值观念、伦理道德、思维方式、风俗习惯都是世界百花园中的一员或一份子，尽管当前有大小、强弱、盛衰之别，但应该互相尊重、谅解、友好、帮助，做到和生和长、和立和达。假如世界文化百花园中只有一花独放，只有一种文化思想、价值观念、伦理道德、思维方式、风俗习惯，那么，这个世界就是"声一无听，色一无文，味一无果，物一不讲"① 的世界，不仅是可悲的，而且必走向毁灭。从这个意义上说，民族的即是合理的，多元的即是合法的。换言之，民族的即是世界的，世界的即是民族的，若无民族的也即无世界的。这就是民族精神和行为规范的价值合理性。

（四）传统与现代

自近代以降，西方列强疯狂地、卑鄙地侵略中华民族。中华民族出于人道主义的要求而抵制鸦片毒品贸易，西方列强竟然发动鸦片战争，中国被迫签订丧权辱国的不平等条约。此后各西方列强纷纷发动侵略战争，迫使清政府签订一个又一个丧权辱国的不平等条约，这就极大地刺痛中华民族，一批具有"国家兴亡，

---

① 《郑语》，《国语集解》卷十六，北京，中华书局2002年版，第472页。

匹夫有责"的使命感和担当感的有识之士,为救国救民,由君主立宪的变法而转为推翻君主专制的革命,他们的思想武器既有"中体西用"的,也有"西体中用"的。到了五四运动,他们在西方科学和民主的旗帜下,提出了"打倒孔家店"和"文学革命"、"道德革命"的口号,激烈地批判和打倒孔子和传统文化,这样便掀起了古今、中西、新旧之辩,实即传统与现代的论争。

陈独秀以非此即彼、二元对立的思维,提出:"要拥护那德先生,便不得不反对孔教、礼法、贞节、旧伦理、旧政治;要拥护那赛先生,就不得不反对旧艺术、旧宗教;要拥护德先生又要拥护赛先生,便不得不反对国粹和旧文学。"① 在左拥护、右拥护西方科学和民主的同时,便已承诺了西方科学和民主伦理精神和行为规范的价值合理性和合法性,否定了中华民族传统文化思想、伦理道德、文学艺术、政治礼法的价值合理性。在西方科学和民主的热潮中,中华民族的传统文化,特别是儒学面临着情感化的无情的打倒和批判。鲁迅在《狂人日记》中说:我翻开历史一查,"每页上都写着'仁义道德'几个字。我横竖睡不着,仔细看了半夜,才从字缝里看出字来,满本都写着两个字是'吃人'!"为此,打"孔家店"的老英雄吴虞便说:"孔二先生的礼教讲到极点,就非杀人吃人不成功,真是惨酷极了!一部历史里面,讲道德说仁义的人,时机一到,他就直接间接的都会吃起人肉来了。"② 中华民族传统的"仁义道德",不仅不具有价值合理性,而且是杀人吃人的"软刀子"和凶手!

在这种情境下,人们不可避免地把中华民族传统的"仁义道德"与西方现代的科学民主对立起来,在此两者之间,只能

---

① 陈独秀:《陈独秀文章选编》,三联书店1984年版,第317页。
② 《对于礼孔问题之我见》、《吴虞集》,四川人民出版社1985年版,第241页。

采取拥护一方而反对另一方的立场，而不能有其他选择，这就使中华民族自身的主体文化受到无情的炮轰。然而破了所谓"旧伦理"、"旧文学"、"国粹"、"旧艺术"，由什么新伦理、新国粹、新艺术等来代替？其实文化、伦理、礼乐、文学、艺术就像黄河之水，大化流行，生生不息。传统文化的破坏，就像黄河的断流，不流的黄河就不成为黄河，中华民族丧失了传统文化，亦即不成为中华民族。民族文化是一个民族的标志和符号，是这个民族的民族精神的表现，是这个民族的民族之魂的载体。中华民族与其自身传统文化、伦理道德、价值观念、行为方式、风俗习惯等的关系，犹如人自身与其影子的关系，我们不能做"出卖影子的人"。德国一个年青人为了从魔术师那里换取"福神的钱袋"，他出卖了自身无价之宝的影子，他虽然得到了用之不竭的钱袋，在金榻上睡觉，人们称他为伯爵先生，挽着美人的手臂散步，但他见不得阳光、月光乃至灯光，当人们发现他没有影子时，就会离开他，孩子们非难他，把他看成是没有影子的怪物。他终日忧心忡忡，毫无快乐可言，也失去了一切幸福，最后他宁愿放弃一切，不惜任何代价也要把影子赎回来。[①] 我出生在浙江温州，少时候大人告诉我们小孩，千万不要丢掉自己的影子，若丢了影子，就是给魔鬼摄去了，人就死了。所以小孩们在有光地方走路，总要回头看看自己的影子在还不在。这个"故事"启示我们：人不能为了钱财而出卖影子，换言之，一个民族也不能为了某种利益的需要而丢掉传统文化、民族之魂。

其实，一个民族的传统文化、民族精神、民族之魂已潜移默化地渗透到这个民族大众的血液里、行为中。它像孔子所说的

---

① ［德］阿德贝尔特·封·沙米索（1781—1838）是德国浪漫主义作家。《出卖影子的人》（原名《彼得·史勒密的奇怪故事》），人民文学出版社1987年版。

"不舍昼夜"地与时偕行，不断地吮吸中外古今的文化资源，融突而和合为新思想、新观念或新儒学等。从"逝者如斯夫"来观照，每个阶段、时期的文化，都既是传统的又是现代的，至今概莫能外。因此，传统与现代决非断裂的两橛，亦非无关联的两极。传统与现代的核心及其关节点是人，"人是会自我创造的和合存在"。当现代人在体认传统文化、解读传统文本、诠释话题故事时，就赋予了传统文化、传统文本、话题故事现代性，从这个意义上说，传统的即是现代的，传统的伦理精神和行为规范便蕴涵着现代的价值合理性。

在道废与伦理、治心与治身、民族与世界、传统与现代的相对相关、冲突融合中，显示了中华民族伦理精神和行为规范价值的现代性、合理性和适应性。这就是说，虽然为道屡迁，但能唯变所适。中华民族的伦理精神和行为规范在与时偕行的诠释中，不断地开出新意蕴、新内涵，而成为当今需弘扬的伦理精神和行为规范。

三

中华民族伦理精神和行为规范既在现代理性法庭上宣布了自己价值的合理性，那么，价值合理性必须在伦理精神和行为规范中寻找自己适当的或应有的位置，以表现自己的内涵、性质、价值和功能。山东曲阜孔子研究院发起编纂《中华伦理范畴》丛书，从中华民族伦理道德中撷取仁爱忠恕礼义、廉耻中信和合、善勇敬慈诚德、孝悌勤俭修志、圣公洁贞敏惠、乐毅庄正平温、友强容智道顺、良格省新恭直、博节健实恒明、忧质行美刚气等60个德目进行探讨研究，有致广大而尽精微之志，求弘道统而高素质之效，其志其效可敬可佩。

作为总序，不可能简述此60个德目，而只能从中华民族伦理范畴的"竖观"、"横观"、"合观"的"三观"中，呈现中华民族伦理精神和60个德目的特质：即伦理范畴的逻辑结构性，范畴的思维整体性，范畴的形态动静性，范畴历时同时的融合性，范畴的内涵生生性，构成了中华民族伦理精神和行为规范价值合理性的谱系和血脉。

（一）伦理范畴的逻辑结构性

伦理范畴的逻辑结构，并非是观念、心意识或瞬间的杜撰，也非凭空的想象，而是中华民族长期对于人与自然（宇宙）、人与社会、人与人、人的心灵之间融突以及其互相交往活动的协调、和谐的体认，是对于国与国、民族与民族、文明与文明之间交往活动融突而后和合、平衡协调处置的体悟，而后提升为伦理概念范畴。

中华民族伦理范畴尽管多元多样，但有其一定的逻辑结构。所谓逻辑结构是指中华民族概念范畴的逻辑发展及诸范畴间内在的联系，是在一定社会经济、政治、文化、思维结构中，所构建的相对稳定的结构方式。[①] 伦理作为一种理论思维形态和行为交往规范，是凭借概念、范畴、模型等逻辑结构形式，有序地整合各信息的智能过程。伦理概念既显现了生存世界事物元素的类别形态，又体现了意义世界意义主体的价值追求，这才是合理的，才能在逻辑世界（可能世界）中现实地存在着，并释放其虚拟功能。范畴是概念的类，它间接地显现生存世界事物类别之间的关系，体现意义世界中的价值追求，呈现逻辑世界中的合用原则。伦理范畴只有满足两方面需求，才是合用的：一是在体认上显现了事物类别形态间的关系网络；二是在践行上体现了意义主体对价值的追求。否则范畴将被主体从智能活动中淘汰出去，成

[①] 参见拙著《中国哲学逻辑结构论》，中国社会科学出版社1989年版，2002年修订版，第1—57页。

为纯粹的、历史的文字形式。

中华民族伦理精神和行为规范价值合理性宗旨，是止于和合、和谐。和合、和谐是伦理精神的价值核心。由此核心而展开伦理范畴的逻辑次序，按照和合学的"三观"法，伦理范畴是遵循人心——家庭——人际——社会——世界——自然的顺序逻辑系统。《大学》"在明明德，在亲民，在止于至善"三纲领和格物、致知、诚意、正心、修身、齐家、治国、平天下八条目中，其修身以上属内圣修养功夫，正心以上又可作为所以修身的内容和根据，修身以下是外王功夫，是可践履的措施。修身是从内圣至外王的中介，它把内圣与外王"直通"起来，而没有"曲成"的意蕴。诚意、正心是修心的伦理范畴。

人心是中华民族伦理范畴逻辑结构顺序的起点、关键点。朱熹认为君主正心就能正朝廷，朝廷正就能正百官，百官正就能正万民，万民正就能正天下。淳熙十五年（1188），朱熹借"入对"之机，要讲"正心诚意"，朋友们劝戒说"'正心诚意'之论，上所厌闻，戒勿以为言，先生曰：'吾生平所学，惟此四字，岂可隐默以欺吾君乎！'"① 朱熹认为帝王的心术是天下万事的大根本，国家盛衰、政治好坏、社会邪正均取决于帝王的心术。他说："人主之心一正，则天下之事无有不正，人主之心一邪，则天下之事无有不邪。如表端而影直，源浊而流污，其理必然者。"② 又说："故人主之心正，则天下之事无一不出于正，人主之心不正，则天下之事无一得由于正。"③ 朱熹出于忧患意识，而直指正君心，以此为大根本。对于每个人来说，心也是自己为人处事的大根本，心的邪正、善恶是支配自己行为活动的原动

---

① 黄宗羲：《晦翁学案》，《宋元学案》卷四十八，第1498页。
② 《己酉拟上封事》、《朱熹集》卷十二，四川教育出版社1996年版，第490—491页。
③ 《戊申封事》、《朱熹集》卷十一，第462页。

力，心善而行善，心正而行正，心邪而行邪，心恶而行恶。

孟子从性善出发，主张"人皆有不忍人之心，先王有不忍人之心，斯有不忍人之政"①。什么是不忍人之心？孟子举例说，有人突然看见一个小孩要跌到井里去，人人都会有同情心，这种怵惕恻隐的心，不是为了与小孩的父母结交，也不是为了在乡里朋友中博取名誉，亦不是厌恶小孩的哭声，而是出于每个人都普遍具有的怜恤别人的心情。这样看来，如果一个人没有同情心、羞耻心、辞让心、是非心，简直不是个人。此四心依次便是仁、义、礼、智的萌芽。这是从尽心知性、存心养性的视阈来讲心的。心应具有仁、义、礼、智、正、诚、爱、志、善的伦理道德范畴。这些范畴既是人的心性修养，也是处理人与自然、社会、人际、心灵、文明间交往的原则、规范。

仁与义，是指族类情感与合宜理性。中华民族生存方式是在族类群体性交往活动中实现族类亲情或泛爱众，"人皆有不忍人之心"，便是仁者爱人的世俗族类情感的内在心性根据。人从自我主体或类主体出发，施爱于他者或天地万物，构成他者和天地万物一体之仁的系统。在人类仁爱的情感中，蕴涵着人在天地万物中主体伦理价值的实现。义是指个体和类主体施爱于自我、他人、自然、社会、文明的"合当如此"和有序有度的合宜，是伦理价值的合理性。此其一。其二，仁与义是指为人的价值取向与为我的价值取向。仁为爱人、爱他人、他家、他国。义是端正自我，注重自我道德、人格、情操的修养。从伦理精神来观，仁是由内在心性外推，由己及人及物，义是由外在需求而内化端正自我。其三，仁与义是指理想人格与价值标准。作为仁人在任何情况下都不违仁，乃至"杀身成仁"。义是当个体利益与整体利益发生冲突时，为实现伦理价值理想，而"舍生取义"。

---

① 《公孙丑上》，《孟子集注》卷三，世界书局1936年版，第24页。

诚,《大学》讲诚意、意诚。朱熹注:"诚,实也。意者,心之所发也。"他在《中庸》注中说:"诚者,真实无忘之谓。"人之伦理道德意识应是诚实不欺之心,即真心,从真心出发而有真言、真行,而无谎言、欺诈。无论是程颐说诚应"实有是心",还是王守仁说的"此心真切",都是指真心实意。

真诚的伦理精神是止于善。朱熹说:"实于为善,实于不为恶,便是诚。"① 真实无妄的心,即是善心。孔子讲"己所不欲,勿施于人"的心,孟子讲的四端之心,皆为善心,而与邪恶之心相冲突。而需改恶从善,"化性起伪",以达人心和善。

人生于父母,与父母有着不可分的血缘基因的关系,便构成一个家庭。家庭内父母、兄弟、姐妹、夫妇、子女的交往是最频繁的、最亲密的,因为人一生下来,便首先面对家庭成员,并成为家庭中的一员,形成家庭成员间的伦理关系。一个人的意诚、心正、身修的道德节操品行,首先便体现在家庭伦理的行为规范之中。"商契能和合五教,以保于百姓者也。"② 契是商的始祖,帝喾的儿子,舜时佐禹治水有功,封为司徒。五教是指"父义、母慈、兄友、弟恭、子孝,内平外成","舜臣尧……举八元,使布五教于四方,父义、母慈、兄友、弟恭、子孝"③。于是孝、悌、恭、慈、友、贞等,意蕴着家庭伦理精神和行为规范的价值合理性。

伦理范畴的逻辑结构由人心和善到家庭和睦,推演到人际和顺。孟子讲:"人之有道也,饱食暖衣,逸居而无教,则近于禽兽。圣人忧之,使契为司徒,教以人伦:父子有亲,君臣有义,夫妇有别,长幼有序,朋友有信。"④ 此意蕴亦见于《尚书·舜

---

① 《朱子语类》卷六十九。
② 《郑语》,《国语集解》卷十六,中华书局2002年版,第466页。
③ 《左传》文公十八年,《春秋左传注》,中华书局2002年版,第638页。
④ 《滕文公上》,《孟子集注》卷五,世界书局1936年版,第39页。

典》："契，百姓不亲，五品不逊，汝作司徒，敬敷五教，在宽。"这样便从家庭的父子、兄弟、夫妇关系扩大为君臣、朋友、老幼的人际交往活动的伦理关系及其道德原则和行为规范，君臣关系是父子关系的扩展，所以父、君对子、臣是义，子、臣对父、君是孝、忠。在家为孝子，在国为忠臣，"孝子出忠臣"。在这里仁义礼智既是心的修养，也体现为人际关系的行为规范。"子张问仁于孔子。孔子曰：'能行五者于天下为仁矣。''请问之。'曰：'恭、宽、信、敏、惠。恭则不侮，宽则得众，信则人任焉，敏则有功，惠则足以使人。'"[①] 此五德目作为仁的伦理精神和道德规范的体现，仁由心的修养，行之家庭，进而人际之仁；孝由家庭的伦理行为规范，而推之敬的人际伦理；孝若作为能养父母来理解，就与犬马无别，其别在于孝敬。敬作为伦理道德规范，既是对父母的，也是对他人的、社会的。

人际的伦理道德关系，构成一个社会的基本关系，仁、义、礼、智、信伦理道德进入社会，也成为社会的伦理原则和行为规范。孔子和孟子都认为治理国家社会最佳选择是德治。"以德服人者，中心悦而诚服也。"[②] 德治的核心是"仁政"，孟子认为，如果"以不忍人之心，行不忍人之政，治天下可运之掌上"。[③] "仁政"根本措施是"制民之产"，使民有恒产而有恒心，即给人民五亩之宅，种桑树，养家畜，50和70岁就可以衣帛食肉了，物质生活就有了保障，此其一；其二，"王如施仁政于民，省刑罚，薄税敛，深耕易耨"[④]；其三，如行仁政，便会成为世人所归，"今王发政施仁，使天下仕者皆欲立于王之朝，耕者皆欲耕于王之野，商贾皆欲藏于王之市，行旅者皆欲出于王之涂，

---

① 《阳货》，《论语集注》卷九，世界书局1936，第74页。
② 《公孙丑上》，《孟子集注》卷三，第23页。
③ 同上书，第25页。
④ 《梁惠王上》，《孟子集注》卷一，第4页。

天下之欲疾其君者皆欲赴愬于王。其若是，孰能御之！"[1] 仕者、耕者、商贾、行旅等都到齐国发展，齐国便可迅速强大起来；其四，加强伦理道德教化。"谨庠序之教，申之以孝悌之义，颁白者不负于戴于道路矣"[2]，"壮者以暇日修其孝悌忠信，入以事其父兄，出以事其长上"[3]。这样，人民安居乐业，遵道守礼，社会安定和谐。

《管子》认为，国家社会的倾与正、危与安、灭与复同伦理道德有重要关系，被视为国之四维。"国有四维，一维绝则倾，二维绝则危，三维绝则覆，四维绝则灭……何谓四维，一曰礼，二曰义，三曰廉，四曰耻。"[4] "四维张，则君令行"，"四维不张，国乃灭亡"[5]。四维乃国家命运所系，所以"守国之度，在饬四维"[6]。这是国家社会和谐稳定、长治久安的保证。

伦理的范畴逻辑结构由治国而进入平天下。"天下"观念，可理解为当今的"世界"。汉语世界是从佛教语汇中吸收来的，梵文为loka，音译"路迦"。《楞严经》四，"何名为众生世界？世为迁流，界为方位。"世即为过去、未来、现在三世，界为东南西北、东南、西南、东北、西北、上下，是时间和空间的概念，相当于宇宙的概念；后汉语习用为空间的概念，相当于天下。世界（天下）是由各地区、各国、各民族、各种族组成的，它们之间尽管存在强弱贫富、社会制度、价值观念、宗教信仰、风俗习惯等的差分和冲突，而需要遵循国际道义规范。得道多助，失道寡助。国际道义即国际伦理要公平、正义、和平、合

---

[1] 《梁惠王上》，《孟子集注》卷一，第7页。
[2] 同上书，第8页。
[3] 同上书，第4页。
[4] 《牧民》，《管子校正》卷一，世界书局1936年版，第1页。
[5] 同上。
[6] 同上。

作。不杀人的仁恕伦理,不偷盗的公平伦理,不说谎的诚信伦理,不奸淫的平等伦理,以建构和谐世界。

人类世界和谐的和,即口吃粟,"民以食为天",人人有饭吃,天下就太平;谐,从言皆声,可理解为人人能发声讲话,天下就安定。前者是人的生存权,后者是言论自由权。两者具备,在古代就可谓和谐世界。然而近代以来,人类对宇宙自然征伐加剧,使自然天地不堪重负,生态失去了平衡,造成环境污染,资源匮乏,土地沙化,疾病肆虐,天灾频发,人与自然的冲突愈来愈尖锐。人与宇宙自然应该建构道德的、中庸的、仁爱的、和美的伦理规范,在天地万物与吾一体的视阈中,"仁民爱物","民吾同胞,物吾与也"[①]。天为父,地为母,天地宇宙自然是养育人类的父母,人类也应以对待自己的父母一样对待宇宙自然,在自然伦理、环境伦理、生态伦理中,规范人类行为,建构天人共和共乐的和美天地自然。

伦理范畴的各德目,可按其性质、内涵、特点、功能,依逻辑层次安置。在整个逻辑结构层次间可以交叉互通;在一个逻辑结构层次内既有中华伦理精神德目,也有伦理行为规范德目,以及道德节操、品格、修养等德目。

(二)伦理范畴的思维整体性

中华伦理范畴的思维整体性是指以某个范畴为核心,以表现思维主体与思维对象内在整体或外在整体的概念范畴群或概念范畴之网,进而凸显思维主体与思维对象内在和外在的规定、关系以及其间的互相联系、渗透、会通、融突等形式。由于伦理范畴的性质、功能的差分,可以构成几个概念范畴群,诸概念范畴群的殊途同归,分殊而理一,构成中华伦理范畴的整体性。

[①] 《正蒙·乾称篇》,《张载集》,中华书局1978年版,第62页。

中华伦理范畴思维整体性的根据，是天地万物与吾一体的整体性思维模型，它纵贯、横摄、和合由人心到自然六个逻辑结构层次；它沉潜于中华民族心灵结构、价值观念、伦理道德、审美意识、行为规范、风俗习惯之内，表现在主体的对象化与对象的主体化之中。这种伦理范畴的整体性的思维模式，在伦理主体的客体化与客体的伦理主体化，人的对象化、物化与对象、物的人化，即在人化与物化中，把伦理主体与客体、对象、自然圆融起来，使客体、对象、自然具有了人的形式，于是天地自然便是人化了的天地自然，从而使中华伦理范畴具有天地万物与吾一体的整体性，因此，中华伦理范畴能贯通、圆融为整体。

范畴的思维整体性，并非排斥思维差分性，物以类聚，人以群分，群分才有类聚，群分是类聚的体现，类聚是群分的归宿。60德目可分为六个逻辑结构层次，此六个逻辑结构层次即构成六个群。如人心伦理范畴目群的爱、良（知）、耻、善、志、毅、格、省、正（心）、省、诚、乐、圣、忧等；家庭伦理范畴德目群的孝、悌、慈、敬、勤、俭、友、贞、温等；人际伦理范畴德目群的仁、义、礼、智、信、恭、宽、敏、惠、恕、直、中、宽等；社会伦理范畴德目群的忠、廉、德、公、洁、庄、勇、节、健、实、恒、明、质、行、刚、气等；世界伦理范畴德目群的和、合、强、美等；自然伦理范畴德目群的顺、道、和等。这种德目群的划分是相对的，而非绝对，其间许多伦理范畴德目是互渗、互补、互换、互转的，譬如善作为善心、善意、善良、善动机是心的伦理范畴，作为善行、善处、善举、善事便是家庭、人际、社会、世界的伦理范畴；又譬如和，作为人心伦理范畴为和善，作为家庭伦理范畴要和睦，作为人际伦理范畴为和顺，作为社会伦理范畴为和谐，作为世界伦理范畴为和平，作为自然宇宙伦理范畴为和美。和美即是各美其美，美人之美，美美与共，天人和美的境界，这是和的终极价值和终极境界。

由此群分伦理范畴，方聚为整体性的类的伦理范畴系统，这种系统的思维形式，彰显了中华伦理范畴的思维整体性。

（三）伦理范畴的形态动静性

如果说中华伦理范畴的逻辑结构性，揭示了伦理范畴之间的关系、性质及其逻辑次序、结构方式，直面逻辑意蕴；伦理范畴的思维整体性，呈现伦理范畴内在与外在德目群以及其间的互相联系、渗透、会通、融突的形式，直面思维模式，那么，伦理范畴的形态动静性，是指伦理范畴一种存有的状态，它直面状态形式。

中华伦理范畴随着历史时代的发展，变动不居，为道屡迁，呈显为四种形态：动态形式，静态形式，内动外静形式，内静外动形式。

就"气"伦理范畴而言，殷商至春秋，气是云气、阴阳之气、冲气，具有自然性，伦理性缺失。因而许慎《说文解字》释为："气，云气也，象形。"云气之形较云轻微，其流动如野马流水，多层重叠。甲骨文气亦可训为乞求、迄至、终迄等意思。气后来作氣，《说文》释："氣，馈客刍米也，从米气声。"馈客刍米，是天子待诸侯之礼。《左传》认为气导致其他事物的变化，分为阴、阳、风、雨、晦、明六气，过了便生寒、热、末、腹、惑、心疾病，以六气解释自然、社会、人生各种现象产生的原因，从中寻求其间联系的秩序，避免失序。《国语》认为阴阳二气失序，就会发生地震等灾异，乃至亡国。战国时，气由自然性向伦理性转变，如果说儒家孔子以气为血气、气息的话，那么，孟子提出"浩然之气"，它与"义"、"道"相配合，它集义所生，具有伦理道德意蕴，主体通过"善养"的道德修养，来充实扩充，以塞于天地之间。它既是动态形成，亦是内动外动形式。

秦汉时期，《黄帝内经》、《淮南子》、扬雄、张衡、王充等继承先秦气的自然性，而发为元气、精气，探索阴阳调和的原理，基本属内静外动形式。《淮南子》认为阴阳、天地及人的形、气、神的合和协调是万物和人发展变化的原因。"执中含和"是社会稳定、人民和谐的原则。董仲舒认为气既具有自然性，亦具有情感性、道德性，"阴阳之气，在上天，亦在人。在人者为好恶喜怒，在天者为暖清寒暑。"① 从人体结构看，腰之上下分阳阴；从伦理精神言，阳气"博爱而容众"，阴气"立严而成功"。"君臣、父子、夫妇之义，皆取诸阴阳之道。"② 其间虽有阳贵阴贱、阳尊阴卑之别，但最终要达到阴阳"中和"的境界。"中和"是天地间终极的伦理精神。扬雄认为人性善恶混，修善为善人，修恶为恶人，"气也者，所以适善恶之马也与？"③。去恶从善，要依阴阳之气的变化而修身养性。

魏晋南北朝时期，气继续沿着自然性和伦理性演化外，由于受玄学、佛教、道教的横向影响，气的涵义向生命本原、物的实质、行气养生、道德修养乃至入禅工夫开展。隋唐时，佛道日盛，儒教渐衰。然而从王通到韩愈、柳宗元、刘禹锡，他们把气纳入伦理道德领域，凸显"和气"、"灵气"、"正气"、刚健纯粹之气的伦理精神。

宋元明时，是中国学术思想的"造极期"。理既是天地万物的终极根据，又是人类社会的终极伦理。程（颐）朱（熹）虽以理先气后，但气是理的挂搭处、安顿处。二程（程颢、程颐）认为，气有清浊、善恶、纯繁之分，"唯人气最清"，但人的气

---

① 《如天之为》，《春秋繁露义证》卷十七，中华书局1992年版，第463页。
② 《基义》，《春秋繁露义证》卷十二，中华书局1992年版，第350页。
③ 《修身》，《法言义疏》五，中华书局1987年版，第85页。

质有柔刚。由于"气有善、不善"①。不善的就是恶气。人的道德品质的善恶便来源于气禀，禀得至清之气为圣人，禀得至浊之气为愚人。但人可以通过学习，改变气质，复性为善。朱熹绍承二程，认为阴阳之气，变化无穷，其动静、屈伸、往来、升降、浮沉之性未尝一日相无。气蕴含著清浊、昏明、纯驳的成分，禀清明之气而无物欲之累为圣人，禀清明之气而未纯全而微有物欲之累为贤人，禀昏浊之气而又为物欲所蔽为愚、为不肖。圣贤愚之分决定于禀气不同，人之伦理精神、道德行为规范亦来自先验的禀气。元代许衡学本程朱，他认为阴阳之气表现为五行之气，体现天地之德，五行之性。天地阴阳五行之气有仁义礼智信五德、五性，人相应地有五德和君臣、父子、夫妇、长幼、朋友五伦：仁是温和慈爱，义是决断合宜，礼是敬重为长，智是分辨是非，信是诚实无欺。人的伦理道德品格来自气禀。吴澄学本程朱，他认为人因阴阳五行之气而有形，形之中具有"阴阳五行之理，以为健顺五常之性"（《答田副使二书》，《吴文正公集》）。五常指仁义礼智信道德规范，以及君臣、父子、兄弟、夫妇、朋友五行之理。五常中仁、礼为健、为阳，义、智为顺、为阴，信兼两者之性。五行之理中君、父、兄、夫为尊、为阳，臣、子、弟、妇为卑、为阴，朋友兼两者之理。以阴阳五行之气探究五常五伦道德精神及其行为规范。

明清时，程朱道学来自心学和气学两方面的挑战。湛若水批评朱熹把道心与人心二分的观点，认为"人心道心，只是一心"，那种把道心说成出乎天理之正，人心出乎形气之私是不对的。论心，是就心与气不离而言，道心是指形气之心得其正而已，不是别有一心。王守仁集两宋以来心学之大成，以"良知"为心之本体，以心的良知论气，认为"元

---

① 《河南程氏遗书》卷二十一下，中华书局1981年版，第274页。

气、元精、元神"三位一体，构成气为良知流行动静的思想，良知是一种伦理精神和道德意识，良知只是一种未发之中的状态，静而生阴，动而生阳，阴阳一气也，动静一理也，良知蕴含动静阴阳，元气作为良知的流行，或为善，或为恶，受志的制约，志立气和，养育灵明之气，去昏浊习气，便能神气清明，心与万物同体，良知湛然灵觉，而达仁人圣人道德终极价值境界。

王廷相继承张载"太虚即气"的思想，批评程朱理本论。他认为气为造化的宗枢，气有阴阳动静，它是万物的根源，有气有天地，有天地而有夫妇、父子、君臣，然后才有名教道德的建立。吴廷翰批评程朱陆王，认为人为气化所生，气凝为体质为人形，凝为条理为人性，"性之为气，则仁义礼知之灵觉精纯者是已"①。仁义礼智的灵觉既是阴阳之气，亦是道德精神，所以他说："天为阴阳，则地为柔刚，人为仁义，本一气也。"② 天地人三才为气，阴阳、柔刚、仁义本于气。王夫之集气学之大成，"理即是气之理，气当得如此便是理，理不先而气不后，天之道惟其气之善，是以理之善"③。气是根源范畴，源枯河干，无气即无心性天理。阴阳浑合、交感，合为一气，气有动静，动静为气之几，方动而静，方静而动，静者静动，非不动。气处于变化日新之中，"气日新，故性亦日新"④。气规定着人性的善恶价值。人性即气质之性，气是人的生命之源，质是气在人身的凝结，气无不善，性无不善；质有清浊厚薄不同，所以有性善与不

---

① 《吉斋漫录》卷上，《吴廷翰集》，中华书局1984年版，第24页。
② 同上书，第17页。
③ 《读四书大全说》卷十，《船山全书》第六册，岳麓书社1991年版，第1052页。
④ 《读四书大全说》卷七，《船山全书》第六册，岳麓书社1991年版，第860页。

善之别。王夫之以气为核心，诠释人性的伦理道德之理。戴震接着王夫之讲："气化流行，生生不息，仁也。"[①] 气化生人物以后，而各有其性，并有偏全、厚薄、清浊、昏明之别，气是人性的来源和根据，有仁的伦理精神，便互涵为义、礼、智、诚伦理道德和行为规范。这便是戴震所说的以"理言"与以"德言"，前者指仁义礼之仁，后者指智仁勇之仁，其实为一。

中华伦理范畴是动中有静，静中有动，动为静动，静为动静，动静互涵、互渗、互补、互济，而使中华伦理范畴结构、内涵、形态通达完满境界。

（四）伦理范畴历时同时的融合性

中华伦理范畴的形态动静性，侧重于范畴历时态的演化，其纵观与横观、历时态与同时态是互相融合、互相促进，而达相得益彰的状态。伦理各范畴之间上下左右、纵横异同，错综复杂，构成一网状形态，网上的每个纽结，都是上下左右的凝聚点、联络点、驿站，再由此凝聚点、联络点、驿站向四周辐射、扩散，构成一畅通无阻、四通八达的范畴逻辑之网。从这个意义上说，伦理范畴是人们对于宇宙、社会、人际、心灵之间关系长期生命体认的结晶，是对于个人、家庭、国家、民族之间关系深沉智慧洞见的提升。

每个伦理范畴的形态动静运动，都处于历时态和同时态之中。历时态和同时态可以养育、发展、丰富伦理范畴，也可以使其破坏、废弃、断裂。因而协调、融突好伦理与政治、经济、文化的关系，理性地调整、平衡好伦理范畴之网各方面关系，是使伦理范畴在历时和同时态中不遭破坏、废弃、断裂的措施。在这里，协调、融突、调整、平衡、蕴含价值观念、思维方法，由于

---

① 《仁义礼智》，《孟子字义疏证》卷下，中华书局1961年版，第48页。

价值观念和思维方法的偏激，亦会造成伦理道德范畴被批判、扔掉、打倒，导致中华伦理精神伦丧、行为规范迷失，乃至人们手足无所措，礼仪之邦而无礼仪的状况。

礼作为伦理范畴，是在历时性和同时性中得以体现的，礼的起源，历来众说纷纭：一是事神致福说。许慎《说文解字》："礼，履也，所以事神致福也。"《礼记·礼运》认为礼之初是致其敬于鬼神，王国维诠释为"奉神之酒醴谓之醴"，"奉神人之事通谓之礼"①。礼是奉神致福的祭祀行为，祭祀鬼神的仪式，有一定礼仪之规，后便约定俗成为礼。二是礼尚往来说。《礼记·曲礼》："礼尚往来，往而不来非礼也，来而不往亦非礼也。人有礼则安，无礼则危。"② 礼尚往来包含"礼物"和"礼仪"两个层面，礼物往来是物品交易活动，礼仪是交往规范。三是周公制礼作乐说。孔子说，殷因于夏礼，周因于殷礼，可见夏商已有其礼，周公在损益夏商之礼后而作周礼。四是礼皆出于性。栗谷（李珥）在《圣学辑要》中引周行已的话："礼经三百，威仪三千，皆出于性。"③ 礼出于本真的人性，而非出于伪装饰情或礼品交换行为。礼在历时性和同时性中都有不同的体认，但一般都把它作为礼仪行为规范。

孔子处"礼崩乐坏"的时代，礼仪行为规范遭严重破坏，不仅礼乐征伐自诸侯出，而且子弑父、弟弑兄等违礼的行为层出不穷，致使孔子是可忍，孰不可忍！在这个同时态中，本来作为"天之经也，地之义也，民之行也"，"上下之纪，天地之经纬

---

① 王国维：《释礼》，《观堂集林》卷六，《王国维遗书》（一），上海古籍书店1983年版，第15页。

② 《曲礼上》，《礼记正义》卷一，中华书局1980年版，第1231—1232页。

③ 《圣学辑要》（二），《栗谷全书》（一）卷二十，韩国成均馆大学校大东文化研究院1985年版，第442页。

也，民之所以生也"的礼，已与揖让、周旋之礼有别。前者已超越礼的形式，即仪的揖让、周旋的层次，而提升为天经地义、民之所以生的形而上的终极层次，赋予礼以终极价值。孔子是在这样的时态中，体认礼的价值，呼喊不可"违礼"。然而，礼作为"国之干"也好，"身之干"也好，"所以正民"也好，都是主体人外在的东西，是以外在的力量规定礼的性质、作用、功能，以及主体人应如何的行为规范，并非出于主体人自身的自觉。为了使外在的礼的行为规范成为主体人的自觉的行为活动，必须获得内在伦理精神、道德意识的支撑，于是孔子援入仁的伦理道德范畴，并以仁为礼的本质的体现。"子曰：'人而不仁，如礼何？'"[①] 无仁，如何来对待礼仪制度，这是化解外在违礼行为与内在道德意识分裂、紧张的一种选择，只有把道德意识与行为规范、内与外、仁与礼融合起来，置于同时态的状态中，礼才能转化为一种主体自觉的道德行为。孔子说："克己复礼为仁，一日克己复礼，天下归仁焉。为仁由己，而由人乎哉？"[②] 一切违礼的行为都出于某种私利、权力、功利的欲望，克制自己的欲望，使自己的行为自觉地符合礼，凡非礼的都不去视听言动，就是仁，这样仁与礼圆融。既然实践仁的道德全凭自己的自觉，那么，实践礼的道德规范也出于自己的自觉。这样，外在礼的他律性同时也具有了内在的道德自律性。

仁与礼在同时态的互渗、互补中，又在历时态的演变中，获得了丰富和发展。孟子绍承孔子，他把仁义礼智都纳入伦理精神、道德意识中。他认为"人皆有不忍人之心"，所谓不忍人之心是指人人皆有怵惕恻隐的心。由此看来如果一个人没有恻隐心、羞恶心、辞让心、是非心，简直就不像个人，"恻隐

---

① 《八佾》，《论语集注》卷二，世界书局1936年版，第9页。
② 《颜渊》，《论语集注》卷六，第49页。

之心，仁之端也；羞恶之心，义之端也；辞让之心，礼之端也；是非之心，智之端也"①。礼作为辞让之心，是人作为一个人所不能欠缺的，否则就是"非人也"，这就是说，礼的伦理精神是"人皆有"的道德心，是人性所本有的。礼的辞让之心的自然流出，即是主体道德心自觉又自然的表现。这样孔子的"仁者爱人"和孟子的"人皆有不忍人之心"，在"礼崩乐坏"、天下无道的情境下，为"复礼"的合法性、合理性作了理论的诠释。

如果说孟子从人性善的价值观出发，导向内律与外律、仁与礼的圆融，那么，荀子从人性恶的价值观出发，导向外律的礼与法的圆融。这种圆融，孟子实以仁节礼，仁体礼用；荀子援法入儒，以儒为宗，以礼统法。荀子认为礼有五方面的性质和功能：（1）作为行为规范而言，礼是衡量人之好坏的标准，国家有道无道的尺度，治国的规矩。他说："礼者，人主之所以为群臣寸、尺、寻、丈检式也。"②"礼之所以正国也，譬之犹衡之于轻重，犹绳墨之于曲直也，犹规矩之于方圆也，既错之而人莫之能诬也。"③"隆礼贵义者其国治，简礼贱义者其国乱。"④ 这是国家强弱的根本；从这个意义上说，礼是政事的指导，是处理国政的指导原则："礼者，政之面挽也。为政不以礼，政不行矣。"⑤（2）作为伦理道德而言，礼体现了伦理精神和道德行为。"礼也者，贵者敬焉，老者孝焉，长者弟焉，幼者慈焉，贱者惠焉。"⑥在人伦关系上，对贵、老、长、幼、贱者，要尊敬、孝顺、敬

---

① 《公孙丑上》，《孟子集注》卷三，世界书局1936年版，第25页。
② 《儒效》，《荀子新注》，第111页。
③ 《王霸》，《荀子新注》，第171页。
④ 《议兵》，《荀子新注》，第233页。
⑤ 《大略》，《荀子新注》，第445页。
⑥ 同上书，第442页。

爱、慈爱、恩惠，体现了忠孝仁义的道德原则，并使之定位，"礼以定伦"①，即指君臣、父子、兄弟、夫妇之伦，都能遵守符合其伦的道德规范；（3）作为礼的性质来看，"礼有三本，天地者，生之本也。先祖者，类之本也。君师者，治之本也。"② 三者是生存、人类、治国的根本。礼有三本而有分与别，"辨莫大于分，分莫大于礼，礼莫大于圣王"③。人与人之间的分别，最重要的是礼，即等级名分。"礼也者，理之不可易者也。乐合同，礼别异。"④ 礼体现着贵贱上下的等级差分，这是其不可改变的原则。这个不可易者，便是终极之道。"礼者，人道之极也。"⑤（4）作为可操作的礼仪制度，包括婚、葬、祭等各种礼仪，如"亲近之礼"，男子亲自到女方迎娶的礼节。"丧礼者，以生者饰死者也。"⑥ 但"五十不成丧，七十唯衰存"⑦。（5）作为礼与法的关系来看，"礼义生而制法度"⑧。"明礼义以化之，起法正以治之。"⑨ 以礼义变化本性的恶，兴起人为的善，并以法度来治理。治国的根本原则，在礼与法，"明德慎罚，国家既治四海平"⑩。礼法兼施，"隆礼尊贤而王，重法爱民而霸"⑪。前者可以称王于天下，后者可以称霸于诸侯。这种礼法融合的礼治模式，开出汉代"霸王道杂之"的"汉家制度"，凸显了中华

---

① 《致士》，《荀子新注》，第 226 页。
② 《礼论》，《荀子新注》，第 310 页。
③ 《非相》，《荀子新注》，第 56 页。
④ 《乐论》，《荀子新注》，第 338 页。
⑤ 《礼论》，《荀子新注》，第 314 页。
⑥ 同上书，第 322 页。
⑦ 《大略》，《荀子新注》，第 442 页。
⑧ 《性恶》，《荀子新注》，第 393 页。
⑨ 《性恶》，《荀子新注》，第 395 页。
⑩ 《成相》，《荀子新注》，第 416 页。
⑪ 《天论》，《荀子新注》，第 277 页。

伦理范畴历时态与同时态的融合性。

（五）伦理范畴的内涵生生性

中华伦理范畴大化流行，生生不息。"天地之大德曰生"，"生生之谓易"。天地间最根本、最伟大的德性，就是生生。生生是为变易，生生的变易是新事物、新生命不断的化生。换言之，即是中华伦理新范畴的化生和范畴新内涵的开出。

从孔子"仁"的伦理范畴新内涵的开出表层结构的具体意义，深层结构的义理意义及整体结构的真实意义来看仁内涵的生生性。就表层结构而言，仁是爱人，《论语》"爱人"三见，讲治国要爱护百姓，君子学道则爱人，其基本语义是人与人之间关系的一种行为规范或道德标准。进而如何实践"仁者爱人"，孔子要求从自己做起，"为仁由己"，从正面说自己"欲立"、"欲达"，也使别人"立"和"达"；从负面说，"己所不欲，勿施于人"。"己欲"与"己所不欲"，"立人达人"与"勿施于人"，从正负两个方面说明实践"仁者爱人"的要求。

"为仁由己"，要求每个人要"克己"，即约束自己，使自己的视听言动合乎礼，这便是仁，如何进行仁的道德修养？从正面说"刚毅木讷近仁"[1]，是正面的应然价值判断，从负面说"巧言令色，鲜矣仁"[2]，这是负面的不应然价值判断。由自己的道德修养"仁"，推致家庭的父子、兄弟、夫妇之间，便是"孝弟也者，其为仁之本与"[3]，再由家庭推致天下，"能行五者于天下为仁矣"[4]。此五者便是指恭、宽、信、敏、惠。构成了从约束自我—家庭—社会—天下的道德行为规范。仁便从内在的道德意

---

[1] 《子路》，《论语集注》卷七，世界书局1936年版，第58页。
[2] 《学而》，《论语集注》卷一，第1页。
[3] 同上。
[4] 《阳货》，《论语集注》卷九，第74页。

识和伦理精神转化为伦理道德行为规范,这是一个从内到外的化生过程。

"仁"从表层结构的具体意义而开出深层结构的义理意义,是把孔子仁的伦理精神和行为规范从句法和语义层面超越出来,置于宏观的时代思潮之中,来透视微观伦理范畴义理。仁是孔子思想的核心范畴,它与各伦理范畴联结,由各纽结而构成网状形式,抓住网上的纲领,便可把孔子思想提摄起来,也可以进一步体认仁的伦理价值。譬如说仁与礼融合渗透,礼的尚别尊分、亲亲贵贵的意蕴作用于仁,使仁在处理人与人之间关系,便不能普遍地、无差等地贯彻"仁者爱人"的"泛爱众"的伦理精神,而受到墨子的批评。从范畴的联系中,反求伦理范畴的涵义,更能体贴伦理范畴真义。

从伦理范畴的网状结构贴近其真义,开展为从时代思潮的整体联系中体贴其意蕴,体现伦理范畴内涵的吐故纳新,新意蕴化生。譬如《国语》讲:"杀身以成志,仁也。"① 孔子说:"志士仁人,无求生以害仁,有杀身以成仁。"② 又《左传》僖公三十三年载:"德以治民,君请用之;臣闻之:'出门如宾,承事如祭,仁之则也'。"③ 孔子说:"出门如见大宾,使民如承大祭。"④ 再《国语》载:"重耳告舅犯。舅犯曰:'不可,亡人无亲,信仁以为亲……'"⑤ 孔子说:"君子笃于亲,则民兴于仁。"⑥ 由此可见,孔子"仁"的学说是与时代政治、经济、礼乐制度相联系,是当时一种社会思潮的呈现;是在"礼崩乐坏"

---

① 《晋语二》,《国语集解》卷八,中华书局 2002 年版,第 280 页。
② 《卫灵公》,《论语集注》卷八,世界书局 1936 年版,第 66 页。
③ 《春秋左传注》,中华书局 1981 年版,第 1108 页。
④ 《颜渊》,《论语集注》卷六,世界书局 1936 年版,第 49 页。
⑤ 《晋语二》,《国语集解》卷八,中华书局 2002 年版,第 295 页。
⑥ 《泰伯》,《论语集注》卷四,世界书局 1936 年版,第 32 页。

的冲突中,企图援仁复礼,重建伦理精神、礼乐制度的努力;孔子仁的义理智慧在时代的振荡中获得新生命。

"仁"再由深层结构的义理意义而开出整体结构的真实意义。"仁"作为伦理范畴,在与时偕行的大浪中,被冲刷、淘尽了一切外在的面具和装饰,而显露出真实的相貌。战国初,墨子从两个方面批评孔子"仁"的思想。《墨子·非儒下》载:"儒者曰:'亲亲有术,尊贤有等,言亲疏尊卑之异也。'"① 施仁有此异,则爱人有差等。结果是"各爱其家,不爱异家","各爱其国,不爱异国"。这种异,便是有别,别则"相恶",故此,墨子主张"兼相爱","兼即仁矣,义矣"②。"别"与"兼",为孔墨仁学之分。另墨子认为,儒者以古言古服合乎礼,然后仁。他主张"仁人之事者,必务求兴天下之利,除天下之害"③。礼之道义与兴利除害的功利之分。在这里,墨子所批评的是孔子仁的深层结构的义理意义,但从表层结构的具体意义来看,孔子的"泛爱从"与墨子的"兼相爱"并无语义上的差别。

孟子对墨子的批评提出反批评:"杨氏为我,是无君也;墨氏兼爱,是无父也。无父无君,是禽兽也。"④ 说明为什么爱有差等亲疏之别。荀子亦认为,"贵贱有等,则令行而不流;亲疏有分,则施行而不悖……故仁者仁此者也"⑤。批评墨子"有见于齐,无见于畸"⑥ 之失。秦的速亡,仁的伦理精神获得了价值合理性的论证。两宋时,伦理精神和道德规范提升为道德形而上

---

① 《晋语二》,《国语集解》卷八,中华书局2002年版,第295页。
② 《兼爱下》,《墨子校注》卷四,中华书局1993年版,第178页。
③ 《非乐上》,《墨子校注》卷八,第379页。
④ 《滕文公下》,《孟子集注》卷六,世界书局1936年版,第48页。
⑤ 《君子》,《荀子新注》,中华书局1979年版,第408页。
⑥ 《天论》,《荀子新注》,第280页。

学,仁在生生不息中获得新义。理学的开山周敦颐说:"天以阳生万物,以阴成万物。生,仁也;成,义也。"① 仁育万物,而有生意。程颢说:"万物之生意最可观,此元者善之长也,斯所谓仁也。"② 仁所体现的万物生命的生意,是天地生生之理的所以然,于是他把仁放大,以体验仁者以天地万物为一体的境界。朱熹集周敦颐、张载、二程道学之大成,发为"仁也者,天地所以生物之心,而人物之所得以为心者也"③。如桃仁、杏仁,此仁即为桃、杏生命之源,亦是桃、杏之所以为桃、杏的根据。这种伦理范畴生生不息的新意,是伦理精神和道德价值合理性生命力的体现,是伦理范畴的内涵生生性呈现。

中华伦理范畴在和合学"竖观"、"横观"、"合观"的视野下,其逻辑的结构性、思维的整体性、形态的动静性、历时同时态的融合性、内涵的生生性都得到了充分的展示,中华民族伦理精神和道德行为规范的价值合理性也得到了完善的说明。《中华伦理范畴》丛书的出版,将为弘扬中华民族传统文化,实现中华民族伟大复兴作出贡献,这也是一项利在当代,功在后世的重大文化工程。

是为序。

2006 年 8 月 30 日
于中国人民大学孔子研究院

---

① 《顺化》,《周敦颐集》卷二,中华书局 1984 年版,第 22 页。
② 《河南程氏遗书》卷十一,《二程集》,中华书局 1981 年版,第 120 页。
③ 《克斋记》,《朱文公文集》卷七十七。

《中华伦理范畴》第二函前言

傅永聚　齐金江

中华文化是伦理型文化。以儒家伦理道德为显著特色的中华伦理是中华民族文化和精神的内核与载体，是中华民族五千年生生不息、绵延峥嵘的源头活水；在建设有中国特色的社会主义事业进程中，继承和弘扬中华民族优秀的伦理道德，是建设中华民族共有精神家园的重要切入点，是全面实现社会和谐的重要保障；从当代中华民族生存的国际环境看，中华伦理是东方文化和智慧的杰出代表，是在多元文化相互激荡、多元思想猛烈交锋的新的历史条件下，保持中华民族强大竞争力和凝聚力，促进中华民族和平发展，实现中华民族伟大复兴的强大思想武器和坚实基础。

一，以儒家伦理道德为显著特色的中华伦理是中华民族文化与精神的内核与载体，是中华民族五千年生生不息、绵延峥嵘的源头活水。

中国是世界文明古国之一，且是文明唯一不曾中断者。中华民族从诞生之日起就十分注重伦理道德建设，使民族文化具有伦理型的典型特征。先秦时期伟大的思想家老子、孔子、孟子、荀子等都曾为中华伦理的价值体系构建作出了重大贡献。尤其是孔子，其思想积极入世，以仁为核心，以和为贵，以礼为约束，以道德高尚的君子人格为楷模，其影响跨越时空，成为中华礼乐文化的重要根据、价值观念的是非标准和伦理道德的规范所在。孔子是当之无愧的中华文化符号，他的一系列思想构成中华文化的基本精神。汉代以来，孔子为代表的儒家思想成为中华主流文化，儒家的伦理道德遂成为中华民族传统文化的主干。中国统一稳定、疆域辽阔、经济发达、文明先进，曾领先世界文明两千年。中华影响远播海外。受中华伦理道德熏陶培育成长起来的政治家、文学家、军事家、思想家、教育家如群星璀璨，民族英雄凛然千古，成为炎黄子孙千秋万代的丰碑。只是在近代，由于资本主义和帝国主义列强的侵略，民族灾难深重，我们才暂时落伍了。19—20世纪中叶中华民族所受的苦难和耻辱，在世界民族史上是罕见的。但中华民族一直在反抗、在斗争。历经磨难而不亡，说明我们的民族有一种坚韧不拔、自强不息的精神。

人类历史的发展是不平衡的，跳跃性的，先进变落后，落后变先进也是一种历史规律。"雄鸡一唱天下白"。中国共产党领导新中国成立，中国人民站起来了！尤其是改革开放以来，在邓小平理论指引下中国发展迅速，综合国力增强，政治、经济地位发生了翻天覆地的变化，中国人民正在信心百倍地建设现代化社会主义。强大的政治、经济呼吁强大的文化，呼吁人的高尚道德的养成。通过弘扬中华民族优秀的伦理道德，提升国人素质，优化国人形象，确立优秀伦理道德在华人文化中的特色地位，可以得到不同文化背景、不同宗教信仰的群体的共同认可。这对于发扬光大中华文化、实现祖国统一大业、实现中华民族的伟大复兴都具有重要的现实意义和深远的历史意义。

二、在建设有中国特色的社会主义事业进程中，继承和弘扬中华民族优秀的伦理道德，是建设中华民族共有精神家园的重要切入点，是全面实现社会和谐的重要保障。

近代以来，中国饱受西方列强侵凌，经济落后，积贫积弱，传统文化一时成为替罪之羊。在全盘西化、民族虚无主义妖雾迷漫之时，嘲笑、批判、搞倒搞臭传统文化一度成为最革命、最时髦的心态。从盲目不加分析地打倒孔家店，到"文化大革命"破四旧、批林批孔，人们在干着挖掘自己民族文化之根的傻事。"文化大革命"过后，一代人的道德品质沦丧，几代人的道德品质受损，礼仪之邦一时间竟要从礼仪 ABC 起补课。尤其近几十年来，由于西方强势文化携其具有鲜明征服特色的价值观念不断有意识地涌入，中华民族传统的道德伦理受到猛烈的冲击，社会上下思想领域中普遍存在着信仰失范、价值观念扭曲、道德滑坡、精神迷惘和庸俗主义、世俗化盛行、拜金主义泛滥等一系列问题。对此，党和国家领导人一直给予高度重视，屡屡发出警语。

早在改革开放之初，邓小平同志就严厉地指出："一些青年男女盲目地羡慕资本主义国家，有些人在同外国人交往中甚至不顾自己的国格和人格，这种情况必须引起我们的认真注意。我们一定要教育好我们的后一代，一定要从各方面采取有效的措施，搞好我们的社会风气，打击那些严重败坏社会风气的恶劣行为"[①]；"如果中国不尊重自己，中国就站不住，国格没有了，关系太大了"[②]；"中国人要有自信心，自卑没有出路"[③]；他反复强调物质文明与精神文明一起抓，两手都要硬，否则，"风气如果坏下去，经济搞成功又有什么意义？"

江泽民同志十分重视用中华优秀传统道德伦理教育下一代，他说："在抓紧社会主义物质文明建设的同时，必须抓紧社会主义精神文明建设，坚决纠正一手硬、一手软的状况"[④]；"必须继承和发扬民族优秀文化传统而又充分体现社会主义时代精神，立

---

① 《邓小平文选》第 2 卷，第 177 页。
② 《邓小平文选》第 3 卷，第 332 页。
③ 同上书，第 326 页。
④ 《在党的十三届四中全会上的讲话》，载《江泽民文选》第 1 卷，第 61 页。

足本国而又充分吸收世界文化优秀成果，不允许搞民族虚无主义和全盘西化"[①]；"任何情况下，都不能以牺牲精神文明为代价去换取经济的一时发展"[②]；"保持和发扬自己民族的文化特色，才能真正立足于世界民族之林。我们能不能继承和发扬中华民族的优秀文化传统，吸收世界各国的优秀文化成果，建设有中国特色的社会主义文化，这是事关中华民族振兴的大问题，事关建设有中国特色社会主义事业取得全面胜利的大问题"[③]。

胡锦涛总书记更是从中华民族优秀传统文化中汲取营养，提出了科学发展观、以人为本、社会主义和谐社会建设的一系列重要理念，尤其是社会主义荣辱观的提出，在全社会和全体公民中引起强烈反响。以热爱祖国为荣，以危害祖国为耻；以服务人民为荣，以背离人民为耻；以崇尚科学为荣，以愚昧无知为耻；以辛勤劳动为荣，以好逸恶劳为耻；以团结互助为荣，以损人利己为耻；以诚实守信为荣，以见利忘义为耻；以遵纪守法为荣，以违法乱纪为耻；以艰苦奋斗为荣，以骄奢淫逸为耻。"八荣八耻"是中国传统文化价值的进一步发展，现实性和可操作性很强。对于全社会，特别是青少年思想道德教育意义重大。十七大正式提出了建设中华民族共有精神家园的宏伟历史任务，而中华优秀传统伦理道德就是我们的民族之根。

我在8年前写过一篇文章，名字叫"日积一善，渐成圣贤"，这句话今天仍不过时。人的潜意识中亦即本性中总有为恶的一面。换句话说，人是既可以为恶也可以为善的。一个人一生当中，一点坏事也没有做过的，可以说没有；但所做的坏事好事

[①] 《当代中国共产党人的庄严使命》，载《江泽民文选》第1卷，第158页。

[②] 《正确处理社会主义现代化建设中若干重大关系》，载《江泽民文选》第1卷，第74页。

[③] 《宣传思想战线的主要任务》，载《江泽民文选》第1卷，第507页。

总有一个比例。就社会上的芸芸众生来说，完完全全的君子可能一个也找不到，但基本上属于君子的或基本上属于小人的有一个明显的界限。人生一世，所做的好事多，就基本上是个好人；而所做的恶事多，就基本上是个坏人。我们每人每天都在做事，为自己，为他人，为社会，为人类。在做每一件事情之前，你是怎么想的？是想做善事还是做恶事？是一种什么心态支配着你去做成善事或者是恶事，这就牵涉一个人的道德修养水平，牵涉人生观、价值观这个根本问题。法律是刚性的他律，舆论监督是柔性的他律，而道德修养属于自律。具体到每一个人，自律永远是道德修养的基础，也是他律的基础。自律受法律的威慑，但更重要的是内里自觉修养的功夫。因此，儒家伦理所揭示的仁义礼智、忠孝廉耻、和合勇毅等一整套人之为人的大道理就成为流传千古的向善弃恶的道德规范。日积一善，慢慢接近于道德高尚的境界；日为一恶，就会不断向小人的队伍靠拢。诚然，让每个人都成为君子是不现实的；但是，通过优秀伦理文化的教育和普及，不断提高绝大多数人的"君子化"水平则是可能的，也是现实的。季羡林先生说过一句非常中肯的话："能为国家、为人民、为他人着想而遏制自己本性的，就是有道德的人。能够百分之六十为他人着想百分之四十为自己着想，就是一个及格的好人。"[①]语重心长，应该引起人们的深思。

三，从当代中华民族生存的国际环境看，中华伦理是东方文化和智慧的杰出代表，是在多元文化相互激荡、多元思想猛烈交锋的新的历史条件下，保持中华民族强大竞争力和凝聚力、促进中华民族和平发展、实现中华民族伟大复兴的强大思想武器和坚实基础。

当今世界，既有多元化、多极化的客观需求，又有强权独

---

① 季羡林：《季羡林谈人生》，当代中国出版社2006年版，第6页。

霸、政治高压、经济封锁和文化扩张的客观现实。这就是中华民族走向现代化所面临的国际生存环境。你必须强大，可人家不愿看到你强大，而压制你强大的武器不仅有政治的、经济的，更有文化的、思想的。在这种环境下，民族精神、民族文化越来越成为一个民族赖以生存和发展的精神支柱。精神颓废、委靡不振的民族必然失去其自主、独立、生存的资格，必然走向衰亡。儒家思想在其2500年的发展中，孕育了中华民族精神，担当了建构民族主题精神的重任，它以和合发展、生生不息的生命与生存智慧维系着中华民族的绵延和发展，影响着东方文化体系的形成壮大，成为东方文化智慧的杰出代表。这是其他三大文明古国的精神传统所不能比拟的。孔子与穆罕默德、耶稣和释迦牟尼一起被称为缔造世界文化的"四圣哲"和世界名人之首。孔子既属于中国，也属于世界，他的思想既是历史的又是跨时代的。在多元文化并行，多种思想激烈交锋的时代背景下，儒家文化就是中华民族的声音，就是文化对话的资格。在文化传播的态度上，既要主张"拿来主义"，又要力行"送去主义"，现在我们国家设立在世界上的250多所孔子学院，就是主动送出去的例证。当然，孔子学院主要发挥的是语言传播的功能，今后应加强孔子思想传播的内容。因为思想传播比语言传播更为深邃。

中华传统伦理思想内涵丰富，包罗万象。我们对前人的研究进行了系统的反思和归纳，将其总结为64个德目，即仁、爱、忠、恕、礼、义、廉、耻、中、信、和、合、诚、德、孝、悌、勤、俭、修、志、圣、公、洁、贞、庄、正、平、温、友、强、容、智、道、顺、良、格、博、节、健、实、恒、明、忧、廉、行、美、刚、气、善、勇、敬、慈、敏、惠、乐、毅、省、新、恭、直、慎、雅、理、利（见《联合日报》2006年8月10日第3版）。首批选取了仁、和、信、孝、廉、耻、义、善、慈、俭等10个德目进行研究，已由中国社会科学出版社于2006年12

月出版发行。

《中华伦理范畴》第一函甫出，学术界给予了鼎力支持和高度评价。著名国学大师季羡林先生在301医院抱病亲笔为之题词：中华伦理，源远流长；东方智慧，泽被万方；并委托秘书打电话给总编，说"感谢你们为中华民族文化复兴事业做了一件大好事"。中国人民大学著名学者张立文先生冒着酷暑、挥汗如雨，一气呵成洋洋两万多字的长文，称"《中华伦理范畴》丛书从中华民族传统伦理道德中撷取六十多个重要德目，并对每个德目自甲骨文以至现代，进行全面系统研究，以凸显集文本之梳理，明演变之理路，辨现代之意义，立撰者之诠释的价值，撰写者探赜索隐，钩沉致远，编纂者孜孜矻矻，兀兀穷年"；"这是一项利在当代、功在后世的文化工程，将对进一步证实中华伦理精神的价值合理性产生深远的影响，并对弘扬中华民族传统文化，实现中华民族伟大复兴作出应有的贡献"。原中共中央政治局委员、国务院副总理谷牧、姜春云和原国务委员王丙乾纷纷致函祝贺，认为"《中华伦理范畴》丛书的出版发行，对于弘扬中华民族精神，提高民族人文素质，全面翔实地展现中华民族的优秀传统伦理道德，积极推进社会主义道德建设具有重要的现实意义"。国际儒联主席叶选平先生慨然为丛书题写了书名。台湾著名学者刘又铭、张丽珠、郭梨华等在《光明日报》上撰写文章，认为："中华传统伦理文化源远流长，《中华伦理范畴》丛书对六十多个范畴进行系统的梳理和研究，气势磅礴，意义深远实乃填补学界空白之作"；"《中华伦理范畴》丛书的第一函出版发行，令人鼓舞"；"《中华伦理范畴》付梓印行，实乃学界盛事，作者打通中西之隔，超越唯物论与唯心论之争，高屋建瓴，条分缕析，用力之勤，令人感佩"。主流媒体分别以《海峡两岸学者笔谈中华伦理范畴》、《人能弘道、非道弘人》、《弘儒学之道、为生民立命》和《人文学者为生民立命的人间情怀》等为题发表了评论。《中华伦理范畴》丛书已经先后获得济宁市2007年社会科学优秀成果一等奖；山东省高校2007年社会科学优秀成果一等奖和山东省2008年哲学社会科学优秀成果一等奖。所有这些荣誉都给我们这个学术团队的辛勤劳动以充分肯定，也坚定了我们迅速编撰第二函的决心。我们接着精选了节、智、明、谦、美、正、中、乐、公等9个基本范畴，按照第一函的体例，对这9个伦理范畴的含义、实质及在历史上的发生、演变进行了系统的介绍、阐述和论证，力求完整地呈现出它们本来的面目、意义和社会价值。

——关于"节"。节可称为节操，包含气节和操守两个方面的内容。在《易·序卦》中，"其于木也，为坚多节"。可见节对于良木的重要作用，它可以连接并加固植物的各个部分，使植物变得更加坚韧，而不易弯曲、折断。由于节的特殊地位，"节"通常用来形容人坚韧不拔、高风亮节、不屈不挠的高贵品格。左思《咏史》中"功成耻受赏，高节卓不群"就反映了人心不为名利、爵位所动的精神品质和道德修养。高尚的节操被历朝历代所肯定和赞赏，载入史册，流芳百世。节操与仁义、信义、忠义、廉耻等伦理概念紧密联系在一起，它们之间的内涵相互渗透、相互补充，为"节"的内容注入了丰富而新鲜的血液和生机。节操作为一种思想观念，在秦统一以后才逐步显现，先秦时期那些为国君、宗族效命的思想如殉君、死节、侠义等意识逐渐扩大为民族主义、爱国主义以及遵纪守法等思想，气节、节操与坚持正义、英勇不屈、洁身自好、品行端正等优秀品格联系在一起。在儒学成为中国主流文化后，在其日益影响下，节操观念不断发展和修缮，成为中华传统伦理范畴之一。节操的思想自古有之，考诸历史典籍，孔子、孟子等先期儒学大师未明确提出"节"的概念，直到北宋时期，程颐开始提出"节"，并对"节"从贞节的角度进行阐述，指出"饿死事小，失节事大"，其中的"节"就包含了人诸多的道德层面。历经宋元理学家的提倡和赞颂，明清时期的贞节观念逐步浓厚，贞节观成为束缚古代妇女自由的枷锁和镣铐，影响深远。各类古籍直接论述气节、操守的相对较少，只散见于典籍中的一些名人笔记，例如苏武："屈节辱命，虽生，何面目以归汉"[①]；颜真卿："吾守吾节，死而后已"[②]；韩愈："士穷乃见节义"[③]；刘禹锡："烈士之所以异于恒人，以其仗节以死谊也"[④]；苏轼："豪杰之士，必有过人之节"[⑤]；欧阳修："廉耻，士君子之大节"[⑥]；文天祥："时穷节乃见，一一垂丹青"[⑦]。节操包含仁、义、忠、信、廉、耻等诸多内容，它是一个综合性很强的范畴，不成一个完备的系统。概括来讲，节操观念是具有仁、义、忠、信、廉、耻等内容的儒家伦理范畴，它形成于先秦秦汉时期，贯穿于整个中国传统社会，无论治世还是乱世，它拥有强大的张力和表现力，凝聚着中华民族思想文化的精华，涵盖了传统文化最有价值的核心范畴。节操在中国古代法律伦理化的过程中，被吸收融入许多法律规定中，如有人叛国投敌，亲属要受到惩处；贪赃枉法，最高可处以死刑。在传统中国，利用伦理道德约束的氛围和有关法律规定，使人们自觉或不自觉地受到节操观念的影响，保持高尚的气节操守受世人仰慕、失节则受万世万代唾弃的思想深入人们的心灵之中，士大夫对自己的气节与名节尤为爱惜，看得宝贵，认为此"节"关乎当下和身后名，把它看得比性命还要重要。节操观念在现代

---

① 《汉书·苏建传附苏武传》。
② 《旧唐书·颜真卿传》。
③ 《柳子厚墓志铭》。
④ 《上杜司徒书》。
⑤ 《留侯论》。
⑥ 《廉耻说》。
⑦ 《正气歌》。

社会可以发挥它道德约束的巨大作用。在社会舆论方面，坚持爱国主义、民族气节、廉洁奉公可敬，让人人都认同缺乏职业道德、丧失气节可耻，并由此形成浓厚的社会氛围，不仅中国要建设法治化社会，也要以德治为补充和依托，弘扬高尚的道德操守、民族气节与高度的社会责任感。

——关于"智"。其基本的含义是智慧、聪明。《说文》云："智，识词也。从白，从亏，从知。"《释名》曰："智，知也，无所不知也。"仁、义、礼、智、信是儒家伦理学说的重要内容，孔子说："仁者安仁，知者利仁。"子贡说："学不厌，智也；教不悔，仁也。"《孙子兵法》云："将言，智、信、仁、勇、严也。"孟子说："是非之心，智也。"智是社会生产力不断发展的产物，智包含人对是非对错的分辨能力，战争中所表现出的机智和谋略，也是智的一种，智也是"知"，知识之意。《论语·子罕》曰："智者不惑，仁者不忧，勇者不惧。"孟子认为"仁义礼智根于心"。智与仁义、诚信、勇、勤等概念和范畴紧密联系，儒、道、法、兵、名、墨家都在不同程度上分别论述了"智"的内涵和外延。《中庸》云："好学近乎知（智），力行近乎仁，知耻近乎勇。"认为智、仁、勇是"天下之达德"。在中国古代的兵法中，"智"占据了重要的内容，智对战争的胜负起了决定性作用，"兵不厌诈"与指挥者的智慧是分不开的，兵道即诡道，更充分说明了智的变化性对指导战争的积极作用。战时要把握战争的规律，创造有利于己方的作战阵容，即时掌控敌方的兵事变更，争取战斗的主动权。春秋战国是百家争鸣、众家之智角逐历史舞台的重要时期，从那时起，中国的智谋文化开始萌动，并逐渐成长和发展，智观念的形成与发展，推动了我国思想文化的发展与繁荣，奠定了古代科技的良好基础，对当时社会改革的深入与进步起到了有效且有力的作用。战国时期，养士风气日浓，出现了许多著名的有识之士和纵横家，如惠施、苏秦等。

汉代崇尚智的学者如司马迁、刘向等，他们在书中褒扬了许多智慧之士，三国时期的诸葛亮与周瑜是智慧的使者与化身，明清是充满智慧的时代，当时的文人学者、贤哲仁人、能工巧匠不绝于世，出现了《益智编》、《智品》、《经世奇谋》、《智囊》四大智书，《智囊自叙》认为：“人有智犹地有水，地无水则为焦土，人无智则为行只。智用于人，犹水行于地，地势坳则水满之，人事坳则智满之。”到了近代，有识之士为开发民智进行了艰苦卓绝的努力和改革，严复认为鼓民力、开民智、新民德三者为自强之道。维新派与洋务派不断认识到开民智的重要意义，加强学校的教育。新文化运动的倡导者与共产党人更是在开发民智，提高国民文化素质上作出了努力和改革。智对于现代社会的意义不言而喻，人类的智慧在社会生产力的发展中起到了重要作用，智在现代人际交往、现代商战、现代法制建设等诸多方面有其独特的地位和意义。智不是孤立的世界，现代的智要与普遍的社会道德、仁义联系起来，才能发挥它积极的作用，创造出更多的社会价值。

——关于"明"。"明"，由日月二字组成。《易·系辞下》云："日往则月来，月往则日来，日月相推而明生焉。""明"，就是在日月的照耀下，世界一片光明的意思。古人把清楚明白的事物称为"明"，把显著的、一目了然的事物称为"明"，把站高看远之人称为"明"。《尚书·太甲》云："视远惟明。"人们把看透事物的本质称为"明察秋毫"，把能够认识事物本质的人称为"贤明"，或尊称为"明公"，把能够勤于国务、明辨是非的帝王称为"明君"。"明"在社会生活中的引申义就是说，所有的人和事物，都在日月的照耀下，明明白白，一目了然。它是儒家伦理学说的重要内容，是几千年来中国人民的渴望和追求。儒家学说对"明"有深刻的理解和认识，自儒家学说的先驱周公至明清儒家学者，都对"明"做了阐释。儒家的经典《尚书》

中记载了"明德慎罚"、"明四目、达四聪"、"视远惟明"、"圣人不以独见为明"等观念,孔子则提出"举直错诸枉,则民服;举枉错诸直,则民不服",汉代董仲舒,宋代的二程、朱熹,明代的王阳明皆在先秦儒家"明"观念的基础上,对"明"进一步阐述,但总的说来,是希望国家政务都处在光明正大之中。"明"既包括"明德"、"明君",也包括吏治清明、军纪严明等。"明德"就是要修己、正己,"明君"就是要明察狱讼。"明"体现在国家官员的任用方面,就是必须要任人唯贤,以保证吏治的清明。吏治清明、择贤而任,是儒学的重要内容。军纪严明也是古代"明"观念的重要内容,中国最早的兵书《司马法》提出,军中号令要严明,长官要有仁爱之心的兵学原则。《孙子兵法》更是强调了军纪严明的主张。到了近代,当西方资本主义列强用洋枪大炮轰开古老中国的大门时,一部分先知先觉的中国人开始清醒,他们意识到:中国要想富强,必须走西方之路。林则徐、龚自珍、魏源等提出"明耻"观念,康、梁变法提出"君主立宪"的主张,这都体现出近代中国知识分子的"明"的思想,但并未提出以民主制代替专制的主张。中国资产阶级革命运动兴起后,主张以暴力推翻专制,孙中山先生更是提出了"天下为公"、"主权在民"的思想。革命党人的"公理之未明,以革命明之"的理论对几千年封建专制统治下的中国是空前的,想通过"主权在民"实现政府的廉明、官吏的清明、财政的透明,这与封建社会的"明君"、"明臣"是完全不同的概念,他们代表了近代先进中国人的"明"的思想。现代中国在改革开放的大背景下,更需要"明"的观念。特别是对于权钱交易、暗箱操作、"官本位"等社会不良风气的抵制,更是需要树立"明"的观念和"明"的行为,呼唤"明"的思想和作风,这才是建立现代文明社会的途径。

——关于"谦"。其基本的含义是谦让。谦让之德是一种道德自律,是处世原则的重要部分。它要求人们在道德标准上严于律己,宽以待人;在人际交往中要尊重他人,要有卑己尊人的态度和行为。谦让之德不仅是儒家伦理范畴的组成部分,也是中华民族璀璨的传统文化特征之一。《周易·谦卦》以卑释谦:"谦谦君子,卑以自牧也。"朱熹释之:"大抵人多见得在己则高,在人则卑。谦则抑己之高而卑以下人,便是平也。"[1] 由此可见,谦让可以理解为较低并谦虚地评价自己,同时对别人的心理和行为要较高地看待。《尚书·大禹谟》中说:"满招损,谦受益,时乃天道。"其中的"谦"含有谦逊戒盈的内容。"谦"也通"慊",有满足、满意的意思。《大学》云"所谓诚其意者,毋自欺也,如恶恶臭,如好好色,此之谓自谦"。"谦"不仅是一种伦理范畴,它也是一个哲学概念,中国人历来追求的"谦谦君子"之崇高人格,实际上是积极进取与谦虚自抑的完美结合。《周易》中说:"谦:亨,君子有终","初六:谦谦君子,用涉大川,吉。"《老子》说:"持而盈之,不如其已;揣而锐之,不可长保。金玉满堂,莫之能守;富贵而骄,自遗其咎。功遂身退,天之道也。"[2] 其意是,碗里装满了水,不如停止下来;尖利的金属,难保长久;金玉满堂,没有守得住的;富贵而骄傲,等于自己招灾;功成名就,退位收敛,这是符合自然规律的。他告诫人们要虚己游世,谦虚恭让,方能长久。孔子说:"君子有九思;视思明,听思聪,色思温,貌思恭……"[3] 大意是说,君子在修身达己的过程中,常要考虑容貌态度是不是谦虚恭敬,并论证了谦虚恭敬与礼的密切关系,"恭而无礼则劳,慎而无礼则葸,勇而无礼则乱,直而无礼则绞"[4]。《国语》中晋文公说:

---

[1] 《朱子语类》卷七十。
[2] 《老子》第九章。
[3] 《论语·季氏》。
[4] 《论语·泰伯》。

"夫赵衰三让不失义。让，推贤也。义，广德也。德广贤至，又何患矣。请令衰也从子。"赵衰数次谦让不失仁义，且有助于国家选贤任能，是个人美德与魅力的一种彰显形式。孟子说："无恻隐之心，非人也；无羞恶之心，非人也；无辞让之心，非人也；无是非之心，非人也。"① 王符认为谦让的品质是人之安身立命的重要依据，"内不敢傲于室家，外不敢慢于士大夫，见贱如贵，视少如长"②。谦让与个人修身、政治素养方方面面的紧密联系，更说明了其在中华传统文化中的特殊地位和社会价值。谦让的态度有利于冲淡人际交往中的各方面冲突，促进团队精神的形成，进一步增强群体和各阶层间的凝聚力。儒学认为谦让是一切道德观念的基础，"让，德之主也。让之谓懿德"③。谦让之德对推进我国道德环境建设，形成和谐而文明的社会氛围有积极的作用。《菜根谭》认为："处世让一步为高，退步即进步的张本；待人宽一分是福，利人实利己是根基。"可见谦让的美德能构筑起和睦温馨的人际往来之桥，通过对"谦"的体悟，人类必能通向和谐而幸福的家园。

——关于"美"。其基本的含义是"以美立善"的伦理美。作为伦理美的"美"是一种"宜人之美"，即从审美角度出发而阐发出对人的"终极关怀"，它指向人的现实生活，与人的生命、生活休戚相关。"美"成为追求人类合规律的自觉与自由的和谐统一，人的社会活动应是"合乎人性"的，能够充分引起精神愉悦、审美情趣的美好享受与舒适体验。中华民族的"美"、"善"观念是从图腾崇拜以及巫术礼仪与原始歌舞中萌发诞生的。"美"、"善"观念在"以人和神"中萌动，在"神人

---

① 《孟子·公孙丑上》。
② （汉）王符：《潜夫论·交际》。
③ 《左传·昭公十年》。

以和"中孕育,在"以众为观"中萌芽。《论语》中写道:"知者乐水,仁者乐山。知者动,仁者静。知者乐,仁者寿。"在其中孔子充分阐述了一种自然的审美情感,在《论语·八佾》中"子谓韶,'尽美矣,又尽善也。'谓武,'尽美矣,未尽善也。'"子曰:"里仁为美。择不处仁,焉得知?"孟子将性善之美、浩然正气、充实之美和与民同乐等方面归纳阐释,引发了人们对美、善至高境界的追求与向往。道法自然、上善若水、大音希声、虚壹而静的道德修养无一不探到美与善的丰富实质,美的内涵与外延包罗万象,"天地有大美而不言","乐行而志清,礼修而行成,耳目聪明,血气和平,移风易俗,天下皆宁,美善相乐"。董仲舒在《俞序》中引世子的话说:"圣人之德,莫美于恕。"同时他也论及了道德之美:"五帝三皇之治天下……民修德而美好","士者,天之股肱也。其德茂美不可名以一时之事","德不匡运周遍,则美不能黄。美不能黄,则四方不能往","此言德滋美而性滋微也"。董仲舒把德与美联系起来,德之美,即德之善。《淮南子》曰:"当今之世,丑必托善以自解,邪必蒙正以自辟。"因此,书中认为假、丑、恶,应予以揭露,同时在社会上提倡真、善、美,期待建立起真、善、美基础上的伦理美。伦理美的核心是"真"而不是"伪",是"质"而不是"文"。中国传统伦理美思想是以儒、道、墨、法等各家伦理道德传统为主要内容的伦理美思想与行为规范的总和。它不仅影响了中国历代人们的价值观念与行为方式,同时也成为衡量人们行为的准则与分辨德行修养的客观依据。修身内省、完善人格、重视情操的伦理美思想,有利于构建和谐社会和人们自我价值的提升,追求人际关系的和谐和强调人伦关系中的"美",有助于社会良好道德氛围的塑造,"天人合一"的伦理美能够保持人与自然的和谐共存,"贵中尚和"、"协和万邦"的伦理美思想是指导和谐社会、恰当处理各类关系的道德准则,"志存高远"、"自强不息"、"修己以敬"等伦理美观念丰富了人们的思想视野与道德境界。

——关于"正"。"正"与"中"、"直"意义相近,常与"邪"对举。其原初含义为走直路,其基本含义为正中、平正、不偏斜,合规范、合标准,纯正不杂,使端正、治理、修正等。其中正中、平正、不偏斜具有本体意义,治理、修正则具有方法意义。在中华传统伦理道德中,"正"既是个人身心修养的内容与方法,也是处理人与人、人与社会关系的原则和规范,在修身、齐家、治国三个层面有着不同的伦理意蕴。我国先民很早就有"正"的观念,而尧、舜、禹、汤、周文王、周武王自律、躬行、示范、用贤、惩恶的言行可视为"正"范畴的萌芽。"正"的范畴是在殷周之际的社会变革中伴随着西周伦理思想的建立而产生的,西周伦理思想中敬德、克己、用贤等思想可视为"正"范畴的源头。春秋战国时期,百家争鸣,儒、墨、道、法各学派在修身、齐家、治国方面有着不同的见解,从而丰富了正的思想。《大学》从理论上揭示了修身、齐家、治国的内在逻辑联系,使正的思想得以系统化。秦汉以降,"罢黜百家,独尊儒术",赋予先秦儒家正心、正己、正人、正名思想以正统地位,其在修心、修身、齐家、治国方面的作用,被历代思想家所阐发,从而使正的思想得以发展和完善。与此同时,司马迁、诸葛亮、魏征、王安石、岳飞、文天祥、郑成功、谭嗣同、孙中山等志士仁人用自己的正言正行,甚至生命诠释了正的含义。历经变迁,"正"范畴在今天对民众、对国家依然具有重要的现实意义,具体表现在儒家"正己正人"的德治传统与以德治国方略,"正己率民"的官德思想与党员领导干部的思想道德建设,"尚贤"传统与党的干部队伍建设,孔子"正名"思想与社会的可持续发展,传统正气观与新时代的党风建设等方面。

——关于"中"。对于"中"字的含义,学术界有不同的诠释。《说文》曰:"内也。从口、丨,上下通。"王筠《文字蒙求》曰:"中,以口象四方,以丨界其中央。"唐兰《殷墟文字记》说最早的"中"是社会中的徽帜,古代有大事则建"中"以聚众。王国维《观塘集林》释"中"为古代投壶盛筹码的器皿。郭沫若在《金文诂林》中认为"一竖象矢,一圈示的",像射箭命中之说。还有人认为是古战场中王公将帅用以指挥作战的旗鼓合体物之象形。可以看出的是,早在原始氏族社会时期就有了"中"的观念,在这种观念中,蕴涵了一种因力而中的价值取向,是部众必须依附听从的权威和统治,具有政治、军事、文化思想上的统率作用,进而意味着一切行为必须依附的标准所在。当然,这种观念仅仅表现为一种传统习惯而已,人们还没有把"中"上升到伦理道德的范畴。后来随着社会的发展,"中"就逐渐用来规范人们的思想行为。到了三代时期,执中的王道思想开始形成。三代相传的要点,就在于"执中"的王道思想。到了商代,"中"已然被作为一种美德要求于民,同时,也预示着后世"忠"字出现的契机。周朝进一步发展了"中"的思想,明确提出了"德中"的概念。周公把"中"纳入"德"作为施政方针,周公的"中德"思想,主要包括明德和慎罚两个方面。在孔子以前,中的观念在中国古代文化中早已形成了传统。虽然他们还没有将"中"和"庸"连缀使用,但我们已可以看出两个字字义的高度契合性。孔子则正式提出了"中庸"的伦理范畴,他视"中庸"为"至德"。这种"至德"首先体现为公允地坚守中正的原则,以无过无不及为特征。纵观中庸问题的发展历史,我们可以对中庸之道作如下概括:中庸之道是儒家的最高哲学范畴,是儒家的道德准则和思想方法。首先,中庸是一种"至德"。中庸的核心是"诚",作为德行规范,广泛作用于社会、思想道德以及自然各领域。其功用则表现为"正己"、"正人"和"成己"、"成物"。"诚"在中庸中有两大特质:一是由下而上，为天人合一之道；一是由内而外，为内圣外王之道。作为德行理论，中庸之道教育人们进行自我修养，把自己培养成至仁、至诚、至善、至德、至道、至圣、合内外之道的理想人格和理想人物，以达到"致中和，天地位焉，万物育焉"天人合一的境界。其次，中庸之道作为一种思想方法，它含有"尚中"、"尚和"两个方面。"尚中"，即崇尚中正不偏之意。它既是一种方法原则，又包含对行为结果的要求。"尚和"，强调矛盾事物的统一、和谐。"尚和"还含有"中和"的意义。其中，"和"是"中"的目标和结果，"中"是"和"的前提和保证；无"中"便无"和"，"中"与"和"互相联系、相互依存。但是，"和"仅体现了事物的表层状态，而"中"则作为事物的本质和精神内藏于事物之中。《中庸》认为："中也者，天下之大本也；和也者，天下之达道也。"又认为："致中和，天地位焉，万物育焉。"由此可知，中庸之道亦是中和之道，然而亦为天地之道，亦为人行事之道。它合一天人，使自然界和人类社会和谐无间，从亲亲之仁出发，以人的道德自律为途径，以"致中和"为其宗旨，最终达到内圣外王的理想境界。中庸之道作为一种政治与道德形态，对于中国社会的和谐和发展以及维系几千年的统一，起到了极其重要的作用。因而，行中庸，执中道，致中和，便成为中国传统文化的核心内容之一，中庸思想、中和情结，时时刻刻地影响着我们个人和社会。今天，我们全面而客观地评价中庸之道，深刻地理解和把握其合理内容及实质，汲取其思想精华，对于推动当今中国现代化的进程和社会主义道德建设有重要的意义。同时，当今世界，在全球一体化的发展趋势之下，中庸思想和价值观对全球化的价值思维也有着指导意义。

——关于"乐"。乐是一种心理状态，包括人的内心、人与人、人与自然和社会的幸福情感交流。如何看待幸福快乐即幸福快乐观是人生观系统中关于幸福快乐的根本观点和看法，也是产生并形成幸福快乐感的关键。迄今虽然中国伦理思想家对幸福快乐的理解见仁见智，但他们对如何达到和实现幸福快乐这种完满状态，却作过大量的思考。他们探讨了义利、理欲、苦乐、荣辱等幸福维度，并由此构成了不同历史时期各具特色的幸福快乐论。先秦时期，既有儒家以道德理性满足为乐的道义幸福快乐论，又有墨家以利他为乐和法家以建功立业为乐的幸福快乐论，还有道家以无为自由为乐的自然幸福快乐论。汉代儒家董仲舒强化了道德理性对于幸福的决定性，强调了以纲常秩序为美的道义幸福快乐论。魏晋玄学家主张以性情自然、精神自由、行为放达为乐的自然幸福快乐论。宋明理学家片面深化了道德理想主义，其幸福内涵的价值取向完全抛弃了感性幸福，走向了纯粹的道德理性单维。晚明时期出现了彰显自我的幸福快乐论。清代思想家在批判宋明理学家极端道义幸福论的基础上，重构了理欲、义利、公私关系，形成了多维度均衡的幸福快乐论。近代，面对救亡图存的历史重任，新学家提倡道德革命，借鉴西方的幸福快乐论和功利主义等思想形成了求乐免苦的幸福快乐论，但并没有从根本上背离传统幸福快乐论的大方向。

儒家所倡导的道义幸福快乐论在中国传统伦理文化中占有统治地位，对中国人追求幸福快乐生活的影响最为深远，并与以苦为人生起点的西方伦理观相判别。从先秦时期的孔子、孟子，到宋明时期的程颐、程颢、朱熹、陆九渊、王阳明，都思考了获得幸福快乐的方式和途径，都认为幸福快乐必须内求于己。除了追问幸福的含义以及实现幸福的方法外，儒家对于德与福之关系的思考也是不绝如缕的。首先，儒家坚持以高尚为乐，认为乐于行道，乐于助人，才能有君子道德的造诣，达到心灵和谐的境界；其次，儒家在强调道德幸福和精神幸福的同时，也特别强调社会的共同幸福，认为自我独乐不如"天下皆悦"，力倡"先天下之忧而忧，后天下之乐而乐"，所谓修身、齐家、治国、平天下之理论，其旨亦在求得普天下人的共同幸福快乐。因而儒家就建立了道德、精神的快乐与普天下人的共同快乐两个方面的幸福快乐标准。儒家强调人如果没有理性和美德就不会有幸福快乐，认为幸福快乐就在于善行，就在于为社会整体利益而行动之同时，又强调为完善德行而"一箪食，一瓢饮"的乐道精神，注重个人德行的完善和人生的不朽以及强调平治天下的大志与追求社会的共同幸福快乐，把个人的幸福快乐包容于普天下民众的幸福快乐之中。儒家传统幸福快乐观在诠释幸福的内涵上不仅仅重视人的主观内在感受，更重视个人幸福同自然、他人、社会的相互关联，这与现代和谐社会思想的理路是基本一致的，对今天的人生和社会依然颇具启迪意义。

——关于"公"。重视"公"是中华伦理的一个重要特征，"先公后私"、"崇公抑私"已经成为中华伦理的基本道德要求。"公"作为一种道德理念，不仅贯穿于中华传统伦理的过去、现在和将来，而且在某种程度上已经内化到中华民族的集体记忆中，成为中华伦理道德的一大特色。正如刘畅先生所说的那样："崇公抑私，是传统文化中最活跃的思想因子，公私观念，是古代思想史中至关重要的论证母题，相对于其他范畴来说，具有提纲挈领的意义，牵一发而动全身。"[①] 因而，探究"公"范畴的内涵及其发展历程对于研究中国伦理思想有重要意义。"公"观念不仅对中国古代社会产生了重要影响，即便在当今社会，"公"观念也没有褪色，反而显示出强大的生命力，获得了新的生长点。"公天下"的理念是中国社会的崇高理想，早在先秦时期"公天下"的观念就已经萌芽，比如《慎子·威德》写道："故立天子以为天下，非立天下以为天子也；立国君以为国，非

---

① 刘畅：《中国公私观念研究综述》，《南开学报》（哲社版）2003年第4期。

立国以为君也。"慎子的意思很明白,那就是立君为公,应该以天下为公。这一思想和明末清初思想家王夫之的"不以天下私一人"具有异曲同工之妙。"公天下"的理想被后世思想家不断提及,《礼记·礼运》描绘的那个"天下为公"的大同世界是对"公天下"的最好诠释。唐太宗所说:"故知君人者,以天下为公,无私于物。"① 柳宗元认为秦设郡县乃是公天下的行为:"然而公天下之端,自秦始。"② 顾炎武强调"合天下之私以成天下之公";王夫之反对"家天下",主张"公天下",认为"天下非一姓之私",应"不以天下私一人"。近代以来,"天下为公"的思想仍然备受推崇,众所周知,"天下为公"是孙中山先生毕生奋斗的最高理想。尽管这些关于"公天下"或"天下为公"的思想论述的角度和具体内涵有差异,但是毫无疑问都表达了对"公天下"的向往。既然公私问题如此重要,历代思想家自然非常重视,几乎历史上重要的思想家都对公私问题发表过自己的看法。也正因为公私问题在漫长的历史中不断被探讨辨析,所以"公"观念的内涵也随着时代发展不断被赋予新的内容,呈现出历史演变的阶段性。可以说,我国社会思想的发展史,就是公私关系的历史,是公、私观念产生、发展、嬗变及辨别的过程。"公"观念的发展大致经历了形成、发展、激荡、转型等几个时期。邓小平继承并发展了马克思主义公私观。为了适应中国国情和时代要求,邓小平突破传统,对公私问题进行了深入思考,开创性地提出了共同富裕的思想。他指出:"社会主义的本质就是解放生产力,发展生产力,消灭剥削,消除两极分化,最终达到共同富裕。"③ 但是在此过程中又不可能平均发展,所以要一部

---

① (唐)吴兢:《贞观政要·公平第十六》,裴汝城等译注《贞观政要译注》,上海古籍出版社2007年版,第154页。
② 《封建论》,载《柳河东全集》,中国书店1991年版,第34页。
③ 《邓小平文选》第3卷,人民出版社1993年版,第373页。

分人先富起来，以先富带动后富，他还强调在这一过程中要兼顾公平与效率。江泽民、胡锦涛等对"公"观念也有很多论述。江泽民在继承邓小平的经济共同富裕的基础上，开创性地提出了精神层面的共同富裕。进入21世纪以来，公观念又有进一步的发展，特别是和谐社会思想的提出是对传统公观念的一大突破。党的十六届六中全会提出要"按照民主法治、公平正义、诚信友爱、充满活力、安定有序、人与自然和谐相处"[①]的原则来建设社会主义和谐社会，民主原则的提出体现了以民为本的思想，"公平正义"则体现了对公平的追求，这标志着从原来注重效率逐渐向注重公平的重大转向，是对"公"思想的又一个重大突破。

到此，《中华伦理范畴》已经相继出版了19个德目，它们之间既是相对独立的，又是紧密联系的，构成一个完整的体系。为了共同的目标，每一卷的作者都勤勤恳恳、呕心沥血，付出了艰辛的劳动，在此谨向他们致以深深的谢意！

正当《中华伦理范畴》第二函杀青之际，世界陷入了次贷危机的泥沼之中。次贷危机，其实是一场信誉危机，本质上仍是伦理道德的危机。惊恐之中，重温1988年1月诺贝尔物理奖获得者、瑞典科学家汉内斯·阿尔文的"人类要生存下去，就应该回到25个世纪前，去汲取孔子的智慧"的演讲和镌刻在联合国大厅里的孔老夫子的"己所不欲，勿施于人"、"己欲立而立人，己欲达而达人"的教诲，应该给人们一些启迪吧！

《中华伦理范畴》总结的是中华民族千百年来所继承和弘扬的做人的大道理。它是每一个想做君子而不想做小人的人的道德约束和修养圭臬。伦理道德虽然并称，但道德主要是每个人内心

[①]《中共中央关于构建社会主义和谐社会若干重大问题的决定》，人民出版社2006年版，第5页。

的活动,而伦理有为全社会的人规范行为的作用。因此,普及中华民族优秀伦理,对于全社会成员的道德自律既具有普遍的指导作用,又具有某种意义上的他律作用。有自律和他律两个方面的保障,国人的素质才会提高。

　　让我们每个人都明白做人的道理,用中华民族优秀的传统伦理去规范一言一行,努力去做一个道德高尚的人。每个人都从身边的小事做起,从自身做起;多做善事,少做乃至不做恶事。

　　愿我们共勉。

戊子隆冬于曲园寒舍

目 录

绪论 …………………………………………………（1）
第一章 "乐"的起源和范畴的界定 …………………（1）
　一 "乐"观念的缘起和内涵 ………………………（1）
　二 幸福快乐概念的界定 ……………………………（4）
　三 "乐"的层阶结构 ………………………………（14）
第二章 孔子的"乐"观念 …………………………（26）
　一 孔子的人生追求 …………………………………（26）
　二 孔子的道义主义快乐论 …………………………（31）
　三 孔子的乐教观念 …………………………………（41）
第三章 战国儒家对"乐"的阐发 …………………（48）
　一 孟子的多层次快乐论 ……………………………（48）
　二 荀子的理性追求之乐 ……………………………（61）
　三 《乐记》的乐教思想 ……………………………（69）
第四章 道家的自然无为"乐"观念 ………………（77）
　一 老子"顺从自然"之乐 …………………………（77）
　二 庄子的精神自由之乐 ……………………………（85）
　三 道家的音乐自然观 ………………………………（98）
第五章 墨、法及其他各家的"乐"观念 …………（103）
　一 墨家兼爱利民、自苦为乐 ………………………（103）
　二 法家的理想境界与快乐论 ………………………（112）
　三 杂家的"适乐"思想与人生之乐 ………………（117）

第六章 汉代"乐"范畴的发展 ……………………… (122)
- 一 董仲舒的幸福观和乐教论 ………………………… (122)
- 二 刘向的乐观人生态度 ……………………………… (128)
- 三 扬雄的玄远自在快乐论 …………………………… (135)
- 四 王充"皆在命时"的祸福观 ……………………… (137)
- 五 汉代文人诗篇中所见之快乐观 …………………… (141)
- 六 《淮南子》的乐教观 ……………………………… (145)
- 七 《太平经》的"乐生"观 ………………………… (148)

第七章 魏晋时期"乐"范畴的演变 ………………… (151)
- 一 玄学家虚幻的精神乐园 …………………………… (152)
- 二 魏晋名士的山水之乐 ……………………………… (162)
- 三 空前的爱乐尚音热情 ……………………………… (171)
- 四 陶渊明的田园之乐 ………………………………… (178)
- 五 魏晋士大夫的快乐人生 …………………………… (188)
- 六 《列子》的纵欲主义快乐论 ……………………… (194)
- 七 佛教的乐伦理 ……………………………………… (200)

第八章 宋代理学时期"乐"的转型 ………………… (208)
- 一 北宋五子的乐道境界 ……………………………… (208)
- 二 朱熹的禁欲主义快乐论 …………………………… (222)
- 三 胡宏、吕祖谦对孔颜乐处的弘扬 ………………… (227)
- 四 陆九渊"心学"的快乐论 ………………………… (234)
- 五 范仲淹的"后天下之乐而乐" …………………… (239)
- 六 苏轼的旷达自适之乐 ……………………………… (244)
- 七 宋元时期的乐心说和士人的人生乐趣 …………… (255)

第九章 晚明彰显自我的"乐"伦理 ………………… (263)
- 一 陈白沙的自然之乐 ………………………………… (263)
- 二 王阳明的自由境界快乐论 ………………………… (273)
- 三 王心斋、颜山农走向世俗的自我之乐 …………… (282)

四　吕坤的精神境界快乐论 …………………………（291）
　　五　东林党人的力拯天下快乐论 …………………（294）
　　六　晚明人文思潮追求的快乐论 …………………（300）
第十章　清代的"乐"伦理 ……………………………（312）
　　一　王夫之的献身理想之乐 ………………………（312）
　　二　颜元的"建功立业"幸福观 …………………（321）
　　三　戴震的"达情遂欲"快乐论 …………………（325）
　　四　魏源的"君子乐道" …………………………（328）
第十一章　近代新学家的"乐"伦理变革 ……………（332）
　　一　康有为的"求乐免苦"论 ……………………（332）
　　二　严复的"合理利己主义"快乐论 ……………（337）
　　三　梁启超的乐利主义和心魂之乐 ………………（342）
第十二章　"乐"伦理在现代社会中的意义 …………（351）
　　一　对传统"乐"伦理的再认识 …………………（351）
　　二　快乐观教育对当代道德教育的重要性 ………（362）
　　三　传统乐天休命的精神家园及其现代意义 ……（369）
主要参考文献 ……………………………………………（377）
后记 ………………………………………………………（381）

绪　　论

　　中国是世界文明发展最早的国家之一，在漫漫的历史长河中，我们的先祖创造了灿烂的文明。中国传统社会注重伦理关系，在某种程度上可称为伦理社会。而伦理是一种和谐，伦理关系是一种应当的和谐关系，而人们追求的和谐实际上又是要在和谐中追求一种生活的幸福快乐。

　　幸福和快乐是个既古老又年轻的话题，它与人类的生活休戚相关，因为幸福不仅是人类现实生活中存在的一种重要现象，更是人类生活所不断追求的目的和理想。自古以来，许多伦理思想家都对其进行过探讨，但究竟什么是幸福、快乐，却很难得出定论，人们对幸福、快乐的理解也是仁者见仁、智者见智。这是因为幸福、快乐更多的是主体感受，它反映了一个人的人生观、价值观。虽然对幸福、快乐难下定论，然而，关于什么是幸福，达到幸福的方式与途径，以及幸福与道德的关系等问题，一直受到中国古代伦理思想家的关注，于此方面的论述是极其丰富的。这些论述，随着历史的演进，对中华民族的生活心理和生活方式都产生了极其巨大的影响。今天，我们从伦理思想发展史的角度，对传统民族幸福、快乐观念进行梳理和研究，对于建设和谐社会的幸福生活具有极其重要的理论意义与现实意义。正确的幸福观、快乐观有利于人们树立正确的人生观和价值观，有利于激励人们福而思源、福而思进，直接提升人们的生存、生活和生命的质量。

在中国古代伦理思想史上，关于什么是幸福的问题，解答不尽一致。既有《尚书·洪范》中的"五福"说，也有儒家的道德幸福论，还有道家的自然幸福论，更有《列子》的纵欲主义幸福论，等等。在宗教方面，中国古代的幸福观念也不尽相同，既有道教长生不老、成仙的幸福论，又有佛教成佛、普度众生的幸福论。这些幸福观理论，集中体现了中国历史上的具有代表性的幸福观念。

先秦儒家继承了《洪范》的幸福观念，把寿命、富贵等幸福的要素看成是外在的，由上天或命运决定的，唯有"攸好德"是在我者，可以通过个人的努力追求而获得。因而儒家强调福的标准在于精神或道德方面。儒家教导人们沉浸在道德的幸福快乐之中，既享受学道的快乐，为辅德而交友的快乐，"父母俱存，兄弟无故"的天伦之乐，也享受"反身而诚"、道德体验的幸福和快乐。在儒家那里，幸福是与道德相伴的，它不具有完全独立的意义。儒家在强调道德幸福和精神幸福的同时，也特别强调了社会的共同幸福，认为自我独乐不如"天下皆悦"。儒家所谓的修身、齐家、治国、平天下之理论，其旨亦在求得普天下人的共同幸福。由此看来，儒家就建立了道德、精神的快乐与普天下人的共同快乐两个方面的幸福标准。传统儒家强调人如果没有理性和美德就不会有幸福，认为幸福就在于善行，就在于为社会整体利益而行动之同时，又强调为完善德行而"一箪食，一瓢饮"的乐道精神，注重个人德行的完善和人生的不朽以及强调平治天下的大志与追求社会的共同幸福，把个人的幸福快乐包容于普天下民众的幸福快乐之中。在古代中国，儒家的幸福快乐论后来一直在人生思想领域占据统治地位，汉代王充的命定幸福说，虽然强调幸福不可以个人之力而致，但也否定以败坏德行而换取生活的幸福。这种儒家精神始终制约着人们的思想，其后的幸福快乐理论无论怎样演变，基本没有脱离这个框架。

与儒家的幸福快乐观不同,道家认为,万物的本然状态是最好的状态,能顺其自然之性,则合乎道,则得最大之幸福。《庄子·天道篇》:"与天和者,谓天乐。"道家认为真正的幸福不在于财富、势位、知识,甚至不在于世俗所尊崇的德行,而在于合乎道或自然。人们通常所谓的幸福,总是有祸伴随着,祸福二者总是随时可以转化的,即所谓"福兮,祸之所伏"。因而只有顺应天然而得到的"天乐"才是真正的幸福快乐。

中国古代的宗教幸福观与儒家、道家又有区别,如道教把世俗的幸福和天上的幸福结合起来,认为通过修炼服食可获得长生,逍遥任意,并得道成仙,永远享受人间和天上的一切快乐。再如中国佛教禅宗所宣扬的幸福,则在于众生的内心之中,自我觉悟,明心见性,即可成佛,即是获得最高的幸福。宗教的幸福观念,实质上不在于帮助人们求得现实生活的幸福快乐,而是教人无限度地忍受现实的苦难。

魏晋时曾出现的异端幸福说,即《列子·杨朱》中所主张的仅顾及肉体而不顾其他一切的纵欲主义幸福观。这种幸福观念不仅是个人的、粗鄙的,而且在中国历史上也是昙花一现的。

古代伦理思想家无论对幸福有多么不同的理解,但其基本思想是一致的,即都把幸福理解为人生的一种完满境地和理想状态。因此,他们对如何达到和实现这种完满与理想,作了大量的思考。换言之,他们思考了获得幸福的方式和途径,是内求于己还是外求于物。对此,中国古代的伦理思想家从先秦时期的孔子、孟子、老子、庄子,到宋明时期的程颐、程颢、朱熹、陆九渊、王阳明,都认为幸福必须借助于外在条件,必须与人的物质需要——利益相联系,但他们强调这并不是主要的。他们认为,人要获得真正的幸福,就必须除去"物蔽",反求诸己、克制欲望,在个人修养中达到幸福的极致。他们在物质欲望中看到了"私利"的危害性,大声疾呼"君子喻于义,小人喻于利",应

"见得思义"，靠自我的修身养性来达到至善的境地，获得最大的幸福快乐。这种看法，可谓中华民族传统幸福快乐观的一大特色。

在古代中国，礼义道德历来被推为人生的第一要旨，修身养性是公认的达到幸福的根本方法。追求幸福应以个人幸福为起点，还是应以整体幸福为根由，这既是与如何追求幸福紧密联系的问题，也是各种不同幸福观的核心。中华民族是一个十分重视伦理道德的民族，其基本特征就表现在"扬公"、"去私"、"明理"、"去欲"上。先秦儒家孔子、孟子提倡仁义为公利和社会整体的幸福，号召人们"杀身成仁"，"舍生取义"，就是要以牺牲个人幸福来换取社会整体的幸福。因此，重义还是重利，即是从个人幸福出发还是从整体幸福出发，是区分善人和恶人、君子与小人、道德与不道德的根本标准。汉儒董仲舒所谓"夫人有义者，虽贫能自乐也，而无大义者，虽富莫能自存"，其意也近似于此。宋明理学家把"个人幸福"与"整体福利"割裂开来，以所谓的"理欲之辨"使人们放弃私利，服从追求社会的整体幸福的所谓"天理"。历代儒家的这些观点虽不尽相同，但基本倾向则非常明显，即凡追求个人的私利都不是真正的幸福，而为了社会整体的幸福而自觉放弃、牺牲个人的幸福，就是"仁人"、"君子"。这种思想作为中国古代文化的主导倾向，凝聚为中华民族的心理结构，成为评判思想观念和行为活动的基本标准，也支配着幸福快乐学说的命运。即使是那些在此问题上持异议或相反主张的学派、宗教，也都不得不正视这种评判的标准，从不同的角度以崇扬公共幸福超越于个人幸福的面目出现。我国古代伦理思想家把追求幸福同重公义而轻私利相联系，既有积极意义，也有消极的影响。从积极方面说，它为整个社会规定了一种道德思想；把个人幸福从属于社会整体的幸福，这是中华民族强大的凝聚力、生命力的源泉。从消极方面说，它无条件地推崇社会整体的幸福,不可避免地扼杀了个人幸福的欲望与追求,从而最终把个人幸福同社会整体的幸福对立起来。

除了追问幸福的含义以及实现幸福的方法外,我国古代思想家对于德与福关系的思考也是不绝如缕的。对幸福含义的不同理解,对幸福实现的不同追求,必然会导致各派伦理学在自己的体系中,赋予幸福以不同的地位。归结起来说,幸福在伦理学体系中乃至在人们的伦理生活中的地位、价值以及与别的伦理思想的关系,完全取决于它与道德的关系。应该说,幸福与道德的关系是多层次、多视角的,但最主流的一种观点,亦即传统儒家的观点,就是道德即幸福、至善就是幸福与道德之统一。所谓道德即幸福,大体包含两层意思。一是指道德等于幸福。行为有德就是得到了幸福,而行为无德则无幸福可言。二是指道德高于幸福。人生的最高目的是道德,而幸福只是达到道德目的之后的一种附属物。这种观点在中国伦理史上的情况比较复杂,各有伦理学大师对此作了精辟的阐述。《尚书·洪范》的"攸好德",是中国式的道德即幸福的发端思想,儒家全盘继承了这种思想。孔子所谓"一箪食,一瓢饮,在陋巷,人不堪其忧,回也不改其乐"(《论语·雍也》),到了宋明理学时代被称为"孔颜真乐",成为许多人孜孜向往的圣贤境界。宋明理学家之所以要其学生体会这种颜回之乐,原因就在于此。法家、墨家也时常把道德放在幸福之上。即便是讲究因循自然的道家,也强调个人内心超脱的幸福,强调个人自我完善的幸福。在宋明理学伦理思想中,这种观点越发走到"存天理,灭人欲"的极端。纵观中国古代伦理思想家有关幸福与道德的思想观念,不难发现其特征主要有三:其一,幸福范畴在其伦理体系及生活方式中没有独立性,幸福是附属于德行的,德行是其思想体系的核心和归宿,只有德行才能规定和注解幸福的范畴。其二,传统幸福观并不是笼统地轻视一切幸福,而是颂扬精神幸福,轻视物质幸福。其三,传统幸福观很少与利己主义相联系，却往往与利他主义相联系，以人的利他本性和精神需要，来论证利他和精神幸福的重要性。在中国古代，除了个别时期的少数思想家与这种幸福观唱反调之外，整个中国道德文化的传统，包括儒、道、墨、释及后来佛、道、释三家合流产生的宋明理学，对此达成了共识。

在古代中国，由于受伦理学中幸福观的"大一统"倾向，以及由于占据绝对统治地位的"道德即幸福"思想的潜移默化之影响，人们在幸福观上的思路是比较单一的。中国伦理学顺着孔子的义利之争这条路线发展下去，到程朱理学、陆王心学的理欲之辨，结果就是"道德即幸福"的观点越来越占据绝对统治的地位，以致走到"存天理，灭人欲"的死胡同中去。中国伦理学的幸福观之所以走上这条绝路，而没能形成把德行与幸福统一起来的思想，最根本的原因在于中国始终处于禁欲主义的封建统治之下。直到维新变法时期，严复、康有为、梁启超等新学家们引进了西方的幸福、快乐观，并对其进行了发挥，才在中国出现了一种既与传统儒家的苦乐观存在分歧，又有契合的新的苦乐观。新学家们的苦乐观虽然肯定了人们"求乐免苦"的欲望，提倡"合理利己主义"、乐利主义，但也如传统儒家一样，既强调道德原则，也强调"灵魂之乐"和"心魄之乐"的精神之乐。他们并没有从根本上背离传统儒家幸福快乐观的大方向。

自古至今，幸福快乐观都应是多元化的，是人对幸福和多元幸福生活与境遇的主观体验与追求。观念是指导行为的，有了幸福快乐观念，对生活就有了自觉的感受和追求，对立足于现实幸福，创造真正幸福，就有了指导理念。幸福快乐观影响着一个人的人生观和价值观的确立和形成。人的幸福快乐观不同，其价值观也往往大相悬殊。有人以道义为幸福快乐，那就会以追求道义为幸福快乐，而不以物质生活的贫困为苦。有人以感官欲望的满足为幸福快乐，就会只顾追求个人的吃喝玩乐，而置道义与集体利益于不顾。在其心目中，认为那些勤勉工作、一心为公的行为是受罪。有人以真理为生命，以科学为生命，以艺术为生命，陶醉于自己的事业之中，乐此不疲，倘若让其无所事事，游手好闲，必感痛苦。倘若让其去做损人利己的事情，以换取物质享乐，他必然感到不可忍受。这就是各人所好，各取各异。人们对生活中自视为最有意义的东西，总是以最大的努力去追求，得到它就会感到幸福快乐，得不到或得而复失就会感到悲伤痛苦。当然，追求高层次幸福的人，并非不需要生理的感官的满足，问题是有大乐、小乐，有物质之乐、精神之乐，有长远之乐、眼前之乐，有众人之乐、个人之乐的区别。人生的幸福观不同，苦乐也就千差万别了。要想认识它、理解它、驾驭它，让它服务于人生，使人生更多地充满欢乐，使人生更有生气、更有价值、更有意义，就需要依靠科学的幸福快乐观。

第一章 "乐"的起源和范畴的界定

尽管自古以来的伦理思想家对幸福、快乐难下定论，解答不一，但毋庸置疑，幸福是人类生活所不断追求的目的和理想，追求幸福几乎成为每一个人的生活动力。追溯历史上有关幸福、快乐的缘起，厘清幸福、快乐的概念，有助于人们树立正确的幸福、快乐观并指导人们对幸福、快乐的追求。

一 "乐"观念的缘起和内涵

中华民族是一个古老的民族，在长期的发展过程中，形成了本民族的"乐"观念，其蕴涵幸福快乐之"乐"和音乐教化之"乐"，二者皆具有悠久的历史。

中国古代的快乐观缘起上古社会。对上古原始社会的道德风貌，描绘最为具体的是《礼记·礼运》，其云："大道之行也，天下为公，选贤与能，讲信修睦。故人不独亲其亲，不独子其子。使老有所终，壮有所用，幼有所长，鳏寡孤独废疾者皆有所养。"这样的讴歌，固然反映了《礼运》的作者有过分美化原始社会的倾向，但提到的公有观念、平等观念和互助观念，确实反映了原始社会道德美好、人际和谐的基本特征。在原始共产制的生产关系下，为了维护集体的生存和利益，平等、忠诚、团结互助、尊敬老人，以及维护氏族利益，为氏族成员复仇等行为，就成为氏族成员共同遵守的行为规则。这种淳朴的道德观念适应于原始社会低下的生产力水平，对于调适和巩固部落、氏族的社会组织起过促进作用。

原始社会的艰难生存条件激发着人的求生本能，也锻炼了对人生存的自信力和体验了人生的愉悦。"筚路蓝缕，以启山林"是一个使人的生命力发出光辉的过程，足以诱发人类自我崇拜的情感，并且就此生发为全民族的审美意识。正如日本学者笠原仲二指出，中国古代人的审美意识，"是由象征着这种生命力的充实和旺盛的事物的姿相、状态以及性质等等所给予的强烈的感受"。也是"对人生的激励和慰藉，是人生真正的愉悦和快乐"[①]。古人把这种情感倾注在带领他们前进的代表人物身上，中国远古传说时代充满了英雄业绩和英雄崇拜的情怀。古代神话中创造了很多为民除害而不计个人得失的英雄人物。从传说时代所歌颂的人民的英雄，怎样向往更加美好的生活，怎样赞美劳动和斗争，等等，都能体现出当时人的理想观念。

女娲补天的动人故事就是典型。在天崩地裂，四极毁坏，天不能尽覆万物，地不能遍载万物，所见只有燃烧不灭的烈火和泛滥不息的洪水，而其间又有恶禽猛兽趁机从山林蹿出来攫食老弱妇孺之时，女娲"炼五色石以补苍天，折鳌足而立四极，杀黑龙以济冀州，积芦灰以止淫水"（《淮南子·览冥训》）。女娲为人类平息了灾害，天地恢复了平静，人类始得以安居生息。女娲之所以受到人们的崇尚，是反映了时代精神的，人们崇拜她，歌颂她，以她为楷模，反映了氏族社会中，人与人的关系是以舍己为人，大公无私为宗旨的。当人类遇到危难时，人们都应竭尽全力去解除它。人们所向往的，是一个人人都能背负大地、怀抱青

---

① 笠原仲二著：《古代中国人的美意识》，魏常海译，北京大学出版社1987年版，第16页。

天、安居乐业、怡然自得地过生活的社会。

艰难的生存环境还促成了群体社会意识。用木石工具在季节性很强的气候下抢耕抢收，必须依靠大规模的劳动协作，《诗经·周颂》里有"千耦其耘"、"十千维耦"的记载。这说明商周时代农业生产要采取集体劳动的形式。在不利的生存环境中进行斗争，人们必须而且容易集结成庞大的群体，只有如此才能在很大程度上克服个体生命的脆弱性，在与自然搏斗中表现出较强的生存能力。存在决定意识。规模空前的国家组织的过早产生和由此导致的大型社会形态，为群体共存和谐意识的形成预设了必需的温床。这也在某种程度上导致中国的传统快乐论总是注重人伦关系的和谐。

在中国古代，最早较系统地论述幸福问题的当推春秋中叶以前的《尚书·洪范》。《洪范》记述周初武王访殷逸民箕子，箕子为武王陈述治理天下的大法。《洪范》提出"向用五福，威用六极"。"五福：一曰寿，二曰富，三曰康宁，四曰攸好德，五曰考终命。六极：一曰凶短折，二曰疾，三曰忧，四曰贫，五曰恶，六曰弱。"即构成幸福的要件有五：长寿、富足、康健平安、爱好美德、善终正寝。构成不幸的因素有六：不得好死、多病、多忧愁、贫穷、貌状丑恶、志力懦弱。可见《洪范》论幸福，一方面将幸福看做一个综合性的范畴，五种幸福要素即是衡量一个人是否幸福的标准；另一方面把"福"与"极"即幸福与不幸并提，在两者的对立中考察幸福；同时，把福与德相联系，认为爱好美德本身就是一种幸福。盖因"攸好德"可陶冶情操，虽贫不忧，虽貌恶而不自弃，虽体弱而心志壮，靠好德而获得幸福，避免不幸。《洪范》虽然已经强调修德是幸福的要素之一，但认为幸福须有健康、安宁、顺利和一定的财富等要素，这是从个体的角度谈论幸福，并且认为幸福是上天、上帝或神赐予的。《洪范》所论及的这些幸福因素对中国传统幸福观具有深远的影响。

我国古代音乐的产生，可以追溯到混沌渺茫的原始蒙昧时代。传说尧舜以前的黄帝、颛顼时期就已出现了许多原始的歌舞乐曲。《吕氏春秋·古乐》云："昔葛天氏之乐，三人操牛尾，投足以歌八阕：一曰《载民》，二曰《玄鸟》，三曰《遂草木》，四曰《奋五谷》，五曰《敬天常》，六曰《达帝功》，七曰《依地德》，八曰《总鸟兽之极》。"可见在原始社会时期，我们的祖先就已创造出与其生产、生活密切相关的音乐作品。儒家典籍《尚书·舜典》对上古乐教的内在精神有经典的阐释："八音克谐，无相夺伦，神人以和。"可见，儒家认为乐教最终要达到的理想人格境界，就是这个审美的"和"的境界。

由上可见，缘起于中国远古社会的传统乐观念所蕴涵的幸福快乐之"乐"和音乐教化之"乐"，无不强调一种和谐意识，深深地打上了伦理的烙印。

二 幸福快乐概念的界定

自古迄今，"幸福"一词被人们频繁地使用着，但"幸福"却一直是个含糊的概念。在伦理思想史上和现实生活中，人们对幸福的理解很不一致。幸福是一个谜，让一千个人来回答，可能就会有一千种答案。为了理解幸福的本质，我们需要厘清其含义以及它与快乐、痛苦、欲望、利益等概念之间的关系。

（一）幸福的含义

幸福是人生的终极目标。幸福是一种不断被创造出来的美好生活过程，幸福有待于人的努力创造，而且，人们创造美好生活又是接受幸福引领的结果。幸福是总体性的，即当人们将幸福确定为人生目的之后，其心灵就不会受不同的生活目标的冲突而造成焦虑，不会因受诸如"鱼与熊掌不可得兼"的选择困难而备受纷扰。人们按照幸福这一人生目的去生活和行动就变成一场充满情趣的旅行。只有幸福才能将人生的各个片段连缀成一个整体，使人少有遗憾，使人生具有真正的价值和意义。人们一生所进行的一切活动，皆是为着幸福。幸福具有最高价值，它决定人生的各个方面、各种活动。

将人生目的定格在幸福上，不会导致利己主义，将有利于社会和谐。钱财是比幸福低得多的目标，是外在目标，单纯的钱财不能使人获得内在价值的实现，财富并不能直接给人提供一种美好的生活，聚集财富也绝不能给人以欢乐，除非是敛财狂或者吝啬鬼，即使敛财狂和吝啬鬼的这种聚集财富的欢乐，在一般人看来，也只不过是一种病态的欢乐，是一种可怜的生活状态，绝非一种有意义的生活。因而，幸福确定为终极目的，不仅不会导致利己主义泛滥，而且有利于社会的发展与进步，也有利于整体社会的和谐。

（二）幸福与快乐

幸福与快乐是很容易混淆的，有必要讨论一下两者之间的关系。幸福与快乐有着本质的区别，它们分属不同的存在领域，幸福与人生终极价值相关联，快乐只与人的当下需要，与现象性存在相联系。追求幸福和追求快乐所导致的结果迥然相异。但二者又不是截然对立、完全不同，而是存在着紧密的相互联系。

第一，幸福包含着快乐。幸福是在理想指引之下的快乐，是使自身的欲望满足接受审美的和道德要求的快乐，这一点与单纯追求快乐和欲望的满足完全不同。人作为动物，有着动物一样的本能需要；人又是自我意识的精神存在，具有其他动物所不具备的尊严性。这就决定：一方面人的欲望需要满足，另一方面人的本能欲望的满足又绝不能是赤裸裸的，人的欲望必须接受人类精神的指引和以符合人的审美要求的形式出现。罗素说："道德的实际需要是从欲望的冲突中产生的,不管它们是不同的人之间,还是同一个人在不同的时期,甚至在同一时期的欲望。"① 使欲望接受理智的规范并使之符合人的审美要求,乃获得幸福的必备条件。快乐则不然,快乐很少顾及道德和审美的要求,单纯追求快乐必然导致贪欲,而贪婪必然导致人与人之间的冲突。如果我们将幸福的理解侧重于人的自由全面发展和自我完善、自我实现,那么,人的基本需要的满足,以及由之所获得的快乐形式就必然成为我们获取幸福的一个基础性的条件。因而幸福离不开快乐。

第二,快乐离不开幸福。由于快乐是当下的,是自发的,快乐在很大程度上受欲望或意志之驱使,如果它不能由理性加以引导,不能由道德加以节制,就可能成为破坏人的幸福的力量。追求快乐必须与人生的终极目标联系在一起,与人生终极目标相联系,快乐才能获得它的规定性,快乐才能是有意义的,才不致成为一种破坏人的幸福的力量。离开幸福而单纯追求快乐造成的后果是十分明显的。为了获得幸福,人们会自觉地选择有利于个人自由全面发展的快乐,有利于人的自我完善和自我实现的快乐来追求和获得它,反之,就必须摒弃它。用幸福对快乐加以节制,也包含着用社会道德规范对快乐进行节制的内容,从根本上讲,每个人追求幸福必然会使其清楚地甚至是本能地意识到,这种幸福只能在有利于他人和社会的前提下才能实现,因为幸福的获得离不开与他人发生和谐的关系,否则,个人幸福就立即会化为泡影。有鉴于此,个人对幸福的追求必然引导个人去关注他人,改良社会环境,这是人们接受社会道德规范,既维护社会,又通过自身创造性活动改良社会的根本性动因,由其指引追求幸福的活动才能达到这种自觉反思的程度;而快乐的当下性、偶然性特点

---

① 罗素:《为什么我不是基督徒》,商务印书馆1982年版,第57页。

则不可能使人们达到这种自觉反思的水平,它不会涉及人们的长远发展和根本利益,因此,快乐只有与幸福相联系,它自身才有可能受到自觉限定,这种限定不是不快乐,而是增加快乐。人们同自己的欲望斗争,限制自己的欲望是为了获得幸福。只有为了幸福,节制自己的欲望,有选择地获得快乐和追求快乐才是可能的。

第三,快乐与幸福不同。虽然快乐与幸福之间是密切联系的,快乐是幸福的起点,但快乐与幸福的性质是不同的。其不同主要表现为五个方面:其一,快乐是由某种具体的需要或欲望得到满足所产生的愉悦感,而幸福则是由那种根本性的、总体性的需要得到某种满足所产生的愉悦感。其二,人的需要和欲望得到满足就能引起快乐。而人的需要和欲望可能是正常的,也可能是不正常的;可能是健康的,也可能是病态的;可能是合适的,也可能是不合适的。所以,快乐总存在着是否正常和健康的问题。那些不正常、不健康、不合适的快乐可能是不利于人的生存和发展的,也可能是不利于社会秩序的。与快乐不同,引起幸福的需要是人的根本的总体的需要,这种需要对于生存和发展来说总是正常和健康的,而且也是与社会发展的根本要求相一致的。只有这种需要的满足引起的愉悦感才能称得上幸福。其三,追求快乐是人趋乐避苦本性的自然倾向,这种追求可以经过理性的选择,也可以不经过理性的选择,听任本性摆布。因此,对快乐的追求和快乐的获得往往具有自发性。对幸福的追求则不是人的自然本性的自然倾向,而是经过人的理性思考和选择所确定的,是教育影响和社会濡化的结果,也可以说是人的社会本性的客观要求。其四,以人的自然倾向为基础的快乐具有很大的盲目性;只要满足,不问方式,只问目的,不问手段。道德的、合法的满足可以引起快乐;不道德的、不合法的满足也能引起快乐。因此,快乐本身并不就是善的,幸福则不同,它是以人根本的和总体的需要的满足为基础的，人根本的总体的需要本身必须包含道德、法律方面的要求。因此，幸福本身就应是善的，即对幸福的追求包含对高尚品德的追求，追求幸福的过程是一个合德、合法、合理的过程。其五，由某种具体的需要或欲望得到满足所引起的快乐，总是即时的，间断的，来得快，去得也快。因而，一个人的生活不可能总是充满快乐，如果有可能享受不间断的快乐，人的心理也承受不了。因为快乐是一种高度兴奋状态，人的心理不能持续处于这种状态。所以，快乐只能作为生活的调味剂，而不能作为生活本身。幸福则由于是由人的根本需要和总体需要得到某种满足所引起的，因而是持久的，连续的，深沉的，来之不易，去之也不易。所以，幸福是一种生活状态，一种生活过程，一种生活本身。

从根本上来说，快乐侧重于人的生理、心理需要的满足方面。快乐以内在欲望冲动为基础①。众所周知，人有各种各样的欲望，这些欲望如果不能得到满足，就会产生不安、紧张和痛苦。生理需要不能及时满足，就会引发生理上紧张和不安，如果给予一定的满足，这种紧张不安状态就会得到消除。伴随着这种紧张状态的解除就是人的某种快乐感的出现。这种快乐感是人作为生物体自身所必然具有的，是纯粹基于感官享受的快感。除了生理快感之外，还有一种是心理快乐，心理快乐是由心理紧张及其解除后所带来的快乐。心理紧张既有可能与人的生物本能需要有关，更有可能与人的社会需要有关，如人皆有被尊重、羡慕、理解等欲望，通过努力追求满足这些欲望，从而获得快乐，对于一个人格健全的人而言，都是自然的。健康的、合于自然的快乐能够使我们得到享受和幸福，而不健康的、非自然的快乐绝不能给人带来幸福。因此，人要获得幸福就必须对快乐做出选择。快

---

① 皮加胜：《敲开幸福之门》，湖北人民出版社2003年版，第217页。

乐如果不与人生目的、人的使命、人的终极价值等联系起来，就是盲目的，它不会被吸收为人生幸福的一个有机成分或环节。因而，为了获得幸福，必须节制快乐，因为节制可以使人立足现实，根据现实条件去寻求快乐。有人奢望过高，脱离现实条件去追求不可企及的快乐，结果只能是自寻烦恼，带来痛苦。在追求快乐的同时，我们必须使我们的精神中生长出一种控制欲望的意志力，它是使我们的欲望保持在合理范围内的一种力量，没有这种意志力，追求快乐只能带来痛苦。

（三）幸福与痛苦

痛苦与快乐是人生两个互补的色彩。如果说痛苦是指疾病和精神的烦恼，那么快乐则是指身体的健康和精神的宁静。肉体的快乐与痛苦主要取决于物质条件的高低。而人的精神上的痛苦和快乐，则不直接取决于客观条件的状况，即人类精神的快乐并不与社会进步、科技发展、物质财富的增长成正比。人能否获得精神上的幸福快乐，除了必要的物质条件外，还需要正确的人生观、良好的精神修养和高超的生活艺术。

在现实生活中，痛苦和快乐是并存的。人在现实生活中总是追求快乐，力求避免痛苦。但事实上，从快乐的性质看，快乐是人的欲望获得满足后产生的欣慰感，这种感受在欲望得到满足之时随即消失，快乐消失之后，随之而来的必然是空虚和无聊，即痛苦，这就是古希腊哲学家柏拉图关于"快乐和痛苦是同时发生的"这一命题所包含的意思。柏拉图曾以饮水为喻，认为渴是痛苦，饮则为快乐，在饮水解除了渴欲，即痛苦停止之时，从饮水中获得的快乐也就停止了。柏拉图把"痛苦"和"快乐"如此紧密地联系在一起，其根本目的是为了引导人们去掉一切感官的欲望，反对人们去追求现实生活中的快乐，这自然是错误的，但他将痛苦和快乐看成是存在的不可分割的两个方面，则是十分深刻的。

生活中快乐和痛苦并存的另一个原因是快乐的重复递减性。当同一种欲望不断重复得到满足时，其快乐会呈递减趋势，如果生活的内容没有什么变化时，就会显得乏味，已有的快乐随着时间的流逝，也会越来越平淡。因此，一旦生活没有了新的内容，快乐就停止，而随着快乐的停止，痛苦也就成为生活的新内容。快乐作为追求的满足，所引起的心理上的兴奋状态，也不可能长时间的维持，它总有一个由兴奋到平静的过程。或许快乐可以由一个转向另一个，让其持续下去，但这只是愿望而已，不仅生活中绝无仅有，而且所谓快乐由一个转向另一个，实质上是人的欲望由一个目标转向另一个目标。当一个人的心灵、理性被自己的欲望完全左右时，人就成为自身贪婪的俘房，灵魂片刻都得不到安宁，这绝不是快乐，更不是幸福，只能是痛苦。

痛苦与快乐不仅同时并存，而且痛苦从某种意义上看还是快乐的前提，即痛苦为幸福的一个不可或缺的环节。其一，痛苦可以帮助人们节制不健康的、消极的快乐，帮助人们解除欲念所带来的苦恼、妒忌、贪婪和仇恨，正确处理自己与他人的关系，使心灵得到安宁，从而获得幸福。其二，在某种程度上说，苦难是一种宝贵的营养，只有在苦难中人们才有如凤凰涅槃，体会到生活的美好。机遇或幸运都必须付出艰苦的努力之后才会获得，任何成功、幸福的实现，莫不如此。有鉴于此，为了自己的长远利益和长远幸福，为了实现自己的人生价值和理想，人们就不会惮惧痛苦，还会将痛苦的磨砺视为走向幸福的必不可少的环节。其三，一个幸福的人必定是人格健全完善和人性丰满的人，而此类素质必得经过内心实际的激烈冲突才能获得。而冲突必然会要求我们压抑某些骚动，否定我们身上的屑小私利，从而方能形成健康人格。面对大千世界、波诡云谲的人生，一个人的内心不可能不产生诸多矛盾和冲突，一个人如果真的心如死水，波澜不兴，对什么都无所欲求，对什么都毫无兴趣，这也实在谈不上幸福。只有在强烈的心灵冲突中，人才能产生出深刻强烈、崇高隽永乃至悲怆的体验，并通过自己的行动向世人展现自己生命存在的意义与价值。没有冲突的心灵不是真实的，因而也就无所谓幸福。冲突虽然带来紧张、纷扰、焦虑，但也正是它们洗礼、锤炼着我们的人生，即人的心灵只有在对立冲突中才能走向成熟坚强。而只有成熟坚强的心灵在面对纷繁复杂的世界时，也才能守成持衡，才能"千磨万击还坚劲"，建构起获得人生幸福的各种必备因素。其四，幸福不是在某种静止状态中或"定式"中获得的，而是动态发展的。人们谋求幸福的过程是一个流动着的过程，而人生只要是一条湍急的河流，它就难免不遇到暗礁和阻隔，也正因为有暗礁和阻隔，也才能激起美丽的浪花。因而生命之流正因为有不幸、祸患、苦难，才显得美丽。幸福是对人之存在意义的完整把握和理解，是对自我完善和自我实现的追求。因而，能被称为幸福的人，一定有着正确的人生目的和人生策略，即便生活过程中的痛苦、焦虑、感伤等都是有意义的，是五彩生活过程中的不可或缺的环节。如果我们惧怕生命之流应当具有的冲撞、打击，而务求平静、安稳、无声无息，那就会领略不到其趣味了。

古往今来，能成大器者，获得人生幸福者，无一不是付出了艰苦的努力和经过无数磨难才最终实现的，这是一个无可辩驳的事实。自由、生命、幸福需要通过克服它的对立面才能发展到更高阶段。这正是我们将痛苦视为幸福的一个必要环节的根本理由。也正因为许多伟大的思想家、英雄人物、明智之士对此深有领悟，他们才能够因厄运而发愤，因苦难而奋起，因压抑而奋进，终究是困难和痛苦成就了他们，使得其生命闪现出耀眼的火花。

(四) 幸福与欲望

事物间皆存在着因果必然的联系，欲望被满足通常是快乐的，但快乐并不等同于幸福，欲望和幸福之间同样也会受到多方面的矫正。人的欲望可能正确地反映人自身的客观需要，也可能片面地、膨胀地反映人自身的客观需要，甚至错误地、歪曲地反映人自身的客观需要，所以这就很容易造成有的人在追求满足某些欲望时，不但没有给自己带来幸福，反而导致了自身的不幸和痛苦。事实证明：人的欲望不仅会导致个体与社会的冲突，也会导致个体自身的冲突，正如恩格斯指出的那样：人的"追求幸福的欲望受到双重的矫正：第一，受到我们的行为的自然后果的矫正，酒醉之后，必定头痛；放荡成习，必生疾病。第二，受到我们的行为的社会后果的矫正……"[①] 许多思想家和哲学家都有这种共识，像古希腊哲学家德谟克利特说："对于一切沉溺于口腹之乐，并在吃、喝、情、爱等方面过度的人，快乐的时间是很短的，就是当他们在吃着、喝着的时候是快乐的，而随之而来的坏处却很大。对于同一些东西的欲望继续不断地向他们袭来……除了瞬息即逝的快乐外，这一切之中丝毫没有什么好东西。""如果对财富的欲望没有餍足的限度，这就变得比极端的贫穷还要难堪。"[②] 当然，人作为有生命的自然个体，血肉之躯必受自然界进化规律的制约，应该满足其基本的生理和心理需求，饥则亦食，渴则亦饮，寒则亦衣，劳则亦息。如果抑制人所有的本能欲望，生命将会失去丰富多彩的一面而变得索然无味。从这个意义上讲，禁欲和纵欲都将殊途同归地使人陷入痛苦和不幸，只有适度欲望既会使人生充满快乐，又是创造幸福必不可少的要素。

不仅如此，不与人生终极价值和意义相联系的欲望满足之快乐，还有可能使人单纯为了某种欲望满足的快乐而存在，从而失

[①] 《马克思恩格斯选集》（第4卷），人民出版社1977年版，第234页。
[②] 《古希腊罗马哲学》，生活·读书·新知三联书店1957年版，第117—118页。

去快乐。一个人无论是单纯追求生理欲望满足还是心理欲望满足,都有可能导致"失乐"。如果追求感官享乐,就有可能使自己成为感性欲望的奴隶,人就会被感官所支配,在这种情况下,一个人就需要不停地寻找新的刺激,而新的感官刺激又会滋生出更强的欲望要求,因为感觉器官、人的神经系统似乎具有某种不断追求新的刺激形式的要求,这种不断生长起来的需要使一个将快乐视为唯一的人永远处于饥渴状态之中,因此,这种人也就极易成为最不能满足和最不快乐的人。如果单纯心理欲望的满足,追求心理快乐,也导致同样的结果。如贪恋荣誉的人会为了得到更多的荣誉而变得虚荣和沽名钓誉,必然使一个人生活得非常烦累和痛苦,最终失去心理快乐。

(五) 幸福与利益

人皆有图谋利益之心是不争的事实。利益的典型表现形式是金钱和权力,人世间古今中外,钱权之争从来没有中断过,而且大有越演越烈之势。社会上重利轻义、见利忘义现象相当普遍,利益的交换、身份的较量、财产的争夺,比比皆是。究其原因,钱权等利益被人们看成了幸福生活的替代物,追求利益甚至穷凶极恶地掠夺绝大部分利益,最终是为了实现自身的幸福生活。不可否认,钱权等利益具有正面意义,每个人生活都需要足够的利益,永远摆脱不了受实际利益关系的制约。追求幸福的欲望人生来就有,而幸福生活的实现,要受到物质生产条件的制约;只有物质利益实现了,人们的基本需求得以满足,幸福这类非物质利益要求才能得以逐步实现。但充足的利益却并不能必然地保证能获得幸福。利益只是实现生活目的的一个条件,是一种浮动于身心之外的东西,这就是"钱财乃身外之物"的本质含义。这意味着利益永远是手段,永远是一种中转方式,而幸福才是生活的目的。正因为存在着这一区别,所以充足的利益也不能必然地保证幸福，或者说，利益不是幸福的充足理由。

三 "乐"的层阶结构

古往今来，不同时代，不同阶层的人们对幸福快乐的认识也是不同的。以往从阶级论出发得出两种快乐论：一切剥削阶级认为，只要能得到物质享受，穷奢极欲，吃喝玩乐，把自己的快乐建立在别人痛苦的基础上，就是快乐，满足不了个人愿望就是痛苦。无产阶级认为，为实现共产主义而奋斗就是最大快乐，并在为绝大多数人谋福利的工作、学习、生活中寻求快乐，而把失去为人民服务的机会和条件，看做人生的最大痛苦。革命者把个人的苦乐与阶级的、民族的苦乐联系起来，吃苦在前，享乐在后，通过艰苦奋斗，获得整个阶级、整个民族的幸福，其中也就包括个人的快乐。这种由阶级论得出的幸福快乐观显然有其局限性。当前也有一些学者提出了自己的看法①，在前人研究的基础上，可将中国传统幸福快乐观大体分为以下几种：

(一) 道德幸福快乐论

儒家思想在中国传统文化、传统道德中长期居于主导地位，其道义主义的幸福快乐论，乃是古代各种幸福快乐论中最足以代表中国古代人生哲学主流的幸福快乐论。虽然整个封建时代，伴随儒学的发展，儒家的道德幸福快乐论不是一成不变的，但其主体思想是一致的。

先秦儒家的幸福快乐观体现了一种人本主义的倾向。孔子作

---

① 关于幸福观的研究论文可参考罗敏《幸福三论》，载《哲学研究》2001年第2期；林剑：《幸福论七题——兼与罗敏同志商榷》，载《哲学研究》2002年第4期；卢娟：《几种幸福观的科学理解》，载《科学之友》2005年11月；邱吉：《论社会主义幸福观》，载《苏州大学学报》2001年第3期等。

为儒家的创始人,其哲学的宗旨就是仁义,儒家强调人如果没有理性和美德就不会有幸福、快乐,始终将道德理性看做人的本质。荀子曾对人禽之别,人所以贵于万物的原因作了这样的说明:"水火有气而无生,草木有生而无知,禽兽有知而无义;人有气、有生、有知亦且有义,故最为天下贵也。"(《荀子·王制》)就是说,有道义乃是人与禽兽的根本区别。因此,儒家将"止于至善"(《礼记·大学》)作为人生的最高追求。基于这一价值观,儒家以道德理性的满足、道德理想的实现为乐,以自我完善、人格完善为乐,以为治国、平天下、作贡献为乐;而以背离、丧失道义为苦,以德业、事业无成为忧。

儒家所谓"幸福就在于善行"提倡的是一种以行践道的追求幸福的方法。在对待仁德上,要把对仁德的追求和认识变成一种自觉的行为,让每个人对仁德不仅要"知之"更重要的是要"乐之",使人们在认识实践仁德的过程中得到快乐幸福的心理感受,得到最大的心理满足。儒家强调为完善德行而"一箪食,一瓢饮"的苦行精神,注重个人德行的完善和人生的不朽以及强调平治天下的大志与追求全体的幸福,把个人的快乐和幸福包容于普天下民众的快乐和幸福之中。

《论语》、《孟子》多处记载了孔孟对苦乐的体验、理解。孔子主张安贫乐道,赞赏"曲肱饮水之乐"(《论语·述而》)。《论语·雍也》:"子曰:知之者,不如好之者;好之者,不如乐之者。""知之"、"好之"、"乐之"的"之"字,均指"道"而言。人仅仅知道之可贵,未必即肯去追求道;能"好之",才会去积极追求。仅好道而加之追求,自己犹未与道合而为一,有时会因懈怠而与道相离。到了以道为乐,则道才会在人身上扎稳了根,此时人与道无有间隔。这样的乐是一种精神享受,是支撑道的具体力量;此时的人格世界,是安和而充实、自得的世界。孔子用此标准去衡量学生,故赞"颜子有陋巷箪瓢之乐"。对所有弟子，孔子唯独对贫困不堪的颜回有过不违仁德的颂扬，而其他弟子则认为只是偶尔想及仁德罢了。其于颜回安贫乐道的人格境界的颂扬，实际上已开了后世人们向安贫乐道的君子看齐的肇端。宋代理学家，自周敦颐开始，中经二程、朱熹，一直到明代的王阳明，都以寻求"孔颜乐处"作为自身趋向理想人格的楷模。"周程有爱莲观草、弄月吟风、望花随柳之乐"，就是准此而言的。

孔子以后的儒家，都重视一个"乐"道。孟子曾云："礼义之悦我心，犹刍豢之悦我口。"（《孟子·告子上》）意思是说，如同人人生来喜食猪、羊肉一样，人人生来皆心慕礼义，以行义求善为乐。既然"礼义之悦我心"，所以，人们首先以求得对礼义之知为乐，这便是"学而时习之，不亦说乎"（《论语·学而》）。在孔孟看来，明理义的学习过程充满了欢乐。孔孟认为，一旦达到善，则心中无愧，自满自足，便会带来真正的欢乐，即"反身而诚，乐莫大焉"（《孟子·尽心上》）。反之，"不仁者不可以久处约，不可以长处乐"（《论语·里仁》）。一个不道德的人虽然能获得一时的快乐，但却不可能获得长久的快乐。孟子曰："君子有三乐，而王天下不与存焉。父母俱存，兄弟无故，一乐也。仰不愧于天，俯不怍于人，二乐也。得天下英才而教育之，三乐也。"（《孟子·尽心上》）由孟子"三乐"看来，人伦关系的完美无缺，自身人格的完美无憾，道德理性的满足，并以善传人，将善推广于天下，才是人生真正的大乐，是君子所应追求的欢乐。统观《论语》、《孟子》二书可以看出，在孔孟那里，对善对义的追求与快乐的活动是高度统一的，求善、行义即能得到快乐，善的增进即是快乐的增进。因此"止于至善"是最大的幸福快乐。

应该指出的是，在思想史上，古希腊哲学家已经觉察到了幸福与伦理之间的关系，这与中国传统的道德幸福快乐观具有相通之处。德谟克里特是较早集中思考"幸福"的哲学家,他认为人生的目的就是追求幸福。他指出,现实的幸福应是呈现于人的灵魂中的对于人与人之间的和谐、协调的一种体验。他已初步觉察到了幸福与伦理之间的关系。亚里士多德更是将幸福与道德、人生目的相联系,认为人生的目的是追求至善,这个至善就是现实的幸福,"幸福是人最大的和最好的善"①。

值得注意的是,儒家的德行幸福快乐论与西方的禁欲主义幸福观之间的区别。西方禁欲主义幸福观主张最高的幸福在于精神。其根源在于人们曾极力想通过欲望的满足来实现对幸福的体验,却通常发现人类欲望的满足是无法穷尽的,根本不可能通过欲望的满足而最终达到幸福,因而要得到真正的幸福须抛开一切欲望而去追求一种精神上的满足。柏拉图说:"每种快乐和痛苦都是一个把灵魂钉住在身体上的钉子。"埃皮克蒂塔认为:"使人扰乱和惊骇的不是物,而是对物的意见和幻想。"② 西方禁欲主义者极其鄙视肉体欲望,视肉体为尘土和灰烬,肉体只不过是背负着灵魂的一头"驮载的驴子"。罗马帝国的统治者教化人们:肉体的物质欲望是卑贱的,它只是幸福的桎梏。中世纪神学提出,人的最高幸福在来世,认为尘世幸福绝不是人生的最终目的更不是最幸福的,它只是达到来世幸福天堂的手段和阶梯。托马斯·阿奎那说:"人们在尘世的幸福,就其目的而论,是导向我们有希望在天堂中享受幸福生活……"③

与西方禁欲主义幸福观不同的是,先秦儒家的幸福观既不敌视肉体快乐也不追求肉体快乐"采取了中间的道路"④,认为节

---

① 苗力田主编:《亚里士多德全集》(第8卷),中国人民大学出版社1994年版,第350页。
② 恩斯特·卡西尔:《人论》,商务印书馆1963年版,第34页。
③ 《阿奎那政治著作选》,商务印书馆1963年版,第86~87页。
④ 卢娟:《几种幸福观的科学理解》,载《科学之友》2005年11月。

制自足才是幸福快乐的道理。在此我们可以看出，先秦儒家思想是反对纵欲的，但不是像西方早期的禁欲主义幸福观那样要求严格的禁欲，而是强调人们安贫乐道，认为恬淡寡欲、节制自足就是幸福。孟子就主张"养心莫善于寡欲"。儒家对于基本的人生需求仍然是认同的。直至宋明理学之时，这种观念才演变成为严酷的禁欲主义的幸福观。二程强调："人心私欲，故危殆；道心天理，故精微。灭私欲则天理明矣。"（《二程遗书》卷24）朱熹强调："圣贤千言万语，只教人明天理，灭人欲。""革尽人欲，复尽天理。"（《朱子语类》卷二）王阳明认为："学者学圣人，不过是去人欲而存天理耳。"（《传习录上》）宋明理学的宗旨：只有"存理灭欲"才是幸福之关键所在。此时的儒家幸福观已与先秦儒家产生了较大变异，实际上已经成为中国的禁欲主义幸福观，违背了孔子的人本主义幸福观的宗旨。

不可否认，儒家的德行快乐论不免有将人生理想化的色彩。两千多年来，它只是作为一种"理解状态"存在于中国人的思想中，只有少数精英人物（圣贤）能够在某种程度上加以实践。何况，早期儒家贴近人生世情的伦理学说和人生哲学到汉代以后日益与专制政治相结合，嬗变为沉重的伦理教条和政治说教，于是原本为人道幸福而设计的人生哲学不可避免地异化为压抑人的自由个性和精神快乐的绝对政治伦理专制主义。

（二）利欲幸福快乐论

利欲幸福快乐论强调个人享乐，一切以自己的感受为标准，最大化地追求个人利欲的满足，认为只有这样才能得到幸福。魏晋时代的《列子·杨朱》最能代表这种快乐观。杨朱云："十年亦死，百年亦死；仁圣亦死，凶愚亦死。"在死神面前，无论贵贱，无论贤愚，无论暴君，也无论平民，即使是那些守仁节欲的贤人君子，都是一样的，双目一闭，什么都不知道了。他主张活着就应不失时机地享乐,"为美厚尔,为声色尔";人生别无他求,"为欲尽一生之欢,穷当年之乐,惟患腹溢而不得恣口之饮,力惫而不得肆情于色"。从人生本身来看,与虫蚁相同,生命苦短,韶光易逝,所以不能亏待生命,而要顺乎人的各种意愿,及时行乐,否则后悔莫及。既然生命是如此易逝,如果不抓住它,不赋予它意义,不顺乎其意,对生命来说就太亏了。对于生命,杨朱从终极意义上进行了论述,任何人都一样,都要死亡。他强调人活着就要尽情享乐,不要为博得一个好名声而自我折磨。"且趣当生,奚遑死后"是《杨朱》的人生哲学,意即把现实的快乐即肉体的快乐享受视为人生的最高价值和目的。由此可见,杨朱这种纵欲主义幸福观已经走向了利己主义的极端。《杨朱》篇描写的固然代表晋人精神,但并不是晋人精神的全部。

我国古代的纵欲主义快乐论和西方的享乐主义幸福观具有相通之处。西方享乐主义幸福观认为,幸福在本质上是一种尘世生活的快乐,即现时性的物质欲望的满足。人生是如此短暂和有限,只有及时行乐才不愧对人生、枉活一世。西方享乐主义的始祖伊壁鸠鲁说:"我们的一切取舍都从快乐出发,我们的最终目的乃是得到快乐。"[1] 费尔巴哈也认为一切人甚至一切生物,其终极目的是在追求快乐和幸福。他说:"一个幼虫经历了长时间的寻觅和紧张的流浪以后,终于安息在它所望的适宜于它的植物上,是什么驱使它采取行动,是什么促使它作这样的苦难的流浪?"那就是"对幸福的追求"[2]。他认为人的本性就是追求幸福与感官上的快乐欲望,大胆提出了"我欲故我在"[3] 的主张。

---

[1]《西方伦理学名著选集》(上卷),商务印书馆1964年版,第103页。
[2]《费尔巴哈哲学著作选集》(上卷),生活·读书·新知三联书店1962年版,第535~536页。
[3]《费尔巴哈哲学著作》(上卷),商务印书馆1984年版,第591页。

虽然幸福、快乐离不开欲望的满足,深深根植于欲望之中,求乐免苦是人之共性,正如康有为大声疾呼:"普天之下,有生之徒,皆以求乐免苦而已,无他道矣。"①"夫天生人必有情,圣人只有顺之而不绝之。"②但是人不能陷入利欲之中,幸福、快乐绝不等于欲望的满足。人除了物质需要和感官享乐之外,更有其精神需求,相对于物质需求和感官享乐而言,精神需求更为丰富。也正是精神需求将人与动物在需求方面区别开来,由精神需求获得满足所产生的不仅仅是心理层面的,而且是精神世界的宁静,是通过人生之意义的体悟而获得的对人存在状况的把握,以及由这一把握而产生的人与人、人与世界之矛盾统一的壮美感。由精神需求得到满足所产生的这种幸福快乐感同样是人人都有的,我们不能否定一般人所具有的精神需求以及由这一需求获得满足所带来的幸福感。

纵欲主义幸福快乐观虽然对人们摆脱剥削阶级倡导的禁欲主义起了一定的进步作用。但是纵欲主义以人的自然需要为出发点从个人利己主义出发追求个人幸福,把个人享受提高到了至高无上的地步,毁掉了一切精神内容。这既是片面的和不合理的,事实上也是行不通的。幸福也是自我实现和无私奉献的统一。一般意义上的幸福是指个人的自我实现。但它只有通过对社会和人类的无私奉献才能表现出来。因为人是社会的存在物,都有自身的道德责任。利欲幸福观置人的精神追求和个人与社会的协调发展于不顾,引导人们只顾个人的欲望满足和感官享乐,那么必然的结果就是享乐成为一句空话。因此纵欲主义幸福快乐观,往往会导致功利主义、利己主义,消磨人的斗志,实质上阻碍了个人的

---

① 康有为:《大同书》,上海古籍出版社1956年版,第6页。
② 《中国近现代伦理思想史》,黑龙江人民出版社1984年版,第69~70页。

发展和社会的进步，败坏了社会风气，对社会产生极大的负面影响，个人幸福也就不可能实现。

在人类文明飞速发展的今天，在享乐主义重新喧嚣而起的时候，面对人们的价值观多样化的事实，我们应该树立一个什么样的幸福价值观，的确是一个亟待我们深思与解答的问题。

（三） 自然幸福快乐论

自然主义幸福快乐观主张万事万物要顺其自然，不争不夺，无为之为才是追求幸福的道路。自然主义幸福快乐观其实就是一种出世哲学，这就是道家倡导的一种避世主义的幸福快乐观。与儒家的道德幸福快乐观不同，道家认为，万物的本然状态是最好的状态，能顺其自然之性则合乎道，则得最大之幸福。《庄子·天道》曰："与天和者，谓之天乐。"认为真正的幸福不在财富、势位、知识，甚至不在世俗所尊崇的德行，而在于合乎道和自然。只有达到与天同道才是真正的幸福。老子把原始生活理想化，认为没有文明，生活在极乐的无知中，不使用文字记事人类会过得更好。老子倡导隐居或遁迹山林，不参加任何世俗的事物，提倡人人过离群索居的隐士生活，只有这样才能获得幸福生活。显然这种绝对的避世主义的幸福快乐观是行不通的，也是不存在的，它完全否认了人的主观能动性，放弃了社会的进步和文明的发展，实质上就是一种明哲保身的处世哲学，某种程度上它又是利己主义的一种表现。人类毕竟是与其他动物有着本质区别的生物，人类有着其他生物所没有的神圣的使命，试想如果是如同避世主义者所描述的那种社会，人类生存还有什么意义呢？

（四） 创业幸福快乐论

幸福不仅是静态的享受，更是一种动态的创造过程。享受并不是幸福的全部内容，真正幸福的人，是永续不断追求创造、建功立业的人。功利主义在中国古代源远流长。早在战国时期,墨子就提出过"志功合一"的功利思想;以后法家又提出过权力功利主义;北宋李觏的"利欲可言",王安石的"理财乃所为谓义也";南宋叶适的"以利与人,而不居其功,故道义光明";到清朝颜元的"正其谊以谋利,明其道而计其功";近代则以龚自珍、康有为为功利主义思想的卓越代表。这种功利主义思想中蕴涵着创业幸福快乐论。而儒家的治国、平天下其实也是这种创业幸福快乐论的典型代表。我国古代带有功利主义特色的创业幸福快乐论与道德是不相违背的,与单纯对等级特权的追求和对金钱的追求的"片面求利"之功利主义是有根本区别的。如果说幸福在一般意义上,是指个人的自我奋斗、个人自我目标的实现。但作为一种更高更深刻的幸福则是对社会和人类的无私奉献。强调幸福是个体的,也是必然要超越个体的,幸福的程度是与个人超越自身的程度成正比的。

马克思主义者也持创业幸福快乐论。马克思说:"人们只有为同时代的完美、为他们的幸福而工作,才能使自己达到完美。"[①] 只有在创造中,人的生存、享受和发展三个层次的需求才能得到满足,人类需求的自然本质和社会本质始终是统一的。从性质上区分,享受只是暂时的放松,而幸福则是人们在投入精力和感情之后的感受。作为人与其他动物有着本质上的不同,人的真正本质就是要自己自觉地创造。唯有创造才是幸福真正的源泉。事实表明,只有创造才能体现人的本质力量,也只有创造才能给人以精神上的最高享受。创造是社会和人生之母,社会在人的创造中发展,人格力量在创造中形成,和谐的人生在创造中得以实现,个人的生命在创造活动的进程中得以扩展。正是在能动的创造过程中,人才能发挥和发展自己的智慧才能,实现和提高

---

① 《马克思恩格斯全集》(第40卷),人民出版社1972年版,第7页。

自身生命的真正价值。正是创造活动,使劳动者在"活动时享受了个人的生命表现","感觉到个人的乐趣"①。创造活动中的这种精神享受,正是创造者莫大的幸福,这种幸福比生活中其他幸福更深刻、更充分、更持久。创造对人生的意义更在于:它使人的生命获得一种连续感和延续感;人不是因为有生命而不得不生活,而是因为有生命而拥有生活;生命的意义不在于为生活而生活,而在于创造生活。在创造生活的过程中,创造者不仅体验到生命的充实感、意义感,更能超越现时、超越自我,使生命得以连续和延伸。

有一种快乐,它不是伴随着人的欲望的满足、财富的占有和消耗而获得,也不是因受到他人和社会的尊重、得到荣誉等精神满足而产生,而是相伴劳动实践过程而产生的快乐,是创造的快乐,唯有此种快乐才能被称为人生幸福的真正起点。劳动实践的快乐、创造的快乐有资格作为幸福的起点,因为此种快乐是无待于其他条件的,此种快乐是付出性的、给予性的,它所需要的只是如何更有效地去进行劳动创造活动,它激励人增长才干、发展能力、完善自身,因此,它实乃最积极的快乐,是唯一能够使我们走向幸福的起点。其他的快乐虽然不能从我们的生活中排除,但却必须加以限制,唯有劳动创造之快乐无须限制,它促使我们获得人生的幸福。著名作家萧伯纳曾这样说:"人生的真正快乐在于服务于你自己认为是伟大目的的目的;在你被扔到垃圾堆上以前,完全花掉你的力量;成为大自然的一个力量,而不是当一个过分自私自利的行尸走肉,整天愁苦地怨天尤人,说这个世界不肯专为你们谋幸福。"② 这种认识是非常积极的。一个人是否快乐,完全在于他是否能在伟大目标的刺激下,发展、完善自己,并且

---

① 《马克思恩格斯全集》(第25卷),人民出版社1995年版,第927页。
② 拉蒙特:《作为哲学的人道主义》,商务印书馆1963年版,第243页。

将积累起来的才能和力量用于社会和自己选定的伟大目标。的确，某种以自我欲望满足为结果的快乐，无论它是生理的、心理的，还是精神性的，都难免不失去快乐或带来痛苦，唯有从劳动和创造中获得的快乐，唯有伴随劳动和创造所产生的欢乐，因为它的给予性和对给予者自身带来的某种心灵收获才是真正意义的、有价值的快乐。萧伯纳说的这种真正的快乐，就是精神追求的快乐。追求精神快乐，是引导、促使人奋发向上的强大精神动力。

从劳动、创造活动中，从我们所从事的伟大事业中获得的幸福，相对于不劳而获、坐享其成的快乐来说，其意义实在有天壤之别。人们对生活的享受既在创造之后又在不断创造新生活的过程之中。一个人在创造活动中所感受到的精神享受，也就是作为一个创造者的莫大幸福。关于劳动是真幸福、真快乐这一点，古今中外无数的思想家都有精湛的论述，如共产主义者李大钊这样说："我觉得人生求乐的方法，最好莫过于尊重劳动。一切乐境，都可由劳动得来，一切苦境，都可由劳动解脱。"[①] 老一辈无产阶级革命家谢觉哉也说："快乐是从艰苦中来的。只有经过劳作、经过奋斗得来的快乐，才是真快乐。不可能有从天上掉下来一个快乐给你享受。而且快乐常常不是要等到艰苦之后，而是即在艰苦之中。"[②] 既然劳动创造活动才是真幸福、真快乐，人们就应当义无反顾地投入到人类的各种劳动实践中去。通过投入某种创造性的新生活之中，是每个希望获得人生快乐和幸福，从而使自己有限生命迸发出最大光亮，获得最大实现的人的最根本追求。着意于投入创造生活的人，无疑要承担更多更大的人生艰难和风险，但人的生命惟其如此，也才更具有价值和意义，此中

[①] 《李大钊文集》，转引自《名人名言录》，上海人民出版社1981年版，第160页。

[②] 《谢觉哉文集》，转引自《名人名言录》，上海人民出版社1981年版，第175页。

韵味绝非那些过着安逸平静生活的人所能体会。

应该指出的是,儒家对事业之乐与道德之乐的高低有不同看法。在孟子看来,事业之乐虽然高于食色之乐,但又低于道德之乐。《孟子·离娄上》云:"天下大悦而将归己,视天下悦而归己犹草芥也,惟舜为然。不得乎亲,不可以为人;不顺乎亲,不可以为子。舜尽事亲之道而瞽瞍厎豫,瞽瞍厎豫而天下化,瞽瞍厎豫而天下之为父子者定,此之谓大孝。"虽然辅佐明君平治天下是孟子的政治理想,但与孝亲相比,这种政治理想的重要性仍然赶不上孝亲,为了能够孝亲,像舜那样的圣人甚至连天下也可以不要了。在此,事业之乐和道德之乐何者为上,是非常明显的。当然,我们必须承认,成就道德也会给人带来内心的愉悦,即我们所说的道德之乐,在某种程度上也可以把它叫做一种福,但这种乐、这种福只是心灵上的,而不是实际上的。

第二章 孔子的"乐"观念

孔子（公元前551～公元前479年），名丘，字仲尼，鲁国陬邑（今山东曲阜东南）人。孔子是春秋时期伟大的教育家、思想家，儒家学说的创始人。儒家学说特别强调伦理道德，其伦理思想的内容十分丰富。"乐"是孔子伦理思想的一个重要方面。《论语》以记载孔子言行为主，兼记孔子少数弟子言行，可称为孔子语录。它是研究孔子及原始儒家思想的基本资料。《论语》所展示的快乐论代表中国古代人生哲学的主流，不仅对中国古代社会影响深远，而且也可以为今人提供有益的启示。

一 孔子的人生追求

一个人的快乐观与其人生观直接关联，我们要探讨孔子的快乐观，应当首先观照其人生追求。

（一）超功利的追求

人生的最高价值在于理想的实现。孔子认为，任何人都应该立志，孔子所说的志，是指一个人终生为之奋斗的大目标而言。他认为，如果一个人确定了自己的理想、志愿，就丝毫不能改变。他的志愿就是追求"道"，"士志于道，而耻恶衣恶食者，未足与议也"（《论语·里仁》）。他虽然在外风尘仆仆地奔波了几十年，但为了实现自己的志向，百折不回，锐气不减。足见他对自己所立志向的信念是多么坚定。

仅有理想是不够的,还要保持自己的节操。孔子把坚持节操看得极为重要。他认为"三军可以夺帅,匹夫不可夺志也"(《论语·子罕》)。最足以体现孔子守志精神的是《论语·子罕》中的这样一句话:"岁寒,然后知松柏之后凋也。"君子越是在艰难的条件下,越是应该坚持自己的操守,绝不能为功名利禄、一时荣耀或苟且偷生而放弃自己多年的夙愿。

由于有一种伟大的使命感,所以生命显得厚重起来,同时也异常的艰难,它需要一种"春蚕到死丝方尽"的精神。君子的追求,到死为止。这既是一种重负,也是一种高尚。而当行为的主体心中明知追求的目标是无法企及之时,这种重负下的跋涉就具有一种感人的悲剧意味。孔子具有一种殉道者的情怀,而一部《论语》的真正价值在于,它凸现了中国文化史上具有奠基意义的一位知识分子形象,其"知其不可为而为之"的超功利追求具有永恒的美学魅力。

超功利的追求是人生的最高目标。与此相比,寻常的目标,世俗的成果都显得有些苍白,甚至是微不足道的了。只有超功利的追求,才能使行为主体具有一种独特性,才能免于"俗"。孔子正是因为如此而超越了芸芸众生,进入了历史的殿堂。

(二) 追求建功立业

在生命行进的道路上,只有人类意识到死亡,只有人类将死亡纳入了自己反思的领域。人类渴望寻求生命的意义,并对死亡作出合理化的解释。在这个过程中,人类创造了比自己生命更高贵的东西。这就是我们应当努力使自己不朽。

死亡是一切生命的最终归宿。孔子明确地感受到了在漫长的时间长河里,个人生命存在的短促,面对滚滚而去的江水,他叹息到:"逝者如斯夫,不舍昼夜。"(《论语·子罕》)对于孔子的这种感叹，后代儒学大师们作了不同的阐发。哲学玄远的阐释，显然不是孔子的原意。但是问题十分简单，"逝者如斯夫"的背后，洋溢着对生命存在的留恋之情，同时也隐含着一种对死亡的恐惧。这类情感在《论语》中时有所见，如孔子感叹颜回"不幸短命死矣"（《论语·雍也》）。孔子的看法十分明确："短命"就是一种"不幸"。正是基于这种对生命的留恋，孔子对于"死"采取了回避的态度。弟子季路问"死"，孔子回答说："未知生，焉知死！"（《论语·先进》）

  基于伟大的历史使命感，孔子虽然将"死"视为生命存在与否的标志，但同时认为有比对抗"死"更为重要的事情。孔子曰："自古皆有死，民无信不立。"（《论语·颜渊》）"民之于仁也，甚于水火；水火吾见蹈而死者矣，未见蹈仁而死者也。"（《论语·卫灵公》）正是因为道德比生命更重要，因而孔子极度蔑视那些不顾道义而享受生命的人，高度评价那些为了理念而献出生命的人。他对伯夷、叔齐的赞颂就是明证。孔子采用对比的手法评论道："齐景公有马千驷，死之日，民无德而称焉。伯夷、叔齐饿于首阳之下，民到于今称之。"（《论语·季氏》）君子既然以"仁"为最高的生活目标，就会面对种种磨难而毫无怨气，皆坦然受之，即所谓"求仁而得仁，又何怨？"（《论语·述而》）。

  孔子十分注意个体死亡的意义与价值，推崇死而不朽，而达到这一目的的手段是建立功业。所以，君子最怕离开人世时默默无闻。孔子曰："君子疾没世而名不称焉。"（《论语·卫灵公》）对于那些建立功业者，他从来都大加赞赏，如《论语·宪问》记载孔子与学生谈论管仲的对话："子路曰：'桓公杀公子纠，召忽死之，管仲不死。'曰：'未仁乎？'子曰：'桓公九合诸侯，不以兵车，管仲之力也。如其仁，如其仁。'"孔子的"仁"之标准甚高，他向来极少以"仁"来称赞人，但他肯定了管仲的

"仁",足见孔子对管仲功业的高度赞扬。

孔子认识到了死亡的命定性以后,并不让人顺其自然,无所作为,而是更强调与死亡对抗,生时要奋发有为,功成名就,这样就从根本意义上超越了死亡。在与死亡的对抗中,孔子紧紧抓住的是现世。他在时间中挣扎,争分夺秒地为复礼而克己;他在空间中奋斗,为实现理想而游说各国君主。凄凄惶惶,他以殉道者的身份进入了历史。正是认识到了生命的一次性,老化死亡的不可避免性,因此,在苍白悲凄的死亡之神即将敲门时,孔子仍要"发愤忘食,乐以忘忧,不知老之将至"(《论语·述而》)。之所以如此,正是为了拉开与死神的距离,创建更多的功业,完成上天赋予人的使命,从而名垂青史。儒家这一思想对中国社会的影响是十分巨大的,这是无数知识分子孜孜不倦的内在驱动力。

春秋时代,除孔子外,《左传》的"三不朽"之说也弘扬了生命的个体价值,较为系统地提出了超越死亡的积极态度和方式。这种思潮的出现,只有在人类的个体意义及其生命价值得到充分肯定的基础上才成为可能。春秋时代的社会条件,为个人的功业思想张扬提供了良好的环境。《左传·襄公二十四年》:"太上有立德,其次有立功,其次有立言,虽久不废。此之谓不朽。"这里的"三不朽"之说,是春秋之时对人生功业的最高概括,是面对人生局限的最积极的态度。"三不朽"之说,在中国"人学"历史发展中占有极其重要的地位,影响极其深远。孔颖达在《左传正义》中对"三立"作了精辟的阐述:"立德,谓创制垂法,博施济众;立功,谓拯厄除难,功济于时;立言,谓言得其要,理足可传。"于是,"三立"有了定论,在中国历史上成为许多人的人生目标和理想。

所谓"立德",就是"创制垂法,博施济众",具体而言,神农、黄帝、唐尧、虞舜,乃至周公,都是"立德"的代表。

所谓"德",不仅仅是个人道德的最高境界,它还是立国之根本(《左传·僖公二十四年》:"德,国家之基也。"),也是普济众生的政治方式(《礼记·文王世子》:"德成而教尊。"),当然也是教化万民的行为规范(《周礼·地官司徒·师氏》:"以三德教国子。"三德,即至德、敏德、孝德)。"立德"是一种雅无止境的追求,它更多地表现为道德或内心的自我完善,它是人类在肯定自己的感性生命之后对感性生命的超越,表现出人类在意识到肉体生命局限之后的一种自尊和高贵。

所谓"立功",主要是一种大济苍生、有补于时的外在行为。通检《尚书》、《左传》等儒家早期文献,我们会注意到,"立德"似乎是"圣人"们的权力,而"立功"则是仁人志士们的事情;"立德"是理想主义的,而"立功"则是现实主义的。"立功"因其平民化而显得生气勃勃。在人们完成自己的事业的过程中,确立了自己在社会上的地位和价值,也促进了社会的发展,从而对未来充满信心。"立功"从来就不是只有圣人和大人物才能做的事,而是平民百姓对社会的贡献。但是,随着社会的不断发展,原来以信念与道德为基础的"立德",逐渐归入以现世功利目的为基础的"立功","丰功伟绩"便成为人生努力的主要目标。

所谓"立言",有两层意思,一是指阐述各种道理,一是制作各种文章,但其实质主要表现为对社会、对人类命运的一种关注,而并不仅仅是一种个人的自我满足。虽然人死了,但"言"留传下去,有益于后人。因此,对"立言"的追求,既是一种独立人格的发展,也是对个体生命的一种超越。在某种程度上说,"立言"在历史上最具风险,从当年司马迁因说直话而遭到宫刑,到明清的文字狱使无数知识分子丢掉头颅,皆让人们觉得"三立"中"立言"最难。事实上,立言的本质无非就是坚持真理,发现真理,给这个世界留下人类的精神财富,而这却不是修身养性或是只有勇气就可以办到的。

由上可见,儒家强调以奋发有为、建立功业的积极态度来解决战胜死亡的问题,较为可行的办法就是人类个体通过"不朽"的方式而克服肉体生命的时限。对个体功业的肯定,不仅仅是人类的历史主动性的生动表现,也是生命价值的具体表现。

二 孔子的道义主义快乐论

苦与乐是相伴在一起的,人人皆生活在苦与乐之中。快乐论是对快乐的根本看法及基本态度。《论语》中所见的道义主义快乐论,展现了春秋时期原始儒家学派对快乐的独到见解。

(一) 注重精神境界,坚持乐观豁达的人生态度

人生在世,可以说同时生活在两个世界,一是物质世界,一是精神世界。肉体感受、物欲满足,属于物质世界的范畴;真理向往,信念追求,属于精神世界的范畴。《论语》中的生活世界明显属于后者,它强调人生的精神境界,坚持乐观豁达的人生态度。

首先,人生要有志向,弘道行仁为人生价值。《论语·里仁》:"士志于道,而耻恶衣恶食者,未足与议也。"孔子强调人应当确立弘道行仁的人生志向,使自己有明确的目标和理想,这是最主要的,个人的物质生活富贵贫贱属于其次。"三军可以夺帅,匹夫不可夺志也。"(《论语·子罕》)有了目标,就应不懈地追求自己的目标和理想,"朝闻道,夕死可矣"(《论语·里仁》)。这是对"道"的一种无我的追求,是"夕死可矣"的一种精神超越。

确立了弘道行仁的志向和人生价值后,又倡导杀身成仁,以身殉道。在人生观中,包含人为什么而死,以及死的意义和价

值。《论语》十分重视"死"的伦理意义与价值。《论语·述而》记载，孔子在衰暮之年，仍"发奋忘食，乐以忘忧，不知老之将至"。通过发愤努力，建功立业，而名垂青史，就超越死亡而达到永恒。人生在世的所作所为要符合"仁"的原则，而死作为人生的最后一种行为，也应以仁义道德为标准做出取舍。《论语·泰伯》："士不可以不弘毅，任重而道远，仁以为己任，死而后已，不亦远乎？"这强调人应当以一种坚韧不拔的精神追求仁道。为了实现"仁"的目标和理想，可以舍生忘死，视死如归，"志士仁人，无求生以害仁，有杀身以成仁"（《论语·卫灵公》）。在弘道与求生发生矛盾时，决不能贪生怕死而损害仁道，应义无反顾地杀身成仁，以身殉道。可见，仁德的修养，弘道行仁的事业，其价值是高于生命的。这就是《论语》所倡导的人生价值观，即人生价值的真正实现，在于保持自己的道德操守，保持自己的人格，在于坚持弘道行仁的志向和对理想社会的追求。这就高扬了人生的精神境界。

其次，乐观豁达为人生态度。"乐以忘忧"就是孔子的乐观主义的人生态度。正是由于持乐观主义的人生态度，所以无论何时、何地，孔子都能以愉快的心情对待遭遇的各种环境。《论语·述而》："饭疏食，饮水，曲肱而枕之，乐在其中矣。"可见，孔子强调自己的人生乐趣，他认为有仁德的人总是乐观豁达，平庸之人则常烦恼，"君子坦荡荡，小人常戚戚"（《论语·述而》）。孔子的乐观主义人生态度的形成与两方面相关：一是与其崇高的精神境界和洁净的心灵相关。《论语·雍也》："知者乐水，仁者乐山。知者动，仁者静。知者乐，仁者寿。"用自然的山、水类比仁、智非常贴切。智者之所以常快乐，不仅因为能够迎刃而解各种问题，而且因为了解人生的方向和意义而快乐。仁者则更高一层，其心境平和宁静而达到寿。二是与其弘道行仁的人生价值观相关。既然以弘道行仁为人生价值，为此可以舍弃一切，那还有什么悲观可言呢？既已找到自己的远大理想，并确立了为此奋斗的志向，那当然要愉快地面对人生了。因而孔子说："仁者不忧。"（《论语·子罕》）此"忧"指个人利害得失、荣辱贵贱。由于仁者乐天知命，内省自律，胸怀坦荡，追求的是学问道德的完善，故而能够"安贫乐道"，"乐以忘忧"。孔子强调无论遇到任何逆境，都应坚持乐观态度，子贡问："贫而无谄，富而无骄，何如？"孔子答："可也。未若贫而乐，富而好礼者也。"（《论语·学而》）这就要求生活贫困之时，也应保持乐观态度。

被儒家称道的"孔颜乐处"正是追求精神快乐的真实写照。《论语·雍也》载，孔子称赞颜回曰："贤哉，回也，一箪食，一瓢饮，在陋巷，人不堪其忧，回也不改其乐。贤哉，回也！"弟子颜回身处贫寒简陋的生活环境，能够保持其本有的"乐"而不变（"不改其乐"），所以称之为"贤"。这种"富贵贫贱，处之如一，不拘时地，其乐如常"的精神修养，到了宋明理学时代被称为"孔颜真乐"，成为许多人孜孜向往的圣贤境界。

程朱理学对"孔颜真乐"进行了分析，其观点值得我们重视。一是孔子、颜回并非以贫穷本身为快乐，只是不因贫穷境遇而"改其乐"罢了。程颢、程颐曰："颜子非乐箪瓢陋室也，不以贫累其心，改其所乐也。"（《河南程氏粹言》卷三）二是孔子、颜回所追求的乃是一种比物质享受更高的精神快乐。程颐曰："箪瓢陋室何足乐？益别有所乐以胜之耳。"（《河南程氏外书》卷八）此处的"别有所乐"指一种精神方面的愉悦。汉代著名学者扬雄在《法言·学行》中曾云："纡朱怀金者之乐不如颜氏子之乐。颜氏子之乐在内，纡朱怀金者之乐在外。""孔颜乐处"之乐，异于凡夫俗子的追求，是建立在道义人生哲学基础之上的。他们将精神、道义置于首位，断然抛弃不义的富贵。这种乐观主义态度，从其积极方面来说，是不要耿耿于怀，愤愤不平，而要能以内心的道义之乐去战胜恶劣环境，即所谓安贫乐道。在困苦的环境中能坚持原则、把握方向、不屈奋斗，常常感受到内心的喜悦，只有这种喜悦才是人生的真正乐趣。

既然注重精神境界，《论语》所言之"乐"主要是一种因志在行仁而感到的内心愉快和满足。那么《论语》中的"忧"是什么呢？《论语·述而》："德之不修，学之不讲，闻义不能徙，不善不能改，是吾忧也。"由孔子之四忧，我们可以领悟到他的人生追求与人生乐趣。对孔子而言，修德、讲学、徙义、改不善，乐在其中。如李贽所言："知圣人之忧，便知圣人之乐。"（《四书评·论语》卷四）强调"君子忧道不忧贫"。这种对待"忧"与"乐"的态度，表明了对精神生活及道德价值的追求和重视。

《论语》不仅追求精神快乐还将常人的快乐分为益、损两类："益者三乐，损者三乐。乐节礼乐，乐道人之善，乐多贤友，益矣。乐骄乐，乐佚乐，乐晏乐，损矣。"（《论语·季氏》）其中，"节礼乐"、"道人之善"直接表现为善，真心钦赞别人的优点，心存厚道，惩恶扬善，会得到别人的回报，建立和谐的人际关系，同时又能取人之长，提升自己。"乐多贤友"是为了借助朋友增德进善，有一些真正的朋友，互相帮助，彼此提携，有朋友的人最幸福。因而，"益者三乐"皆归于德和善。相反，"骄乐"、"佚乐"、"晏乐"都是有损于德与善的，皆违背道义的，都不是真正的快乐。孔子之"三乐"洋溢着天然之乐，从中我们可以读出其人生乐趣，他注重追求精神道义上的快乐，而否定物质上的享乐主义。

由上可见，《论语》强调人生要树立远大志向，以弘道行仁为人生价值，提倡杀身成仁，以身殉道。这就为人生展示了一个崇高的精神境界，这也是乐观豁达的人生态度的前提。追求精神快乐，否定物质享受，虽有将物欲与道义对立之嫌，但在逆境中坚持道义，会将一个人的高尚品格衬托出来，在追求道义中产生崇高的审美感受，从而在艰苦的物质环境中反而求得精神的愉悦享受。儒家崇高的精神境界和乐观豁达的人生态度，对于人们树立正确的快乐观具有启发意义。

（二）注重情志相和的快乐境界

先秦儒家对审美愉悦的情志关系的理解主要有两种，孟子是"悦志"说代表，荀子是"悦情"说的代表。其基本区别在回答审美愉悦如何为乐。一回答是乐志，一回答是乐情。孟子是"悦志"说的代表，他认为审美情感蕴涵着充实的人格内涵，并注意到审美情感是具有一定超越性的自足的生命体验，但又过于强调伦理性品格，把道德快感与审美情感混为一谈。荀子是"悦情"说的代表，他认识到情与志是人性的不同品格，第一次明确地把审美归属于情的领域，但他理解的情仍与欲为一体，实际上取消了审美的精神超越性质。因此，此二说各有所得，也各有所失。而孔子云乐对审美愉悦的情志关系的理解则融合了孟子的"悦志"和荀子的"悦情"，具有明显的情志相和之特征。

孔子谈乐，如"孔颜乐处"之"乐"当与志趣相关，体验生命的自足与充实这样一种内心的愉悦，似乎没有任何审美意味。

虽然与孟子、荀子相比，孔子还没有在理论上以乐为中介来探究审美情感问题。但是，他与曾点的对话却大有意趣。按通常说法，曾点为曾参的父亲，《论语》中曾点仅一见于《先进》篇中。这场对话的起因是孔子让弟子"各言其志"，最后是曾点"鼓瑟希，铿尔，舍瑟而作"，"曰：暮春者，春服既成，冠者五六人，童子六七人，浴乎沂，风乎舞雩，咏而归"。夫子喟然叹曰："吾与点也。"（《论语·先进》）按此篇孔子"吾与点也"的话来看，曾点是能比较了解孔子的心境的，也就是较能体会孔子之"乐"的。曾点的"浴沂咏归之乐"代表了孔子对快乐的理解。

　　对现实生活环境中的事物能感到满足的人就会享受神仙一般的快乐，感到不满足的人就摆脱不了庸俗的困境。道德高深的人，奉行大道，因而不以一时一事得失为重；得道乐天，因而不以功名利禄为务，勘破世情，悟彻事理，因而持性清重，知足常乐。这样的人，得乐能乐，苦中也能乐。曾子就是典范，《庄子·让王》云："曾参有履穿肘见、歌若金石之乐。"曾子得道立德，便安贫乐业。有一个时期，他的家里徒有四壁，一贫如洗，一顶带子断了又接上的旧帽，一身捉襟见肘的破衫，连鞋都从脚后跟处裂开了。而且面呈病态，仍是整日劳作。但他并不以为苦，仍然无忧无虑，乐和潇洒，还能每日吟唱歌曲自娱。这样的人才是得真快乐的人，才是真能自得其乐的人。

　　孔子一生汲汲于世，备尝艰辛，对于社会、政治对人格自由的重重束缚有着深刻的体验，他得出了一条实践原则："天下有道则见，无道则隐。"（《论语·泰伯》）这样，孔子理想人格的本体结构和功能实践两方面的矛盾显化了。在现实中，这个矛盾是如此尖锐、深刻，根本看不到解决的可能性，甚至看不到任何妥协的可能性。这迫使孔子只能择取一方作为最后的安身立命之基，即理想人格的本体结构。为此，还必须调整这一本体结构，将其中的审美品格提升起来，使之成为整个人格的生命基调，以审美的超越性和自足性来消解在实践中受挫的创伤和痛苦。于是，就有了这样的自我认识与评价："其为人也，发愤忘食，乐以忘忧，不知老之将至云尔。"（《论语·述而》）这是孔子从"为人"，即人格高度上作出的自我评价。"发愤忘食"，是理想人格的强烈实践追求精神；"乐以忘忧"，又表达了对这种追求精神屡屡受挫之忧愤；"不知老之将至"，是孔子一生在不懈追求、持续地受挫、沉郁地升华的充满张力的矛盾运动中展开的人格的生动写照。

在此,孔子理想人格的本体结构和功能实践的矛盾,已经转换为是以理想政治实践指向还是以审美精神为整个人格的生命基调的矛盾。表现在孔子思想中,就是两种完全不同的矛盾的"与"——追求:一是"鸟兽不可与同群,吾非斯人之徒与而谁与"(《论语·微子》),此"与"贯穿着强烈的政治实践意向,表现出坚持的入世精神;二是"吾与点也",此"与"洋溢着浓郁的审美情怀,表现出对逍遥人生的神往,此"与"和彼"与"尖锐地对立着。

我们称孔子的一生充满张力,是指他没有回避矛盾,而是直面人生,在矛盾的强大压力和剧烈撞击中,塑造了一个伟大的灵魂,矛盾虽并未解决,但一旦被孔子承担起来,就整合为其生命和人格境界持续向上升华的根本动力。这是孔子人格的伟大之所在。

孔子思想中的两个矛盾着的"与",都以志为本,故也能以志相通,在心灵中得以过渡,即"志"由外向性的实践意向内敛为情感观照的对象,这就是"反情以和其志"(《乐记·乐象》)。这里首先是以情观志,以情感来把握意志的追求精神,升华其忧怀,从而达到新的自我理解和自我肯定,使人格获得自足性。其次是以情和志,情感同作为对象的高尚之志相应和,其自身也得以升华,超越了欲望的特殊性而升华为审美的普遍性,人格便获得了超越性,总之,"反情以和其志",就是以审美情感对实践意志作审美观照,使人格获得自足性和超越性的升华过程。"谁与"之忧转化为"与点"之乐,又在新的高度上肯定了"谁与"之忧。

孔子虽然还未从理论上以快乐为中介来突出审美问题,但他对这个问题的把握是非常深刻的,远远超过孟子和荀子。

我们再看孔子"与点"之"乐"。前引孔子云乐的材料分别是夫子自道和称赞颜回的。孔子以颜回为第一高足，大概是因为颜回最能领会孔子思想的深刻性吧。"子谓颜渊曰：用之则行，舍之则藏，唯我与尔有是夫。"（《论语·述而》）用舍行藏之道如此高深，大概不仅是在政治实践行为层面上说的，而且是在"为人"——人格境界的层面上说的；不仅是在对待"穷达"的德行操守意义上说的，而且是在"吾道一以贯之"、超越"穷达"而臻至生命之自足的意义上说的。孔子云乐，正是舍藏之乐、舍忧之乐，乃至忘忧之乐。但是，忧之为乐，只是"反情以和其志"的结果，这不是孟子的道德快感，而是贯注着强烈的审美情怀。孔子的"乐"是情志的统一，缘志生情和因情言志是统一的，以意志的追求精神为观照对象和以审美的人生实践为追求对象是统一的，这才是"和"的真境界，这才是天人合一的真精神。孔颜之"乐"就是曾点之"志"。从表面上看，孔子的"与点"所表现出的对逍遥人生的神往，似乎与庄子相仿佛，其实大不然。此逍遥非彼逍遥。曾点之志属儒家的"和"的境界，贯注的是"有我"之情，与道家的"虚"的境界及"无我"之情当然有别。

（三）道义是实现幸福快乐的途径

人生的快乐有多种，但归根结底，真正的快乐，能使人感到充实的快乐，应该是那种无所挂碍的精神的舒展，是那种了无愧怍的心灵的轻松，是那种胸怀坦荡的乐天知命。即有德者方能有乐。

儒家既然注重精神生活，追求精神快乐，把快乐视为一种完满境地和理想状态。对于如何达到这种完满和理想，怎样获得快乐，通过什么途径来实现幸福快乐，是内求于己，还是外求于物？《论语》也进行了探求。

第一，反求诸己，克制欲望。孔门师徒既肯定快乐须借助于外在条件，须与人的物质利益相联系，但这又不是主要的。他们强调，人要获得真正的快乐，就必须除去"物蔽"，反求诸己，克制欲望，在修养中达到幸福快乐的极致。孔子意识到了"私利"的危害性，在义利关系上，他看重义对人生的价值意义，大声疾呼"君子喻于义，小人喻于利"（《论语·里仁》），他提倡"君子义以为质"（《论语·卫灵公》），要求"见利思义"，"义然后取"（《论语·宪问》），主张节制人们的私欲和行为。

孔子强调以修身养性来达到至善的境地，获得最大的快乐。修身养性的具体方法有三：一是对外在条件不争。《论语·八佾》："君子无所争。必也射乎！揖让而升，下而饮。其争也君子。"孔子此处的"不争"主要指对人际纠纷的不争，不争之人必然不计较个人私利。不争是个人幸福快乐的条件，也是真谛。二是克制内心的欲望，去除私欲。《论语·颜渊》："克己复礼为仁。"说明孔子主张以礼义制欲。战国时期的孟子主张"寡欲"、"养心"，"养心莫善于寡欲"（《孟子·尽心下》）。荀子主张以道制欲，"君子乐得其道，小人乐得其欲，以道制欲，则乐而不乱；以欲忘道，则惑而不乐"（《荀子·乐论》）。这些言论都是对孔子节欲思想的继承和发展。人们的欲望是不知满足的，需要等级名分制度及道德规范来加以限制，只有节制私欲才能实现社会的有序与和谐，也才能使人们知足常乐。三是加强自我修养。因为道德是人生的第一要旨，所以自我修养也成为公认的达到幸福快乐的根本方法。孔子强调"为仁由己"（《论语·颜渊》）；"有一日用其力与仁矣乎？我未见力不足者"（《论语·里仁》）；"仁远乎哉？我欲仁，斯仁至矣"（《论语·述而》）。即只要努力，人人都能做到仁。"为仁由己"强调要立足于自己，不依赖他人，不怨天尤人，这是道德自觉精神的最重要的基础。孔门师徒还强调"内省不疚，夫何忧何惧"（《论语·颜渊》）。这说明时常反省自身是一个人为人处世无愧于心的前提。通过修身养性，具备高尚品德，就能够达到"知者乐，仁者寿"（《论语·

雍也》》）的幸福快乐的境地。

第二，以合乎道义的方式获取物质利益。孔子肯定了人人皆有追求物质利益的欲望。但强调获取物质利益的方式必须合乎道义。《论语·述而》："富而可求也，虽执鞭之士，吾亦为之。如不可求，从吾所好。"可见孔子本人希望以正当手段获取物质利益。《论语·泰伯》："邦有道，贫且贱焉，耻也。"即在政治清明时期，人们有可能通过努力获取物质幸福来改善自己生存条件的却固守贫贱，这是可耻的。这就表明了孔子对物质利益的看法和态度，也鼓励人们以合乎道义的正当方式和途径去谋取物质的幸福快乐。精神快乐并不是远离世俗的物质快乐的，它或许就在于获取物质利益的过程之中，那种拒绝物质利益而一味地追求精神快乐是迂腐的。《论语·里仁》："富与贵，是人之所欲也；不以其道得之，不处也。贫与贱，是人之所恶也；不以其道去之，不去也。"这就明确表示，孔子从不否定、排斥人对物质幸福快乐的追求，他所否定的只是那种不合道义、以不正当手段获取的荣华富贵。

为什么付出"安贫"这样大的代价来"乐道"呢？《庄子·让王》所记颜子的故事，《吕氏春秋·离俗览·高义》所记孔子让齐景公封地的故事，都回答了这个问题：一是所为和所得不相称，无功受禄，靠不正当的手段获取富贵，这些都是不合理的，因而不仅不能给人带来快乐，反而会令人心怀不安；二是精神的快乐是最高的快乐，它值得人们忍受物质生活的贫穷来获取。

总之，对快乐观的不同理解，对幸福快乐实现的不同追求，形成了不同的精神境界。《论语》中的道义主义快乐论虽然没有将物欲与道义对立起来，但是崇尚以道德理性的满足、德业的增进为乐，反对人们单纯地追求物质享受。它肯定人的基本物质欲求，但不满足人的欲求，主张升华人的人性，以求人格完美为乐趣。这种快乐观对于塑造高尚人格具有极大价值，在中国传统社会产生过深远影响。虽然《论语》中的道义主义快乐论有其时代局限性,但它可以使我们正确对待苦与忧,激励我们奋发进取的精神,培育我们不畏困厄,身处逆境,也要乐观向上,笑对人生。

三 孔子的乐教观念

众所周知,艺术只有在人们的精神发现中才真正有意义。从这一意义看,孔子对音乐精神的认识是前无古人的。他继承了古代乐教的传统,又注重乐的精神的发现与把握,对音乐艺术的认识是比较全面和深刻的。其礼乐思想的许多内容是具有创造性的,为其后几千年中国的封建社会奠定了基本的乐教原则。

(一) 乐教对修养理想人格的重要性

孔子作为儒家学派的创始人,在其创办的私学教育中非常重视音乐教育。《史记·孔子世家》曰:"孔子以诗书礼乐教,弟子盖三千焉,深通六艺者七十有二人。""乐"与"诗"、"书"、"礼"一样,是孔子教导学生的手段和"功课"。事实上,"乐教"也是孔子政治主张的重要组成部分。孔子曾曰:"兴于诗,立于礼,成于乐。"(《论语·泰伯》)相对于"诗"之"兴"和"礼"之"立"而言,"乐"有"成"教化的功能,这是儒家对音乐教化功能的认识与重视。《论语·阳货》有这样的记载:"子之武城,闻弦歌之声……子游曰:'昔者偃也闻诸夫子曰:君子学道则爱人,小人学道则易使也。'子曰:'二三子,偃之言是也,前言戏之尔。'"弦歌之声,或曰以弦歌之声为中心的乐教,在孔子和其门徒看来即是"学道"(当然不同于道家所说的"道"),而以弦歌为道是可以教化"君子"、"小人",从而为实现他们的政治理想服务的。由此可见,"乐"在孔门思想中的重要性。

孔子提倡音乐教育，把音乐作为修身治国之道，并认为一个具有完备修养的人是不能缺少"乐"的，如"乐至则无怨，礼至则无争，揖让而治天下"（《礼记·乐记》）。他以乐教来完成理想人格。据《史记·孔子世家》记载："孔子学鼓琴师襄子，十日不进，师襄子曰：可以益矣。孔子曰：丘已习其曲矣，未得其数也……师襄子辟习再拜曰：师盖云文王操也。"在孔子心目中，《文王操》是何等博大精微，然仍有步骤可循序渐进。所谓"习其曲"而"得其数"，大致是把握乐曲的"律之和"，通过反复练习，掌握演奏的技巧和规律。所谓"得其志"，是通过乐曲去把握其内在精神，即"性之和"，在反复操习中通过对乐曲的审美领悟而通达其中蕴涵的理想追求。最后才是"得其为人"，进入完成理想人格的自由境界，即"天之和"。至此，才称得上是真正理解了乐曲，把握了乐曲或乐的审美功能、社会伦理功能和政治实践功能的完美统一。有其人而有其曲，圣人的境界完全呈现为乐曲的审美境界；由其曲而得其为人，乐的审美境界成为理想人格的自由境界。这就是孔子对乐的理解。在孔子那里，音乐审美教化的直接功能是培养理想人格，最终目标是实现理想政治，两者互为表里，不可分割。

（二）仁乐统一、美善统一之审美标准

孔子对其所处时代的"礼崩乐坏"局面表示惋惜，他极力提倡音乐，全面肯定音乐的教化作用和意义。他作为一个音乐理论造诣高深、音乐实践能力极强的思想家，把音乐纳入社会、哲学、政治的领域去认识其功能。因为礼、乐均能致"仁"，故提倡乐是为了"仁"。

从音乐的社会功能和审美功能看，孔子主张善与美、仁与乐的统一。"美"即其最重要的本质就是"乐"，"善"即合乎孔子"仁"的道德思想,美与善合一,是孔子基于对音乐的体验而提出的对音乐的基本认识、要求。孔子本人具有深厚的音乐素养和高超的艺术鉴赏力,并对古乐富有深刻见解。他能够和鲁国的乐师讨论音乐,透彻地说明音乐的基本法则。如孔子评论"《关雎》乐而不淫,哀而不伤"(《论语·八佾》);"师挚之始,《关雎》之乱,洋洋乎盈耳哉"(《论语·泰伯》)。至于他听了《韶》、《武》两种古乐后,所作的论断性评价,则成为后人之典范:"子谓《韶》尽美矣,又尽善也。谓《武》尽美矣,未尽善也"(《论语·八佾》)。他之所以听了《韶》乐而三月不知肉味,实在是由于"不图为乐之至于斯也"(《论语·述而》)。据说《韶》是舜时的舞乐,孔子将《韶》乐作为"尽美矣,又尽善矣"的典范,而批评"郑声淫","淫"即过分,郑声过于追求感官享乐,"《武》,尽美矣,未尽善也"。音乐的"美"与"善"只有"调和谐合",才能够"乐而不淫",起到"同民心而出治道"的作用。音乐的功能正在于和合人心,当然只有"美"、"善"统一,"仁"、"乐"结合的音乐才具备这样的功能。强调"美"与"善"、"仁"与"乐"的和谐统一,对中国礼乐文化实有开创意义。它所赋予儒家乐论的崭新观念,使其上升到一个全新的高度。可以说,孔子的音乐修养,正是其推行乐教的必备前提。

"乐"直接作用于人的感觉、情感再深入人的理性。这种传达的途径与方式,是最切合人的本性的。人是理性的动物,但人首先是感性的动物。人有社会性,但人首先有自然性。人是群体的存在,但首先是个体的存在。审美充分体现了人的这种本性。它是自然性中寓于社会性,感性中寓于理性,个体性中寓于群体性。乐最大的特点是给人带来快乐,然而这种快乐不是知性理性的愉快,也不是官能的快适,而是美的享受。应该说,乐比较切合"乐仁"。孔子讲"立于礼,成于乐",立礼为了立仁,而仁的升华则为乐，故曰"成于乐"。乐是人的最高境界。孔子还比较过人们对"道"、"德"与"艺"的接受态度，即"志于道，据于德，游于艺"（《论语·述而》）。"道"、"德"在此应是"仁"及"礼"的另一种表述；人们对它们的态度是"志"与"据"。"志"与"据"明显地是以理性为指导的，对人的行为具有一定的强制性。"艺"是"乐"的另种表述，或者说是乐之一，人们对它的态度是"游"。"游"是愉快的，自由的。可见欣赏"艺"的愉快是自由的愉快。将志道、据德、游艺与以上说的对待仁的三种态度对应起来，大体是：志道、据德相当于欲仁和好仁，而游艺相当于乐仁。孔子之所以对《韶》乐如醉如痴，是因为《韶》乐尽善尽美矣。足见令其如醉如痴的不只是美，还有善。这已经体现出"乐仁"之意蕴。

礼与乐在本质上是相通的。这种相通，除了它们都是仁的外化外，它们之间也存在密切的联系。《论语·八佾》中有一段耐人寻味的话，子夏问曰："巧笑倩兮，美目盼兮，素以为绚兮，何谓也？"子曰："绘事后素。"曰："礼后乎？"子曰："起予者商也！始可与言诗已矣。"这里讨论的是如何读《诗经》的问题，但涉及"礼"与"乐"的关系。既然"礼"先"乐"后，礼是乐的基础，那么，必然是乐为礼定，乐为礼用。不仅选用乐要按礼的规定，评价乐也要以礼为标准。孔子重雅乐是因其合礼，放郑声是因其悖礼。乐是能给人带来快乐的，但快乐不能不加以节制。孔子赞成快乐，但也不主张放纵快乐。孔子不是禁欲主义者，也不是纵欲主义者。他强调"乐骄乐，乐佚乐，乐晏乐，损矣"（《论语·季氏》）。骄乐、佚乐、晏乐都是纵欲，其必然的结果，不是益而是损。值得我们注意的是，孔子不仅说对"乐"要有所节制，就是"礼"也不是越多越好，他说"乐节礼乐"节的不只是"乐"，还包括"礼"。

礼与乐虽然都是仁的外化，但它们在社会生活中发挥作用的方式及其效应是不同的。孔子从两个维度来论述其作用。从人性的完善的维度来看，不是礼而是乐是人性完善的最高层次。孔子曰："兴于诗，立于礼，成于乐。"（《论语·泰伯》）关于诗、礼、乐的关系可以这样简单地表示："诗"主要是感性，但有理性成分；"礼"基本上为理性，但也有感性成分；"乐"是感性，但溶解了理性。"乐"的形式为乐音，它不同于语言，纯是情感的符号，表意很困难。虽然乐是抒情的，但是此情因为经过理性的过滤，溶解了理性的内容，其理性的内容就是仁。由于理性的内容完全溶解在情感之中，它对人格的熏陶深入心理的深处，因而收效是更为持久的，作用是全方位的，因而乐就从根本上改善了人格结构，在人格的成就上高于礼。

（三）礼乐并言，乐为礼服务

孔子不仅提出了仁乐、美善统一的音乐品评标准，而且深知"知乐则几于礼"（《礼记·乐记》），他并没有把乐当做纯粹的文艺，而是提倡礼、乐的结合，即有什么样的礼就有什么样的乐，而不能出现超礼的乐，强调音乐要为礼服务，有什么样的礼，即有什么样的乐，乐成了礼的美化、艺术化与教化。乐的教化作用是通过人之性情而发生的，因而它像布帛菽粟一样重要。《礼记·乐记》云："礼乐不可斯须去身。""乐之入人也深，其化人也速。""可以善民心，其感人深，其移风易俗易。"移风易俗是潜移默化地发生的。显然，孔子的着眼点是倡导仁政，以礼治国，其乐教宗旨落实在政治理想上。孔子十分清楚，乐教导致的移风易俗，是理想治国的最佳途径。如果说"礼之用，和为贵"（《论语·学而》），那么这个"和"便是通过乐的教化而达成的。因为礼为分，乐为和，礼为节制，乐为调协，两者功能和谐，则礼乐互不分离。礼的要求是达到"中"的最佳状态，《礼记·仲尼燕居》："子曰：礼乎礼，夫礼所以制中也。"而乐是制中的法宝,孔子就想利用乐教所达到的中和,来调节化解矛盾,使社会政治达到和谐状态;也就是说,用乐的和谐化调节礼的不平等,用和谐冲淡不和谐。乐合同成了礼别异的调节与缓冲,"和"实质上就是在社会不平等的实际基础上谋求心理上的平衡。

礼乐既是孔子教育弟子的教材,更是作为治国的重要指导方法。《孔丛子·杂训》云:"夫子之教,必始于《诗》、《书》,而终于礼乐,杂说不与焉。"孔子曾因一些人仅由于未修礼乐,因而无法成为完人而感到遗憾。《论语·宪问》:"子路问成人。子曰:若臧武仲之知,公绰之不欲,卞庄子之勇,冉求之艺,文之以礼乐,亦可以为成人矣。"可见礼乐所达致的程度境界,实为重要的人格标准。《史记·孔子世家》亦载:"古者《诗》三千余篇,及至子,去其重,取可施于礼义……三百五篇,孔子皆弦歌之,以求合《韶》、《武》、《雅》、《颂》之音,礼乐自此可得而述,以备王道,成六艺。"司马迁距孔子年代不算久远,可信程度亦较大。这段话不仅告诉我们《诗经》是乐教的首选经典,而且孔子自有其标准。儒家确实在礼乐当中看到了社会秩序的统一与和谐。因而"乐"的社会地位,在儒家那里得到极度提升。他们从"乐者,天地之和"的最高理论,给礼别异,乐合同的说法建立了宇宙论根据,然后回到了实用主义的人道。"是故先王之制礼乐也,非以极口腹耳目之欲也,将以教民平好恶,而反人道之正也。"(《礼记·乐记》)须知人道之正,是政道之正的保证。《周礼·地官司徒》云:"以五礼防民之伪,而教立中;以六乐防民之情,而教之和。"此乃儒家何以要极力提高"乐"地位的关键所在。礼乐文化确实给中国造成了特殊的持久的文明气象。

总之,孔子在音乐的教育功能、政治作用、社会意义、作为人全面修养的组成部分等各方面均有过精辟的论述,其音乐思想是儒家音乐思想的重要组成部分,对封建时代的音乐发展产生了深远的影响。

今天,关于音乐的社会功能和教育意义,已是众所周知而无可非议的了。发展国民音乐教育,加强美育培养已是作为当代合格社会劳动者的一个不可缺少的基本素质之一。尽管人们对音乐的肯定和深刻认识在今天已到了我国历史上前所未有的高度,但我们不能忘记这种发展的成果是经过漫长的历史演变,经过无数的人类社会实践而逐渐形成的。对于儒家创始人孔子的乐教思想,我们应将其作为中国优秀传统文化来继承和发扬。

第三章 战国儒家对"乐"的阐发

被史家称为"古今一大变革之会"的春秋战国时代,是"礼坏乐崩"的历史时期,也是思想自由的"百花齐放,百家争鸣"的时代。这一时代在历史、思想、文化诸领域都有极为重要的开拓、创造。战国时代,儒家是诸子百家中的一个重要的学派,处于显学位置。孟子和荀子作为战国时期的儒家代表人物,在继承孔子的乐伦理思想的基础上,对其进行了充分发展,形成了各具特色的幸福快乐观念和乐教思想,对后世产生了深远的影响。

一 孟子的多层次快乐论

孟子(约公元前372~公元前289年),名轲,邹(今山东邹城市)人。孟子作为战国时期伟大的思想家,儒家的主要代表之一,其快乐观与其人生价值观有着直接的关联。孟子的人生价值观强调舍生取义,追求崇高的精神境界,基于这种人生价值观,孟子主张道义主义幸福快乐论。

(一)舍生取义的人生价值观

在人生价值观上,孟子的精神境界是崇高的。孟子认为人不应当苟且偷生,那是毫无价值也是可鄙的。人应当有远大的理想,他称此为"义"。在活命和理想之间,孟子认为应当首先择取理想,然后才是活命。《孟子·告子上》载其名言:"鱼,亦我所欲也,熊掌,亦我所欲也;二者不可得兼,舍鱼而取熊掌者也。生,亦我所欲也,义,亦我所欲也;二者不可得兼,舍生而取义者也。"孔子曾提倡"杀身成仁"的主张,表现出了为仁的理想可以牺牲生命的崇高精神;孟子在此又提出了"舍生而取义"的命题。较之孔子的"杀身成仁",孟子的"舍生而取义"命题具有以下新义:

首先,孟子对仁和义做了区别。在他看来,"仁,人心也;义,人路也"(《孟子·告子上》);"仁,人之安宅也,义,人之正路也"(《孟子·离娄上》)。就是说,仁,主要指人的内心善性即恻隐之心;而义,则是指在行动上人所应走的正路,也就是在行动上去实践恻隐之心,就是义。由此可见,"舍生取义"的命题,更强调了人一定要在行动上、实践上走正路,把行动上、实践上走正路放在比活命更高的位置上,作为第一人生目的。这就使"舍生取义"这一崇高的人生价值观,超出了理想的范围,而走上了实践的领域。当然,并不是说孔子学说中没有强大的实践内容,而只是说,仁更侧重于内心修养,而义更加强调了实践的内容。在仁、义上,孔子和孟子的学说只有侧重方面的差异而并无实质上的上下高低之分,二者都是崇高的人生价值观,是确定无疑的。儒家主张杀身成仁,舍生取义,以身殉道。如儒家认为天之根本德行含于人之心性之中,人之所以异于禽兽,其原因就在于人之心性与天相通,孟子曰:"尽其心者,知其性也;知其性,则知天矣。"(《孟子·尽心上》)天有上下、阴阳之分,人有君臣、夫妇之别,这就是天经地义,人生在世的所作所为应当符合这些经义。

其次,孟子为"义"规定了较广的含义,那就是"义,人路也",或者"义,人之正路也"。就是说,凡是人应当走的正义之路,都应当包含在内。同时,也为它规定了较窄的具体含义，如"羞恶之心，义也"（《孟子·告子上》）；"敬长，义也"（《孟子·尽心上》）；"非其有而取之，非义也"（《孟子·尽心上》）；等等。也就是说，取你应当取的，就是义行。义当然还包括众多其他的具体内容，不再一一而述。

由此可见，"舍生取义"，即为走的正义道路去牺牲生命，包含了更为广泛的内容。凡属正义道路，对于人民、对于历史有益的事业，都可包含在内，这就使这一命题具有了更为久远的生命力和历史价值，为历史上的许多仁人志士，民族英烈，提供了鼓舞力量、精神支柱。

再次，孟子明确提出并具体论证了"舍生取义"的人生价值观的崇高地位。《孟子·告子上》曰："生亦我所欲，所欲有甚于生者，故不为苟得也；死亦我所恶，所恶有甚于死者，故患有所不辟也。如使人之所欲莫甚于生，则凡可以得生者，何不用也？使人之所恶莫甚于死者，则凡可以辟患者，何不为也？由是则生而有不用也，由是则可以辟患而有不为也，是故所欲有甚于生者，所恶有甚于死者。"孟子用这种对比论证的方法，把两个活生生的形象摆在世人面前，一个是为正义不惜牺牲生命的高大形象；一个是为求保住活命而不惜干尽坏事的卑劣小人。他以此论证了何为高尚的人生价值观，何为卑劣的保命哲学；何为人生应走的正确道路，何为应当唾弃的人生歧路。

为了确保这种人生价值观的实现，孟子还提倡一种大丈夫气概，《孟子·滕文公下》曰："富贵不能淫，贫贱不能移，威武不能屈，此之谓大丈夫！"为了正义事业，面对富贵、贫贱、威武的考验，都应保持坚定不移的精神，英勇不屈的气概，这也是舍生取义的人生价值观在各种具体环境条件下的具体要求。

最后，孟子还强调"尚志"，即人生应有高尚的志向。《孟子·公孙丑上》曰："夫志，气之帅也；气，体之充也。夫志至焉，气次焉；故曰：'持其志，无暴其气。'"一个人要成就一番事业，必须要有志气，即从事这一事业的坚定信念，一种非完成它不可的决心和力量。士的"尚志"即《孟子·尽心上》所谓："仁义而已矣。杀一无罪非仁也，非其有而取之非义也。居恶在？仁是也；路恶在？义是也。居仁由义，大人之事备矣。"孟子也称这种受义指导的意志为"浩然之气"。这是一种无往而不克的大义凛然之气。《孟子·公孙丑上》曰："其为气也，至大至刚，以直养而无害，则塞于天地之间。其为气也，配义与道；无是，馁也。是集义所生者，非义袭而取之也。行有不慊于心，则馁矣。"在孟子看来，这种浩然之气，是一种最伟大、最刚强的无坚而不克的力量，以正道来养护而不伤害它，则其力量可以充满天地之间。这种浩然之气，之所以有如此巨大的力量，就是由于它是配以正义和大道的，如果没有正义和大道相配合，则做任何事情都会气馁，会丧失完成任何事业的信心和力量。这种浩然之气，是长久走正义之路而自然生成的，不是偶然做一件合宜的事就能够取得的。

　　孟子与孔子一脉相承，认为君子终身之忧是不能死而不朽。（《孟子·离娄下》）感慨道："君子有终身之忧，无一朝之患也。乃若所忧则有之：舜人也，我亦人也，舜为法于天下，可传于世，我由（犹）未免为乡人也！是则可忧也。"那么，如何才能消除这一忧患，达到死而不朽呢？孟子在《孟子·梁惠王下》中指出："君子创业垂统，为可继也。"足见君子有垂创之举，即为不朽。

　　通过孟子的提倡和论证，"舍生取义"成为具有强烈吸引力的人生价值观。孟子所强调的这种以从事正义事业为基础的意志和力量，实际上是一种为正义事业而奋斗而牺牲的坚强意志和大无畏精神。这种力量由于有正义信念为后盾，可以完成许多可歌可泣的功业。因而，这是"舍生取义"人生价值观实现的意志和力量的保证。"舍生取义"为一切从事伟大事业和有意义事业的人，提供了人生观上的正确选择。在这种意义上，"舍生取义"已成为中华民族流传的不朽名言和民族美德。

(二)"独善其身"的自我道德之乐

"乐"是孟子思想中一个不可或缺的组成部分。孟子阐述了自己关于道德之乐的观点,也阐明了义利与幸福快乐的关系。

1. 道德之乐的表征

依据对于孟子有关论述的分析,道德之乐是指经过主观努力,服从良心律令,成就道德之后内心的愉悦和满足。道德之乐可分为两种情况,一是反身而诚后内心的愉悦和满足,二是历尽艰辛成就道德后内心的愉悦和满足。

反身而诚是孟子的重要思想。《孟子·尽心上》曰:"万物皆备于我矣。反身而诚,乐莫大焉。"在孟子看来,道德的根据就在自己的内心,遇事逆觉反求,反身而诚,就会有一种精神的快乐和满足,就能体会到一种巨大的道德之乐,这就是所谓"乐莫大焉"。孟子还曰:"仁义忠信,乐善不倦,此天爵也。"(《孟子·告子上》)"尊德乐义,则可以嚣嚣矣。"(《孟子·尽心上》)"乐善不倦"、"尊德乐义",是指要不停地向善行善,但也包含向善行善的本身即是快乐的意思,这些说法生动反映出孟子关于不断努力成就道德,同时也在这个过程中得到快乐的思想。

孟子继承了孔子的转变痛苦为快乐,转变困难为愉悦的思想观点,主张即使物质条件恶劣不幸福快乐,但经过辩证的转折,可以成为成就道德的阶梯,转化为幸福快乐。孔子认为,粗粮冷水,以臂作枕,并不是人们希望的,但与"不义而富且贵"相比,还是前者对道德有利,所以这种苦就转变为一种乐,仁人君子可以乐在其中。颜渊很好地继承了孔子的这种思想,得到孔子的表扬,赞扬他在艰难条件下仍"不改其乐"。孟子深得孔子思想的底蕴,《孟子·离娄下》专门引了孔子此话:"颜子当乱世,居于陋巷，一箪食，一瓢饮；人不堪其忧，颜子不改其乐。"在孟子看来，人或修其天爵或修其人爵，修其天爵，就不会斤斤计较于人爵，而只修其人爵，必弃其天爵。颜渊重视修其天爵，以行道为己任，自然不会计较利欲条件的恶劣，也不为物欲所累，终于达到"不改其乐"的境界。

孟子也强调"乐"的追求。《孟子·离娄上》有"乐斯二者，乐则生矣"的话，此"二者"指事亲与从兄。又《孟子·尽心上》讲"君子有三乐"，其中之一是"父母俱存，兄弟无故"。则孟子以由仁义道德而获得内心情感快乐为君子人格境界所在，其安贫乐道的气息较孔子要弱得多。

值得注意的是，孟子有时又将道德之乐与天地联系在一起。其君子有三种乐趣，其中第二种乐趣就是"仰不愧于天，俯不怍于人"（《孟子·尽心上》）。孟子之所以将道德之乐与天地联系起来，是因为在他看来，天地是道德的最终根据，人们完善道德也是对天地负责，一旦做到了这一点，就将道德推向了极致，达到了天人合一的境界，从而也就体验到了"无愧于天"的乐趣。从这个意义上讲，"无愧于天"一类的说法本质上仍然属于道德之乐的范围，不宜过分将其夸大，乃至将其与道德之乐分离开来。

2. 义利与幸福快乐的关系

一般而论，一个人的幸福快乐总是同一定的物质享受相联系的。但是对物质利益的片面追求能不能给人带来精神上的愉悦和幸福呢？对此，孟子举了一个很尖锐的例子："一箪食，一豆羹，得之则生，弗得则死，尔而与之，行道之人弗受；蹴尔而与之，乞人不屑也。"（《孟子·告子上》）一筐饭、一碗汤，得之则生，不得则死，此饭此汤之于人的意义是何其重要！但是，如果"尔而与之"，饿得要死人也不会接受；"蹴尔而与之"，乞丐也不屑一顾。因为这侮辱了其人格，玷污了其作为人的尊严，而且因为其有"羞恶之心",意识到接受此饭此汤无异于接受被视为猪狗一般对待的耻辱。换言之,对于人来说,在口腹之欲的满足乃至生死之外还有更重要的东西:"生亦我所欲,所欲有甚于生者,故不为苟得也;死亦我所恶,所恶有甚于死者,故患有所不辟也。"(《孟子·告子上》)也就是说,生命是人所追求的,仁义也是人所渴望的,当二者面临矛盾时,人应该舍生取义,而不能苟且偷生;死亡本是人所厌恶的,但是也还有比死亡更令人厌恶的,如接受嗟来之食时的屈辱,这时人就应该勇敢地面对死亡。

3. 强调君子的内在德行之乐

追求仁义给人带来的是一种无限的纯粹的心理愉悦和享受,它使人摆脱了那种以口腹之欲的满足为至上追求的人随时都可能感受到的痛苦。《孟子·离娄下》曰:"君子有终身之忧,无一朝之患也。乃若所忧则有之:舜人也,我亦人也,舜为法天下,可传于后世,我由未免为乡人也!是则可忧也。忧之如何?如舜而已矣。若夫君子所患则亡矣。非仁无为也,非礼无行也。如有一朝之患,则君子不患矣。"君子并不是没有忧患,君子终身忧虑自己的本性没有得到充分的发挥,不能像舜那样"为法于天下,可传于后世"。但君子"非仁无为,非礼无行",不在乎别人以横逆待我,不在乎飞来横祸,不在乎贫贱富贵,不在乎夭寿吉凶;君子在"孜孜为善"的不懈努力中享受着人所独有的超越性的精神愉悦。

人之所以能在为善的过程中享受到极大的快乐,是因为人在为善的过程中能够体会到一种不受外在条件限制的自由,自由的人必然是快乐的。《孟子·尽心上》云:"求则得之,舍则失之,是求有益于得也,求在我者也。求之有道,得之有命,是求无益于得也,求在外者也。"在此,孟子根据"求"与"得"即人的主观动机和客观后果的关系,把人的行为分为"在我者"和

"在外者"两大领域。在"在我者"的领域内，个人自作主宰，得与失的主动权完全操之于己，一切取决于个人的主观意识和能动努力，只要追求了就必然能够得到，因为追求的对象就在于自身之内。这正是孔子所说的"为仁由己"，"我欲仁，斯仁至矣"。因而孟子接着云："万物皆备于我矣。反身而诚，乐莫大焉；强恕而行，求仁莫近焉。"（《孟子·尽心上》）所谓"万物皆备于我"，乃是"在我者"的领域而言，人是自足的"一切我都具备了"。"在外者"的领域，并不由一己之身所完全控制，即所谓"命"便是处于"求"与"得"之间、个人无法预料、不可抗拒、不能逆转的因素："莫之为而为者，天也；莫之致而至者，命也。"（《孟子·万章上》）大至世运的兴衰、朝廷的更迭、传承，小至个人的祸福吉凶、夭寿贤愚乃至口腹之欲的满足，无一不可以归源于冥冥的天命。人是无法预知一切、改变一切的，因而必然要受制于冥冥之"命"，表现为生活中的意外、困顿、挫折，乃至理想不能实现等不尽如人意的事。对于这一切，孟子认为人应顺受正命，那么何谓"正命"，"尽其道而死者"谓"正命"。可见，孟子的哲学不是一种积极的改变命运、改造世界的哲学，而是一种通过自我修养以求安身立命的哲学。这种哲学强调的是，在自我修养的世界内，人是自足的，"尊德乐义，则可以嚣嚣矣……穷不失义，故士得己焉"（《孟子·尽心上》）。也就是说，崇尚德，喜爱义，穷困之时不失掉义，就可以自得其乐。所以孟子的"三乐"中，按照"在我者"与"在外者"的区分，君子能够"求则得之"的，大概也只有"仰不愧于天，俯不怍于人"这一条。

多少有些令人费解的是，"王天下"竟然不在孟子的"三乐"之中，这似乎与其奔走于诸侯之间，以求"王天下"的目标变为现实的追求有些不相契合。其实这正是时代背景和个人经历在孟子思想中的曲折反映。在比较禹、稷"思天下有溺者，由（犹）己溺之"、"思天下有饥者，由己饥之"与颜回"居陋巷……不改其乐"这两种颇不相同的处世态度时，孟子评论道："禹、稷、颜回同道……禹、稷、颜子易地则皆然。"（《孟子·离娄下》）禹、稷是忧乐天下，颜回是自得其乐，二者何以"同道"、何以"易地则皆然"？因为颜回之乐是以仁义为乐，是津津乐道，在本质上与"王天下"的理想是息息相关的，只不过由于颜回"当乱世"，机缘不济，自身所载之道无法变为外在的现实，对个人来说，这是一种一时无法改变的命运。一旦"当平世"，那么颜回自然会像禹、稷那样奋不顾身地去救援天下。

　　孟子讨论了德与命的关系，从人的内在方面，揭示了外在的困顿无法缓解之时，人之所以能保持自立的精神资源。在孟子看来，这种资源完全是自足的："君子所性，虽大行不加焉，虽穷居不损焉，分定故也。"（《孟子·尽心上》）有了这种自足，个人生活的困顿算不了什么，"中天下而立，定四海之民"等"君子乐之"的理想能否实现也算不了什么。有所实现，本是在自然的情理之中，不值得大喜；没有实现，也不值得大悲，因为已尽到了自己的本分。换言之，君子之乐完全不是由外在的方面所左右、所引发的，它根植于自己的本心本性。

　　由上可见，孟子不仅着眼于对义利关系的客观认知，而且提升到什么是真正的幸福快乐、怎么样追求幸福快乐的高度，这是一种有价值的思路；由此而言，孟子确实是一个纯粹的道义幸福快乐论者，不因贫穷困苦的环境"改其乐"。

　　需要指出的是，儒家不仅教导人们不要因贫穷困苦的环境"改其乐"，而且又教人善处困境，在困境中自觉磨炼自己，促成自身的完善。孟子有一段名言："天将降大任于斯人也，必先苦其心志，劳其筋骨，饿其体肤，空乏其身，行拂乱其所为，所以动心忍性，增益其所不能。"（《孟子·告子下》）后来，宋代张载也认为："贫贱忧戚，庸玉汝于成"（《正蒙·乾称》），其意与孟子相同。基于这一认识，孟子又曾提出了"生于忧患而死于安乐"（《孟子·告子下》）的告诫。这些古训，对于今人正确对待困境、逆境，正确理解苦与乐相互包含、相互转化的对立统一关系，仍有借鉴价值。

（三）"与民同乐"，"天下皆悦"

孟子所云之"乐"，虽然道义论特色比较鲜明，但并不完全是独善其身的个人之乐，也有兼济天下的人生大乐，它指的是以一种健全、完美的道德人格投身于治国、平天下的伟大事业。因此，孟子的苦乐观又包含了以对国家、社会、民众奉献为乐的积极因素。

1. "与民同乐"的人生价值观

孟子见齐宣王时提出了一个问题：一个人享乐与大家享乐相比，哪一个更乐？孟子曰："乐民之乐者，民亦乐其乐；忧民之忧者，民亦忧其忧。乐以天下，忧以天下，然而不王者，未之有也。"（《孟子·梁惠王下》）在他看来，与民同乐是合于义的要求的，个人独乐是不义的。他引用历史经验说明，君主不与民同乐，会引起人民怨恨，最后导致灭亡；君主只有与民同乐，才能得到百姓的拥护。孟子的忧乐观带有强烈的民本倾向。它反对统治者脱离人民、不顾人民死活的淫乐，而极力主张要"与民偕乐"，在《梁惠王》篇中，孟子一再强调，作为一个统治者，无论是在麋鹿鱼鳖，还是钟鼓管钥、驰骋田猎诸方面，都应"与民同乐"，与人民共同享用为乐。这样的苦乐，既反映了孟子以天下为己任的人生价值观，也反映了其仁政思想。宋代范仲淹的"先天下之忧而忧，后天下之乐而乐"也是这种苦乐观的表现。这种苦乐观，对于在位者有着特别重要的意义。

人以何事为最值得快乐之事，是心灵的一面透镜，它可以清晰地透视出这个人的灵魂是崇高还是卑下。不以酒肉享乐为乐事，而乐人民之所乐，表明孟子是一个灵魂高尚的人。一个人的快乐与痛苦，不完全只是个人的内心感受，而应当把个人的快乐与痛苦融入到服务、奉献社会的事业中。换言之，先秦儒家要求人要把个人的忧乐同国家民族的命运联系在一起，视国家民族的忧乐为自己的忧乐。以人民的忧乐为己之忧乐，反映了处于上升阶段的新兴地主阶级和人民利益之间具有密切的联系，这是孟子思想中以人为本特色的一个重要表现方面。

2."天下皆悦"的理想人生境界

"天下皆悦"也是孟子大力追求的理想人生境界。孟子所理想的是一种封建小农的生活境界，以其恻隐之心，孟子深感于当时农民之苦，认为当时人民生活的境况、人民拥有的产业为"仰不足以事父母，俯不足以畜妻子，乐岁终身饱，凶年不免于死亡"（《孟子·梁惠王上》）。针对这种苦不堪言的现实情况，孟子力图为人民找到一个解决此问题的理想人生境界。孟子具体地为这一理想境界进行了设计，其想法为："五亩之宅，树之墙下以桑，匹妇蚕之，则老者足以衣帛矣。五母鸡，二母彘，无失其时，老者足以无失肉矣。百亩之田，匹夫耕之，八口之家足以无饥矣。"（《孟子·尽心上》）这就是孟子为人们设计的理想社会的蓝图，孟子为人们设计的乃是一种温饱型的小农社会，它既反映了时人的愿望，也符合封建社会发展的未来，因而，这在当时，应当是体现了社会发展进步要求的理想社会。在这个社会里，孟子特别强调了使普通人吃饱和对老年人的关心，也体现了其人本思想和人道主义精神。

孟子竭力想使人民在较为愉快的环境中生活。其设想主要有几点：其一，"尊贤使能，俊杰在位，则天下之士皆悦"（《孟子·公孙丑上》）。尊重贤德的人，重用有能力的人，使杰出的人才都能发挥其所长,天下的士子就会愉快了。其二,"市,廛而不征,法而不廛,则天下之商皆悦"(《孟子·公孙丑上》)。在市场上,给予空地以便储藏货物,却不征收货物税;如果货物滞销,官方还要依法征购,不让长久积压,这样,天下的商人就会愉快了。其三,"关,讥而不征,则天下之旅皆悦"(《孟子·公孙丑上》)。关卡,只稽查不征税,天下的旅客都会高兴了。其四,"耕者,助而不税,则天下之农皆悦"(《孟子·公孙丑上》)。对农民,只助耕相当于自己所种田数十分之一的井田,不再缴纳其他杂税,那么天下的农民也就很愉快了。其五,"廛,无夫里之布,则天下之民皆悦"(《孟子·公孙丑上》)。在人们居住的地方,不收额外的雇役钱和地税,天下的百姓就都快乐了。孟子所理想的这些能够使各个领域的人们心情愉悦的政策,是要使人尽其才、轻税、免税的政策,反映了封建制初期人民在饱经战乱与重压之后希望得到一个能休养生息的较为宽松的社会环境的要求,孟子的这些思想主张在当时虽不能够完全实现,但由于其反映了人民的要求和社会经济进步的需要,因而也是具有进步历史意义的。

　　此外,孟子也强调事业之乐。"事业"一词虽然在《孟子》中并没有出现,但有关的思想还是很明确的。孟子的"三乐",其中之一是"得天下英才而教育之"。教育是一种事业,一旦能够从事这项事业,对内而言可以使自己的学问传诸后人,对外而言可以使圣学得以发展,这当然是令人愉悦的事情。孟子还认为,大丈夫为人一世,必当干一番大事。对孟子本人来说,此大事就是要辅佐明君,施行仁政。孟子非常自信,认为上天"如欲平治天下当今之世,舍我其谁也?吾何不豫哉"(《孟子·公孙丑下》)。孟子自信是当时最理想的政治人才,一旦能够实现这种政治理想,自然可以体验到内心的快乐。这种快乐当然可以称为事业之乐。

(四)"同天"之乐

"同天"之乐是高级的快乐,指通过一定的精神修养,超越自我的限制,达到"天人合一"的境界,从而获得上下与天地同流的终极关怀。有了这种终极关怀,人便获得了绝对的精神自由与幸福。《孟子·尽心上》:"万物皆备于我。反身而诚,乐莫大焉;强恕而行,求仁莫近焉。""尽其心者,知其性也;知其性,则知天矣。存其心,养其性,所以事天也,夭寿不二,修身以俟之,所以立命也。"这些言论阐述了孟子的道德理想主义。在他看来,人道之必然来自于天道之必然。孟子所云之"天"是一个道德的宇宙,它是人道之"善"的先天必然的形上依托。人性与天道在本质上是一致的,所以人性也是圆满自足的。通过切身内省自己的良心本心,便可直觉冥证天命之所在,达到人心与天心合一的"诚"的终极境界,从而找到人生意义的绝对归属。找到了意义归属也就找到了安身立命之地。如此,人的一切便有了"事天"的意义,个人的命运便成为天命之流行。具备了这种精神境界,人就会对现实中个人的贫富夭寿心安理得,从而无往而不快乐。故曰"反身而诚,乐莫大焉"。在此,存心养性,乃所以事天,夭寿不二,修身养性,乃所以安身立命。由知天、事天,到乐天、同天,将相对有限的人生价值提升到绝对无限的天道的超越层面,此种"提升",使人超越现实的烦恼,获得精神的充实与宁静,这就是哲学家的快乐。

由上可见,孟子的幸福快乐观念具有多层面性的特征,他将幸福快乐分为两个层面,基本的层面就是强调人的内在德行之幸福快乐,高扬超越的精神愉悦;高级的层面就是追求"天人合一"境界的"同天"之乐。这两个层面的幸福快乐适用于任何人,为人们指明了认识幸福快乐和追求幸福快乐的方向。孟子还对统治者提出了"与民同乐"让"天下皆悦"的要求，对为政者体验快乐无疑有借鉴意义。

二 荀子的理性追求之乐

荀子（约公元前313~公元前238年），名况，时人尊而号为"卿"，故又称荀卿，汉代避宣帝讳而改称孙卿，战国末期赵国（今山西南部）人。作为战国时期百家思想的集大成者，儒家的主要代表之一，荀子学说的内容丰富多彩，其幸福快乐观是其思想的重要组成部分。荀子的乐观念主要包含两个方面，即快乐之乐与礼乐教化之乐。从总体上看，荀子的乐观念较之孔子、孟子更加注重理性。

（一）提倡以道制欲、安贫乐道

荀子主张人们应以道制欲而致福，告诫人们勿以欲忘道而致危辱。《荀子·乐论》："君子乐得其道，小人乐得其欲。以道制欲，则乐而不乱；以欲忘道，则惑而不乐。故乐者，所以乐道也。"这是以"道"与"欲"来区分君子和小人，以"乐得其道"为君子的人格境界的又一规定，而"以道制欲"是达到此境界所作的努力。荀子对"以道制欲"进行了具体阐述，他认为，人纵欲、任欲，必危亡而欲不得；以礼养欲，以理制欲，以道导欲，则人生而欲得。所以人不能无欲，亦不能任欲，而要权衡利欲，以道制欲，做到求欲而不纵欲，求欲而不亡道。《荀子·正名》曰："权不正则祸托于欲而人以为福，福托于恶而人以为祸，此亦人所以惑于祸福也。道者，古今正权也；离道而内自择，则不知祸福之所托。"荀子认为，以道制欲，而得欲、致福；小人以欲忘道，而失欲、招祸。他主张人们以道制欲而常安荣，得其欲。不可以欲忘道而常危辱，失其欲。荀子所言"故乐者"的"乐"是指音乐,"君子乐得其道"、"所以道乐"的"乐"是指人的主观精神的一种状态即快乐。在荀子看来,音乐的意义在于使人快乐。一般而言,凡是与人的物质和精神需求相符合而引起的主观体验就是乐,反之则苦。从荀子的这段话来看,他所追求的快乐并非是肉体感受上的,也不是小人在个人利益和物质欲望满足时的那种主观感受,而是指君子在得"道"时的快乐。荀子所谓的"道",不是指作为宇宙万物本原意义上的"天道"而是"人道","道者,非天之道,非地之道,人之所以道也,君子之所道也"(《荀子·儒效》)。"人道"是儒家对社会人事规范的总称:"君子学道则爱人"(《论语·阳货》);"道也者何也?礼义辞让忠信是也"(《荀子·强国》)。"人道"是以仁、义、礼为核心内容的。"仁"即孔子的"人道"。正如胡适所言:"仁就是理想的人道,做一个人须要能尽人道,尽人道即是仁。"[①] 仁是一切美德的概括,不仅包括了克己复礼、孝悌、忠恕之道等,而且也囊括了敬、智、勇、恭、宽、信、敏、惠等众多德行。荀子"隆礼",综合仁、义、礼三者统一的道德规范体系,体现在君子身上,即"君子处仁以义,然后仁也;行义以礼,然后义也;制礼反本成末,然后礼也;三者皆通,然后道也"(《荀子·大略》)。君子以"仁义"为本,使之一举一动皆符合"礼"之规定。君子所"乐"之"道",就是汉以后的纲常名教之类;"乐"就是君子在其一举一动皆符合封建伦理秩序后所引起的主观精神上的愉悦感受,这与物质上的欲求无甚关系。

战国时期,强调安贫乐道最为强烈的当数荀子。《荀子·修身》:"士君子不为贫穷怠乎道……君子贫穷而志广,隆仁也……君子能以公义胜私欲也。""志意修则骄富贵,道义重则轻王公,

---

① 胡适:《中国哲学史大纲》卷上,商务印书馆1987年版,第114页。

内省而外物轻矣。"《荀子·大略》："君子立志如穷，虽天子三公问正，以是非对。君子隘穷而不失，劳倦而不苟，临患难而不忘细席之言。"与孔孟不同的是，荀子把安贫乐道与人的意志联系在一起，强调意志力是安贫乐道的前提。荀子在《解蔽》篇中曾考察了意志的特点，认为意志有"自禁"、"自便"、"自夺"、"自取"、"自止"等特点。这就是说，外力可以迫使形体或屈或伸，而意志却不能由外力迫使而改变，其以为是便接受，以为非便拒绝。荀子充分认识到了意志的作用，"意志修则骄富贵"，"君子贫穷而志广，隆仁也"，他把具有专一品性的意志力的坚持，看做实现理想人格（君子）的先决条件。事实上，意志并不是人的认识的直接表现，而是人采取行动、决定行为的前导精神力量，是人的认识转向人的行动的中间环节，也就是从一种意图变成力量的精神形态。意志力的坚持对无论哪一种理想人格的实现，确实是有一定的主宰作用，这是荀子对儒家安贫乐道思想的深化。

　　荀子还强调追求知识、道德修养的终身之乐。他认为任何人的知识、才能都是学习得来的，君子也是通过学才能为君子，他提倡人们要做到："不知则问，不能则学。"（《荀子·非十二子》）君子要向圣人学习，才能近于圣人。因而"圣也者，尽伦者也；王也者，尽制者也；两尽者，足以为天下极矣。故学者以圣王为师……类是而几，君子也"（《荀子·解蔽》）。只有学圣人，自己才能类似圣人，这是人生知识追求，道德修养的最高目标，亦是君子的终身之乐。因为君子不追求物质享受，"君子乐得其道"。君子不仅自己乐得其道，而且能以道引导教化他人，这便是君子学道、乐道、行道之义，亦是君子的终身之乐。君子志在学道、得道、行道，只要得道，即使不在其位也十分愉快，而不忧愁。因而"君子其未得也，则乐其意；既已得之，又乐其治。是以有终身之乐，无一日之忧"（《荀子·子道》）。而小人则反之。因为君子有自知之明，不自夸其能，不表现自己，而能实事求是，严肃认真地对待自己，所以能做到知之为知之，知之能行之，常以知足行至为乐，而无其忧。

(二) 重视礼乐教化

孔子的礼乐教化思想得到了荀子的继承和发扬，荀子十分强调礼乐教化，在《礼论》之外，他又撰写了《乐论》。荀子因而成为中国传统文化中礼乐理论的奠基人。

1. 礼乐起源

荀子对礼、乐的起源进行了阐述。《荀子·礼论》分析了礼的起源，即"礼起于何也？曰：人生而有欲。欲而不得，则不能无求。求而无度量分界，则不能不争。争则乱，乱则穷。先生恶其乱也，故制礼义以分之。以养人之欲，给人之求……故礼者养也"。荀子对乐的起源分析曰："夫乐者，乐也，人情之所必不免也。故人不能无乐。乐则必发于声音，形于动静，而人之道，声音、动静、性术之变尽是矣。故人不能不乐，乐则不能无形，形而不为道，则不能无乱。先王恶其乱也，故制《雅》、《颂》之声以道之，使其声足以乐而不流，使其文足以辨而不言笑，使其曲直、繁省、廉肉、节奏足以感动人之善心，使夫邪污之气无由得接焉。是先王立乐之方也……"（《荀子·乐论》）从这段话可以看出，荀子认为人都是有感情的，乐代表了人的感情，声音和动作是乐的表现，乐必须有道，否则，可能引起社会混乱。所以统治者制定雅乐，以正确引导人的情感。通过音乐，陶冶人的情操，培养人的善心，防止邪淫的腐蚀。可见，荀子是从人的最基本的生理欲求和情感出发来分析礼乐起源的，但同时也十分肯定地指出了礼乐制度是由"先王"制定出来的。强调礼乐问题既是社会制度问题，同时又有着人性上的依据。这是对礼乐起源问题相当深刻的理论论述。

2. 乐教与礼教的关系

荀子论述了礼乐的不同特征和关系。他认为人们在社会中，既要有等级、地位上的差异，同时又要维持社会稳定和人与人之间的和谐，因而不但要有礼，而且还要有乐。《荀子·乐论》曰："乐也者，和之不可变者也；礼也者，理之不可易者也。乐合同，礼别异。礼乐之统，管乎人心矣……"可见，礼的作用在于划清等级界限，严格等级秩序，而乐的功能则在于使不同等级间的关系得以协调、和谐。《荀子·乐论》还说："乐在宗庙之中，君臣上下同听之，则莫不和敬；在族长乡里之中，长幼同听之，则莫不和顺；在闺门之内，父子兄弟同听之，则莫不和亲。"荀子认为通过潜移默化的陶冶、熏染，使不同的人得以和，正是乐的重要功能。众所周知，儒家是既要严格等级区分，又力图使不同等级之间和谐的。荀子之所以既重视礼又重视乐，原因即在于此。在荀子看来，乐教能起到礼教所不能起到的作用，只有礼乐并举才能收到更全面的效果。正是由于荀子对"乐"全面深刻的理解，才使得荀子的乐教思想较之孔子、孟子更加进步。荀子认为，乐"动于内"，礼"动于外"，"乐行而志清，礼修而行成"（《荀子·乐论》）。这就是说，礼是通过行为规范来制约人们的外在行为，而乐则是通过感化的手段来陶冶情操、启发内心的自觉。礼能养成人们良好的德行，而乐则能培养人们高尚的精神，净化人们的心灵。可见只有将礼乐统一起来才能很好地促使社会有序化。

3. 乐的社会作用

首先，乐可以表达出人的共同情感，从而感发出和谐一致的意向。人心易受情感影响，情感易受外界刺激而波动。《荀子·乐论》云：齐衰之服，哭泣之声，使"人之心悲；带甲婴革由，歌于行伍，使人之心伤；姚冶之容，郑、卫之音，使人之心淫；绅端章甫，舞《韶》歌《武》，使人之心庄"。意思是说，人类除了知性的道德主体外，也是有感情的动物，所以哭泣的声音，使人心悲；壮怀激烈的军歌，使人心为之动荡，妖冶的女色，卫、郑的靡靡之音，使人心淫；典雅之音乐，则使人心庄重。荀子不仅不反对人类的情感生活，而且指出要积极面对它，感化它，而且以乐成德。由于乐的本质在于和合，因而人们在乐中必然产生共鸣，从而产生和谐一致的意向，"故乐者，天下之大齐也，中和之大纪也，人情之所必不免也"（《荀子·乐论》）。

其次，以乐成德，乐具有道德教化的功能。在荀子看来，如果将伦理道德精神渗透、体现于乐，那么乐就能成为推行道德教化的理想工具。《荀子·乐论》曰："乐中平则民和而不流，乐肃庄则民齐而不乱。""乐姚冶以险，则民流漫鄙贱矣。"这就更具体地阐述了乐的风格、性质与其教化功能的关系。既然乐由于其表现形式的特殊性，而对主体人格的培养起着特殊作用。乐具有如此巨大的功能，因而儒家主张用乐来"感动人之善心"。《荀子·乐论》曰："故听其雅颂之声，而志意得广焉；执其干戚，习其俯仰屈伸，而容貌得庄焉；行其缀兆，要其节奏，而行列得正焉，进退得齐焉。"乐以感性的形式，而呈现出超越其上的内容，能激发人们的善心。也只有这样的乐，才是儒家所肯定的乐。荀子与所有儒家学者相同，认为艺术所唤起的人的快乐应是"乐得其道"的，是通向仁义之道的，而不能是"乐得其欲"的。人总是本能地追求着自我欲望的满足，这种欲望使人与人之间不可避免地会产生冲突，由此而有礼义之必要，使自然性的欲望与礼统一起来。求得这二者的统一可以有各种不同的途径，礼义名分的规定限制是一种，刑法惩罚的威慑也是一种。在荀子看来，艺术也是很重要的一种。礼与法都是借助外在力量的限制来达到目的，而艺术则不同，儒家认为，与抽象、空洞的道德说教相比，"乐之入人也深，其化人也速"（《荀子·乐论》），效果是显著的。它能够直接诉诸人的内在心性情感，能够以自然而然的方式改变性情，使人们化性起伪，使人们的欲望冲动不再与社会伦理对其各式各样的期许要求相冲突。理想政治正是体现为以审美教化作用于被统治者的情感，并深入被统治者的内心。有鉴于此，儒家有"移风易俗，莫善于乐"（《孝经·广要道章》）之说。荀子反复强调乐的德化功能，他深信通过努力，内在心性是可以与道德伦理取得统一的，所谓"和乐之声，步中武、象，趋中韶、护，君子听律习容而后士"（《荀子·大略》）。通过诸如乐教这样的方式，人们有可能表现得似乎道德性的秩序本就是内在地蕴涵于他们的情感要求之中。

再次，"美善相乐"论。如果说在孔子的审美教化思想中，对于乐之为体与乐之为用关系的认识在理论上尚有某种缺陷，那么，荀子就弥合了这个理论缺陷。他的"美善相乐"说，以理想政治的实现为中心，把对统治者理想人格的培养和对被统治者的驯化聚合成完整的审美教化功能，成为先秦儒家审美教化的经典总结。从审美教化的角度看，荀子继承了孟子乐（yuè）之为乐（lè）的思想，把审美落实到乐（lè）的心理机制上，从而找到贯通君子、小人的心理学基础；另一方面，他又否定了孟子的以乐（lè）为乐（yuè）的思想，把乐（lè）从孟子的道德情感重新还原为自然情感。荀子的《乐论》开篇就曰："夫乐者，乐也，人之情所必不免也。"乐（yuè）就是乐（lè），但并非一开始就是至尊至大的道德快感，而是至卑的自然情感。荀子主张性恶论，人的自然情感在道德上先天就是恶的，乐（yuè）就以这样的自然情感为基础。与之相比，在孔孟那里乐是何等庄严神圣，荀子却反其道而行之，认为乐的基础是渺小卑微的。但正因为性本恶，故荀子主张"化性起伪"："无性，则伪之无所加；无伪，则性不能自美。性伪合，然后圣人之名一，天下之功于是就也。"（《荀子·礼论》）圣人与小人一样，本性为恶，所不同者，就在于后天修养的差别。乐，也就是后天修养途径之一，顺其本恶的自然之情而达乎趋善的内心愉悦,于乐(yuè)中得乐(lè),这在圣人与小人都是一样的。这就以性恶论为根据阐发了乐教的基本理论。在荀子看来,由于乐的审美功能中本身蕴涵着道德教育的功能,因而不同的人们都可以通过对乐的欣赏得到道德的升华,统治者可以通过乐提高道德修养,平民百姓可以通过乐树立良好的道德理念,从而达到君德、民善的效果。因而荀子强调,耳目聪明,"血气平和,移风易俗,天下皆宁,美善相乐"(《荀子·乐论》)。

最后,乐与天地、四时相像。《荀子·乐论》云:"君子以钟鼓道志,以琴瑟乐心,动以干戚,饰以羽旄,从以磬管,故其清明象天,其广大象地,其俯仰周旋有似于四时。"说明君子行乐之教,能够"清明象天,广大象地",而俯仰周旋有似于四时,移风易俗,使天下皆宁,道德的善和艺术的美能够融合无间,合于天地之道。可见,有关人类的情感方面,荀子不是不知,而是以乐教来感动人之善心,以乐成德而象于天地、四时、万物。据此,荀子认为,乐和礼是相辅相成的。一方面,礼不能离开乐,应当以乐配礼,在和谐的氛围中明确规范,这样,礼才易于被人们接受并自觉遵守;另一方面,乐也必须受礼的制约,要适合礼。乐不是随意的淫乐,它是有一定规矩的,是在礼的规范下的乐。只有礼、乐互相联结,社会才能真正地实现和谐有序化。

总之,荀子的礼乐教育思想是其思想内容的重要组成部分,对整个中华民族的礼乐教化影响深远,从一定意义上讲,中华传统文化亦可称为"礼乐文化",它体现了我国传统文化中的两个鲜明特征,即伦理精神与艺术精神。这两种文化精神在当代仍具有重要的现实意义,也是我们建设现代精神文明与和谐社会所需要大力发扬的。礼乐制度和礼乐教育对于任何一个社会都是不可或缺的。礼是用来规定社会名分和协调社会人际关系的,它体现了一个社会的基本伦理秩序观念。礼体现的基本伦理观念与各种具体的礼义和道德规范相结合，同时再配之以乐的教育，是使一个社会得以有序而和谐的必要保证。对于个人而言，基本礼乐观念的养成和主要礼乐仪式规范的修养，也是培养健全人格、文明风貌的重要方面。今天仍然很有必要建立起适合于当代的礼乐制度，仍然很有必要加强全民的礼乐教育。

三 《乐记》的乐教思想

《乐记》是《礼记》中的一篇，是迄今为止我国最早的关于音乐理论之经典论著，学术界对其作者和成书时间有不同看法[①]。《乐记》应是战国末期的儒家著作，其基本思想大量本于

[①] 关于《乐记》的作者和成书年代问题学术界大体有两种看法：其一，蒋孔阳先生认为，《乐记》不是一人一时之作，而是汉初儒者搜集和整理了先秦谈乐的言论特别是儒家谈乐的言论，综合起来，编辑成的一部著作。它的原作者，应当是先秦儒者，它的编辑者则是汉初儒者（《先秦音乐美学思想论稿》，人民文学出版社1986年版，第207～208页）。新近出土的简帛文献已经证明了蒋先生的论述并不完全正确，但是，蒋先生的观点吸收了梁启超在《古书真伪及其年代》中关于《礼记》成书的思想，是一种值得重视的、稳健的说法。其二，郭沫若先生认为，《乐记》由孔子弟子公孙尼子所作（《公孙尼子与其音乐理论》，见郭沫若著《青铜时代》，人民出版社1954年版，第187页）。当代学者中有历史学家李学勤先生持与郭沫若先生相同的观点，谓公孙尼子是孔门七十子之弟子，其学说倾向近于子思，又可能同韩非所说仲良氏之儒有关（李学勤：《周易经传溯源》，长春出版社1992年版，第86～90页）。此外，李学勤先生根据湖北荆门郭店楚简的整理出版，为人们重新认识《礼记》特别是认识《乐记》提供了契机。其文章《郭店简与〈乐记〉》（北京大学哲学系：《中国哲学的诠释与发展》，北京大学出版社1999年版，第23～28页）认为，《性自命出》的第一到第三十五号简的中心思想是论乐，第三十六至第六十七号简的中心思想是论性情。李先生还认为，在其"论乐"的部分里，有关音乐的起始问题、气性问题、心与物相感而"心术形焉"的问题、"郑卫之乐"的问题，等等，很多表达都与《乐记》的基本观点是相通的。

荀子，其思想虽直接继承了先秦儒家的音乐教育思想成果，但也颇多创作。《乐记》作为先秦儒家音乐思想的集大成者，其丰富的音乐思想对中国封建时代两千多年来的音乐发展影响极其深远，并在世界音乐思想史上也占有重要地位。从总体上看，《乐记》主要从以下几个方面对音乐理论作出了贡献。

(一) 音乐的起源和本质

对于音乐的起源和本质，《乐记》中有着精辟的论述，肯定音乐是表达情感的艺术。《乐记·乐本》曰："凡音之起，由人心生也，人心之动，物使之然也。感于物而动，故形于声。声相应，故生变；变成方，谓之音；比音而乐之，及干戚羽旄，谓之乐。乐者，音之所由生也；其本在人心之感于物也。"这里所谓的"声"、"音"、"乐"是三个不同的概念。所谓声，是感于外物而产生不同的感情，从而发出不同的声；声的变化而形成音；音调谐和，并以乐器协奏，再配上舞蹈等动作，就成为乐。因而，乐是文化进步的产物。这种关于音乐起源的理论，显然是朴素唯物主义的观点。

既然音乐是同人的感情密切相关的，因而音乐是人情的需要。《乐记·乐化》云："夫乐者，乐也，人情之所不能免也。"因为"乐必发于声音，形于动静，人之道也。声音动静，性术之变尽于此矣。故人不耐（能）无乐"。正是由于音乐是情之所发，所以从人们自发的乐中可以看出世事之兴衰来。《乐记·乐本》曰："凡音者，生人心者也。情动于中，故形于声。声成文，谓之音。故治世之音安以乐，其政和；乱世之音怨以怒，其政乖；亡国之音哀以思，其民困。声音之道，与政通矣。"这强调了音乐与政治、音乐与社会的密切关系。在儒家看来，音乐产生于人心。人的情感由心而发，所以表现为心之声，心之声变成曲调，就叫做音乐。所以，太平之世的音乐祥和欢乐，是因为政治和畅；乱世之音仇怨而愤怒，是因为政治混乱；亡国之音悲哀而忧思，是因为人民的困苦不堪。因此，音乐之声是社会兴衰的真实写照。如此阐发的音乐思想，既有深刻之处，也迎合了封建统治者维护自身利益的要求。音乐这种艺术兴衰，当然同一定的政治相联系。一个国家和民族的政治局面如何，给人们所带来的强烈的影响，必会在音乐方面流露出来。

（二）制礼作乐的必要性

《乐记》反复论述了制礼作乐的必要性，也就论证了实施乐教的必要性。于"乐者，音之所由生也，其本在人心之感于物也"之后，强调"礼以道其志，乐以和其性"，只有实施礼乐教化才能达到这种效果。先王制礼作乐，"非以极口腹耳目之欲也，将以教民平好恶，而反人道之正也"。可见用来作为教化的音乐不是用来满足人们感官欲望活动的，具有教育功能的音乐能够调整和平和人的好恶欲望，使人返回"人道之正"，促使人走上正确的人生之道和具有正确的生活态度。《乐记》认为，对乐的需要而言，这是人的本性所决定的，"乐之道"不仅体现了"人之道"，而且本身就是"人之道"。综观《乐记》，它对理想的雅颂即和谐之乐是完全肯定的，认为这样的乐能"和其声"，能"反人道之正"；反之，《乐记》对所谓的乱世之音，即不和谐的乐是完全否定的。

《礼记》重视"制礼"，也重视"作乐"，认为"礼"和"乐"对于陶冶道德情操都是不可缺少的，只是作用各不相同而已。《乐记·乐论》云："乐者为同，礼者为异；同则相亲，异则相离。合情饰貌者，礼乐之事也。礼义正，则贵贱等矣；乐文同，则上下和矣……如此，则民治行矣。""乐至则无怨，礼至则不争，揖让而治天下者，礼乐之谓也。"这就是说，礼义的作用是使"贵贱有等"，各安其位；乐之作用是使"上下和同"，

大家"无怨"。"是故先王之制礼也以节事，修乐以道志，故观其礼乐而治乱可知也。"(《礼记·礼器》)

音乐发生作用的方式不同于礼义，"乐由中出，礼由外作。乐由中出故静，礼自外作故文"(《乐记·乐论》)。"凡三王教世子，必以礼乐。乐所以修内也，礼所以修外也。礼乐交错于中，发形于外，是故其成也，怿恭敬而温文。"(《礼记·文王世子》)据注疏解释，所谓"乐由中出"、"乐以修内"，说的是乐起于内心，它既可以劝导己志，使行之不倦，又可以道志化民以治下。简而言之，"乐"的作用在于培养内心的道德感情。足见，乐是教化民众的必需。

(三) 乐教的目的和功能

人类社会需要有序化，为建立和维系社会秩序，儒家提出了遍涉人伦纲纪、社会生活、政治领域诸多方面的礼制。如何实现这一社会理想，使民众在思想道德和行为上都自觉自愿地遵循这个制度，遵守这个秩序，就成为儒家思考的问题。儒家从治理人心的角度出发，极力倡导以乐来教化民众，先王"制《雅》、《颂》之声以道之"，即先王制定《雅》、《颂》音乐来引导人们，《乐记·乐化》曰："听其《雅》《颂》之声，志意得广焉；执其干戚，习其俯仰诎（屈）伸，容貌得庄焉；行其缀兆，要其节奏，行列得正焉，进退得齐焉。故乐者，天地之命，中和之纪，人情之所不能免也。"这就是说，人们听了《雅》、《颂》的音乐，心境就变得宽广了；挥舞着干戚舞具，学会了俯仰身躯、屈伸肢体等舞姿，人们的容貌就变得庄重了；按照舞蹈的行列行进，并按照音乐的节奏，人们就知道行列需要整齐与进退一致了。所以，音乐体现了天地自然和社会秩序对人的教化，是使人们保持心态平和的纲纪，是人类社会所必不可少的情感需要之体现。由此可见，音乐对于人德行的培养以及社会风尚的改良，都具有非常重要的意义。

从音乐对人格修养的作用看，儒家认为乐通伦理。儒家向来强调"修"、"齐"、"治"、"平"，认为知识分子的个人修养通于天下，这是儒家的传统。那么乐在个人的人格修养中充当什么角色呢？《乐记·乐象》云："德者情之端也，乐者德之华也，金石丝竹乐之器也。诗言其志也，歌咏其声也，舞动其容也。三者本于心然后乐器从之，是故情深而文明，气盛而化神。和顺积中而英华外发，唯乐不可以为伪。""乐者通伦理者也。"《乐记·乐化》云："礼乐不可斯须去身。致乐以治心，则易、直、子、谅之心油然生矣。易、直、子、谅之心生则乐，乐则安，安则久，久则天，天则神。天则不言而信，神则不怒而威。致乐以治心者也。"在儒家看来，一方面，乐为"德之华"，乐"通伦理"；另一方面，良知存在于人的本性之中，美好的道德（仁）是人的本性的自然表现，"德者情之端也"，又云"乐者德之华也"，"乐者，所以象德也"。君子作乐用来陶情养性，教化万民，移风易俗，当然就是本乎情性的最自然之事。"礼乐不可斯须去身"，目的是要"致乐以治心"，而以乐治心，其顺序为，和谐之乐影响到人的心灵，从而产生易、直、子、谅之心，而产生了易、直、子、谅之心，则使人产生快乐，感到快乐就能使内心安详，内心安详就能使性命长久，性命长久就能使人与天相通，与天相通就能使人与神相通。这无疑揭示了乐对人心的影响，即"乐者为同"的共同规律。换言之，以音乐作为陶冶性情的手段可使人"乐"、"安"、"久"、"天"、"神"，最终使得"天下皆宁"。可见在儒家的思想中，"乐"是君子实现修身、齐家、治国、平天下目的的手段之一，也是"可以观德"的重要伦理依据。

从音乐的教化功能看，儒家认为"乐"与"礼"一样，是教化的具体内容。孔门"礼"、"乐"并重，所谓"礼节民心，乐和民声"；把"礼"、"乐"、"刑"、"政"同举，当然，"乐"与"礼"与"刑"、"政"发生作用的方式是不同的，因为"乐由中出，礼自外作。乐由中出故静，礼自外作故文。大乐必易，大礼必简。乐至则无怨，礼至则不争。揖让而治天下者礼乐是也"（《乐记·乐论》）。因人心之乐（lè）而以乐（yuè）导之，就是陶冶的功能。以美善合一，合乎"仁"的要求的音乐陶冶教化人，可以让人心之乐（lè）成为追求"仁"的力量，使得其行，刑以防其奸。礼乐刑政，其极一也，所以同民心而就达到了乐（yuè）的目的。

《乐记》注重音乐，绝不是为音乐而音乐，而是看中了音乐能感化人心，影响风俗这一特点，从而将其纳入封建道德教化中。在《乐记》中，乐教的实施，是针对现实的音乐问题而提出来的，其目的和功能是移风易俗。"乐也者，圣人之所乐也，而可以善民心，其感人深，其移风易俗易，故先王著其教焉。"（《乐记·乐施》）"礼乐不可以斯须去身……心中斯须不和不乐，而鄙诈之心入之矣。外貌斯须不庄不敬，而易慢之心入之矣。"（《乐记·乐化》）这就是说，好的音乐能"通伦理"，"治人心"，对于社会道德风尚具有积极的影响。它可以使人"志意得广"、"容貌得庄"、"饰喜饰怒"、"万民和亲"。有鉴于此，"先王之制礼乐"，"非以极口腹耳目之欲也，将以教民平好恶而反（返）人道之正也"。也就是说，先王制乐意在感化人心，使人改邪归正。因而"感动人之善心"，"不使放心邪气得接焉，是先王立乐之方也"。在《乐记》中，无论是强调乐"感人深"、其移风易俗易还是肯定"唯乐不可以为伪"；无论谈"逆气成象而淫乐兴焉"，还是以为"世乱则礼慝而乐淫"，都相信音乐以其情感力能够对人心产生深刻影响。因此，乐教的同时，强调情感作用。"乐"的情感被视为具有道德价值的情感，从而使乐的教育思想具有道德价值与情感价值的统一性。

《乐记》把理想之乐上升到"善民心"、"感人深"、"移风易俗"和"天下皆宁"的高度，这是典型的以美导善，在一定程度上揭示了"善民心"、"感人深"、"移风易俗"和"天下皆宁"的内在义理：乐能够以美导善，前提就是乐能够表现人的共同本性，因而当乐反过来对人产生影响时，理想的"雅"、"颂"之乐以其和谐的精神，给人们以积极的影响，从而达到"善民心"、"感人深"、"移风易俗"和"天下皆宁"的境界。

《乐记》认为"乐统同"，具有使人同心同德的功能。《乐记·乐论》："若夫礼乐之施于金石，越于声音，用于宗庙社稷，事乎山川鬼神，则此所与民同也。"这就是说，礼乐通过金石表现出来，通过声音传播开来，在祭祀宗庙和山川鬼神时，天子和人民都是适应的，即在喜爱乐的和谐精神与礼的中正这一本质特征上，天子和人民具有共同性。儒家向来重视和谐之乐，《乐记·乐论》甚至把和谐之乐上升到整体社会和谐的高度，认为"乐文同，则上下和矣"。在《乐记》的视阈中，乐能够调和人们的性情，也有利于和谐人们的思想。

需要指出的是，无论从行为上，还是从观念上说，进行乐教的音乐都是"雅"的音乐，而非"俗"的范畴。在行为上，也与"俗乐"有根本的区别。这就是乐教的传统。《乐记·乐象》认为："奸声乱色不留聪明，淫乐慝礼不接心术，惰慢邪辟之气不设于身体，使耳、目、鼻、口、心知、百体皆由顺正，以行其文。"很显然，在《乐记》看来，奸声乱色、淫乐慝礼和惰慢邪辟之气对人能够产生不良的影响，只有避免这些不健康东西，才能使顺气和正声得到和谐的发展。

总之，《乐记》集中地反映了儒家的音乐理论思想，可以说是中国儒家关于"礼乐"的一个总结。《乐记》阐述了儒家关于文化思想方面的主张，从伦理道德到社会生活乃至政治领域，用礼来建立维系人类社会完整有序的秩序，同时更重视乐对人的教化作用，音乐之声是社会兴衰的真实写照。儒家倡导以乐来教化社会，教化民心，养心性，立善德，摈弃曲邪文化，崇尚雅正之音。《乐记》关于"乐"在陶冶道德情操方面的作用，在我国封建道德中占有重要地位，形成了其特色。

后世儒家直至宋明理学，一向都注重音乐的伦理道德教化作用，唯在理论上并无显著发展，基本的东西都是承袭《乐记》而来的。既然社会伦理要求的目的，无非是让个体成员能够保持对上下左右各种关系的和谐，保持对社会群体秩序的和顺，那么"乐"这种具有和的特点的艺术，所唤起的主体的相应感情，也应是与这种伦理要求相通的。因而通过乐教的长期陶冶，造成主体稳定的、具有和的特点，无疑有助于社会德化目标的实现。有鉴于此，儒家开始给本来似乎只是涉及个体感性的娱乐的"乐"加各种理性的道德的限制和要求。真正的艺术，应该不仅提供感官愉快，而且还具有丰富的社会性内涵，具有与伦理教化的善相统一的特质。

《乐记》所代表的儒家基本音乐观是中华民族传统音乐观的主流。儒家思想从汉代以来就成了汉民族思想的核心，儒家思想虽然在历史上曾经受到道家思想和佛家思想的影响以至冲击，但其核心和主导地位则从未改变。儒家的思想观念对中国文化的各个方面都有重要的决定性作用，儒家的音乐观长期以来也就成了中国最正统的音乐观，因此中国音乐的思想根基在于儒家思想。当然，道教和佛家的音乐观对儒家的音乐观也不能说丝毫没有影响，佛教音乐和道教音乐，以及受佛教音乐、道教音乐影响的地方音乐，应当说也是中国传统音乐中的重要组成部分。

第四章　道家的自然无为"乐"观念

春秋战国时期,列国并立,诸侯争霸,在这个充满贪欲的混乱年代,君不君、臣不臣、父不父、子不子,一切伦常秩序关系都在泛滥的欲望中瓦解,被弃绝不顾。在某种程度上可以"苦难"来把握春秋战国之世。这应是我们理解道家思想的基础。老子的"顺从自然"之乐和庄子的"逍遥游"皆是针对春秋战国时代的"苦难"的一种救世和自救。道家自然无为的"乐"观念在中国历史上独具特色,令人关注。

一　老子"顺从自然"之乐

在各个民族的古老传说里,似乎都讲述到人类曾经有过一个美好的黄金时代,在那个迷人的时期,人们与大自然浑然一体,其乐融融,过着"鼓腹而歌"的幸福快乐生活。没有矛盾和争夺,只有和谐和安宁。道家的创始人老子的自然之乐离不开其自然的社会理想境界。

(一) 老子的理想境界

天下成为私家之物后,纷争不已,战祸频繁,人类失去了往日的乐园,开始了艰辛的旅程。目睹人类在物欲中自我迷失,老子反复思考后,描述了人类"小国寡民"(《老子》第八十章》)的最佳状态。这段文字,引起了后人的热烈讨论。

有人以为老子的"小国寡民"实际上是一种理想化的古代公社形式;有人以为"小国寡民"是幻想中的原始社会。其实,老子的理想社会强调的是人的精神境界,这种精神境界的特征就是自然无为。

在人类本性的丧失过程中,危害最大的就是争夺之心。由于争夺,人类的一切物质文明都异化为毁灭人类的可怕力量。有鉴于此,老子从人类的根本利益出发,对"欲"进行了猛烈的抨击:"五色令人目盲,五音令人耳聋,五味令人口爽……"(《老子》第十二章)这就说明物质欲望对人类本性之伤害,告诫人们保持内心的安足,不失天真。老子认为,人在未得"道"之前,受到物欲的支配,利欲于心,就要争斗以求,于是邪恶就产生了,乱世就出现了。可见,"欲"是万恶之源。消除"欲"的魔影就成为人生的首要任务。

保持自然生命所面临的除了主体对物质生活的态度之外,还有一个怎样处理个体与社会的关系问题。道家强调,如果把个体置于社会关系中来衡量和实现其价值,就像一味追求感官欲望一样,所带来的仍然是生命的损害,是人生的悲剧。去欲抱朴的物质愿望必然派生去欲抱朴的社会愿望。

对个人而言,只有无欲,才能使得生命长久,不至于失败,即"知足不辱,知止不殆,可以长久"(《老子》第四十四章)。"知足"与"知止"是密切相关的,既然天地万物都有自己的限度,人的行为就应当有所满足、有所克制。老子的理想人格强调人要知足,即克制自己的欲望不脱离实际情况。老子十分强调人应该"见素抱朴,少私寡欲"(《老子》第十九章)。道家主张使人的精神处于安静、乐观、没有过分欲望的状态,就能保养精神。依据老子的辩证法,"无得"自然"无失",只有"无欲"才能发展。老子云:"常无欲,可名于小,万物归焉而不为主,可名为大。是以圣人终不为大,故能成其大。"(《老子》第三十四章）此处表现出一种超人的智慧，即只有通过"无欲"的方式，才能达到"成其大"的结果。

最为重要的是，生命的真正意义在于向"道"复归，而只有"无欲"才能真正领悟"道"之玄妙与真谛。老子曰："道可道，非常道；名可名，非常名。无名，天地之始；有名，万物之母。故常无欲，以观其妙；常有欲，以观其徼。"（《老子》第一章）"道"是老子哲学中的核心观念，它既是万物之本体与规律，又是人类行为之准则。而"体道"的关键，就在于"无欲"；反之，则仅仅得其"徼"（端倪）而已。在这种意义上，"欲"是社会及人生的陷阱。即所谓"罪莫大于可欲，祸莫大于不知足，咎莫大于欲得。故知足常足矣"（《老子》第四十六章）。罪过没有比贪得无厌更大了，灾祸没有比不知道满足更大了。因而知道满足永远是满足的，克服了"欲"，精神上就能够获得充分的自由，便可以与"道"相通了。

如果生而不知足，一味寻求感官欲望的满足，往往导致以物役己，妨害生命，用现在的话来说就是被一种外在的美"异化"。庄子把这种异化视为与天乐敌对的人生的最大悲剧，他感叹道："今世俗之君子多危身弃生以殉物，岂不悲哉！"（《庄子·让王》）但是道家又不提倡苦行主义，庄子就嘲笑苦行主义的典型代表墨家巨子的所为：既不爱人，又不爱己。其人生实践"使人忧，使人悲，其行难为也，恐其不可为圣人之道"（《庄子·天下》）。既不求感官满足，又否定苦行主义，可以奉行的事实上就是主观把握的一种自由自在无欲无求的生活，这种生活似乎既不导致精神的苦闷，又不导致妨碍生命的物质匮乏，关键是主体意识对其分寸的把握和感受。

需要指出的是，老子的"无欲"并不是彻底否定人类对物质利益的追求，他肯定了人类的基本生存欲望，只是主张舍弃对超于生存本能的物质利益的追求。

（二）追求恬淡之乐

老子除了主张"寡欲"和"知足"外，还主张"啬"的人格道德修养方法。在道家的人格理论中，啬主要不是指物质利益上的节俭自私，而专指精神活动而言。《韩非子·解老》："啬之者，爱其精神，啬其智识也。"啬作为一种道德准则，主要功能是监督和约束人格主体的意志智慧，最大限度地控制和调节主体的内心世界。

从整体上看，道家的"啬"作为人格道德的修养之方法和调节手段，主要有三种境界：

第一，恬淡之啬，这是基本的层次。《庄子·刻意》云："虚无恬淡，乃合天德。"如果说儒家仁德人格的修养调节是发乎情，止乎礼义，那么道家顺天人格则是发乎自然，甘于恬淡。恬淡不是无，而是要节制，不要过分，要尽量去甚、去泰、去奢。因此恬淡之啬还不是禁欲主义的道德观，老子反复强调"圣人为腹不为目"（《老子》第十二章），"圣人之治虚其心，实其腹"（《老子》第三章）。为腹、实腹就是保养自己的生命，这显然是一种求生保命的欲望的满足。精神欲望（"心"）上的虚和啬，便是"积德"，积德便是延长和保全生命的法则，即"长生久视之道"（《老子》第五十九章）。

道家恬淡之啬的主要内容有三：一是节制物质欲望。对声色之美的追求不要达到有损于生命健康的程度。如果极耳目之娱，口腹之好，宫室之美，妻妾之奉，便会大患贴身，使耳聋、目盲、口伤，失却本性且不说，终生都将溺于苦恼之中，更何况一切荣华富贵都是过眼烟云。二是节制精神欲望。人生在世，难免要确立自己的精神目标，譬如有人把社会对自己的名声评价看得比生命还要重要。老子认为这是虚荣心（"宠"）的表现。如果有虚荣心作祟，做事就不能自由自在，内心世界总是惊恐不安：

"得之（宠）若惊，失之若惊。"（《老子》第十三章）只有把精神欲望控制在恬淡适度的范围内，才能避免内心世界失去平衡。三是节制情感的发泄。庄子提出"圣人无情"的命题，其辩论对手惠施不解其意，认为人而无情，便不能称其为人。庄子回答："吾所谓无情者，言人之不以好恶为内伤其身，常因自然而不害生也。"（《庄子·德充符》）无情，不是让人绝对没有情感，而是节情，以生命自然的准尺来控制剪裁个人情感。

第二，虚静之啬，即对情欲的节制要达到"致虚极，守静笃"（《老子》第十六章）。庄子进一步认为绝弃是非善恶、喜怒哀乐就是最高的道德，这些欲念"不荡胸中则正，正则静，静则明，明则虚"（《庄子·庚桑楚》）。让内心世界空虚到极点，素朴到一尘不染，才能胸正心明，静观万物的变化而不生欲念，不举身介入。恬淡之色是心中萌生了种种过度情欲，要自觉地加以引导节制；而虚静之啬则是尽量不让这些情欲萌生，达到此种境界，即使外界事物来诱惑干扰，也能使忧患不能入，邪气不能袭，内心世界便可居于绝对永恒的和谐。

第三，坐忘之啬，这是出神入化的道德境界，表现为形如枯槁，心如死灰。达到这种坐忘境界，就能完全忘掉自我，内心什么都没有；同时还可忘掉外物，什么都不怕。物我两忘，使主观世界与客观世界都复归于神秘的无，人格主体得以与天混一的升华。

事实上，作为顺天人格的道德约束，只有恬淡之啬才有人格实践的价值和可能性，它是中国古代不得志的知识分子普遍遵奉的一种自我节制方式。一方面，这种方式并不要求人格主体的情欲绝对的无，更不走向忘，只是豁达、开朗、淡泊、自适而已，这是不难做到的。另一方面，啬的手段也比较平和。若胸中有所不平，有所感发，有所追求，主要借外物来发泄、调节使之归于平息，或寄情欲于山水花鸟，或寄情欲于诗词歌赋，或寄情欲于学说著述，等等，其中也不乏精神的自慰和快乐。

（三）追求无为无我的境界

老子虽然以不争为处理人我关系的原则，但他对于自我境界的追求却不止于此。老子曰："吾所以有大患者，为吾有身；及吾无身，吾有何患？"（《老子》第十三章）老子讲守柔处下、无争，实在为普通人说法，而讲无私、无身，是为睿通的哲人说法。老子是主张无为的，认为越是无为，就越是合于道。但是，人是有生命有身体的；正是由于人有此身，才有一个小我，才不可避免地自为主宰，动用智慧，做出一系列有为的事情。因此，老子感叹人有自我之身，才有所忧患，若无自我之身，人就能够达到彻底的无为，获得至上的道德自由。我虽有我身，但是若能"无以生为"的话，亦可达到至上的无为境界。无为的境界，即是无我的境界。

无为才合自然之美，才能顺天守朴，才能求得与社会和谐无争，才能达到贵生全性的目的。要培养出无为的意志，首先是要"知足"，切莫争强好胜，突出自己，而应卑躬居下，先人后己。知足和不为先，就是不争的美德。小人不争利益，士大夫不争功名，圣王不争天下，才能处理好个人与社会的关系。

老子非常崇尚"无为"，认为"清静为天正"即"无为"是事物的根本，但老子之"无为"又并非无所事事，而是不妄作，顺乎自然。只要细究一下，我们不难发现，老子之"无为"一般是就具体的现实生活实践而言，具体体现为无欲、虚静、贵柔尚谦、绝圣弃智等，如"不尚贤，使民不争；不贵难得之货，使民不为盗；不见可欲，使民心不乱"（《老子》第三章）等。老子通过对自然、社会和人类自身的大量的深入细致的观察，认识到物质的欲望、名利的追求皆为干扰人的思维、湮没人的智慧、促成人性泯灭的直接原因，也是人们认识和把握世界本体——"道"的障碍。人如果排除这些障碍,真正体味大道并唯道是从,就会达到一种新的人生境界,而这种境界正是老子人生修养的终极目的,这就是"无不为"的境界。可见,老子的貌似消极的"无为"作为具体的生活原则,仅仅是老子完成人生修养的一些条件和手段,是实现其人生理想的基本途径,而"无不为"才是老子人生的真正目的,是乐观的积极的人生发展目标。

老子所追求的无我,是灭除一己之欲望,消灭自我主宰意识的无我。老子的"无身"、"无我",并不是要把我和我之身变成虚无或不存在,而是要我不成为我,我身不成为我身,使其同归于自然大道,绝对地服从客观的自然法则。

道家主张人们应当抛开自我以获得精神上的自由。在现实社会中,众人林立,各有其我,彼此之间的交往错综复杂,利害关系淆乱繁复,彼此是非标准不一,争辩不休,终日忙碌疲役而不知所归。道家认为,人我、物我之间的利害、是非、善恶、美丑等差别,只是从个体的角度去看才有的;如果从宇宙道的变化的角度去看,这些差别都是不存在的。世俗之人总是从自己的立场上去看问题,去分别彼此及其是非善恶,从而产生了无休止的辩论和竞争,使身心俱疲不得安宁。由于彼此的出发点和目的各不一致,因而各持己见,互不相让。道家强调,每个人都以自己的成见为师,只拘于小我而看不到普遍,总也达不到真理。如果不抛开自我,人我的辩论竞争至死也不能结束,自我永远也不能获得至上的自由和幸福。

(四) 主张祸福相对论

《老子》论述了不少相反相成、物极必反的道理:"祸兮,福之所倚;福兮,祸之所伏。"(《老子》第五十八章)事物总是要向自己的反面转化,但是人们却常常认识不到这一点,总是执迷、陶醉于眼前一时的幸福和得意。老子力图破除人们的执迷，教导人们要从正、反两个方面去观察事物和人生际遇，让人充分认识到当事情发展到顶峰和极限的时候，其相反的变化就要到来了。强极是弱的转折点，盛极是衰的转折点，乐极是悲祸的转折点。这既是一种时时处处都存在的一个极其普遍的现象，也是万事万物不可移易的规律。

老子所谓相反相成、物极必反的道理，无疑告诫人们，不要张狂，不要恃强，不要陶醉兴盛，不要贪得，谋求财货、权势、福禄、显达，将会带来什么样的可悲后果。人事有吉凶祸福相为倚伏之理，故物之将欲如彼者，必其已尝如此者也。

总之，道家强调自然无为和人的自然之情。在老子看来，真正的哲学智慧必须从否定入手，只有否定一切外在的束缚，才能化解人生之忧。道家看世界，有着自己独特的视角，认为人不是物，但人一旦产生，自然界就在人的生活和实践中向人生成，向人靠拢，最终达到物我为一的境界。老子从"无"入手，求解天人关系，把观照人生命运的思想沟通起来。故主张效法天道，无为而无不为。他崇尚原始生命力，但也看到了放纵原始生命力的危机。那种堕入感官享乐的状态，将导致生命本身的直接破坏。因此，当道家面对社会黑暗与不公、物欲横流与人性放纵，却又看不到出路而只能叹惋之时，就把眼光投向远古，由伤今而怀古。回到幻想之中去感觉小国寡民的原始自由，回到离群索居的个人生活的自我陶醉，在倒退之中去编织理想的乌托邦。这样，虽然避免了世俗感官享乐的沉迷腐化，但也忽略了人的社会性，遂将生命置于孤独的内心求索之中，难寻未来出路。

就儒道比较看来，其对理想人格的设计截然不同。儒家强调个体与社会秩序的统一以及人际关系的和谐，这就是仁德人格。儒家仁德人格理想也并非不讲求个体生命——"生我所欲也"！但一种强烈的使命感和责任心使这种人格主体往往欲牺牲生命为代价换取人格的社会价值,实现崇高的升华——舍生取义,杀身成仁!道家的理想人格主张顺从天性,归结起来就是无为、尊朴、贵生。这是强调人格的朴素之美。但是,从强调素朴天性进而一味追求贵生利己,强调个体自身的生存需求,关注主体的本色价值和天性自由,难免使道家的人格理想凸现出一个根本缺憾:把生命本性同群体规范无条件地对立起来。以顺天从性为核心的道家人格理想远没有儒家人格理想那样浪漫和崇高。

二 庄子的精神自由之乐

庄子生活的战国中期,正处于社会制度大变革的过程中,长期的诸侯割据,造成连年的战祸。一方面是民不聊生,社会动荡;另一方面是人们疯狂地追逐财富和权力,物欲横流。庄子学说的出发点,是要在纷乱不安、满目悲怆的人世为人们开辟出一方乐土。当然这方乐土不可能存在于诸侯相残、百姓流离的现实世界,只能存在于人的精神世界之中。因而庄子劝导人们脱离人世,将目光移至宇宙,将心境融于大道,在辽阔的宇宙当中,在静谧的大道之中,求得超脱和安乐。

(一) 自由与幸福的省思

自由与幸福,是人生关注的重要问题之一,也是庄子哲学的核心问题。庄子认为,有相对的自由,有绝对的自由。人获得了相对自由,便达到了相对的幸福;获得了绝对自由,便达到了无限的幸福——"至乐"。这种思想在《庄子》的《逍遥游》、《至乐》等篇中皆有充分的阐述。

要搞清楚庄子所谓的幸福,必须首先弄明白庄子所谓的自由。庄子认为自由的便是幸福的。人和事物,如果拥有相对的自由,便会有相对的幸福。如鲲鹏善飞,"海运则将徙于南冥",

相对于其他小鸟，可以说是足够的自由了，然而庄子认为，这仍然是一种相对的自由，因为它仍受到外在条件的限制。如果"风之积也不厚，则其负大翼也无力"，就难以实现其南冥之游了。可见，事物只要有待于外，其行动充其量都是有限的自由即相对的自由。这说明任何人或物，如果安于自己的性分，根据自己的天性所至、能力所及去生活，不好高骛远，就会获得一种相对的幸福。人和事物，如果拥有了绝对的自由，才能有绝对的幸福。这样的人与道合一，超越了自我的局限，冲破了功名的束缚。其精神极为平静，"其寝不梦，其觉无忧，其食不甘，其息深深"（《庄子·大宗师》）。他们也许会有过错，但不为过错而烦恼；他们也许受到赞誉，但不为荣誉而欢欣，能够"举世而誉之，不加劝；举世而非之，不加沮"。甚至对生死也无动于心，表现出"不知悦生，不知恶死；其出不欣，其入不拒"（《庄子·大宗师》）的达观与乐天。

依据其对自由与幸福的理解，庄子对儒、墨、法诸家提倡的有为政治理想和生活进行了尖锐的批判。他指出，一切有为政治提倡的法律、道德、制度，其作用都在于立同禁异，把多样性的世界变成单一化的世界，其结果是使万物失去本性而陷入痛苦与不幸。《骈拇》云："凫胫虽短，续之则忧；鹤胫虽长，断之则悲。故性长非所断，性短非所续，无所去忧也。"他认为有为政治所做的一切恰是这种截长续短的蠢事。庄子用鲁侯养鸟的故事说明了有时提倡有为政治者是出于好心，但却把事情办得更糟。"昔者海鸟止于鲁郊，鲁侯御而觞之于庙。奏九韶以为乐，具太牢以为膳。鸟乃眩视忧悲，不敢食一脔，不敢饮一杯，三日而死。此以己养养鸟也，非以鸟养养鸟也。"（《庄子·至乐》）鲁侯用最尊荣的方式来养鸟，爱鸟之心非不深也，但他不是根据鸟的习性来养鸟，而是根据自己的爱好来养鸟，结果事与愿违。王者的法典和道德原则强加于社会，使人们的生活整齐划一，也类似于这种情况。

庄子对自由及幸福的觉解,蕴涵着中国道家哲学对人之个体生命价值的自觉;他对有为政治的批判,表明中国古代某些哲学家在一定程度上对阶级社会文明价值的分裂与异化的认识。

(二) 梦境的逍遥

作为一个思想家,庄子面对战国乱世时期人们在追逐名利中的沉沦与堕落而感到沉痛,觉得人在追逐外物过程中始终处于紧张、焦虑和失意的状态,从而丧失了作为人的本性与尊严,这是极其可悲的。庄子看到了人生的困境,但他并不是悲观主义者,他用自己的生命超脱人生的困境,追求自由。逍遥游就是庄子自由观的灵魂,也是他的人生哲学的最高境界。

庄子羡慕鱼在水中的逍遥自在,认为"乐哉鱼也"。鸟跟鱼能逍遥自在,是因为它们除了生理上的欲望要求之外,没有像人类那么多的情欲物欲。人与动物的根本区别在于,人是有思考能力、道德意识的,也正是因为人有知识,有理想,有追求,才会经常陷于苦恼。有人认为,要想控制欲望消灭苦恼,唯一的办法就是要能知足,能知足就会使精神愉快。知足是相对的,无止境的贪图是可怜的,但无条件的知足变成虚妄。好比心静,静到只看到自己的内心,而看不到外部世界,只为封闭,孤陋寡闻,就谈不上真正的快乐。因此,人生最大的快乐,只有在心静自然中获得。

道家苦心孤诣地见素抱朴、弃绝杂欲、无为不争、清静恬淡,一切都是为了走向那充满诱惑力的目标——自由。庄子对天然的喜怒哀乐、七情六欲,不会随便放弃,他对人生的满足和幸福,对个体的自由看得比谁都重,他把这种生存风貌称为"至美"、"至乐",认为得至美而游乎至乐,才算至人。至美是道家顺天人格的意志之柔、智慧之愚、道德之啬所构成的最广华的风采;至乐是道家人格顺天所获得的最大幸福;至人是道家弃绝一切束缚,个性最为自由的真人。

庄子所言之自由只是精神世界中的逍遥,而不可能是现实世界的享受。庄子所谓的"逍遥游"指:"游心乎德之和"(《庄子·德充符》),"乘物而游心"(《庄子·人间世》)。所谓"游心",就是心之游,即精神思想的遨游,可见不是人格主体的"身"在游。心在哪里游呢?庄子反复说的是"游乎无人之野"(《庄子·山木》),"无何有之乡"(《庄子·逍遥游》),"游乎四海之外","游乎尘垢之外"(《庄子·齐物论》)。这既不是现实世界,也不是海外仙境或伊甸园,至人、神人、天人所游的只是茫茫宇宙,永恒无限的精神世界,而不是充满阳光和气体的天空。让思想在头脑中飞翔,庄子的逍遥游是纯精神的享受,是没有任何现实内容的玄想式自由。

(三) 体道无忧

庄子强调心道相融而无忧。在庄子看来,人之所以快乐和忧愁,往往与个人的得失有着密切关系。自己有所得获,那就快乐;自己有所亏损,那就忧愁。所谓得获和亏损,不外乎功名、利禄和寿命。因此,要想从忧愁中解脱出来,就必须避免损名、失利和减少寿命的事情。然而,世上的事情总是要想有所得获,就会有所遗失,因而避免遗失的唯一方法就是不得获。但人生在世,是不可能无所得获的,比如吃穿,在庄子看来,得到了人生的基本需求,不算是得获,因为这是自然而然的事情;如果环境不许可而没有得到,也算不上是遗失,只要把它视为自然的事情就可以了;能够看到这一点,就不会在自己的心中激起波澜,因此也就不会引起苦乐的感受。人生在世最为烦恼的是追求自然需求之外的东西,比如升官、发财、荣名和长寿。因为追求要殚精竭虑,追求不到则烦心懊恼,世人大都陷入其中不能自拔,所以常常受到愁苦的困扰。

在庄子看来，不管是从哪个层次上看得失，要想摆脱苦难，只有一个办法，那就是顺其自然而不去追求。基本的需求和身外的名利皆顺其自然，不但不去追求富贵名利和长寿，而且不去分别贫富、贵贱、荣辱、寿夭，把这一切都看淡。只要做到了这一点，心境就会平静下来，忧愁和烦恼也就自然消失了。庄子曾对此进行精辟的阐述："夫天下之所尊者，富贵善寿也；所乐者，身安厚味美服好色音声也；所下者，贫贱夭恶也；所苦者，身不得安逸，口不得厚味，形不得美服，自不得好色，耳不得音声。若不得者，则大忧以惧。"（《庄子·至乐》）这就是说，世人之所以有忧有苦，都与他们追求物欲，追求欢乐有关系。他们将有财富、有爵位、吃美味、观美色、听美声、穿丽服作为快乐，然而谁能想要得到就得到呢？得到了，可能有一时之快乐；而得不到，那就是一种痛苦。因而痛苦总是与追求名利，追求富贵，追求长寿联系在一起的。要想消除痛苦，就要取消对身外之物的追求，使自己的心境平易，性情恬淡。《刻意》篇对此进一步阐述："夫恬淡寂寞虚无无为，此天地之本而道德之质也。故圣人休焉。休则平易矣，平易则恬淡矣。平易恬淡，则忧患不能入，邪气不能袭，故其德全而神不亏。"说明心境平易，性情恬淡，把富贵寿夭看得淡淡的，就会"忧患不能入，邪气不能袭"。

当人的心境平静下来，把名利寿夭看淡之时，当人不去分别贫富、贵贱、荣辱、寿夭之时，那就是一种坐忘、心斋、悬解、见独的境界，也就是与大道契合，与德行契合的时候。即"此天地之本而道德之质也"。有鉴于此，庄子认为忧乐和喜怒的感受，都是人的心境与大道偏离，与德行错落造成的。只要真正与大道融为一体，心境就一定会至虚、至静、至淡、纯粹，不受外物的干扰，不受名利的诱惑，不受忧愁的煎熬。其《刻意》篇曰："悲乐者，德之邪；喜怒者，道之过；好恶者，心之失。故心不忧乐,德之至也;一而不变,静之至也;无所于忤,虚之至也;不与物交,淡之至也;无所于逆,粹之至也。"这就是说,人有了忧愁和快乐,那是因为原本的德行染上了邪恶;人有了欢喜和恼怒,那是因为与原本的大道发生了错落;人有了爱好和厌恶,那是因为自然的心境有所丧失。因而,心中既不忧愁又快乐,这是原本德行最为完满之时;心中专一致志固守不变,这是寂静安宁达到顶点之时;心中随物流转无所悖逆,这是胸中虚空至于极端之时;心中闭门杜户不与物交,这是欲望恬淡到了极限之时;心中顺其自然无所冒犯,这是境界洁净到了顶端之时。

(四) 与天合而得"天乐"

在庄子学说中,与大道融为一体,在行动上的特点就是顺其自然。而顺其自然单从行为主体的角度来表述就是无为。具体说来,都是指随应事物之自然,事物自身是如何存在的就让它自然而然地存在,事物自身是如何变化的就让它自然而然地变化,不以人的主观意愿去干预。在庄子学说中,自然即天然,也就是天生如此,所以又称为"天"。

庄子所言之"天乐"不同于一般的"快乐",它是顺应天然而得到的快乐。其《天道》篇对此进行了阐述:"夫虚静恬淡寂寞无为,恬淡之平而道德之至,故帝王圣人休焉。休则虚,虚则实,实者伦矣。虚则静,静则动,动则得矣。静则无为,无为也则任事者责矣。无为则俞俞,俞俞者忧患不能处,年寿长矣。""俞俞",悠闲自在的样子。在此,庄子将自然无为视为天地运行的准则、道德之性的根本,所以他所谓的与大道融为一体,也就是在行动上遵循自然无为,认为只有自然无为,一切都顺应着事物的自然秉性,才能取得成功,才能避免忧苦。他又曰:"夫明白于天地之德者,此之谓大本大宗,与天和者也;所以均调天下,与人和者也。与人和者,谓之人乐;与天和者,谓之天乐。"(《庄子·天道》)即明白天地本性的人们都清楚,无为就是天地万物最为根本的东西,就是与天然的和谐;用无为来协调人事,就是与人和谐。与人和谐,就是顺应人事得到的快乐;与天和谐,就是顺应天然得到的快乐。

庄子在《天道》篇中就为什么"无为"就可以达到"天乐"做了精辟的诠释:

> 吾师乎!吾师乎!赍万物而不为戾,泽及万世而不为仁,长于上古而不为寿,覆载天地刻雕众形而不为巧,此之谓天乐。故曰:"知天乐者,其生也天行,其死也物化。静而与阴同德,动而与阳同波。"故知天乐者,无天怨,无人非,无物累,无鬼责。故曰:"其动也天,其静也地,一心定而王天下;其鬼不祟,其魂不疲,一心定而万物服。"言以虚静推于天地,通于万物,此之谓天乐。天乐者,圣人之心,以畜天下。

在此,庄子将大道称为老师,因为它们是人们遵行的准则、仿效的楷模;大道的基本属性是自然无为,以大道为老师也就是行自然无为之道。他认为,懂得天乐的人,不会遭到天的怨恨,不会遭到人的非难,不会遭到物的牵累,不会遭到鬼的责怪。他强调,将自己的虚静扩展开来,与天地融为一体,与万物贯通一气,就是天乐。可见,天乐就是指圣人包容天下的一种心境。之所以将其称为天乐,那是因为这种心境与天统一。做到了无为,顺随天地万物的自然存在和自然变化,就不会与事物相对立了。不与事物相对立,也就不会遭到事物的抵御和对抗,不会遭到天的怨恨,不会遭到人的非难,不会遭到物的牵累,不会遭到鬼的责怪。既然如此,还有什么忧愁可言呢?有鉴于此,庄子把无为称为乐。不过这种乐不同于一般的乐,而是顺物天然的一种乐趣，因而称为"天乐"。

天乐的思想，是庄子之无得无失无忧苦思想的进一步扩展。无得无失无忧苦，主要是针对人事而言的，是说只要将人生遇到的贫富、贵贱、荣辱、寿夭视为自然而然的事情，不加区分，顺之而行，就能免于忧苦；无为而天乐则将其范围扩展到了人所面对的整个世界，既包含人事，也包含人与自然界发生的关系，是说人在处理人事及人与自然界的关系时，只要顺应事物本身的自然变化，不以自己的主观臆想造作事物，就会得到天然之乐。

（五）至乐无乐

"至乐"即最大的快乐。庄子将融于大道、物我两忘、包容一切、自然无为的心境称为天乐。在庄子的学说中，天乐不是一般的快乐，而是与天然相合产生的快乐。这种快乐与一般快乐的根本区别在于它是最大的快乐、至极的快乐，所以又称为"至乐"。既然至乐不是一般的快乐，没有一般快乐给人造成的那种感受，所以庄子说至乐无忧。

1. 俗之所乐，非为至乐

一般的快乐总是与忧愁相伴而行的。有快乐才体现出了忧愁，有忧愁也才体现出了快乐。当一个人根本不知道忧愁为何之时，那他肯定也根本不知道快乐为何。换言之，只有根本没有体验过忧愁的人，也可以说是体验到了最大的快乐。然而根本没有体验过忧愁的人也肯定没有体验过快乐，所以庄子说最快乐的人没有快乐，而世人所感到的快乐不是至极的快乐。

《庄子·至乐》篇表述了这种观点："天下有至乐无有哉？有可以活身者无有哉？今奚为奚据？奚避奚处？奚就奚去？奚乐奚恶？"庄子从世人所谓的快乐入手去讨论没有最大的、至极的快乐，而世人所谓的快乐又与个人的得失相关，在个人的得失中,最大的得是保住生命,最大的失是失却生命,所以庄子在一开始就把有没有最大的快乐与有没有保存生命的办法作为并列的问题提了出来。《庄子·至乐》篇以世人追求富贵、荣名和长寿为例,论证俗之所乐非至乐:

> 今俗之所为与其所乐,吾又未知乐之果乐邪?果不乐邪?吾观夫俗之所乐,举群趣者,然如将不得已,而皆曰乐者,吾未之乐也,亦未之不乐也。果有乐无有哉?吾以无为诚乐矣,又俗之所大苦也。故曰:"至乐无乐,至誉无誉。"

在庄子看来,一般的快乐,不外乎求得了富贵、荣誉、长寿,等等。然而,这些东西即使求到了,在求取过程中也要花费心血和精力,这本身就是一种忧苦。如果求不到,就会给人的精神造成极大的痛苦。可见,世人所谓的快乐与个人的得失密切相连。庄子认为,个人的作为达到得其欲得而引发出快乐的同时,却总也伴随着得其所不欲得、不得其所欲得所引发的忧愁,因而达不到最大的、至极的快乐。即所得与所失是一对孪生的兄弟,形影不离。

《庄子·至乐》篇提倡以无为来不去求得而任随自然来求得无忧至乐:

> 天下是非果未可定也。虽然,无为可以定是非。至乐活身,唯无为几存。请尝试言之:天无为以之清,地无为以之宁。故两无为相合,万物皆化生。芒乎芴乎,而无从出乎!芒乎芴乎,而无有象乎!万物职职,皆从无为殖。故曰:"天地无为也而无不为也。"人也孰能得无为哉!

庄子高度论述了无为的效用,说天正因为无为才清明,地正因为无为才宁静，万物正因为无为才得以化生，以此说明只有无为才能达到最大的快乐，才能维护人的生命。无为而任随自然，失之也无所谓，得之也无所谓。因而也就无所谓忧和乐。无所谓忧则无忧，无忧就是最大的快乐、至极的快乐。无所谓忧总是伴随着无所谓乐，因而最大的快乐、至极的快乐就是无乐。

2. 古之得志，无以益乐

庄子的志向在于探寻超越于俗人之乐的至乐上。超越于俗人之乐，至为关键的一点就是摆脱名利富贵的诱惑，将其放在整个宇宙的运动之中去看待，将其放在大道的周流过程中去看待。只有如此，才能与道融为一体，摆脱忧苦，达到至乐。庄子在《缮性》篇中表述了这种思想："古之所谓得志者，非轩冕之谓也，谓其无以益其乐而已矣……不为轩冕肆志，不为穷约趋俗，其乐彼与此同，故无忧而已矣！今寄去则不乐。由是观之，虽乐，未尝不荒也。""无以益其乐"，指快乐到再也不能增加的程度，即达到了至乐。在庄子看来，世俗人都把升官封爵视为得志，而古代志士则不然，他们把达到快乐到再也不能快乐的境界视为得志。把升官封爵视为得志是糊涂的。庄子认为，升官封爵不但没有价值，而且对人极为有害，它会给人带来惊恐和烦恼。因为它们来去不定，会使人成为外物的俘虏；完全丧失了自己的本性，成为世俗的牺牲品。有鉴于此，庄子劝导人们，不要为了高官尊爵而丧失修养至乐的志向，不要在穷困财匮之时随从世俗去追求那虚幻的快乐。不管何时一定要保持快乐的心境，也即永无忧愁的心境。

事实上，庄子的"天乐"、"至乐"具有相通之处。庄子所谓的"天乐"不是一般世俗之人所指的快乐，而是指超越世俗快乐而顺应自然、与道合一的快乐。庄子的"天乐"也就是他所说的"至乐"，这种"至乐"实际上是"无乐"，因为它是超越世俗之乐的。

(六) 穷通皆乐

庄子认为，人一旦达到了至乐的境界，就像置身于无边无际的太空一样，看不到事物的分界，不觉得物我之间的区别，不知道什么是得失，自由自在地生活，不管现世的境遇如何，永远无忧无虑，坦然自得。为此他特别塑造了一些身处困顿而心无所忧的人物形象。

1. 道德于此，穷通为序

人生在世，可能会有各种境遇，有时很顺利，有时很艰难。在庄子看来，穷也好，通也好，都是大道变化的过程，都将顺着大道的变化依序流逝，化为乌有。站在大道的高度观穷通，穷也非穷，通也非通，穷通皆一样。只要顺其自然而行，就没有穷通之别，也没有穷通忧乐。不分穷通忧乐，也就无所谓忧无所谓乐。由此也就可以长乐无忧。《庄子·让王》曰："古之得道者，穷亦乐，通亦乐。所乐非穷通也，道德于此，则穷通为寒暑风雨之序矣。故许由娱于颍阳而共伯得乎共首。"古代那些得道的人，在困穷的处境中也会感到快乐，在通达的处境中也会感到快乐。因为他们所以感到快乐的原因不是那些困穷或通达的处境，而是与道德融合在一起。与道德融合在一起，那些困穷或通达的处境对于他们来说，也就像是寒暑风雨一样，只是一种瞬时即逝的东西，不会牵动其心。正因为如此，所以许由能欢乐地隐居于颍水之滨，共伯能惬意地安居于共首之山。

许由乐于颍水之滨，共伯乐于共首之山，孔子乐于陈蔡之难，都是在身遭困穷之时还依然乐观的典型事例。庄子认为，这些人之所以能做到穷亦乐、通亦乐，那是因其根本就没有觉出自己处境的变化，根本就不知道自己是处在顺境还是逆境。他们之所以能够做到这一点，那是因其心境完全融化在大道之中了。大道混混，无界无分，因而也就无所谓穷和通；大道无为，随物流转,因而穷也坦然,通也坦然。

2. 知足无累,致道忘心

人生在世,基本需求是有限度的,欲望和奢求是无止境的。若适应于自己的生活环境,以所得为足,即使生活并不富余,亦会自得其乐;若不满足于自己的生活环境,以所得为不足,即使厚味美服亦会满腹忧愁。《庄子·让王》篇中"颜回知足无累"的故事就说明此道理:

> 孔子谓颜回曰:"回,来!家贫居卑,胡不仕乎?"
> 颜回对曰:"不愿仕。回有郭外之田五十亩,足以给飦粥;郭内之田十亩,足以为丝麻;鼓琴足以自娱,所学夫子之道者足以自乐也。回不愿仕。"
> 孔子愀然变容曰:"善哉回之意!丘闻之:'知足者不以利自累也,审自得者失之而不惧,行修于内者无位而不怍。'丘诵之久矣,今于回而后见之,是丘之得也。"

孔子高度赞赏颜回的思想和品德,认为"知足者不以利自累",即满足于自己生活的人,不用身外之物拖累自己。知足者认为身外之物不过是一个沉重的包袱,对自己毫无用处,因而不去追求。不去追求,就轻松愉快,没有拖累。颜回达到了无累、无惧、无愧,是否就完全达到了无忧、至乐?故事并没有明确表述。故事的意义在于,淡泊于名利地位就会免除许多痛苦。

(七)超脱的"乐死"说

庄子对死亡也表现出超脱的态度,其"乐死"说主要反映了道家在"终极关怀"中所表现的政治关怀、社会关怀。庄子的"乐死"说主要包含"以死为息"、以死为人生痛苦的解脱、"以死为归"等几个层面。一般来说,死亡是人生的一件畏怖之事，然而在道家看来，畏怖的死亡却成为一种可乐的经验。其一，庄子认为生是一种劳作，一次浮游，而死是休养和安息。《庄子·大宗师》云："夫大块载我以形，劳我以生，佚我以劳，息我以死。"《庄子·刻意》亦云："其生若浮，其死若休。"在庄子看来，相较于劳作、漂游的人生，死亡正是解除负累、使其休止、定住的好事。其二，死可以解脱现实人生的痛苦。人的生与死是必然性的，但人生死在什么时代却是偶然性的。春秋战国时代，列国纷争，民不聊生，《庄子·至乐》记载了骷髅之乐死，"死，无君于上，无臣于下，亦无四时之事，从然以天地为春秋，虽南面王乐，不能过也"。生当然有生人之累，但最苦的是在于上下之君臣的剥削和压迫，因而死之最大乐趣就在于摆脱了"上之君"与"下之臣"的统治。生可乐，则死可怖；生无可乐，则死不可怖；生极苦，则死当可乐，这就是乐生苦死与苦生乐死的区别。可见，道家的乐死说实质上也是其对现实社会生活不满的真实反映。其三，道家还将死视为归家。《庄子·齐物论》曰："予恶乎知说生之非惑也？予恶乎知死之非弱丧而不知归者邪？"郭象注：少而失其故居名为弱丧。在一个苦难的人世，"生"其实就是丧失了家园的流浪，而"死"就是在流浪的行程中时常向往的故乡家园。

值得注意的是，若生是劳作，则死是休息；若生是痛苦，则死是痛苦的解除；若生是流浪，则死是归家。道家如此乐死，绝非其"恶生"，这只是其忧生之言。道家的乐死之说虽有超脱意义，但主要还是一种政治批判、社会批判，是对痛苦心灵的自我慰藉。

从总体上看，庄子的忧乐之辨集中体现了其苦乐观。庄子的苦乐观与其人生价值理论密切联系。他以与大道融为一体、不分彼此、不分贵贱高低、一切皆顺其自然为人的本性，认为顺其自然而不使遗失就是人生的最大价值；人生的最大价值实现了，人也就达到了最大的快乐。

应该指出的是,庄子所谓的这种快乐与世人所说的快乐截然不同,主要区别有两点:一是它不是世人自觉到人生价值实现之时的一种喜悦,而是自然实现人生价值之后的一种心态。这种心态的主要特征是平静。二是它既无世人快乐时的愉悦感受,同时也无与世人愉悦感受相伴的痛楚感受。足见,庄子的苦乐观与世俗的苦乐观处于两种境界。其所言之苦,不仅包括世人所言之苦,而且也包括世人所言之乐;其所言之乐,不仅不包括世人所言之苦,而且也不包括世人所言之乐。其苦乐观为典型的超世主义苦乐观。

我们用现代的眼光看,庄子的超世主义苦乐观存在着明显的不足。这主要表现为两个方面:其一,它不讲究追求,不主张主动为社会奉献,而是主张在自然而然的生活中保持内心的平静,因而也就谈不上对社会发展的益处。其二,它不能使人体会到常人应该体会到的快乐,在这种苦乐观的指导下生活,虽然活着,却犹如槁木,失去了生机和活力,也失去了常人应有的感情生活。

虽然如此,我们也不得不承认,庄子的超世主义苦乐观还具有对人生有益的方面,并且内蕴着通常苦乐观所不曾具有的智慧。之所以这样说,是因为它揭示了人们苦乐感受发生和变化的一些规律,使人们对自己的苦乐感受有了进一步的认识;建立在这种认识的基础上,人们可以调节自己的情感,从痛苦中解脱出来。

三 道家的音乐自然观

道家认为世间万物均是在"道"之下的"自然",是"自然"之一部分,顺自然而运转,一切人为活动均无意义。作为人本身应"少私寡欲",不为外物所诱,应"清虚"、"守静",应"依乎天理、因其固然",要"安时而处顺",认为"清静为天下正",此乃长生之道。基于这种认识,道家的音乐观完全服从于、融会于其总体哲学思想体系之中,更具有抽象性、思辨性和虚幻性。当然,在老庄的思想实质中还不是一概地反对和绝对地取缔音乐,而是将音乐纳入"道"的境界中,主张天、地、人的和谐统一,无声即有声,或提倡自然之声,否定人为音律。他们对待音乐就像对待其他事物一样,采取虚无思辨、顺其自然的态度。

(一)"法天贵真",提倡自然之声

"法天贵真"是庄子哲学、美学思想的核心与基石,与其相应的音乐美学思想最显著的特色是庄子对自然之乐的推崇,即"天乐",亦即"道"之乐。《庄子·天地》云:"夫道,渊乎其居也,漻乎其清也。金石不得,无以鸣。故金石有声,不考不鸣……视乎冥冥,听乎无声。冥冥之中独见晓焉,无声之中独闻和焉。"庄子的这段论乐言论可谓与老子的"大音希声,大象无形"一脉相承,将"金石"之声与"道"的自然之乐相比,认为"金石"虽有声,但不得"道"则无以鸣,"道"虽无声,唯"道"独有其音乐之利。在道家看来,作为人为的"金石"之乐,虽有声和之外形,却是表面而非本质的,而"天道"之乐则是自然而合规律的,虽"听乎无声",但因蕴涵着无限的音乐内在精神,故其音乐的内在精神至高无上,远非人为的"金石"之声所能比拟。而"无声之中独闻和焉"的"天"、"真"之乐,才是内在、本质意义上的音乐。因而"金石不得,无以鸣。故金石有声,不考不鸣",人为的"金石"之声唯有得"道"才能使其声响成为"天乐",故无声之"道"是"金石"有声之乐的本原。

道家认为世间最动听的莫过于宇宙自然和谐之音，如自然界中的风、雨、雷、电之声，等等，反对人为的音乐，主张"擢乱六律、铄绝竽瑟、塞瞽旷之耳"（《庄子·胠箧》）；认为"五色令人目盲，五音令人耳聋"（《老子》第十二章）。这样，道家特定的世界观决定了其音乐方面的自然观和取缔人为音乐的思想倾向。

（二）音乐的层次说

基于庄子对顺乎"道"的自然之乐的推崇，进而又提出了"人籁"、"地籁"、"天籁"三种不同的音乐层次。《庄子·齐物论》记载：子游曰："地籁则众窍是已，人籁比竹是已。敢问天籁。"子綦曰："天籁者，吹万不同，而使其自己也，咸其自取，怒者其谁邪！"意思是说，"比竹"这类人造的吹管乐器，需由人之气力才能发出声响，在此泛指人为的一切音乐，故称"人籁"；"地籁"泛指各种大小不同、形状各异的孔穴，它们是靠"大块噫气"才能发响；而"天籁"之声则无须任何外力的"怒者"，自鸣自息，因而是"咸其自取"的自在无为的自然之乐。庄子在此强调的是，一切有待外力的人为的"地籁"、"人籁"之声，都有其损亏，都是虚假与造作的，故不是真正意义上的音乐。《庄子·齐物论》又曰："是非之彰也，道之所以亏也；道之所以亏，爱之所以成。果且有成与亏乎哉？果且无成与亏乎哉？有成有亏，故昭氏之鼓琴也；无成无亏，故昭氏之不鼓琴也。"这是认为有是必有非，有爱必有憎，对立双方各有损益、盈亏，故均为不全；而"道"则是自然无为的无限之大全，音乐也是如此。在庄子看来，真正的音乐是"不彰声而声全"，即大全至美"咸其自取"的"天籁"至乐。庄子以此还联系到世人的快乐观，进一步表达了对"天籁"至乐的理解，《庄子·至乐》曰："天下有至乐有无哉？""夫天……所乐者，身安厚味美服好色音声也；所下者……耳不得音声；若不得者，则大忧以惧，其为形也，亦愚哉！"意思是说，世人都以五色、五味、五音等为享乐，以为这样就是做人的快乐，甚至是至极的快乐了。但是从这种人为音乐和各种物质快乐的实质来看，与其说是一种快乐，不如说是一种刑罚，庄子将此称为"内刑"。自然之乐所表达的既不是世俗常人的哀乐之情，也不是儒家的仁义道德，而是"吾奏之以阴阳之和"、"无忌之声"，"烛之以日月之明"，"天机不张而五官皆备，无言而心悦"，"充满天地，苞裹六极"（《庄子·天运》）的天乐。能得此乐者，就可由"惧"而"忌"，由"忌"而"惑"，以至于"愚"，即坐忘一切，与"道"为一，通达万物之性，随顺自然之命，感官具备而无所用心，口不言而内心悦，视不见而目自明，进入"逍遥"、"神游"的审美境界。

需要指出的是，庄子并非反对以声为乐，而是反对那些由烦琐淫声诱发出的情物之欲的恶性膨胀的涤滥之乐。对此，《庄子·缮性》篇在道家思想的基础上对仁义礼乐作了全新的阐释，成为道家最具特色的音乐美学观："古之治道者以恬养知，知生而无以知为也，谓之以知养恬。知与恬交相养，而和，理出其性。夫德，和也；道，理也。德无不容，仁也；道无不理，义也；义明而物亲，忠也；中纯实而反乎情，乐也；信行容体而顺乎文，礼也。礼乐偏行则天下乱矣。"意思是说，"道"恬静而无为，自然适性而淡和，故学道者以此为要，即可得真智和真性情。而礼乐同样应以"道"的恬淡平和、自然无为为准则，"中纯实而反乎情"，这样的音乐才能保持人的"淳朴"之性，免遭异化，方能使世间无君子小人、等级上下之分，人人平等，社会上无尔虞我诈，使人保持"天放"的本真之性，从而使个性获得自由的发展。可见，"中纯实而反乎情，乐也"这一命题，正是庄子高扬"法天贵真"和倡导自然理想之乐的本质的反映与体现。

　　总之，道家以高迈、超逸的态度直面社会和人生，要求人们的行为应顺应自然，清静无为，无欲无争，以保持淳朴的本性。道家所追求的是精神的不朽，生命的辉煌与永恒，不在于道德功名，而在于精神的独立与自由。由道家发展而来的道教以得道成仙、长生久视为人生最高理想，道教认为，世俗一切得失、功名、荣辱都微不足道，且适足以累性，故其能够超脱凡俗，不食人间烟火，清静寡欲，炼气食丹，最终实现长生久视、羽化升天。

第五章　墨、法及其他各家的"乐"观念

春秋战国时期,诸子百家争鸣,思想学术出现了空前大发展和大解放的现象。除了儒家、道家对幸福快乐观有明确的阐述之外,主张"兼爱",要求人们平等互爱、互相援助,突出了互利互助精神的墨家,以法为本的法家,以及杂家等学派也从不同侧面论及幸福快乐问题。

一　墨家兼爱利民、自苦为乐

墨子(约公元前468~公元前376年),名翟,鲁国(滕州)人,出身平民,自称"北方之鄙人"(《吕氏春秋·爱类》),人称"布衣之士"(《吕氏春秋·博志》)和"贱人"(《渚宫旧事》),汉代王充甚至称:"孔墨祖愚,丘翟圣贤。"(《论衡·自纪》)墨子曾为宋国大夫,自诩"上无君上之事,下无耕农之难"(《墨子·贵义》),是同情"农与工肆之人"的士人。

墨子是我国先秦时代伟大的思想家,他所创立的墨家学派是与儒家并称的"显学"。墨子一生没有脱离生产劳动,为了天下劳苦大众的利益呕心沥血,广招门徒,施教四方,突不暇黔,席不暇暖,积极推行"兼爱非攻"而"赴火蹈刃","摩顶放踵,利天下为之"。墨家的出身和生活作风,使其学说独树一帜,典型地反映了小生产者的思想愿望,并形成"赖力仗义"为核心

的人格理想，与"归仁养德"、"顺天从性"鼎足而三，成为中华民族人格道德理论和实践的重要类型。墨家务求实际，崇尚功利，反对离开人们的生存需求来讲求道德的修养和追求美的享受。

（一）助人为乐

用自己的力量和努力去救人之危，是墨家人格理想的基本内容。在这个基础上，墨家着重提倡一种自我牺牲的精神，"先万民之身，然后其身"（《墨子·兼爱下》）是墨家为人处世的出发点。只有做到无私的谦让，才能做到助人为乐，并且在助人之中不沽名钓誉。在他们看来，如果为了博得名声才仗义行事，那就与盗贼无异了。施行仁义虽然不能无视利益的交换关系，但理想的人格绝不应被这种关系束缚，必要时应该不顾自己的利益，甚至牺牲自己的利益以求有助于他人和自己从事的事业。墨家把这种人格品德称为"任"，"任，士损己而益所为也"，"为身之所恶以成人之所急"（《墨子·经说上》）。后来墨家"任侠"的人格风范，便发端于此。

无私的任侠自然不避无畏的献身。赴汤蹈火，解民倒悬，胸怀从容的牺牲精神，是任侠的前提。在墨家看来，当面临只有牺牲个人才能维系社会的安存之时，是让别人去死，还是主动地牺牲，这是考验每个人的人格是否崇高的关键。墨家明确主张"杀己以存天下"，反对"杀人以存天下"（《墨子·大取》）。值得注意的是，墨家要求为之主动牺牲的对象，是"万民"，是"天下"，而不是儒家注重的君王、社稷，亦不是道家看重的个体的精神自由。

令人敬佩的是，墨家绝不是只唱高调的理论学派，他们更注重身体力行地实践其赖力仗义的人格理想。墨家的整个团体都具有轻生死，忍苦痛，重事功，不为势守，不为利诱的高尚气质。

应该指出的是，崇高的人格，人人敬仰，但却难使人人尊奉。墨家毫不利己、专门利人的献身精神，无条件地以牺牲个体生命来施行人格的价值光辉，用以律己则可，用以绳人则难。墨家的人格理论和实践，在当世就引起人们的两难评价。儒家鄙视墨家所为是"役夫之道"，甚至骂之为"禽兽"，但又不得不承认，只要是做有利于天下之事，墨子情愿将自己从头到脚磨成粉末。一贯逍遥放任的庄子，自然是瞧不起墨家热心俗务的，他认为墨家既不爱人，又不懂得珍惜自己，使人悲，使人忧，"其行难为"。但又不得不称赞墨子是天下难得的了不起的人物，为了助人，为了理想，"虽枯槁不舍"（《墨子·天下》）。

的确，墨家的人格理想与实践是"贱人之所为"。惟其如此，它在汉代以后，既被封建统治者所排斥，亦被大多数士大夫和知识分子所淡漠，没有再形成一种理论思潮，没有获得在理论上进一步完善的机会。然而，在平民大众的心中，墨家却深深地扎下了根，因为生活在社会底层的人们需要它。其影响在于：一是自食其力的生活信念。二是平等互助的人际关系。三是果断、无畏的行为方式和献身精神。后世出现的具有共同的生活基础和信仰的行会、帮会，以及民间的秘密的宗教性社团，都不能说与墨家没有渊源。

墨家深刻地认识到了人生价值形成的根源，认为现实的利益是人们价值选择的基础。人生价值的本质在于实践。实践又是处在一定社会关系中的，不同利益主体的实践形式是各不相同的，每一个人都是在一定的社会实践活动中根据自身的利益来取舍价值、评价客体的。墨子身当乱世，眼见社会贫困，民不聊生，因而提出人生价值的本质是"尚利"、"贵义"。他认为凡是"利人"、"利天下"的人生都是有价值的，而"亏人自利"、"害天下"的人生，则是恶的也是不可取的。

墨家强调，人的实践活动必须要讲仁义，要为老百姓谋福利,尊重他人的劳动果实,维护老百姓正当的利益。当然,墨子的"义"是"利"的派生物,他是从"利"的角度来讲"义"的。也就是说"义,利也"(这是后期墨家的观点)。为老百姓谋求最大的幸福,就是最高的仁义。墨子对人生价值内在源泉与外在根据及其本质的看法,具有非常重要的现实意义和理论启发意义。从墨子的言论中我们可以领悟到人和人生的价值都根植于现实生活中,离开了人的现实生活,离开了人的生存背景要实现人的生命价值是不可能的。人生的价值必须在现实的社会生活中去寻找。只有尊重和肯定每一个人的生命价值,协调好各种社会利益关系,才有利于树立正确的人生价值观。当然,墨子对于现实生活的理解仅限于感性方面,而对于人的精神的理解也有很大的局限性。

(二)兼爱快乐论

人如果能够领悟到自爱与他爱的奥秘,便有了打开幸福之门的钥匙。自爱是树立自己美好的形象,让社会确认你可亲可爱,就是使自己的身心得到健康、丰富、完美的发展,就是使自己的人生过得绚丽辉煌。因而自爱不是自己的事情,自爱完全不等于获取私人利益。真正的自爱者,有时会舍弃个人利益,甚至不惜牺牲自己的生命。

一个物质上的清贫者,却为社会作出了突出的贡献,以奉献为己任,或是提出了著名的思想学说,或是有了不起的发明,其心理充实,精神振奋,但过度劳苦使其形容消损,这样的人能说其不是一个自爱者吗?

他爱则有不同层次的表现:其一,对自己周围的人富有爱心,如亲戚朋友、邻居街坊、同事等,他们与自己都有千丝万缕的联系,对其怀有关爱之心,能够使自己的生活环境融洽、祥和、温馨。这是爱的第一个层次。其二,对与自己不相关的人能够尽力相助，这是他爱的第二个层次。如见义勇为、主张正义、为灾民献爱心，等等。此种他爱即是社会功德之心。其三，对自己所属的民族、国家，对共生于这个地球的各个种族、国家怀有热情和关怀，这是他爱的更高境界，也是第三个层次。大智大慧的人，不仅具有这三个他爱的层次，而且能够超越对具体事物的爱心而上升到对人类命运的终极关怀，能够对漫漫历史之河给予沉静的思索和持久的注视。尽管人的生命有限，但这种大爱者将其爱心融入绵绵不断的生命长河，因而使有限的生命获得了一种永恒的辉煌。这是真正的生命之爱。大爱者时刻都会体验到一种难以言喻的热流涌遍全身，体验到自己与自然、与人类的互亲和互爱。

在人类大家庭里，每个人都是其中的一分子，爱与被爱、自爱与他爱都是互相的，没有天生的高低贵贱之分。人应当明白，爱心是自己的事，是自己生命充实而有光彩的需要。无论是显贵一时还是默默无闻，无论是穷人还是富人，对爱心来说，没有任何区别。爱心使人善良、明智、聪慧。富有爱心是人生的一大幸福。

众所周知，墨子主张兼爱，热心救世。儒家讲仁，强调"仁者，爱人"，但儒家的爱是有亲疏厚薄之差等的。墨家所谓的兼爱，却毫无差等。墨者夷子就强调"爱无等差"（《孟子·滕文公上》）。而且，墨家是把兼爱作为治理天下的根本办法的，《墨子·兼爱上》："……若使天下兼相爱，国与国不相攻，家与家不相乱，盗贼无有，君臣父子皆能孝慈，若此，则天下治。"他把改变处世的态度作为改变乱世的根本途径，这就需要他本人有一种献身精神、殉道精神，而且需要有一个严密的有宗教精神的组织。这两点，墨子做到了。

众所周知，《墨子·公输》中对墨子的非攻兼爱、急公好义的苦行精神有非常具体的描述。但楚王放弃攻宋以后，"子墨子归，过宋，天雨，庇其闾中，守闾者不内也。故曰：治于神者，众人不知其功。争于明者，众人知之"。墨子以平民身份完成了劝止楚王攻宋的艰巨工作之后回来，路过宋国遇雨，想到里门中避雨，竟被守里门者拒绝。他们不知晓墨子给其带来的巨大福音。这让作者感慨良多。墨子作出巨大的牺牲、成就了救人救世的佛业，不为人所知而仍旧孜孜苦行，没有极其博大的爱心是做不到的。

孟子对墨家的评价比较中肯，"墨子兼爱，摩顶踵利天下，为之"（《孟子·尽心下》）。这说明孟子极其佩服墨家的苦行精神。但他又曰："墨民兼爱，是无父也。"（《孟子·滕文公下》）这是孟子以爱无差等，则视父犹如众人为由，批评墨家"无父"。其所批评虽然有些刻薄，但指出此行之难，也有其道理。

墨子兼爱论有着过分的理想化。他要人们视人之国犹己之国，视人之家犹己之家，视人之身犹己之身，像爱自己那样忠实地去爱他人，不分等差和厚薄，就当时小生产者阶层的本性来说，是无法做到的。依靠自己劳动谋生的小生产者，那种爱惜自己的劳动，勤俭节约，厌恶别人对自己的掠夺的心理和行为，是非常普遍的。要使其成为纯粹的利他主义者，是相当艰难的，也是违背常情的。因此，墨子的兼爱论虽得到下层民众的称赞，但却很少有人能够实践之。可见，墨家虽然轰动一时，但很快湮灭，也是无法避免的。

墨子把小生产者的善良品德和扶难救死精神加以升华，正像《庄子·天下》所谓："墨子真天下之好也，将求之不得也，虽枯槁不舍也，才士也夫！"墨子是真心实意地爱天下的，虽然还不能遍利天下之人，但他却为之奋斗不息，虽自己劳苦形槁而不放弃。

（三）以自苦为乐

墨子倡导兼相爱、交相利，主张从除天下之大害做起。墨子以为，当时天下之大害，就是"饥者不得食，寒者不得衣，劳者不得息"，兼爱之士就要从自我做起，尽力除此大害，非难并取消一切铺张浪费，杜绝靠"厚措敛于万民"才能维持的糜侈生活。与反对"为其目之所美，耳之所闻，口之所甘，身体之所安"相适应，墨子提出自苦节俭的原则，主张"必去喜、去怒、去乐、去悲、去爱、去恶，而用仁义"（《墨子·贵义》）。在他看来，去掉自我一切情感和各种欲望之心，以苦为甘，自然就能减少对人的恶和害。自苦和自禁，同时也就是对人的爱。

需要指出的是，墨子的自苦是以爱人为基点的，而不是自残害己，从长远观点来看他是爱己。自苦而助人、爱人，人亦必反过来自苦而助我、爱我。因而自苦在墨子那里也是自爱的一种形式。后期墨家指出："爱人不外己，己在所爱之中，己在所爱，爱加于己，伦列之爱己爱人也。"（《墨子·大取》）爱己薄，爱人厚，人亦必厚爱于我。我当以爱人为宗旨，以自苦为极。当自我之利与天下人之利发生冲突之时，墨家毫不犹豫地坚持牺牲自我。《墨子·大取》明确指出："杀己以存天下，是杀己以利天下也。"总之，墨子及其学派，以躬行"兼相爱，交相利"的目的，从来不以自身为念，正像《庄子·天下》所言墨子及其门徒"日夜不休，以自苦为极"，"以绳墨自矫，而备世之急"，这是墨家行兼爱交利于天下的真实写照。

墨家"以自苦为极"，还有另一层含义，即是在处理人我关系时，只求吃亏，而不求占便宜。我施人以爱，人虽必有以报我，但我不应求人报我；我有财以分贫，不是为了让贫者得财以奉我。如果施之人而必望人报，则人必敬而远之。墨子云："今施人薄而望人厚，则人唯恐其有赐于己也。"（《墨子·鲁问》）施之人而不求报，施人厚而受人薄，自己吃亏，以自苦为甘，这才是墨者的精神。这种精神具有一定的宗教色彩。墨子及其门徒以躬行"兼相爱，交相利"为毕生奋斗的事业，不仅以财分人、以力助人,还"有道劝以教人"。

评价人们的道德行为,不仅看他是否有"爱人"之心、"爱人"之志,更重要的是看他能否在实际效果上"利君"、"利臣"、"利父"、"利子"、"利兄"、"利弟",甚至使"万民被其利。"墨子的这种人生价值评价观也是他所处社会历史条件的产物。当时社会祸乱四起,统治者极力搜刮民财以为自己享用,老百姓饥寒交迫,生命得不到基本的保障。墨子站在劳动人民的立场上,道出了社会下层劳苦大众的心声,积极倡导"兴天下之利",使天下人人都能安居乐业,和睦相处。然而,墨子的兼爱要求一种对人的无分别之爱,以苦行主义要求自我,违反当时的社会关系的实际,违反人之常情,是难以被广大民众真正实践的。

(四)《墨子》"非乐"

墨子的"非乐"主张,典型地表明了小生产者的狭隘眼光,一般都对其持批判的态度。但是,就现存的《墨子·非乐上》篇的内容来看,在"非乐"的主张中,同样包含着揭露统治者和维护人民利益的合理成分。

"不中万民之利"是墨子"非乐"主张的出发点。墨子认为,仁者办事,务必求兴天下之利,除天下之害,"利人乎既为,不利人乎即止"。作为仁者,要"为天下度","非为其目之所美,耳之所乐……以此亏夺民衣食之财,仁者弗为也"。从这样的立场出发,墨子目睹当时王公大人,不顾民有"饥者不得食,寒者不得衣,劳者不得息"这三大巨患,而"为之撞巨钟,击鸣鼓,弹琴瑟,吹竽笙,而扬干戚,民衣食之财,将安可得乎?"墨子反对统治者"厚措敛乎万民",寻求娱乐享受,才有"非乐"的主张。由此可见,墨子是立足于将古代统治阶级与劳动人民的根本利益相互对立的基础上来建立其"非乐"思想的,即其思想是立足于纯实际意义基础上的。墨子认为音乐不能当饭吃，不能当衣穿，不能当房住，对解决老百姓实际痛苦的"三患"无益。他还认为"大钟、鸣鼓、琴瑟、竽笙之声"对于"兴天下之利，除天下之害"无补，不但无补，而且还有害，王公大臣悦乐而听之，"必不能早朝宴退，听狱治政"；士君子悦乐而听之，必不能"内治官府，外收敛关市山林泽梁之利"；农夫悦乐而听之，"必不能早出暮入，耕稼树艺"；妇人悦乐而听之，"必不能夙兴夜寐，纺绩织纴"。这就是说，不管什么人，要是"悦乐而听之"，就必然要荒废其"分事"。这种关于娱乐的"有害无益"论，显然是错误的。

令人注意的是，墨子虽然"非乐"，但也没有完全否认艺术娱乐的作用。《墨子·非乐上》明白地记载："子墨子之所以非乐者，非以大钟鸣鼓琴瑟竽笙之声，以为不乐也；非以刻镂华文章之色，以为不美也；非以刍豢煎炙之味，以为不甘也；非以高台厚榭，邃野之居，以为不安也。"但是，墨子认为，一切社会财富，包括艺术创造和娱乐器材，都靠辛勤劳动来创造，而人们的娱乐享受，不能脱离社会财富的实际状况。在"民有三患"，"财用不足"的情况下，王公大人只顾自己"身安"、"口甘"、"目美"、"耳乐"，那么，"民衣食之财，将安可得乎！"有鉴于此，墨子认为这样的娱乐，"将不可不禁而止也"。

墨家学派，墨子为其先拓者，后来又有"墨离为三"之说，但其思想的主髓是一致的。墨家主张"兼爱"与儒家"仁爱"相对抗，历史上儒墨两家互相批判。所谓"兼爱"，即不论何种地位、阶层的人均应"相爱"而平等，赏罚不能因骨肉之亲或亲戚兄弟而区别，在用人方面"有能则举之"，提倡"官无常贵，而民无终贱"等观点，旨在批判儒家"仁"的"偏爱"的思想，有点接近于今天的民主思想。由于这种思想的影响，墨家在音乐上的态度是承认音乐的存在，肯定"先王"有乐，但他们反对音乐，反对音乐活动。当然，墨子所认为的乐，不仅仅是指音乐本身，更为重要的是指各种享受作乐的行为，有音乐和享乐两方面的含义，并且它们是相互紧密联系的，因为要享乐总是离不开音乐的，音乐是享乐的主要手段和途径，墨子立足于反对享乐因而也反对音乐。在当时社会条件下，谈及享乐者，大多为"王公大人"，而普通老百姓是很少有的，因而他反对"王公大人"们寻欢作乐。墨子宣扬"兼爱"必然要"非乐"，"非乐"是为"兼爱"思想服务的。

以墨子为代表的墨家学派中更多是从当时社会中遭到破产的小私有者阶层的利益出发，认为音乐活动的目的是为了享乐，而享乐这一殊遇在当时社会条件下只有"王公大人"和统治阶层才可能有，出于同情下层的情感，他们认为音乐活动劳民伤财，制造乐器则加重了统治者对劳动人民的剥削，因而音乐无益于社会，有害于政治。墨家的这些观点，对于谴责当时贵族奢侈的音乐享乐具有一定的积极意义。音乐的发展不应该超过经济的发展，成为一种负担，以至于因腐化享乐行为而妨碍生产、破坏经济。但墨子因此而全盘否定音乐，把艺术本身说成是有害的东西，否认现实生活中本身对音乐的需求和历史上人类对音乐的创造与发展方面的贡献，这确实反映了小生产者思想的狭隘性和片面性。

二 法家的理想境界与快乐论

作为春秋战国"诸子百家"之一的法家，是适应春秋战国时期社会变革发展的需要而产生的学派，其表现了强烈的时代精神。重视法治，不讲私情，不阿谀显贵，一切依"法"办事是法家的特点。法家作为一个学派，有自己一整套的治理国家的学说，并不仅限于重法治这一点。虽然法家的代表人物较多，但其对幸福快乐观念的阐述较之先秦儒家和道家明显薄弱。

(一) 管仲的理想人生境界观

管仲 (? ~公元前645年),名夷吾,字仲,又称管敬仲。周王同族姬姓之后,生于颍上(颍水之滨)。管仲是春秋时代杰出的政治家,以其卓越的谋略辅佐齐桓公成为春秋时第一个霸主。他是奠定齐国法治思想的开山鼻祖,他的政治思想的重心在经济方面。其思想保留在托其名所作之《管子》一书中,《管子》之大部分为战国齐国稷下学者采拾管仲言行推其旨意而成的。虽然《管子》的四分之一是论理财,任何一方面都以经济为着眼点;但其对人生境界与幸福观的简单阐述也值得人们关注。

从以人为本的人生哲学出发,管仲描述了他所理想的人生境界、社会秩序。他称此境界为"九惠之教",其内容包括"一曰老老,二曰慈幼,三曰恤孤,四曰养疾,五曰合独,六曰问疾,七曰通穷,八曰振困,九曰接绝"(《管子·入国》)。即凡国都,都要设掌老之官、掌幼之官、掌孤之官、养疾之官、掌媒之官、掌病之官,分别管理社会各项事务。所谓"通穷",凡国都都设有通穷之官,国中若有穷困夫妇无居处,穷困宾客断了粮食,其邻里把这种情况报告通穷之官有赏,不向上报告的则罚。所谓"振困",即灾年,穷人病困,就应宽刑罚,赦有罪,散仓谷加以救济。所谓"接绝",即士民如因服役而死,让其亲朋好友拿国家的钱抚养其家属。管仲的这些思想,为我们描述了一幅古代乌托邦的景象,展现了管仲思想中的理想人生境界和幸福观。

管仲的人生境界,充分体现了以人为本的精神,表现了对人多方面的关怀和爱护,尽管在当时的历史条件下,这是根本不可能实现的,但其确实反映了人们对人类美好未来的向往,也反映了人们对冷酷的现实生活的不满。可贵的是,管仲的理想人生境界观中,还确实包含了一些对未来美好社会的合理猜测,如对老人的关心和爱护,对幼儿的关心和教养,对病人的关怀和医疗,对贫困者的关怀和救济,对鳏寡孤疾者的同情和帮助,等等。这些,虽然在管仲那个时代是不可能实现的,但在未来社会的发展中,确有使其成为现实的可能。管仲的人生理想境界观,也表现了其对人类未来的美好向往,体现了一个伟大的古典人道主义者的心灵,其呼唤了对鳏寡孤独者、老弱病残者的博爱。

(二) 韩非子的和平、安乐人生境界

韩非(约公元前 280~公元前 233 年),韩国的贵族,生活于战国末期,与李斯同为荀子门下的弟子。韩非是战国时期法家的集大成者,他吸收了儒家荀子的"性恶论"、道家老子的"无为"以及东周以来郑国传统的法家名家学说,构成其法术之学。今本《韩非子》五十五篇,其中可能有后人增补。《韩非子》构成法家思想最完备的系统。从文化思想来说,韩非鄙视一切属于艺术、美感范围的东西,是一个彻底的功利主义者。

以力得富,靠自己的能力、本事取得荣华富贵,而不是靠他人的恩赐,韩非将此当成人生追求的第一理想。正如《韩非子·六反》所谓:"使民以力得富,以事致贵,以过受罪,以功致赏,而不念慈惠之赐。"

韩非还强调知足常乐。在韩非看来,过分地追求享乐,不仅有害身心,甚至可以导致国家破亡。《韩非子·扬权》云:"香美脆味,厚酒肥肉,甘口而病形;曼理皓齿,说(悦)情而损精。故去甚去泰,身乃无害。"他认为,如果作为一个统治者,一味"好宫室台榭陂池,事车服器玩,好罢露(疲劳)百姓,煎靡(剥夺)货财者,可亡也"(《韩非子·亡征》)。因而,理想的人生追求,应当是"衣足以犯寒,食足以充虚,则不忧矣"(《韩非子·解老》)。可是一般人却常常做不到这一点,这是由于,人无毛羽,不穿衣服则不能抗御严寒,以肠胃为根本,不吃饭则不能活命，因而"不免于欲利之心"（《韩非子·解老》）。人一旦陷入欲利之心，就会形成因得不到满足而带来的忧伤，会使人终生为忧愁所困扰，得不到欢乐。有鉴于此，韩非子也提倡人们不应放纵欲望，而应知足常乐。

韩非将宽容、和平、法治与幸福紧密联系起来。韩非把现实的人际关系归结为利害关系，但他并不认为这就是理想的人际关系，在他看来，理想的人生追求和幸福境界应当是这样的：一是人们的心胸应当十分开阔。有如"望天地，观江海，因山谷，日月所照，四时所行，云布风动"（《韩非子·大体》）。二是人们不用智谋和私心来累赘自己。即"不以知累心，不以私累己"（《韩非子·大体》）。三是"不逆天理，不伤情性"（《韩非子·大体》）。做事不违背自然规律，不做损伤自己情性的事。四是"不吹毛而求小疵，不洗垢而察难知"（《韩非子·大体》）。人与人之间要有较宽容的关系，不对人吹毛求疵，不对人求全责备。五是"守成理，因自然，祸福生于道法，而不出于爱恶"（《韩非子·大体》）。按自然规律办事，让一个人的祸和福取决于这个人的行为是否符合自然规律和法律准绳。在韩非子的理想境界里，"利莫长于简，福莫长于安"（《韩非子·大体》）。简朴可以给人们带来长远利益，安定会给人们带来长久的幸福。足见韩非子反对奢侈、战乱，崇尚简朴、安定。《韩非子·大体》云："车马不疲于远路，旌旗不乱于大泽，万民不失命于寇戎，雄骏不创寿于旗幢，豪杰不著名于图书，不录功于盘盂，记年之牒空虚。"这是一种极安乐的境界，没有战争，战争旌旗都用不着，万民不在战乱中被害，骏马也不必在战火中长大，豪杰不必因战功而著名于图书，录功于盘盂，历史关于战争一页的记载是个空白。

由上可见，韩非子所追求的这个安乐的世界，在许多方面，如和平、安定、自主、法治，都反映了当时人民的要求和愿望，也是有利于历史进步的，这使韩非也加入了当时以人为本思潮的行列。

（三）趋利避害的利己主义快乐观

真正的、赤裸裸的利己主义是由代表新兴封建主阶级利益的法家阐述的。新兴的封建地主阶级，为了自己的利益，冲破了西周以来的礼义制度。法家认为，人生而具有自私自利的本性，任何力量也无法改变。商鞅曰："民之性，饥而求食，老而求佚，苦则索乐，辱则求荣，此民之情也。民之求利，失礼之法；求名，失性之常……"（《商君书·算地》）在商鞅看来，争名求利是人之本性，名利在哪里，人们就往哪里去。商鞅不仅言论如此，行为也如此。他本人就是一个不择手段、不要道德而追求名利的人。据《史记·商君列传》记载，商鞅一心想显名天下，因在魏不被重用而入秦，通过秦孝公的宠臣景监而求见秦孝公。为取得秦孝公的信任和赏识，欺骗、出卖朋友，大败故国魏国之师。由于他丝毫不讲道德，刻薄寡恩，以致后来被通缉时没有一个人帮助他，最后落了个被车裂而死的悲惨下场。

法家的另一位代表人物申不害，以言术而著名。其著作大都失传了，虽然我们无从考见其思想的全貌，然而，从史籍中所转引的零章断句中，亦可窥见其利己主义的快乐论。《群书治要》卷三十六所引《大体》是申不害所作。该篇曰："示人有余者人夺之，示人不在者人与之。刚者折，危者覆，动者摇，静者安。"《韩非子·外储说右上》载："申子曰：慎尔言也，人且知汝；慎而行也，人且随汝。尔有知见也，人且匿汝；尔无知见也，人且意汝。汝有知也，人且藏汝；汝无知也，人且行汝。故曰：惟无为可以规之。"这些言论，贯穿着一个基本的思想：每个人都是为了自己地位、权势、利益从事社会交往活动，因而每个人都无不用尽自己的一切聪明、智慧、权术、伎俩来对付别人。在申不害看来,将心比心,以诚相待是最愚蠢不过的了。在他看来,任何人都是小人而非君子,他头脑中整日琢磨的事情就是如何对付别人,只要对付了别人而不被别人对付,并能获得个人利益就是成功、快乐。这是典型的避害趋利之极端利己主义快乐观。

法家的极端利己主义快乐观,从总体上说是错误的。它赖以建立的人性自私论,本来就是片面的。人诚然具有生存本能,但并不像禽兽那样仅仅具有生存本能,完全受生存本能的支配。利己主义者只强调人的自为性,忽视了人的为他性,犯了以偏赅全的错误。毋庸置疑的是,法家所提倡的极端利己主义,也曾起过积极的历史作用,促进过社会生产力的发展。如秦王嬴政依法家为治,废诸侯,灭六国,横扫天下,成为中国历史上第一位皇帝,何其威风。令人遗憾的是,统一天下后,秦始皇却忘记了创业的艰辛,骄奢淫逸,劳民伤财,贫苦百姓怨声载道,结果二世而亡。秦朝覆灭的教训是令人深思的,在某种程度上说是得意忘形,自取灭亡的。

三 杂家的"适乐"思想与人生之乐

《吕氏春秋》是战国末年秦国丞相吕不韦(约公元前292~约公元前235年)组织属下门客们集体编纂的杂家著作,又名《吕览》。吕不韦的经历颇具传奇色彩,他是战国末年卫国濮阳人。原籍阳翟(今河南禹州市)。《史记》称不韦为"阳翟大贾",因"贩贱卖贵"而"家累千金"。他助秦公子子楚成为安国君之继承者。子楚立为庄襄王后,以吕不韦为丞相,封文信侯,食河南洛阳十万户。吕不韦"招致天下游士",有食客三千,家童万人。他使其门客每人著其所闻,写成八览、六论、十二纪,共20余万言,书名《吕氏春秋》。秦王嬴政立,因不韦为前朝元勋而尊之为相国,号称仲父。时秦王年少,"委国事于大臣"。不韦常与太后私通,后又物色嫪毐,使其伪装成宦者进献给太后,嫪毐甚得太后宠信,获得很大权势。秦王政九年(公元前238年),已成年的秦王对吕、嫪专断国政不满,先诛嫪毐。次年,吕不韦以"坐嫪毐免"。一年后,秦王恐吕不韦东山再起,下令将吕不韦与其家属迁蜀,吕不韦饮鸩而死。

《吕氏春秋》汇编先秦各家言论,以构成取各家之长的统一体系,为杂家代表作。其内容以儒、道思想为主,兼及名、法、墨、农及阴阳家言,其中保存了许多先秦学说、古史旧闻及其天文、历数、音律方面的古史资料。《吕氏春秋》的音乐思想和人生之乐吸取了当时各家各派的观点,有其独到之处。

(一)音乐思想

前已述及,先秦儒家充分阐述了音乐对于道德情操和道德教育的作用,儒家把音乐作为教育的重要内容和手段。儒家还将音乐进行了健康与不健康之分。如孔子赞扬《诗经·关雎》篇"乐而不淫,哀而不伤"(《论语·八佾》),指责"郑声淫,佞人殆"(《论语·卫灵公》)。且不论孔子确定音乐健康与不健康的标准是否正确,就他肯定了健康音乐的道德教化作用这一点,便是可取的。墨子则不然,片面否定音乐的积极作用,并专门著《非乐》篇。

《吕氏春秋》的编著者不赞同墨子的"非乐"主张,而是吸取了儒家的观点,对于音乐的社会作用给予了充分肯定:"世之学者有非乐者矣,安由出哉。大乐,君臣父子长少之所欢欣而说也。欢欣生于平,平生于道。"(《吕氏春秋·大乐》)在此,《吕氏春秋》的编著者把人们爱好音乐,看成是人心使然,从而得出"非乐"的主张,是反人性的、行不通的结论。

《吕氏春秋·大乐》保存了阴阳家的音乐美学思想,认为音乐来自自然、与自然统一,而音乐又反作用于自然促进整个宇宙和谐。《吕氏春秋》论及音乐的本原问题,既云乐"本于太一",又云"音产乎人心",但未解决二者之间的关系。所谓"本于太一",体现出一种有关声音自身存在的思想。《吕氏春秋》曰:"太一出两仪,两仪出阴阳。"这就论述了乐本于太一、和同于天地阴阳之特性。

《吕氏春秋·大乐》认为乐"生于度量",所谓的"生于度量",是中国音乐思想中较少的有关声音之组织的论述,强调"平和"准则,要求"中"而不"淫",认为过度之声不利于养生。这就肯定了人对音乐的审美欲求,又反对放纵欲求。认为平和的主观心境与适中的客观之乐相合,才能由"欲"得"乐"真正获得审美愉悦,具有明显的道家养生思想特色。

《吕氏春秋》还对音乐与政治、道德的关系问题进行了探讨,并提出了不少深刻的见解。其强调大乐要用于治身与治国,"以成大化":

> 衷也者适也,以适听适则和矣。乐无太,平和者是也。故治世之音安以乐,其政平也。乱世之音怨以怒,其政乖也。亡国之音悲以哀,其政险也。凡音乐通乎政,而移风平俗者也。俗定而音乐化之矣。故有道之世,观其音而知其俗矣,观其政而知其主矣。故先王必托于音乐以论其教。(《吕氏春秋·适音》)

> 欲观至乐,必于至治,其治厚者其乐治厚,其治薄者其乐治薄。乱世则慢以乐矣。(《吕氏春秋·制乐》)

> 凡音者产乎人心者也,感于心则荡乎音,音成于外而化乎内。是故闻其声而知其风,察其风而知其志,观其志而知其德。盛衰贤不肖,君子小人,皆形于乐,不可隐匿。故曰乐之为观也深矣……故君子反(返)道以修德,正德以出

乐，和乐以成顺，乐和而民乡方矣。(《吕氏春秋·音初》)

由以上言论看，《吕氏春秋》对于"至乐"与"至治"，"和乐"与"正德"的关系，确实剖析得入木三分。足见《吕氏春秋》的编著者已明确地认识到了音乐具有潜移默化、"移风易俗"的作用，因而他们才会提出"故先王之制礼乐也，非特以欢耳目极口腹之欲也，将以教民平好恶行理义也"(《吕氏春秋·适音》)这样深刻的见解，并注意到音乐有"节"与"侈"、"正"与"淫"之分，要求提倡"适音"、"适乐"。《吕氏春秋》的这种观点，无疑发展了孔子的音乐思想，也为后来儒家所重视。

(二) 人生之乐

《吕氏春秋》中的《本生》、《重己》、《贵生》、《情欲》诸篇，继承了杨朱的贵己思想，并有所发展。《重己》重审杨朱的贵己思想，"今吾生之为我有，而利我大矣……"子华子为杨朱后学，他重生轻物一如杨朱，可见其理论立场与杨朱相同。《吕氏春秋·贵生》载有他关于"全生"的一段论说："子华子曰：全生为上，亏生次之，死次之，迫生为下。故所谓尊生者，全生之谓。所谓全生者，六欲皆得其宜也。所谓亏生者，六欲分得其宜也……"子华子所理解的全生就是尊生，而尊生就是六欲皆得其宜，目之所视、耳之所听、鼻之所嗅、口之所尝、体之所安、心之所向都能得到满足。在子华子看来，全生的规定主要不在于绝对保持肉体组织的完整，而在于随心顺欲。杨朱不肯拔体之一毛，怕损坏了自我肉体的完整。子华子如果觉得拔胫毛舒服的话，可以拔得一毛不剩。杨朱愿意尽可能地活下去，他既不肯损己之一毛，自然更不肯损己之生命，不管这个生命的维持是怎样的艰难。子华子则不然，他主张活得愉快和幸福，六欲皆得其宜的生最理想，六欲分得其宜的生还凑合，如果不遂，终日迫生，那么就宁愿去死。由此看来，子华子在很大程度上已偏离了杨朱，而追求一种达情随欲的生活，重视肉体的快乐和享乐，并把这种享受看成是至高无上的。

《吕氏春秋·情欲》也提出了与子华子类似的思想："耳不乐声，目不乐色，口不甘味，与死无择。"这也就是说，人生在世，就不要拒绝感官的快乐，要尽可能地享受人生，否则生与死就无差别了。《吕氏春秋》强调享受人生，但不放弃享受不得危及生命的原则。认为只有尽可能活得长久，才能对人生有充分的享受。

总之，先秦诸子百家面对春秋战国的乱世，其出于对乱世黑暗政治和民众疾苦的痛心和社会责任感，大都渴望以自己的学说救世救民，其提出的理想社会政治和理想人生境界，以及幸福快乐观，无不从不同层面有利于当时社会秩序的稳定和人生痛苦的消解。

第六章　汉代"乐"范畴的发展

汉代是中国封建大一统重新建立和社会大发展的历史时期，是中国历史上一个辉煌的朝代。汉代文化更是华夏文化中一颗璀璨的明珠。汉代思想家和文人继承了先秦时代诸子百家的幸福快乐观念，扩展了传统"乐"之范畴。

一　董仲舒的幸福观和乐教论

董仲舒（约公元前 179 ~ 公元前 104 年），西汉广川（今河北枣强广川镇）人。董仲舒是汉代儒学集大成者，汉代儒学的一代宗师。其《春秋繁露》虽为残简散篇，却依然被清代学者视为"西汉说经第一书"[①]。董仲舒博学、笃行，因倡"罢黜百家，独尊儒术"、"天人合一"而成为中国文化史上影响极其深远的人物。董仲舒结合汉代社会实际，吸收了先秦诸子百家的思想资源，形成了其新儒家思想。他对先秦儒家的快乐论和乐教皆有发挥。

（一）博爱幸福观

1. 人性趋善说

性的善恶，一直是中国哲学史上的关键问题之一。董仲舒认

[①] 苏舆：《春秋繁露义证》，中华书局 1992 年版，第 3 页。

为，人性本无善与不善之分，他在《春秋繁露·深察名号》中指出："性比于禾，善比于米。米出于禾，而禾未可全为米也。善出性中，而性未可全为善也。"他的这种观点，实则本孔子之本意，孟子弟子告子曾阐发孔子的人性论曰："生之谓性，性无善无不善也。"（《孟子·告子上》）

董仲舒在人性论上既在孔子的思想上前进了一步，又不同于荀子的性恶论，在他的心灵深处，人是可以向善的，人甚至有一种向善的本能趋向性，有一种向善的潜质，只要有外力相助，则必然成为善性之人，而这外力就是王教（而非刑罚）。《春秋繁露·诸侯》曰："性待渐于教训而后能善，善，教训之所言也。""性者，天质之朴也，善者，王教之化也。"然而，董仲舒接着又有一段意味深长的话令人注意："无其质，则王教不能化；无其王教，则质朴不能善。"由此可见，人性的本质，在于有善之潜能，或者说，人性有一种向善之趋势，因而只要施之教化就成善性之人。

董仲舒的人性趋善论虽然在孔子、孟子、荀子基础上形成，但他克服了孔子"性无善无不善"的模糊，孟子"性本善"之极端，荀子"性本恶"之片面，他的人性趋善论是中国人学史上较科学的人性论。

人性趋善说的建立，决定了董仲舒对人的尊重，对普天之下庶民百姓的尊重，他以一颗饱含慈爱的心灵去善待人生，善待他人。在其内心世界里，是一片充满着爱的世界。正因为如此，他与荀子有所不同，他反对过于依赖刑罚，认为要开启人之善性，应重王教，他甚至以阴为德，阳为刑之理论，反对滥用刑罚而用教化。

2. 主张仁爱、博爱

在人性趋善说的基础上，董仲舒强调仁者爱人。萦绕在其思维中的一条主旋律，便是"爱人"与"仁爱"的思想。董仲舒认为，"仁"的关键在于"爱人"，而"不在于爱我"（《春秋繁露·仁义法》）。他强调，这个世界应该是一个充满爱的世界，爱别人、爱他人，这是人与人相处的一条最重要规则，如果只爱自己而不爱别人，那就不是仁。"人不被其爱，虽厚自爱，不予为仁。"（《春秋繁露·仁义法》）这是作为一代纯儒的董仲舒向为人君者所进忠言之一。在他看来，一部《春秋》，甚至整个儒家学派，谈论得最多的话题之一就是"仁"，而"仁"之本义是爱他人而不在爱自我。"《春秋》之所治，人与我也，所以治人与我者，仁与义也。"（《春秋繁露·仁义法》）他强调要"以仁安人，以义正我"（《春秋繁露·仁义法》）。因此，要成为一代"仁"君，就必须以一颗饱含爱意之心，对待普天下之臣民。

董仲舒的人生理想，是要让世界充满爱。君主不仅应该爱民，而且应该爱世间万事万物："质于爱民，以下至于鸟兽昆虫莫不爱。不爱，奚足谓仁？"（《春秋繁露·仁义训》）董仲舒是一个典型的博爱主义者。当然，他并不是主张人就不爱惜自己，只是反对"惟我之爱"，反对"人不推其爱"之自爱罢了。

由董仲舒的博爱观可以看出，他是对先辈圣哲仁爱观的全面继承和集大成者。他继承了孔孟等原始儒学的仁爱思想，又吸收了墨子的兼爱观。董仲舒打破其亲疏之关系，他在墨家"兼爱"思想的影响下，打破儒家那种狭窄的血缘亲族关系，实现一种"推恩及远"的博爱思想。他以天人感应为武器，由"天心爱人"推出"南面而君天下，必兼利之"（《春秋繁露·诸侯》）的原则。董仲舒认为爱民不能违背人性，必须要安民、乐民，使老百姓心悦诚服。他强调治人要"懂能愿"，"使人心说（悦）而安之，无使人心恐"（《春秋繁露·基义》）。董仲舒曰："国之所以为国者，德也。"（《春秋繁露·保位权》）"德"就是要安民、乐民，"故其德足以安乐民者，天予之；其德足以贼害民者，天夺之"（《春秋繁露·尧舜不擅移汤武不专杀》）。因此

"为人君者"只有能安民、乐民的德治才能使人民大众安居乐业、内心诚服、效忠国家。他的"博爱"与"爱人类"的主张已显示了与原始儒家不同的特色，这种适应汉代大一统帝国需要的"天下为公"的思想明显地表现了儒家"仁民"与墨家"兼爱"思想的综合发展。

爱民、爱人、爱鸟兽昆虫，这种爱没有国界、家界、地界之分。董仲舒云："故王者爱及四夷，霸者爱及诸侯，安者爱及封内，危者爱及旁侧。"（《春秋繁露·仁义法》）就这样，董仲舒之博爱，上下时空，疆域内外，均为延伸之区。

不仅如此，董仲舒还将"仁"扩充到至高无上的"天"的角度。他一再强调："天，仁也。"（《春秋繁露·王道通》）"仁，天心。"（《春秋繁露·俞序》）他把"仁爱之心"推广到天地之性，"察于天之意，无穷极之仁也，人之受命于天也，取仁于天而仁也"（《春秋繁露·循天之道》）。这样，董仲舒自然就得出定律：宇宙世界本来就充满无穷无尽之爱，因而天之灵秀之物，无论是君臣将相士大夫，还是庶民百姓，都拥有而且应该拥有一颗仁爱之心！

3. 强调"正心而归一善"

董仲舒在政治舞台上并不是一个官运亨通者，他是一个失意者和落魄者。他曾作《士不遇赋》，从中可以看出，作为汉朝的一位纯然儒者，有着怀才不遇的痛苦经历。董仲舒的《士不遇赋》载于《古文苑》，此外，在《艺文类聚》里也多有引述。其赋写道："屈从人意，非吾徒矣，飞身俟时，将就木矣。心知觉矣，不期禄矣。皇皇匪宁，只增辱矣。努力触藩，徒摧角矣。"充分体现了他在极不顺利之时亦不随波逐流、亦不自暴自弃，而是独善其身的高尚个体人格。他视人世之禄利为无足轻重之物，强调"虽矫情而获百利兮，复不如正心而归一善"（《艺概·赋概》引《士不遇赋》）。他追求自身的清正廉洁和克己奉公，具有悲天悯人、毫不利己的仁爱精神。虽然董仲舒遭遇的困境，与先辈屈原有着惊人的相似之处。然而，董仲舒是典型的"穷则独善其身，达则兼善天下"之人，当他被任用之时，依然是"仁以为己任，鞠躬尽瘁"的。《汉书·董仲舒传》载他"凡相两国，辄事骄王，正身以卒下，数上疏谏争，教令国中，所居而治"。他这种耿介之风，正是一种仁爱之心的最好诠释。

董仲舒作为汉代硕儒，在中国历史上谱写了极不平凡的一页。他的耿介之气、骨鲠之风，使他敢于面对人生的种种挑战和磨难，维护一个人应有的人格与尊严。他的廉正之节、爱民之心，使他的思维与理论中带有浓厚的民本色彩，使他感受到人的真正宝贵，而他那多舛的命运与坎坷的经历，又使他感受到人世的沧桑和真情的宝贵。董仲舒在《春秋繁露》中忠告君臣将相，唯有对人珍重和爱护，才会有善始善终，才会得到苍天的保佑。

（二）礼乐教化说

儒家认为礼乐是"修身齐家治国平天下"的最佳工具，礼乐之教是儒学的精髓。孔子从道德的角度强调仁为质，礼乐为文，其"兴于诗，立于礼，成于乐"是对礼乐教化中个人修养所能达到的最高水平的概括。而荀子从社会心理的角度提出"礼别异，乐合同"的思想，亦即礼的最大作用在于建立上下尊卑贵贱的等级秩序，而乐的最大作用在于寻求一种和谐，使异者趋向同。关于礼乐的作用，《礼记·乐记》中归结为："先王之制礼乐也，非以极口腹耳目之欲也，将以教民平好恶，而反人道之正也。"董仲舒不同于前辈儒家的地方在于吸收了墨、道、阴阳各家思想，构建了"天人合一"的世界观，并在此基础上推演出自己的礼乐思想。

董仲舒的礼乐教化思想分为两个层面，既有理论又有具体措施。在理论层面上，他主张"与民同乐"的思想，反复强调只有符合"中和之美"的作品才能达到教化目的。

　　儒家"天人合一"的思想主要是从道德的角度强调人与自然的合一。孔子认为，自然万物都是天意的产物，在对自然的体悟中可培养君子的仁与智，故在"仁者乐山，智者乐水"中，孔子发出了天人相通的先声。关于人与自然在道德上的相通，董仲舒将天意与人事等同起来，把天视为与人一样有感受，有喜怒哀乐，能在冥冥之中主持公道的主宰者，这里的"天"具有人性之天的意味。正因为相信天与人在道德上的合一，董仲舒进一步从"天人感应"的角度推演出其君主"与民同乐"的思想。《春秋繁露·楚庄王》指出，王者受命于天，功成而制礼作乐，用以教化百姓，"制为应天改之，乐为应人作之。彼之所受命者，必民之所同乐也。是故大改制于初，所以明天命也，更作乐于终，所以见天功也"。同时，董仲舒又强调"王者不虚作乐"，"必民之所同乐"，"作乐之法，必反本之所乐"，亦即制礼作乐必须要顺应民心，而民心又是随社会的变化而变化的，因此文艺创作要顺应时代变化、民心变化。他认为"舜时民乐其共昭尧之业也，故《韶》。《韶》也，昭也。禹之时，民乐其三圣相继，故《夏》。《夏》者，大也"（《春秋繁露·楚庄王》）。即虞舜时代代表了和平安居的盛世，因此是典型的人民"咏歌"，与"王者作乐"相应，产生共鸣。而"汤之时，民乐其救之于患害也，故《頀》。《頀》者，救也"（《春秋繁露·楚庄王》）。汤征夏桀，顺应了民心，因此也是"与民同乐"的。在此，董仲舒巧妙地将"与民同乐"的共鸣说纳入其哲学体系内，将"天命"、"王者"与"民心"统一起来，构成了一个完整意义的循环："天"作用于"君"，"君"作用于"民"，"民"又作用于"天"，"天"根据民意"谴告"失德之君，这体现了自孟子以来儒家浓厚的民本主义思想。其区别在于，孟子是在孔子"仁者爱人"的基础上推演出"仁政"、"与民同乐"思想的。

董仲舒还从"天人相通"、"同类相动"中为其艺术共鸣说寻找一种理论上的依据。《春秋繁露·四时之副》曰:"庆赏刑罚与春夏秋冬,以类相应也……通类也,天人所同有也。"《春秋繁露·同类相动》曰:"故气同则会,声比则应,其验皦然也。试调琴瑟而错之,鼓其宫,则他宫应之;鼓其商,则他商应之;五音比而自鸣,非有神,其数然也。美事召美类,恶事召恶类,类之相应而起也……物各以类相召也。"董仲舒在"天人同类"的大前提下推导出同声相应,同气相求,美丑相应,那么运用于文艺,则弹琴鼓瑟,弹宫则宫应,鼓商则商应,五音和谐,共鸣互应。有鉴于此,明君圣王的音乐,可以为百姓所共同喜爱。

音乐的特点是能深入人的内心世界,能达到移风易俗的效果。董仲舒在《举贤良对策》中曰:"乐者,所以变民风,化民俗也;其变民也易,其化人也著。故声发于和而本于情,接于肌肤,藏于骨髓。"足见乐对于教化广大民众具有重大的意义。乐如何才能达到教化目的呢?即"乐循礼",换言之,用礼法来节制感情,只有符合"中和之美"的作品才合于教化的需要。《循天之道》认为:"中者,天下之始终也;而和者,天地之所生成也。夫德莫大于和,而道莫正于中。中者,天地之美达理也……举天地之道而美于和。"这种"中和之美"的思想与《礼记·经解》中"温柔敦厚"的诗教原则上一致,承续了儒家一贯的原则。应该指出的是,董仲舒这种"中和之美"的思想,与其主张"乐者盈于内而动发于外者"的性情说显然是相悖的。这既体现了其思想上的矛盾,也表现出儒学发展过程中的不成熟性。

二 刘向的乐观人生态度

刘向(约公元前77~公元前6年),又名刘更生,字子政,汉初楚元王（刘交）四世孙，西汉著名的经学家、目录学家、文学家。刘向以阴阳灾异附会时政，西汉后期屡次上书劾奏外戚专权，彰显了其对刘汉政权的忧患和作为社稷之臣的意义。刘向除了在古籍整理方面的成就外，还编著了《新序》、《说苑》，其中反映了其乐观的人生态度。

（一）保持气节和尊严的人生意义和价值

关于人生的意义是什么，不同的人有不同的回答。在中国古代，关于人生意义的学说不外乎三种价值取向：一是否定人生有任何意义，因而采取玩世不恭的态度；二是虽然承认人生有意义，但认为这个意义存在于遥远的彼岸世界，现世的人为未来的彼岸而生存才有意义；三是认为人生的意义存在于目前的现实生活之中。刘向认同的是第三种人生取向。同样是认同人生的意义存在于现实生活当中，而对什么是人生的意义的具体回答却因人而异，有人以杀身成仁、舍生取义作为人生的最高价值，把立德、立功、立言作为人生的终极目标；也有人把获取功名利禄作为人生的目的；还有人认为享受荣华富贵是人生最大的意义，等等，不一而足，通观《新序》、《说苑》，可以发现，刘向认为有意义、有价值的人生是保持气节和人格尊严。《说苑·立节》曰：

> 卑贱贫穷，非士之耻也；夫士之所耻者，天下举忠而士不与焉，举信而士不与焉，举廉而士不与焉，三者在乎身，名传于后世，与日月并而不息，虽无道之世不能污也。然则非好死而恶生也，非恶富贵而乐贫贱也，由其道，遵其理，尊贵及己，士不辞也。

这段话强调，士不以卑贱贫穷为耻，而是以不忠不信不廉为耻，即以忠、信、廉为荣,以忠、信、廉为人生的意义和价值之所在。为了实现自己的价值,有时需要抛弃富贵,甚至牺牲生命。在刘向看来,生命并不是最重要的,还有比生命更加宝贵的东西,为了这更加宝贵的东西,牺牲生命也在所不惜。

比生命宝贵的东西又是什么呢?忠、信、廉是其中的一部分,此外还有做人的气节和尊严。忠、信、廉亦是人的气节的一个方面。《新序》之《节士》、《义勇》,《说苑》之《立节》都记载了不少能保持气节和人格尊严的士或臣的事迹,说明刘向对人的气节和尊严的重视和推崇。《新序》中谈到的气节大都和"义"有关。《新序》提到"义"的地方很多,主要有以下两种含义:

首先,"义"是对财物的不苟取,即"廉"。《新序·节士》记载,"子列子穷,容貌有饥色",子阳派人送给子列子"粟数十乘",子列子却"再拜而辞"。为什么呢?子列子向妻子解释说:"受人之养,不死其难,不义也。死其难,是死无道之人,岂义哉?"即受子阳的供养,却不为他拼命,是不义;即使为子阳而死,也是为无道之人而死,也是不义的,所以不能接受他馈赠的"粟"。刘向评价子列子曰:"子列子内有饥寒之忧,犹不苟取,见得思义,见利思害况其在富贵乎?故子列子通乎性命之情,可谓能守节矣。"由此足见刘向对守节之士的高度赞赏。

其次,"义"是保持自己的气节。《新序·义勇》记载,佛肸以中牟叛,把大鼎置于庭前,对士大夫云:"与我者受邑,不吾与者烹!"即支持我得到封邑,不支持我被烹煮。士大夫都屈从于他,田卑却曰:"义死不避斧钺之罪,义穷不受轩冕之服;不义而生,不仁而富,不如烹!"即如果是为"义"而死,决不躲避刑具;如果是因为"义"而穷困,决不接受官位爵禄。面对威逼利诱,他宁可选择被烹,表现了自己的凛然正气,保持了自己的气节。又如白公胜拿着兵器威胁易甲云:"与我,无患不富贵;不吾与,则此是也。"易甲神态自若地回答:"立得天下,不义,吾不取也。威吾以兵,不义,吾不从也。"因为白公胜"不义",所以不管他如何威逼利诱,易甲都毫不动心,而是坚持自己的信念,保持自己的气节。田卑和易甲都把"义"看得比生命还重要,即把"义"的价值看得比生命的价值还要高。当"义"和生命不能两全其美时,他们便毫不犹豫地牺牲生命,以此来体现自己人生的价值和意义。

《说苑·立节》专记那些能保持气节的人士。这些人有一个共同的特点,即不把生命或权势、财富看成最宝贵的东西,认为有高于权势利禄甚至生命的价值,那就是人的良心、正气、节操等。如"左儒友于杜伯,皆臣周宣王。宣王将杀杜伯而非其罪也,左儒争之于王,九复之而王弗许也……王怒曰:'易而言则生,不易而言则死。'左儒对曰:'臣闻古之士不枉义以从死,不易言以求生,故臣能明君之过,以死杜伯之无罪。'王杀杜伯,左儒死之"。左儒认为国君有错,杜伯没错,便坚持自己的态度,不惜冒犯国君,甚至牺牲生命也在所不惜。这就把正义的价值看得比生命的价值还高尚。又如子思穷得"袍无表,二旬而九食",田子方使人送白狐之裘给他,说明"吾与人也,如弃之",子思坚决不受,回答曰:"伋闻之:妄与不如遗,弃物于沟壑。伋虽贫也,不忍以身为沟壑,是以不敢当也。"如果接受田子方的施舍就会丧失自己的尊严,在子思看来,尊严比身体的饱暖重要得多,因此宁要尊严也不要饱暖。正因为保持良心、正气、尊严等,左儒、子思等人的人生也就有了令人敬佩的价值和意义。

(二) 乐以忘忧的人生最高境界

刘向非常重视人生修养,强调"学"对人生修养的重要性。一方面,刘向强调"学"的目的之一是使人生有意义和价值。

"学"有什么目的？除了一般的学习知识之外，刘向引用孔子的话曰："学者非为通也，为穷而不困也，忧而志不衰也，先知祸福之始而心不惑也……故君子疾学，修身端行，以须时也。"（《说苑·建本》）这段话的前提是承认人生充满困难、挫折和忧患，人生祸福不定。"学"使人在穷困和忧患时不至于困惑、气馁、动摇、迷茫，认准方向继续前进。"学"就是修养身心，端正品行，等待时机的到来。刘向虽然没有论述"学"的具体内容，但我们从中可以体会到，"学"能使人在困境中保持积极向上的人生态度。刘向提倡"学"的另一个目的是提升人生的境界。他所提倡的人生境界主要表现为超越主客关系，超越"有限"、"在场"，以审美的眼光来观照各种困厄、挫折，以平静、乐观的心态来对待生活，即能乐以忘忧。

刘向主要是通过孔子的故事来表述诗意的人生境界。他非常推崇孔子，把孔子当成先师圣人，这在《新序》、《说苑》中多有表现。而孔子又是一个有崇高的人生境界者，为了推行自己的政治主张，周游列国，历尽艰辛，多次陷入困境，但他不改初衷，始终能保持乐观的生活态度，自得其乐，苦中作乐。孔子的这种人生态度和人生境界，正是刘向所推崇的。

在刘向的笔下，孔子的乐以忘忧，首先表现在困境中能看到希望和光明，把困厄当做成功的经验。《说苑·杂言》记载：

> 孔子遭难陈蔡之境，绝粮，弟子皆有饥色。孔子歌两柱之间。子路入见曰："夫子之歌礼乎？"孔子不应，曲终而曰："由，君子好乐为无骄也，小人好乐为无慑也。其谁知之，子不我知而从我者乎？"……及至七日，孔子修乐不休。子路愠见曰："夫子之修乐时乎？"孔子不应，乐终而曰："由，昔者，齐桓霸心生于莒，句践霸心生于会稽，晋文霸心生于骊氏。故居不幽则思不远，身不约则智不广。庸

知而不遇之？"于是兴，明日免于厄。子贡执辔曰："二三子从夫子而遇此难也，其不可忘已。"孔子曰："恶，是何言也！语不云乎？三折肱而成良医。夫陈、蔡之间，丘之幸也。二三子从丘者，皆幸人也。吾闻人君不困不成王，列士不困不成行……"

在"绝粮"的困境中，孔子不但没有急得焦头烂额，惶惶不可终日，反而能心平气和地唱歌修乐。他之所以能够如此超然物外，是因他对自己从事的事业充满信心，同时明白"居不幽则思不远，身不约则智不广"的道理，即没有碰到挫折的人就不能深谋远虑，就不能增加智慧。因此在困境中仍能保持平静、乐观的生活态度。更难能可贵的是，孔子把困厄当成人生的幸事，当成人生的经验和成功的前奏。如此看待困厄，需要有宽阔豁达的心胸。

孔子积德行善却仍陷入困境。面对子路的不解，孔子以历史人物的遭遇为例讲了一番深刻的道理，即人的穷达、祸福除了和个人的才华、努力密不可分外，还与机遇、时机密切相关。而机遇、时机是可遇而不可求的，纵然有超人的才气、有积极的作为，如果没有机遇，也是枉然。那么这种失败、挫折就不是自己的过错，也不是自己所能改变的，因而也就没必要怨天尤人、悲悲戚戚。正因为孔子有这样深刻的认识，所以在"七日不食，藜羹不糁"的困境中仍能自得其乐地"读《诗》、《书》，治礼不休"。在这段话中，孔子讲的"时"值得我们深思。"时"即时机、机遇，是一种不以人的意志为转移的客观必然性。我们不管做任何事情，成功与否，除了看自己的主观努力，还要看是否有成功的机遇。如果不成功，但自己已尽了人事，也就可以问心无愧、乐以忘忧了。

孔子的乐以忘忧还表现在他投身于自己所从事的事业而忘记

个人的荣辱得失。《说苑·杂言》记载:

> 子路问于孔子曰:"君子亦有忧乎?"孔子曰:"无也。君子之修其行,未得,则乐其意;既已得,又乐其知。是以有终生之乐,而无一日之忧。小人则不然,其未之得,则忧不得;既已得之,又恐失之。是以有终身之忧,无一日之乐。"

君子之所以无忧,缘于对自己所从事的事业的热爱并超越眼前的得与失,所以有终身之乐而无一日之忧。而小人之所以有终身之忧而无一日之乐,原因在于患得患失。孔子的这段话给我们的启示是:少计较个人的荣辱得失,热爱自己所从事的事业,就可以让自己乐以忘忧。

刘向笔下还有一位乐以忘忧的人物荣启期,《说苑·杂言》记载:

> 孔子见荣启期,衣鹿皮裘,鼓瑟而歌。孔子问曰:"先生何乐也?"对曰:"吾乐甚多:天生万物,惟人为贵,吾既已得为人,是一乐也;人以男为贵,吾既已得为男,是为二乐也;人生不免襁褓,吾年已九十五,是三乐也。夫贫者,士之常也;死者,民之终也。处常待终,当何忧乎?"

荣启期的快乐在于对自己目前处境的满足,即知足常乐。其实他生活贫困,"衣鹿皮裘",无权无势,在世俗看来根本没有快乐的资本。他唯一值得自豪的、比常人幸运的是他高寿而且身体健康,以此为乐,不难理解,也不足为奇。但他把自己得以为人、得以为男人也作为快乐的两大资本,就让人匪夷所思了。荣启期的快乐建立在精神的满足之上,只要精神满足,即使物质匮乏、生活贫困,也能自得其乐。

通过以上分析,我们不难发现,孔子、荣启期都能超越眼前的处境,以审美的眼光观照人生,以审美的态度来对待人生,因而他们在困境中都能诗意地生存。即他们已达到了诗意的境界。刘向笔下的孔子乐以忘忧的境界,亦属于宋儒所津津乐道的"孔颜乐处"。刘文英先生认为,"孔颜乐处"属于超道德的精神境界,"因为这完全是自我内心深处的高度平衡、和谐与满足,不再牵涉到生活中善恶是非的评价,从而对于一切也都无怨无悔。可以说,他们已经找到了自己的精神乐园,因之也找到了自己的精神归宿"①。孔子的乐以忘忧确实超越了道德的境界,其实超越道德的境界也就是审美的或诗意的境界。"超越"也可以说是不执著,从宇宙整体来看待一切。"不执著于此就是此、彼就是彼,则能在此中看到彼,在彼中看此,在生中看到死,在死中看到生,在苦中看到乐,在乐中看到苦,从而超脱生死苦乐,达到超然的自由境界"②。孔子、荣启期等之所以能苦中作乐、乐以忘忧,也是因为他们能做到不执著,不执著于眼前的穷困,也就能在穷困中体会到快乐,展望到光明,并进而达到超然的自由境界。这也是刘向所向往的人生最高境界。

三 扬雄的玄远自在快乐论

董仲舒之后,在西汉末叶,出现了一位天才般的、继往开来的思想伟人,他就是扬雄。扬雄(公元前 53 ~ 公元 18 年),字子云,蜀郡成都(今四川成都)人。扬雄好学博览多识,是汉

---

① 刘文英:《中国哲学史》(上卷),南开大学出版社 2002 年版,第 88 页。

② 张世英:《哲学导论》,北京大学出版社 2002 年版,第 101 页。

代具有传奇色彩和神秘色彩的文人与学者,他处在两汉学术的转折点上,其学术观点与世界观,上承汉初百年,下启魏晋时代,他继承了前辈的思想精华,同时又以深沉的哲学思考迎头痛击谶纬迷信等逆流,他的"太玄"理论模式,直接开启了魏晋玄学的滥觞。扬雄仿《论语》作《法言》,仿《周易》作《太玄》,其著作被后人编为《扬子云集》。

扬雄清心寡欲,淡泊名利,以立言实现自己的人生价值。在中国文化史上,有一种源远流长的传说——剧秦美新。据说王莽建立新王朝,扬雄仿司马相如《封禅文》,抨击秦朝,美化王莽的新朝,撰《剧秦美新》,抨击秦始皇焚书、统一度量衡等措施,为王莽歌功颂德。该文过去一直被批评者当做扬雄趋炎附势的"罪证",从历史角度考察,王莽代汉有着复杂的历史内涵,扬雄创作这篇文章的历史背景和思想根源还有新的解释。有学者认为,"六朝以后历代学者言扬雄投靠新莽、剧秦美新之说,乃子虚乌有之言"[1]。这与扬雄一生一世的为人不同,扬雄一生,沉默寡言,淡泊名利,《汉书·扬雄传》云,扬雄"清静亡为,少耆欲,不汲汲于富贵,不戚戚于贫贱",其对名誉权势与地位恬淡之情如此。扬雄是一位保住晚节的汉代知识分子,他以自己高洁的操守,傲岸的风骨,以自己对《方言》的撰写而"悬诸日月",终于实现了自己名垂千古的人生价值。

扬雄的一生都是在贫困中度过的,《汉书·扬雄传》言其"少耆欲,家产不过十金"。这自然让人想起颜回的生活状态。扬雄身上有着浓厚的儒家成分。他"清静亡为,少耆欲",但他与先秦道家随波逐流、与世推移之清静无为不同,他有自己的操守,他要以精到的学术造诣而万古流芳,他撰写《方言》后,

---

[1] 王启涛:《中华文化人学书系"天汉精神"》,四川教育出版社2001年版,第272页。

对时人的不理解并不气馁。相反，他态度坚定："师旷之调钟，俟知音者之在后也。"（《汉书·扬雄传》）他把希望寄托于后世的知音者，这与司马迁"传之其人"之信念是极其相似的。他的自然主义观在语言上的反映，更为王充等人的"重口语"的做法开启了先声。

扬雄主张"自爱自敬"的积极人生态度，强调人应当注重修养仁德，使自己的精神永存。《法言·君子》云："人必其自爱也，然后人爱诸；人必其自敬也，然后人敬诸。自爱，仁之至也；自敬，礼之至也。未有不自爱敬而人自敬之者也。""有生者必有死，有始者必有终，自然之道也。""或问龙龟鸿鹄，不亦寿乎！曰：寿。曰：人可寿乎？曰：物以其性，人以其仁。"扬雄认定，人可以延年益寿，但不可能长生不死，只有人的"仁"德，作为一种精神，才可能永存而不亡。由此足见其对人的精神世界的高度重视。人只有坚持"自爱自敬"的积极人生态度，重视自己的精神世界，方能获得玄远自在的幸福快乐。

四 王充"皆在命时"的祸福观

王充（约公元27~公元97年），字仲任，东汉会稽郡上虞县（今浙江上虞市）人，其著作流传至今者有《论衡》八十四篇。王充一生业儒，仕路不亨，只做过几任郡县僚属，且多坎坷沮阻，从事迹上看，既无悲歌慷慨之行，也无惊天动地之业。但王充是东汉时期杰出的思想家。整个东汉近二百年间，称得上思想家的，仅有王充、王符、仲长统等三位。范晔《后汉书》将三人立为合传，后世学者更誉之为汉世三杰。王充是三杰中最杰出，也最有影响的思想家。其祸福有命论对传统儒家的道德幸福快乐论提出了挑战。

(一)"人之于世,祸福有命"

王充认为,人的"性"与"命"都是自然生成的,但二者又是不同的范畴。《论衡·命义》曰:"凡人受命,在父母施气之时,已得吉凶矣。夫性与命异,或性善而命凶,或性恶而命吉。操行善恶者,性也;祸福吉凶者,命也。或行善而得祸,是性善而命凶;或行恶而得福,是性恶而命吉也。性自有善恶,命自有吉凶。"所谓"性与命异",即"性"是"操行善恶"的问题,"命"是"祸福吉凶"的问题。

王充所言的"命",就其内容来说有两方面的含义,即所谓"死生寿夭之命"与"贵贱贫富之命"。关于"死生寿夭之命",王充作了许多论述,《论衡·无形》云:"人禀元气于天,各受寿夭之命。"对于"贵贱贫富之命",《论衡·命禄》云:"有死生寿夭之命,亦有贵贱贫富之命……命当贫贱,虽富贵之,犹涉祸患矣。命当富贵,虽贫贱之,犹逢福寿矣。"《论衡·命义》云:"天有百官,有众星。天施气而众星布精,天所施气,众星之气在其中矣。人禀气而生,含气而长,得贵则贵,得贱则贱。贵或秩有高下,富或资有多少,皆星位尊卑小大之所受也。"王充批判了天有意志的神学目的论,自己却陷入了人间的尊卑上下是由上天"星位尊卑小大"决定的宿命论。

(二)"祸福之至,不在善恶"

王充区分"命"与"性"的目的,就是否定人的道德行为与吉凶祸福的联系。《论衡·治期》曰:"祸福不在善恶,善恶之征不在祸福。""祸变不足以明恶,福瑞不足以表善。"《论衡·异虚》云:"人之死生,在于命之夭寿,不在行之善恶。"王充得出这种结论不是偶然的,也不是凭空臆想的,其根本原因就是东汉社会现实中道德与祸福的对立。按照董仲舒的观点,

"天"是保佑有德之人的。在逻辑上自然应推论出在高位者、富贵者必然是道德最高尚的,否则"天"怎能让他们富贵呢?然而现实中的情形却恰恰相反,越是荣华富贵的人越是卑鄙无耻。正是有感于此,王充提出了"俱行道德,祸福不均,并为仁义,利害不同"(《论衡·幸偶》)的观点,他通过充分的论证,强调"祸福之至,不在善恶",而是"命定"。

如果说,王充的"命定论"在政治上有某种积极意义的话,主要在于他否定了道德情操与吉凶祸福的联系,这就揭穿了统治者长期鼓吹的"有德有福"、"以德配天"的谎言。王充明确指出:"德不能感天,诚不能动变……世俗之所谓贤洁者,未必非恶;所谓邪污者,未必非善也。"(《论衡·累害》)"才高行洁,不可保以必尊贵;能薄操浊,不可保以卑贱……处高居显,未必贤,遇也;位卑在下,未必愚,不遇也。"(《论衡·逢遇》)王充的这种揭露是异常深刻的,他明确地把善恶与富贵、贤愚、吉凶、祸福分离开来,指出那些富贵、福禄的人完全是"命"、"数"、"遇"决定的,与人之品行毫无关系。这就剥离了神学道德论者给封建统治者所披的道德外衣。因此,封建统治便失去了道德上的合理性,剩下的只是"时"、"数"的必然性,只要"时"、"数"一变,原有的统治者便可能从"处尊居显"的高位上跌落下来。

(三)"吉凶祸福,适遇之数"

王充的"命定论",既指出人的寿夭贵贱是"命"定的,也回答了人们命运不同之原因。他认为一切吉凶祸福、富贵贫贱,都是由偶然的巧合造成的。王充云:"命,吉凶之主也。自然之道,适偶之数,非有他气旁物厌胜感动使之然也。"(《论衡·偶会》)"人有命,有禄,有遭遇,有幸偶……遭者,遭逢非常之变……遇者,遇其主而用也。虽有善命盛禄,不遇知己之主,不

139

得效验。幸者,谓所遭触得善恶也……偶者,谓事君也。以道事君,君善其言,遂用其身,偶也;行与主乖,退而远,不偶也。"(《论衡·命义》)看来,王充所言的"有命有禄"、"自然之道",指的是一种盲目的必然性。这即"凡人受命,在父母施气之时,已得吉凶矣"(《论衡·命义》)。至于"遭、遇、幸、偶",指"适偶之数",即偶然性。王充认为,这种偶然性与命禄或并或离。当二者一致时命中注定的贫富贵贱、吉凶祸福就得以实现;当二者背离时,富贵之命也会转化为贫贱。在此,王充模糊地看到了一点必然性与偶然性的关联。但是,王充进而把偶然性夸大为必然性,认为一切都由"适偶之数"所决定。《论衡·幸偶》:"凡人操行,有贤有愚;及遭祸福,有幸有不幸。举事,有是有非;及触赏罚,有偶有不偶。并时遭兵,隐者不中;同日被霜,蔽者不伤……"这就是说,不管自然界还是人类社会,都受着"有幸有不幸"、"有偶有不偶"这种偶然性的支配。

王充这种"吉凶祸福,适遇之数"思想的产生,是对善与福、恶与祸相悖的社会现象无法解释所致。由于社会关系复杂,尤其是在阶级对立的封建社会中,尽管不同的阶级对善恶标准和祸福含义有着不同的理解,但在一定的道德生活范围内,善与福、恶与祸之间的不一致的现象是普遍存在的事实。在王充生活的东汉,这种情况显得十分突出。由于他目睹当时社会上的种种不合理现象,深感自己的命运不能由自己掌握的痛苦,但又找不到造成上述现象的原因,更寻不到解决的办法,只好将这一切归之于偶然。

道德操行与吉凶祸福的关系,是中国伦理思想史上的一大问题。宿命论者把吉凶祸福视为"命定",但在回答性与命或义与命的关系时,则至少有两种不同的观点。一种观点认为,"命"随"义"而定。善有善报,恶有恶报;一个人的吉凶祸福之命是上帝对他的善恶行为的报应。所谓"皇天无亲,唯德是辅",

"天道福善祸淫"，就是这种义命观的反映。另一种观点则认为，"命"、"义"不相通；个人的吉凶福祸、贫富贵贱虽由命定，但与他的善恶操行无关。王充的观点就属于后者。

虽然王充对善恶操行与吉凶祸福相悖现象的解释是非科学的，甚至是荒谬的，但他没有粉饰世俗，实际上体现了对豪门世族的鄙视。既然"富贵在命，不在智愚；贫贱在禄，不在顽惹"（《论衡·命禄》），而"命"又非"天命"，是"初禀自然之气"，这就除去了权贵们的圣灵神光，即他们无可敬之处。这是对"以位论德"的断然否定，充分体现了作为"细族孤门"的王充不满豪强、愤懑时弊的宏志高节。然而，王充认识富贵贫贱都是禀气命定时，却又无可奈何地承认了行善遭祸、为恶得福的不合理的现实，对贫贱地位采取了"浩然恬忽，无所怨尤"（《论衡·自纪》）的消极态度。这是宿命论的应有之义，换言之，在王充思想中，宿命论的观点正压抑了对世俗的批判精神。

五　汉代文人诗篇中所见之快乐观

汉代作为封建大发展的历史时期，给予士人学子以广阔的发展舞台，让士人学子扬眉吐气。汉代的人才遴选方式，主要贯穿的是重德唯才的原则，而不是一味地讲世袭、看出身。这对广大有抱负有才能的中下层知识分子来说，真称得上"得遇其时"。如汉武时代那种不拘一格，唯才是用的政治策略，不仅造成了大汉帝国的空前强盛，而且也让一大批有才有志的士子，特别是出身低微的下层文人真正有了"遇其时"、"遂其志"的感受。他们满怀感激地发奋向上，一腔热血地报国立功，充满豪情地一展宏图。汉代文人的诗赋在赞美汉朝的辉煌同时也彰显了其快乐观。

（一）汉赋的自由旷达

汉赋在中国文献史上第一次因作家自觉地进行文学创作而成为一代之文学，它极大地刺激了更多的作家的创作欲望和创作激情。汉代之赋，或如洪钟大吕，高奏大汉帝国的辉煌，那秀丽而逶迤的山川，那雄奇而华丽的亭台，那光怪而陆离的山珍，那绚丽而奇目的华章，都在汉代赋家的笔下形成一道道亮丽的风景线。

汉赋的许多壮丽篇章表达了时人的乐观人生态度，如"孤雁寡鹤，娱优乎其下兮，春禽群嬉，翱翔乎其颠"（王褒：《洞箫赋》）等。汉赋之描绘物象，追求时空两方面的完整，形成鲜明的图案化特征，汉代赋家就在这美轮美奂的图案当中，展示其热情，表现出对现实世界的乐观、自信的人生态度。[①] 汉代赋家在汉赋里尽情地抒发了对大好河山的赞美，对美好生活的陶醉，对人世沧桑的喜怒哀乐，对自身价值的觉醒与歌颂。

综观汉代的文化与艺术，综观汉代文人与百姓的心态与情愫，有两条主旋律始终不绝如缕，那就是欢乐之情与愁苦之情。在由"布衣卿相"建立的大一统西汉王朝，平民的个性与尊严得到了空前的尊重，他们可以轻松自在地吟唱人生，文景之治带来的富甲天下、汉武的威震四方、大汉江山的歌舞升平、太平盛世的繁荣富强，使他们全身心的情弦得到舒展，他们用最浪漫的情绪抒发对大汉王朝的无限赞美，对美好人生的无限留恋，对大自然彻底征服的无限快感，对自由旷达的人生乐趣的无限陶醉，这些都构成了"快乐"的主旋律。

然而，"快乐"的东西总给人以短暂之感，人生一切乐事皆缥缈难留，人们感慨"欢娱嫌夜短"，就是因为人们在高兴的时

---

① 万光治：《汉赋通论》，巴蜀书社1989年版，第118页。

候,总是觉得太快。

在汉代文化与意识中,我们在感受快乐的同时,又感受到无尽的忧伤。这忧伤,来自于乐极生悲,来自于对美好生活无限留恋不成之后的伤悲,来自于太平盛世希望长命百岁却不能实现的悲伤,来自于对朋友分离和诀别的感伤,来自于对自由的珍重,同时,也来自于对时局的不满……而汉家王朝较之秦朝而相对宽松的言论氛围,又为文人雅士和庶民百姓的放歌与悲哭提供了表演的舞台。如汉代最悲戚的挽歌,却成为王公贵人与士大夫在良朋嘉会之时的必奏之乐,"京师宾婚嘉会,酒酣之后,续以挽歌"(《后汉书·五行志》注引《风俗通》)。汉代挽歌用于良朋嘉会,确实有一种想留住美好与美好之不可留的哀痛。的确,追求一种无法追求到的东西,挽留无法留住的美好人生,是汉代挽歌盛行于嘉会的重要原因。但另一方面,对自己不得志的感伤,对自己的人生价值无法得以实现的哀叹,对朋友失意的惋惜,对自己立志成名的志愿的倾吐,也是嘉会与欢宴上挽歌盛行的另一重要原因,它同样体现了对自身价值的看重,对天赋人性的珍视。我们注意到杨恽《报孙会宗书》即是如此,"酒酣而呜呼"之后,便做了一首别有一番滋味的诗:"田彼南山,芜秽不治,种一顷豆,落而为萁,人生行乐耳,须富贵何时!"这既继承庄子之余风,延续汉初之风尚,又开启汉末之主题——悲歌人生、爱惜人生。欢乐与悲伤反复交织着,共同体现着汉朝人的进一步"自觉"与"醒悟"。

汉赋既有欢乐,也有悲伤,是文人的最主要的抒情形式。其中体现了文人们对生死祸福的感悟:"万物变化兮,固亡休息,祸兮福所倚,福兮祸所伏,忧喜聚门,吉凶同福。"(贾谊:《鹏鸟赋》)另一方面,他们又怀着儒家"任重而道远,仁以为己任"的积极人生态度,希望不甘寂寞,渴求名垂青史。

令人佩服的是,汉代文人对人生的感叹与忧伤,寄托着对人生的美好理想和不懈追求，跳动着对生活的虔诚热爱，这是其既优于先秦文人，也超过魏晋文人之处，汉代文人的忧伤并不是颓废而绝望的感伤，而是对国家、民族的无限热爱和忠诚的反映。

(二) 文人五言诗所体现的感性快乐

汉乐府民歌是"杂言"和"五言"并行，而以五言居多。五言诗在东汉文人手里基本定型。这与东汉时代，特别是东汉中晚期文人特有的生存困境和内心感受直接相关。个人与社会、现实与理想的分裂和冲突，给东汉文人带来复杂而痛苦的内心感受。

文人五言诗以东汉末年的《古诗十九首》最为典型。其所表达的大多是世俗的人生内容，其最具时代特色的审美旨趣，就是"感伤"。那种挥之不去、刻骨铭心的人生失意感、无望感、漂泊感、孤寂感、短促感、焦虑感……皆悲云愁雾般地笼罩在这些五言诗中，使其负载着深沉的"感伤"主题。

东汉末年，文人的五言诗从感伤的心情走向感性的享乐。作为东汉末年的作品，《古诗十九首》的作者们似乎已敏锐地感觉到大汉王朝的气数已尽，现实的险恶，功名的空茫。既然人生幻灭难测，那么人应该怎样活才能善待自己，不枉此生？结论似乎只有一个，那就是把握住眼前时光，及时行乐，让有限的生命获得最大限度的享受。换言之，只有在感性的享乐中，感伤的心情才能得以抚慰。这就构成了文人五言诗的另一大主题，即"现实享乐主义之讴歌"。从感伤的心情走向感性的享乐，大概是东汉中后期文人五言诗最鲜明的审美内涵。如："昼短苦夜长，何不秉烛游。为乐当及时，何能待来兹？"(《生年不满百》)"斗酒相娱乐，聊厚不为薄……极宴娱心意，戚戚何所迫!"(《青青陵上柏》) 这些诗句贯穿着一种现世享受、及时行乐的主旨。其由感伤向感性的沉迷，除了表明对伦理目标的厌倦，对功名利禄的疏离，对德行节操的怀疑等之外，还表明了一个重要的审美文化转向，那就是价值重心和文学趣尚向感性个体的凝聚，向生命自然的回归。不是外在社会功业的有无成就，而是内在个体生命的快乐与否，成了这一时代文人五言诗所关注的审美焦点。这正是东汉"崇实"趣尚的历史性转型。它意味着一种生命的、自然的、性情的真实正在审美文化的领域里悄然崛起，而历史也由此开启了新的篇章。

六 《淮南子》的乐教观

《淮南子》又名《淮南鸿烈》，西汉初年淮南王（公元前179～公元前121年），汉高祖刘邦之孙厉王刘长之子，及门客李尚、苏飞、伍被等共同编著。其以道家思想为主，强调"无为诚乐"，也融合了儒家的乐教思想，主张"乐者所以致和"。

《淮南子》基本采取道家老庄的立场，论述仁义礼乐的产生及其作用。《淮南子·本经训》云："逮至衰世，人众财寡，事力劳而养不足，于是纷争生，是以贵仁……阴阳之情，莫不有血气之感，男女群居杂处而无别，是以贵礼。性命之情，强而相协，以不得已，则不和，是以贵乐。""是故德衰然后仁生，行沮（败）然后义立，和失然后声调，礼淫然后容饰。"这种"道灭而德用，德衰而仁义生"（《淮南子·缪称训》）的观点，乃是"失道而后德，失德而后仁，失仁而后义，失义而后礼"（《老子》第三十八章）的翻版，它是老庄以及而后的魏晋玄学用以批判和否定仁义的论据，但是《淮南子》却不然，《淮南子》并不因为仁义生于衰世，而否定其治世的作用。《淮南子·本经训》指出："是故仁义礼乐者，可以救败，而非通治之至也。夫仁者，所以救争也；义者，所以救败也；礼者，所以救淫也；乐者,所以救忧也。"仁义礼乐不是"通治"一切时代的,对于"衰世"来说,有其维系道德的作用。《淮南子·氾论训》云:"故圣人制礼乐,而不制于礼乐。治国有常,而利民为本,政教有经,而令行为上。苟利于民,不必法古;苟周于事,不必循旧。"这种"不必法古"、"皆因时变"的思想,是《淮南子》受到法家影响的一种表现。

先秦以后,在"无为诚乐"命题上继承庄子而又有所发挥的是《淮南子》。在庄子哲学中,将师法自然作为审美教化这一层意思,在很大程度上还是隐而不彰的。《淮南子》把这一层意思鲜明地勾勒了出来,并进行了充分发挥。

首先,《淮南子》继承了先秦道家"至乐无乐"说,并加以发挥,强调"能至于无乐者,则无不乐,无不乐则至乐极至矣"(《淮南子·原道训》),这就以"无为而无不为"为本,突出了"至乐无乐"的正面含义,提出了具有独特理论价值的音乐审美价值相对论。

其次,《淮南子》进一步阐明了"无为诚乐"的道理:"吾所谓乐者,人得其得者也。"(《淮南子·原道训》)以一个"得"字点明了内心的愉悦在于一种体验到的充实感,也就说明了虽云无为,但亦充实为所持守的某种价值观念,进而言之,虽同为乐,但根据人所持守的价值观念的不同,其所"得"也不同。《淮南子》立足于儒道思想的差异,一方面,揭示出道家的乐其所得为"圣人不以身役物,不以欲滑和。是故其为欢不忻忻,其为悲不慁慁。万方百变,消摇而无所定;吾独慷慨遗物,而与道同出,是故有以自得之也"(《淮南子·原道训》)。这番话对于庄子虽无甚新意,但对于"无为诚乐"的内涵却是说得机智而明白。另一方面,《淮南子》又以道非儒,主张"不以内乐外,而以外乐内;乐作而喜,曲终而悲,悲喜转而相生,精神乱营,不得须臾乎。察其所以不得其形,而日以伤生,失其得者也"(《淮南子·原道训》)。这番话的思想内容源于《庄子·外物》中"山林与,皋壤与"那段话,却把矛头指向了儒家,认为儒家闻音乐是为快乐,是"以外乐内",因而是有条件而变化不定的。闻乐时感到愉悦,听完了就感到悲伤,悲喜交加而有害身心,结果反而失其愉悦。与此相反,道家的"与道同出,是故有以自得之"之乐,是"以内乐外",境界高于儒家。

再次,《淮南子》谈到"乐"随着其所乐的环境之不同而有不同的等级层次。在最高的层次上,是面对大自然所感受到的审美愉悦。"见日月光,旷然而乐;又况登泰山,履石封,以望八荒,视天都若盖,江河若带,又况万物在其间者乎?其为乐岂不大哉!"(《淮南子·泰族训》)此处描述的乐,恐怕还是有我之乐,我为之乐,但确实表现了西汉帝国囊括四海、雄居八荒的豪迈气概。而且,至此,师法自然之为审美教化思想已十分明朗了。

《淮南子》是秦汉道家的重要代表著作,它吸取儒家乐教思想,推行乐教,主张"变通"而不恪守古乐。《淮南子》论乐教的基础是其人性论。它论乐教的必要性,是缘于人性中的"嗜欲"。"人之性"、"情静恬愉"(《淮南子·人间训》),是"合乎道"的。《淮南子·诠言训》云:"凡人之性,乐恬而憎悯(忧),乐佚而憎劳。心常无欲,可谓恬矣,形常无形,可谓佚矣。游心于恬,舍形于佚,以佚天命。"它虽然主张人生欲望的自然属性,不主张禁欲,但认为声色味之乐,作为"嗜好",是"不知利害"的,要使其合乎自然之道,"合于道",就必须靠"心","以义制之",这就为乐教提供了心理依据,这就突出了心的作用。对于音乐中得到的快乐,《淮南子·原道训》有所论述:"所谓乐者,岂必处于京台章华,游云梦沙丘,耳听《九韶》、《六莹》,口味煎熬芬芳……之为乐乎?吾所谓乐者,人得其得者也。夫得其得者,不以奢为乐,不以廉为悲。"这阐述了音乐给人带来的愉悦。

《淮南子》继承了先秦道家的音乐思想，强调"至乐无为"，但是，针对人们的声色味之乐"嗜好"，强调必须通过教育的方式加以节制。《淮南子·泰族训》曰："（民）有喜乐之性，故有钟、鼓、管、弦之音……因其喜音，而正《雅》《颂》之声，故风俗不流；因其宁家室、乐妻子，教之以顺，故父子有亲；因其喜朋友而教之以悌，故长幼有序。"这也就充分说明了进行乐教的人性基础，是出于人喜欢音乐的自然属性，而非儒家所谓的道德属性。

《淮南子》在强调礼乐教化时，在方式上重视"心"在节制声色味之乐"嗜好"的作用。"心"的节制作用，既有"以义为制者，心也"的伦理道德之含义，又具有"心和欲得则乐"（《淮南子·本经训》）的特点，行礼乐本身就有求得情感体验上快乐的这一面，所谓"故古之为金石管弦者，所义宜乐也"（《淮南子·主术训》）。此处所言的乐教所致的快乐是以"和"为本，即"乐者所以致和"。用于乐教的音乐具有平和的情感。如果失去了这种情感特征，那么用于乐教的音乐就如同一般的娱乐音乐。这就对乐教之音乐与一般的娱乐音乐进行了区别。

《淮南子》认为乐教可以成就风俗之美，"诚决其善志，防其邪心，启起善道，塞其奸路，与同出一道，则民性可善，风俗可美矣"（《淮南子·泰族训》）。《淮南子》倡导以乐教美化社会风俗，无疑与先秦儒家有相通之处。

由上可见，《淮南子》既继承和发挥了先秦道家"无为诚乐"的思想观念，又融合了儒家的音乐教化思想，在现实适应性上，具有灵活变通性，体现了秦汉新道家的历史特点。

七 《太平经》的"乐生"观

《太平经》又名《太平青领书》，传说是东汉于吉所传，被早期太平道奉为主要经典。从道教的出现来看,《太平经》是道教的第一部经。《太平经》虽然是道教经典,但它本身包含着一些超越宗教的思想因素,而且还有若干反映劳动人民思想情感的东西。《太平经》重视人的自然感性欲望的价值,将其看做人的生命之根基。它对人的感性欲望进行了比较系统的论述,重视饮食男女等人类的基本生活欲求,强调尊重生命,宣传"乐生"。

《太平经》认为,俗人只要一心向善,通过艰苦的修炼,就可以超凡入仙,获得长生。因此,它告诫人们要尊重自己和他人的生命,这就是所谓的"乐生"、"重生"和"贪生"的思想。《太平经·国不可胜数诀》云:"天下人乃俱受天地之性,五行为藏,四时为气,亦合阴阳,以传其类,俱乐生而恶死,悉皆饮食以养其体,好善而恶恶,无有异也。"《太平经·乐生得天心法》:"人最善者,莫若常欲乐生,汲汲若渴,乃后可也。"《太平经》所讲的"乐生"包含两层含义:一是指给予万物以生存的权利,尊重他人的生命。因为人像天,而天以产生万物为乐,因此,人也应当乐生。《太平经》把这种包含利他主义精神的乐生与"最善"和"第一善"联系起来,从而赋予乐生以重要的道德意义,具有一定的积极因素。二是指珍惜自己的生命,并认为"乐生而恶死"是普遍的人性,即人类所禀受的"天地之性"。这种乐生具体说来也就是设法使自己长寿,因此,《太平经》对寿也极为重视,"天地与圣明所务,当推行而大得者,寿孝为急。寿者,乃与天地同忧也","寿者长生,与天同精"(《太平经·包天裹地守气不绝诀》)。

对于如何才算乐生,才能乐生,《太平经》提出了"三急"的思想。三急又称"三本"、"三实"、"三真",即饮食、男女、衣服。就人而论,"饮食与男女相须,二者大急……天为生万物,可以衣之;不衣,但穴处隐同活耳,愁半伤不尽灭死也,此名为半急也"(《太平经·守三实法》)。这揭示了人类离不开饮食、阴阳和衣服。在三急之中，前二者为大急，后者为小急。《太平经》还认为三急是人欲的重要组成部分，不可夺，不可灭，"天之为行，不夺人之所欲为也；地之为行，亦不夺人之所欲为也；明君之为行，亦乐象天地不夺人所欲为也"（《太平经·署置官得失诀》）。"得三急则吉，失三急而有害"（《太平经·三急吉凶法》）。显而易见，离开了三急，一切都不复存在，缘何乐生？《太平经》还看到了人类生活必需的三急是善恶产生的重要根源之一，如"衣则生贤，无衣则生不肖也"（《太平经·守三实法》）。

在某种程度上，我们可以把《太平经》重视"三急"的乐生论概括为尊重生命的伦理观。它的乐生思想与神仙可成的信条相联系，具有宗教迷信的色彩，但其主张尊重他人和自己的生命，包含有一定的人道主义因素，在中国传统的伦理文化中占有重要地位。《太平经》的三急论高度重视人类的感性生活，为人欲提供了合理性证明，这与宗教的禁欲主义发生了直接冲突，表明《太平经》虽被道教徒奉为经典，但它本身并不是纯粹的宗教教义，而是包含着超越宗教的思想内容。《太平经》对人欲望的重视又不同于《列子·杨朱》的感性享乐论，它虽重欲但不主张纵欲，其主旨是为了伸张生命的基本权利。

第七章 魏晋时期"乐"范畴的演变

东汉末年至两晋,是两百多年的乱世,随着东汉大一统王朝的分崩离析,天下大乱,统治者的纷争,社会的多变,使名士们深切地感受到了人世的艰险多难,恐惧和不安时时笼罩着他们。而此时所产生的玄学所宣扬的就是回避社会的纷争、尘俗的骚扰,寻求超然的解脱。这个特殊时期决定了其"乐"范畴必定发生演变,具有鲜明的时代特色。

早在曹魏建立之初,空虚无聊的贵族子弟们已经开始任性而行,饮酒寻乐,将儒家伦理道德和修身自律抛到九霄云外了。曹操的儿子曹植的诗中就有"置酒高殿"、"丝竹凑耳"、"珍馐迭荐"的宴乐描写,就表现了其纵酒享受的人生态度。他之所以这样做,是因为他认识到"盛时不再来,百年忽我遒"。时光如风飘驰逐,转瞬即逝,转眼就是百年,今日置酒高会,明日可能就魂魄归山丘,谁也逃脱不了死亡,曹植对此认识得透,悟得也深,他力求超脱。其《名都篇》细致地描写了贵族子弟的游荡纵酒生活。他们成日斗鸡走马,射猎宴饮,"云散还城邑,清晨复来还"。日复一日地纵情享乐,这当然也包括曹植自己的生活态度和情趣。正因为他看透了人生,所以他要及时行乐,以此来增加他生命的密度,以解脱"生年不满百"的忧患。可是,他并没有得到解脱。本来凭着他的政治热情和出众的才华,可以得到太子之位,曹操也曾有这个打算,认为他是"儿中可定大事者"。可是正因为他的"任性而行,不自雕励,饮酒不节"让曹

151

丕有了可乘之隙，夺得了太子位置。曹丕称帝后，以"醉酒悖慢，劫胁使者"为由不断加害于他。曹植抑郁悲愤，41岁而卒。饮酒毕竟能得到现实的快乐，在解忧愁的同时，也是一种享受，后来的魏晋名士相逐为饮。在他们看来，"酒正自引人著胜"，酒可以把人引入一种美妙的境界。他们企图在浓郁的酒香当中，消释生命短暂的忧患，在沉醉中，化解生与死的界限。但是，生命的短暂与自然的永恒是永远化解不了的矛盾。酒只能刺激肉体暂时的快感，得到片刻的精神陶醉，无法真正让人解脱一切烦忧。

一　玄学家虚幻的精神乐园

随着东汉的灭亡，统治思想界近四百年的儒家经学也开始失去了魅力，士大夫对两汉经学的烦琐学风、谶纬神学的怪诞浅薄，以及三纲五常的陈词滥调普遍感到厌倦，于是转而寻找新的"安身立命"之地，醉心于形而上的哲学论辩。这种论辩犹如后代的沙龙，风雅名士聚在一起，谈论玄道，当时人称之为"清谈"或"玄谈"。清谈家们有一种时髦，就是一边潇洒地挥着麈尾，一边侃侃而谈。清谈的话题一般都是围绕着《周易》、《老子》、《庄子》这三本玄妙深奥的书展开，清谈的内容主要涉及有与无、生与死、动与静、名教与自然、圣人有情或无情、声有无哀乐、言能否尽意等形而上的问题。总体看来，玄学是当时一批知识精英跳出传统的思维方式（修齐治平），对宇宙、社会、人生所作的哲学反思，以在正统的儒家信仰发生严重危机后，为士大夫重新寻找精神家园。

（一）王弼无欲无求的"自保之术"

王弼（公元226~公元249年），字辅嗣，三国魏山阴（今河南焦作东）人。出身于经学世家，汉末著名士族王粲的侄孙。少有高名，通辩能言，与何晏并为玄学"贵无派"的创始人。著作有《老子注》、《老子指略》、《周易注》、《周易略例》等。

王弼援道入儒，建立了一个由"以无为本"的宇宙本体论为基础的玄学体系。在当时众多名士的游世避祸说中，以王弼的"自保"之术最具理论特色。在王弼看来，"夫安身莫若不竞，修己莫若自保。守道则福至，求禄则辱来"（《周易略例·颐卦》），任何欲求，都是"凶莫甚焉"（《周易注·颐》）。因为，"求之者多，攻之者众"（《老子注》第四十四章），使自己"立乎讼地"、"立乎争地"，成了"己以一敌人，而人以千万敌己"（《老子注》第四十九章）的众矢之的。有鉴于此，人切不可孜孜以求荣誉、宠爱之类的美名，"宠必有辱，荣必有患；宠辱等，荣辱同"（《老子注》第十三章），迷恋宠荣，必将惹祸。

遗憾的是，人们虽然"惧祸之深"，却不善于"自保"；自保心切，却不愿反本于"无"。"众人迷于美进，惑于荣利，欲进心竞，故熙熙如享太牢，如登春台也"（《老子注》第二十章）。王弼认为，众人之所以如此，皆起因于不懂"虑终之患如始之福"（《老子注》第六十四章）的道理。因此，要避祸自保，就必须在日常生活中"慎终除微，慎微除乱"（《老子注》第六十四章）。他认为一个人要达到"慎终除微"，也就达到无欲无求，反本于"无"了。这时，由于形同赤子，心若枯井，就完全进入足以应万变的状态，哪怕遇上"动天下，灭君主"、"侮妻子，用颜色"这类国破家亡的巨变，也能处变不惊，自然也就"处于无死之司"（《老子注》第五十章）了。

王弼主张"慎终除微"，无欲无求，反本于"无"，实质上是对老子"无为"处世之方的发挥，也与庄子的"虚己以游世"有一致之处，它作为一种个人主义的处世方法，是得失骤变、生死无常时局的产物。

（二）嵇康的"意足"为乐

嵇康（公元 223～公元 262 年），三国魏谯国铚（今安徽宿州西）人，字叔夜，其著作以鲁迅辑校的《嵇康集》为精善。嵇康初入仕为官，后隐居不仕，以清高超俗自居，与当时名士阮籍、山涛、向秀、刘伶、阮咸、王戎等人交往甚密，他们在"魏晋之际，天下多故，名士少有全者"（《晋书·阮籍传》）的险恶政治环境中，"集于竹林之下，肆意酣畅"（《世说新语·任诞》），一同崇尚自然，淡泊名教，被称为"竹林七贤"。《晋书》本传载嵇康"常修养性服食之事，弹琴咏诗，自足于怀"。其兄嵇喜在《嵇康传》中曰："大而好老庄之业，恬静无欲……善属文章，弹琴咏诗，自足于怀抱之中……超然独达，逐放世事，纵意于尘埃之表。"（《三国志·王粲传》注引）嵇康追求的是一种清心寡欲，适性怡情，弹琴咏诗，自足于怀，超然独达，纵意尘外的生活理想。

1."意足"的人生理想

嵇康提出了一套"养生"之术，其中最主要的是"意足"。所谓"意足"，就是精神上的自我满足，一种"有主于中"的内心涵养。他认为："世之难得者，非财也，非荣也，患意之不足耳。意足者，虽藕耕甽亩，被褐啜菽，岂不自得。不足者，虽养以天下，委以万物，犹未惬然。"（《答向子期难养生论》）由此出发，他要求人们过一种原始的朴素生活，"耕而为食，蚕而为衣。衣食周身，则余天下之财。犹渴者饮河，快然以足，不羡洪流"。认为如能做到这样，自会"以名位为赘瘤，资财为尘垢"（《答向子期难养生论》）。嵇康强调，只要人人"意足"，"不复身于物，丧志于欲"，"养生大理"便会得到体现。在嵇康看来，以物为"足"，则"无往而不乏"，是永远不会有满足的，"虽与荣华偕老，亦所以终身长愁"；以"意"为足，则"无适而不足"。人生的乐趣不在于对外物的占有,而在于自足,从内心寻找快乐。

嵇康用优美的诗句描写其人生理想:"淡淡流水,沦胥而逝。泛泛柏舟,载浮载滞。微啸清风,鼓楫容裔。放棹投竿,优游卒岁。"(《酒会诗》)自然与自由,是个体人格的最高价值,也是魏晋风度的人格魅力所在。嵇康喜欢过优游、闲适,对人世的一切了无系念的生活。他那"目送归鸿,手挥五弦"的悠然之情,正是他回归自然与自然融为一体,进而达到物我两忘、与道冥合境界后愉悦之情的流露。他在《答向子期难养生论》中讲述了对这种生活的体验:

> 以大和为至乐,则荣华不足顾也;以恬澹为至味,则酒色不足饮也。苟得意有地,俗之所乐,皆粪土耳。何足恋哉!……故以荣华为生具,谓济万世不足以喜耳。此皆无主于内,借外物以乐之。外物虽丰,哀亦备矣。有主于中,以内乐外,虽无钟鼓,乐已具矣。故得志者,非轩冕也;有至乐者,非充屈(指音乐之声)也。得失无以累之耳……得长生之永久,任自然以托身,并天地而不朽者,孰享之哉?

嵇康明确指出了何为人生之乐的问题。他认为,人生真正的快乐或"至乐",不在"外",而在于"内"。以追求荣华富贵之外物为乐,总是不知足,因而"外物虽丰,哀亦备矣",不是真正的快乐。相反,"有主于中",达到这样一种内心涵养"少私寡欲","旷然无忧患,寂然无思虑",于是"爱憎不栖于情,忧喜不留于意,泊然无感,而体气和平",亦即所谓"大和"、"恬淡","虽无钟鼓,乐以具矣",这才是人生之极乐。这显然是一种"知足常乐"的人生观和人生理想。它反映了政治失意者得以自我解嘲或自我解脱的心理平衡术。

嵇康以"意足"为"至乐"的人生理想，在思想渊源上，确是他"托好老庄"的产物。但他又与老、庄有别，他抛弃了庄子"与时俱化"的顺世主义，而发扬"不与物迁"的独立人格，使他始终不"降心顺世"，没有顺从恶劣的世道。其《与山巨源绝交书》说明"其所乐"，就是"吾顷学养生之术，方外荣华，去滋味，游心于寂寞，以'无为'为贵……"这就是所谓以"意足"为"至乐"的真实写照。

富贵荣华不足羡慕，内心的闲适、自在才是最好的享受，其主于内而不求于外，因而嵇康的任自然，不仅是为逃避政治，更是性分所致，任何外在力量强求他不得。后来因为司马氏的厌恶，钟会的嫉恨，编织成一张罪恶的黑网将嵇康罩住，其身体虽落黑网无法摆脱，其精神却不是此黑网所能罩住的。嵇康临刑之时，神色不变，顾视日影，索琴弹之。曲终，曰："广陵散于今绝矣！"他到生命的终点仍执著而从容地实践着其"目送归鸿，手挥五弦"的人生追求，可见其精神早已进入缥缈自由的境界。

2. 情与琴随

在茫无归宿的乱世，优美的琴声始终带给奔波在荒漠上的人以甘泉，使变幻莫测、宛如浮云的人生得以真实、平和与宁静。嵇康喜爱琴乐，将其融入生命，"……浊酒一杯，弹琴一曲，志意毕矣"（《与山巨源绝交书》）。他一往情深地爱琴，试图在琴乐里超度自我，达到幸福的彼岸。

嵇康探讨琴趣乐理，实则是他内在情感意志、个性气质的体现。他不仅具有"龙章凤姿、天质自然"、俊逸洒脱的外表，更有纯净超凡、不滞于物的生命情致。其音乐审美原则是据"自然之理"，求"自然之和"，达"平和之乐"。他反对儒家音乐的道德教化作用论，主张以平和之心，托之以平和之声，强调审美者自身的情感体验在音乐中的主导作用，进而达到超然物外的自由之境。嵇康在审美心理上更为突出的是对自然意境的追求。在琴曲演奏中更为注重的是空灵淡漠,寄寓自然的情境意蕴。"器冷弦调,心闲手敏,触景如志,唯意所拟。"(嵇康《琴赋》)这就是嵇康所要追求的琴乐审美的最佳境界。意即当演奏技巧达到出神入化的地步,思想不再有意控制手的动作,而畅游于音乐意境之中,才能弹奏出"声若自然"的音乐。这就要求演奏者必须具有"放达"、"至精"的体道之质,来面对"含至德之和平"的乐音。

"含至德之和平"的音乐,是嵇康审美文化意识中最崇高的理想目标,亦是他唯美人格的写照。具体来说,体现在音乐审美主体与客体的审美关系上。同是琴乐,若要感荡心志而发幽情,首先在于人心的坦荡和顺。即要有超俗的主体视野、不滞于物的豁达心境才能与音乐融为一体,怡然自得,而又超然物外。这就意味着人在音乐审美的精神体验中要超越功利得失的考虑,所谓"气静神虚",才能由物境到情境,再上升到意境,即"音与意合"、"天人合一"。这即庄子所推崇的"至乐无乐"之境。嵇康继承庄子的哲学思想。在无穷的宇宙间追求独立的人格,把老庄的自然哲学,引向现实人生,把人们的眼界从儒学伦理道德的桎梏,引向自然平和的审美之上,从而达到物我同化,"琴德"与"人心"合一的人生逍遥之境地。这意味着生命所能达到的最高层次,或曰终极层次,即把审美与审美者的个体人格联系起来,从而达到"绝美"的境界。值得一提的是,陶渊明将嵇康的超脱琴外的至高境界发展到了极致。陶渊明不解声律,却专门备了一张无弦琴,每当饮酒得意,就抚琴自适。他与嵇康一样以琴寄意,使整个心境在手挥琴弦之中与天地自然相融合。

嵇康以"无为自得,体妙心玄,忘欢而后乐足,遗身而后身存"(《答向子期难养生论》)的"至人"哲学诠释生命的要义;"以大乐为至乐","以恬淡为至味"诠释艺术的真谛;又以自由无拘、超脱琴外的人生寄意方式去追求无限的审美生命境界,让有限的生命遨游天地之间。

3. 优游适意

嵇康的好友李充在《吊嵇中散文》中云:"先生挺邈世之风,资高明之质;神萧萧以宏远,志落落以遐逸;忘尊荣于华堂,括卑静于蓬室;宁漆园之逍遥,安柱下之得一。寄欣孤松,取乐竹林;尚想荣庄,聊于抽簪……凌晨风而长啸,托归流而永吟。乃自足于丘壑,孰有愠乎陆沉。"(《太平御览》卷五百九十六)这对于嵇康的描述更有人间意味,虽缺乏更详尽的解说。从其描述里,可以看出嵇康追求一种恬静寡欲、超然自适的生活。这种生活的最基本的特点,便是返归自然,但又不是不食人间烟火,不是虚无缥缈,而是自足自乐。

嵇康把坐忘的精神境界,变成了优游的生活方式:"琴诗自乐,远游可珍。含道独往,弃智遗身。寂乎无累,何求于人?长寄灵岳,怡志养神。"(《兄秀才公穆入军赠诗》十九首之十八)优游、怡然自得的生活,充满着闲适情趣。嵇康所追求的优游闲适的生活,当然有庄子返归自然的精神,既不是富贵逸乐,亦不是任情纵欲,而是一种不受约束、随情所至的淡泊生活。这种生活与建安士人的及时行乐、诗酒宴会,已有很大差别。建安士人是在感喟时光流逝、人生短促之后尽情地享受人生,纵乐中带有一种悲凉情调。而嵇康则是在一种对于自然的体认中走向怡然自得的人生境界,闲适中透露出一种平静的心境。嵇康是从自然中领悟人生的美。其琴、歌、酒皆是在对于自然的体认中展开的。

毫无疑问,嵇康所追求的人生境界有着浓厚的庄子情结。他从庄子受到启示,其中包含着庄子所要追求的道的境界,游心大象,游心太玄,含道独往,等等,都印证此点。他在很多地方提到主于内、不主于外,更加注重精神的满足,而轻视荣华富贵,这当然也是庄子式的。

嵇康追求的是一种心境的宁静,一种不受约束的淡泊生活。

这种生活是悠然自得的,应该有起码的物质条件,必要的亲情慰藉,是在这一切基础上的返归自然。在《与山巨源绝交书》中他自述"游山泽、观鱼鸟,心甚乐之;一行作吏,此事便废,安能舍其所乐,而从其所惧哉?"他向往的是摆脱世俗的束缚,回到大自然中去。《与山巨源绝交书》将嵇康喜爱的自由自在陈述得相当充分,强调一做官,这种生活方式受到干扰,他无法忍受。他强调自己向往的是随性自然的生活,而这种生活在世俗中是不可能得到的,不唯有俗务的干扰,且亦有种种礼法的制约,只有超脱于世俗之外,才能随情适意,他"愿守陋巷,教养子孙,时与亲旧叙阔,陈说平生,浊酒一杯,弹琴一曲,志愿毕矣"。这充满着生之情趣,充满朴素亲情,虽返归自然,实处人间,闲适愉悦,自由自在。可见,嵇康并不是什么生活享受都不需要,无欲无念,而只是说要自由自在,不受约束,在淳朴的自由自在的生活中,得到快乐,得到感情的满足。

(三)郭象的"安分自得"人生观

郭象(约公元252~公元312年),河南洛阳人,字子玄,西晋时著名玄学家。郭象好老庄,善清谈,以注解《庄子》与向秀齐名。向秀《庄子注》早佚,今本《庄子注》是郭象在向注基础上增改而成,其中保留了郭象的玄学思想观点。

1. 安命足性之乐

郭象首先提出了世间万物"性各有分"、"性足"(《庄子·齐物论注》)的观点,进而主张"安于命"的人生观。郭象认为,"世之所患者不夷也"。"不夷"即"不平"。不平引起在上者自夸,在下者不知足。因为这种"不平",乃是天地间的"至实"。人们只要"安其分",也就是顺其"命",安其"遇",就能解决此问题。人们究竟怎样才能"安分"而"顺命"呢?郭象强调世间万物"性各有分",皆为命定的。《庄子·齐物论注》

云:"苟足于其性,则虽大鹏无以自贵于小鸟,小鸟无羡于天池,而荣愿有余矣。故小大虽殊,逍遥一也。""夫物未尝以大欲小,而必以小羡大,故举小大之殊各有定分,非羡欲所及,则羡欲之累可以绝矣。夫悲生于累,累绝则悲去,悲去而性命不安者,未之有也。"郭象反复说明"小大之殊各有定分",一切都是命定的。只要断绝"羡欲"之念便可"顺命"。郭象认为,做到了这一点,便是"足于其性"。郭象认为,既然物各"性足",都是自满自足的,不存在大小、寿夭的差别,因此就应"各安其分"。在他看来,人们之所以不能安于自己的社会地位,就因为不懂得这一道理。其实,就物各"性足"来说,贵与贱、富与贫,都是"天性所受"、自满自足的,因此就应安于自己的"性分"。而"各安其分,则小大俱足",换言之,人们各自都安于自己所处的等级名分,不存非分之想,于是就获得了各自的满足和自由了。同时,"各安其分",也就是各"安于命",因而又曰:"命非己制,故无所用其心也。夫安于命者,无往而非逍遥也。"(《庄子·秋水注》)总之,安命足性、各守本分,就能知足常乐,即使遭遇不幸,也无异于得到快乐。对门阀士族来说,他们的安命乐性,就是应该尽情享乐。可见,郭象的"安命足性"已经完全失去了庄子思想中那种"不与物迁"的独立人格和愤懑黑暗现实的批判精神,而片面地扩张了"庄子精神"的消极一面。

为了让人们安命足性,郭象主张人们应当"坐忘"是非、生死等妨碍安命足性、"逍遥"的"累"。他对"坐忘"反复论述,如"夫忘年,故玄同死生;忘义,故弥贯是非。是非死生荡而为一,斯至理也"(《庄子·齐物论注》)。"人之所不能忘者,己也。己犹忘之,又奚识哉!斯乃不识不知而冥于自然。"(《庄子·天地注》)"夫坐忘者,奚所不忘哉!既忘其迹,又忘其所以迹者,内不觉其一身,外不识有天地。然后旷然与变化为体,而无不通也。"(《庄子·大宗师注》)足见郭象这种"坐忘"十分"彻底",不但"忘年"、"忘义",而且还要"忘迹","忘所以迹"。人活着,却"内不觉其一身","外不识有天地"。只有这样才能"与变化为体",实现真正的"逍遥",达到"无不通"的最高境界。郭象这种人生观,正适应了当时腐朽门阀士族的需要。其本来就无是非观和廉耻心,抛弃了一切伦理规范,沉湎于纸醉金迷的生活中。而统治阶级内部的争斗残杀,被压迫者的反抗怒火,更使其产生了朝不保夕、人生无常的幻灭感。

2. 即世间的逍遥

逍遥乃指向超越于世俗之上的怡然自得的精神境界。郭象的逍遥是一种即世间的逍遥,亦即有待的逍遥。众所周知,《庄子》的逍遥是一种超世间的逍遥,亦即无待的逍遥。嵇康、阮籍就是在否弃现世之后追求这种超世间的逍遥的。这种超世间乃超绝于人伦日用、复归于自然大化的另一个世界,是灵魂在摆脱肉体的羁绊之后才能进入的太虚幻境,可是人终究不能脱离尘俗,人世间才是真实而必然的归宿。郭象有鉴于超世间的逍遥对于凡人来说可望而不可即,目睹了嵇康、阮籍等人在追求超世间的逍遥中经历的痛苦和失落,于是通过注《庄子》阐发一种即世间的逍遥即有待的逍遥。有待指物质生活和精神生活所依赖的必要条件,如果它们得到满足,那么现实人生就是逍遥的。可见,必要条件是否得到满足,是判断人生是否逍遥的准则。但这些必要条件并无统一的标准。

郭象将逍遥之说的重点由庄子的主体功夫的超升转向性分、适性安命,因而轻而易举地解决了逍遥是否可以普遍之困难。他认为"足性"与否乃能否逍遥的判准,性分既各殊,故回归于自己的性分之恰切,无企羡之过分,排除人的羡欲企慕、过己之性、溢己之分,回归到自己所受的性分上,则能免于负累,即

161

"各以得性为至，自尽为极"；"直各自称体而足，不知所以然也"（《庄子·逍遥游注》）。这样，人就既尽所受之性分，又不生悲累于其间，从而得到逍遥。

应该指出的是，郭象的适性逍遥说人生哲学作为理论与现实相结合的总结，具有两个意义：其一，适性逍遥说显示了最高的个人意识。人本来是一群体动物，然而社会所塑造的一切价值标准、生活模式，往往形成约束，伤身害性而不得超拔。适性逍遥说将殊异的个体皆推至最高的境界。其二，适性逍遥说安顿了性命之情。人生在世，总有自感不足、以求超越当前自我之心和对外羡慕之情。上者求成圣成贤以立德立功立言，下者则求名利富贵以满足情欲。然而处于魏晋乱世境地的生命，几乎难以自保，多余之理想、奢求，只会形成对人心更大的挫伤。郭象的适性逍遥说，能够破除生命对外羡慕之情，以自安于生命之情。既破除凡圣之界，也消解生命的纷驰，使得处于乱世的魏晋人士，能各得其所，以安于所受而达于逍遥之境。

二 魏晋名士的山水之乐

中国古代的士文化发展到魏晋时期，在玄学思潮的作用下，已揳入了诸多风雅情趣，使广大士人既能获得丰富而高雅的物质享受，又可在精神上去体认宇宙人生的至高本体。当魏晋玄学名士们将他们探索的目光从喧闹的人间世转向寂静的山野时，他们才发觉，周围的群山、树林、池水、涧泉，以及生长在山野林泉间的一花一草、一鸟一兽，都充满乐趣，充满诗情画意。于是，山峦、流泉、竹林池沼、江河湖海，便不再平凡，不再苍凉和疏远。它们完全变成了饱含玄理的"自然"，变成了优美的"风景"，变成了士大夫们陶冶性灵的地方。

(一) 山水之乐的再发现和自然观的变迁

　　中国古代山水自然观的发生，可追溯到绵邈难知的远古时代。自中华民族发祥之日起，山水自然已和我们的先民保持着天然的联系，虽然从可征的文献资料来看，当时的山水自然乃作为人类的异己的神秘力量而存在，人类对它充满了敬畏。大约到春秋战国时期，随着社会物质生产力的提高，在理性精神的照射下，人们对大自然的陌生和畏惧感才逐渐消除。代之而起的是人们在不断贴近自然、认识自然中形成的新的山水自然观念。

　　先秦儒家的山水自然观的基本特点，是认为山水自然乃仁人君子道德品质的象征，山水和自然景物中蕴涵着一种人格美。《论语·子罕》："岁寒，然后知松柏之后凋也。"《论语·雍也》："知者乐水，仁者乐山。知者动，仁者静。知者乐，仁者寿。"《论语·颜渊》："君子之德风，小人之德草，草上之风，必偃。"儒家以笔下的山水比附士人的人格品德。

　　先秦道家山水自然观的基本观点，是以山林丘壑与庙堂华屋等人类文明相对立，认为只有自然山水才能让人返璞归真，怡性养情，享受到人生的快乐。如《庄子·在宥》云："天下脊脊大乱，罪在撄人心。故贤者伏处大山嵁岩之下，而万乘之君忧栗乎庙堂之上。"同书的《刻意》云："就薮泽，处闲旷，钓鱼闲处，无为而已矣。此江海之士，避乱之人，闲暇者之所好也。"可见，庄子就是将山野林泉作为文明社会的对立面看待的。庙堂华屋既"撄人心"、使人"忧栗"，则不能让人闲静而观道，因而与"至美至乐"无缘。自然间真正能顺人生哀乐之情的，唯有山水林泉。其《知北游》曰："山林与，皋壤与，使我欣欣然而乐与！"道家具有强烈的回归自然的愿望。

　　两汉时期，随着大一统封建帝国的建立和儒家思想"独尊"地位的确立，人们的山水自然观念也发生了相应的变迁。一方面，伴随着人类活动范围的进一步扩大，更多的山水景物为人类所熟悉，以"体物"为能事的汉大赋作品已大量地"摹山摹水"，用来作为当时文坛"润色鸿业"的必备添加剂；另一方面，汉赋作品中众多的自然山水描写，并不能很好地反映当时士人的山水自然观；汉代山水自然观的基调，乃是先秦儒家道德伦理化自然观的强化，如董仲舒《春秋繁露·山川颂》云："山……似夫仁人志士。水……似力者……不清而入，洁清而出，既似善化者；赴千仞之壑，入而不疑，既似勇者；物皆困于火，而水独胜之，既似武者；咸得之而生，失之而死，既似有德者。"董仲舒的山水自然观，显然是与汉代"独尊儒术"一脉相承的。两汉时期，这种山水自然观一直占据着统治地位。直到东汉末年，由于社会政治的崩溃和士人自我意识的觉醒，这种山水自然观才随着儒家思想地位的动摇而让位于复兴的道家自然观。郭林宗声称"岩岫颐神，娱心彭老，优哉游哉，聊以卒岁"（《抱朴子·外篇·正郭》）。《后汉书·仲长统传》录仲氏《乐志论》云："使居有良田广宅，背山临流，沟池环匝，竹林周布，场圃筑前，果园树后……游戏平林，濯清水，追凉风，钓游鲤，弋高鸿，讽乎舞雩之下，归咏高堂之上。"仲长统这篇《乐志论》中所反映出的这种怡情山水之间、逍遥宇宙之外的思想，是一种新的、与老庄思想相关的山水自然观的代表。

魏晋时期，在玄学思想的巨大影响下，士人的山水自然观念发生了根本变化。这主要表现在玄学思潮造成了当时士人群体山水审美意识的自觉，形成了南北两个具有区域文化意义的山水游乐中心，并促进了当时山水文学的普遍兴起。

与先秦两汉士人们的山水游乐活动比较而言，以曹丕等人为先导的曹魏山水游乐行为已发生了质的变化。这种变化，一方面在于它的规模和范围扩大，它已将以前个别士人栖息山水的愿望，变成了具有广泛社会基础的宫廷意识；另一方面则在于它的指导思想的转变。自曹丕之后,参与山水游乐活动者的哀乐之情随自然之景而变化,他们感慨生命的短促,试图从山水自然中追求某种生命的永恒。这就使他们的山水游乐活动不仅是为了消遣闲暇或避乱,而且还具有了某种哲学意蕴。即他们试图通过山水游乐,发现山水间的自然之美,来消解其内心深处的生命之忧。

魏晋名士们"以玄对山水",力求从山水中发现和体认玄学的自然本体。《世说新语·容止》"庾太尉在武昌"条刘注引孙绰《庾亮碑文》云:"公雅好所托,常在尘垢之外。虽柔心应世,蠖屈其迹,而方寸湛然,固以玄对山水。"孙绰此"以玄对山水",有时也被玄学名士们表述为"澄怀观道",它们似包含了两层意思:一是指山水游历者,面对山水时忘却功名利禄,超然物外,即"方寸湛然",从而体认到山水间的自然之美。二是指山水游历者在登山临水之际,将自己本以超然的心境,进一步升华到"道"或"玄"的境界,做到心与"道"冥,将观赏山水之美时享受到的心神快乐,转化为玄学"至人"体"道"时的"至乐"。

显而易见,魏晋玄学名士之"以玄对山水"或"澄怀观道"的山水观照方式,已在终极目标和实践方法上与此前士人的登临山水活动有了很大的区别。魏晋玄学兴起以前,士人们寄情山水时,不论是否已达到忘情世务的心境,享受到自然之美的快乐,他们实际上既没有将自己的心胸升华到"道"或"玄"的境界上,更没能有意识地在山水游乐中追求体"道"得"玄"理想的实现。因此,这些登山临水的士人,即使终生处于山林,充其量也只能算作普通的"隐士"或"逸民",而与"澄怀观道"的"至人"无缘。

阮籍的《大人先生传》区分了一般登山临水的士人与体"道"得"玄"之"至人"的不同。其论至人云:"至人者,不知乃贵,不知乃神……故至人无宅,天地为客;至人无主,天地为所；至人无事，天地为故。无是非之别，无善恶之异，故天下被其泽，而万物所以炽也。"从中我们可见魏晋玄学中的"至人"和一般"隐士"在山水观念及观照山水的目的和方法上的差异。"隐士"或"逸民"遁迹山林则出于某种现实的目的，"为不得已之慰藉"①。《后汉书·逸民列传序》称当时"逸民""或隐居以求其志，或曲避以全其道，或静己以镇其躁，或去危以图其安，或垢俗以动其慨，或疵物以激其清，然观其甘心畎亩之中，憔悴江海之上，岂必亲鱼鸟、乐林草哉？亦云性分所至而已"，即指出了这一点。简言之，魏晋玄学名士们自然山水观念的变革和山水审美意识的自觉，最关键的并不在于士人们有无山水乐志或遁迹林泉的行为，而在于他们观照山水的目的和方式，是否做到了"以玄对山水"或"澄怀观道"。这才是魏晋玄学山水自然观的本质，也是魏晋玄学山水自然观与此前各种山水自然观的根本区别。

魏晋时期的南北两个山水游乐中心，一个是永嘉南渡以前以洛阳为中心的北方山水游乐中心，另一个是东晋建立以后逐渐形成的以会稽为轴心的南方山水游乐中心。魏晋的两个山水游乐中心形成之前，在魏太子曹丕周围已有一个由一批放达文士组成的山水游宴集团，其后各个名士团体层出不穷，如阮籍、嵇康等人的"竹林七贤"，谢鲲、毕卓等人的"兖州八达"，贾谧的"二十四友"，石崇的"金谷园名士群"，以及"江左名士群"、"会稽东山隐居群体"、"兰亭山水游乐群体"，等等。这些名士山水游乐群体，对当时南北两个山水游乐中心的形成，无疑起到了重要的推动作用。

作为"竹林七贤"之一的嵇康的游山泽、观鱼鸟之乐值得关注。嵇康的《卜疑》列举了28种可供选择的处世态度。无非

---

① 钱钟书：《管锥编》第3册，中华书局1979年版，第1036页。

是出世与入世两大类。入世的包括建立大功业,"将进伊挚而友尚夫";纵情享乐,"聚货千亿,击钟鼎食,枕藉芬芳,婉娈美色";苟且偷安,"卑懦委随,承旨倚靡";仗义行侠,"市南宜僚之神勇内固,山渊其志","如毛公阑生之龙骧虎步,慕为壮士";游戏人生,"傲倪滑稽,挟智任术";等等。出世的包括隐居山林,与世隔绝,"苦身竭力,剪除荆棘,山居谷饮,倚岩而息";隐居人间,"外化其形,内隐其情,屈身隐时,陆沉无名,虽在人间,实处冥冥",或者似老子的清静微妙,守玄抱一;或者似庄子的齐物,变化洞达而无逸,等等。最后,嵇康借太史贞父之口表明了自己的态度:"内不愧心,外不负俗,交不为利,仕不谋禄,鉴乎古今,涤情荡欲。"由此可见,嵇康的归返自然是一种自觉的选择,而非被迫的无奈,他是一种对理想人生的追求。恬静寡欲、超然自适,虽处人世之间却又超脱于世俗之外。嵇康深受庄子任自然而委化思想的影响,但庄子的物我两忘,只是一种纯哲理的境界,其以心灵的自由解放来摆脱现实生活的烦恼的想法,并不具备实践的意义,嵇康推崇庄子的同时对其思想进行了改造,他将庄子精神境界的追求化为淡泊闲适的人间生活。

古今中外,崇尚淡泊闲适的文人不乏其人,人既为淡泊闲适,即趋于随和,事事不计较,以"躲"、"避"为法宝求得些许适意,因而难免会陷入无可奈何的境地。而嵇康对淡泊闲适的追求却是如此执著,容不得半点妥协。竹林旧友山涛,原先也立意隐迹山林,终被司马氏集团所网罗,中年之后入仕为官,后又向司马氏集团推荐嵇康。嵇康便撰《与山巨源绝交书》,其中以"七不堪"表明自己的心迹:

> 卧喜晚起,而当关呼之不置,一不堪也。抱琴行吟,弋钓草野,而吏卒守之,不得妄动,二不堪也。危坐一时,痹

不得摇,性复多虱,把搔无已,而当裹以章服,揖拜上官,三不堪也。素不便书,又不喜作书,而人间多事,堆案盈几,不相酬答,则犯教伤义,欲自勉强,则不能久,四不堪也。不喜吊丧,而人道以此为重,己未见恕者怨,至欲见中伤者;虽瞿然自责,然性不可化,欲降心顺俗,则诡故不情,亦终不能获无咎誉,如此,五不堪也。不喜俗人,而当与之共事,或宾客盈坐,鸣声聒耳,嚣尘臭处,千变百伎,在人目前,六不堪也。心不耐烦,而官事鞅掌,机务缠其心,世故繁其虑,七不堪也。

这七不堪显示了嵇康与礼法和礼教之士的尖锐对立。多用自谦之语,但两相对照,处处表明其人生理想与美好,揭露官场世俗之黑暗、虚伪。正是这篇《与山巨源绝交书》给嵇康招来了杀身之祸。

嵇康从自然中感受到了人生的美,他追求的是一种心境的安宁,"游山泽、观鱼鸟,心甚乐之"。这种生活固然闲适愉悦,充满情趣,给人以精神上的慰藉,然而嵇康为此付出了生命的代价。

(二) 南朝士人优游山水

永嘉南渡之后,随着东晋的建立和晋室的政治文化重心进一步南移,玄学名士们也纷纷南迁。南朝士人生活优裕,文化修养极高,偏安、苟且的心理使其一身轻松地优游在江南的灵山秀水中。江南山水滋润了南朝士人的心田,培养了其高格调的山水审美情趣,其身心在游山玩水中获得了极大的愉悦。由王羲之、孙绰、王献之、支道林、晋简文帝、王导、顾恺之诸人登山临水、吟咏自然之事,即可见一斑。《世说新语·言语》云:"过江诸人,每至美日,辄相邀新亭,藉卉饮宴。"尽管流寓江左的玄学名士们心中带有很深的故国之思，但面对江南的良辰美景，士人们纵情山水的热情未有丝毫的减损，仍然保持着成群结队地游乐于山水园林的习惯。

如果说西晋士人是以"坐华幕，击钟鼓"的物质享受为乐的话，那么东晋士人则以有"五庙之宅，带长阜，倚茂林"的精神生活为乐。孙绰在《遂初赋叙》中云："余少慕老庄之道，仰其风流久矣……乃经始东山，建五庙之宅，带长阜，倚茂林，孰与坐华幕，击钟鼓者同年而语其乐哉！"谢安"寓居会稽，与王羲之及高阳许询……出则渔弋山水，入则言永属文，无处世意"（《晋书·谢安传》）。谢安等欣赏的是无尘世喧嚣，朴素有真趣的自然山水，希望在青山绿水中获得精神快乐。这也是南朝士人共有的情趣。东晋的著名书法家王羲之的《兰亭集序》亦充分表现了其山水审美情趣："此地有崇山峻岭，茂林修竹，又有清流激湍，映带左右，引以为流觞曲水，列坐其次。虽无丝竹管弦之盛，一觞一咏，亦足以畅叙幽情。""是日也，天朗气清，惠风和畅，仰观宇宙之大，俯察品类之盛，所以游目骋怀，足以极视听之娱，信可乐也。"王羲之的情趣不在丝竹管弦之盛，更不在水陆山珍的罗列，而在那阳春秀山奇水里"一觞一咏"的雅兴逸志，登山临水的离情远韵。兰亭山水充溢着的是南朝名士的书卷气，名士们在观游山水之时，感受到了一种强烈的生命意识，便产生了强烈的情感抒发，故能够遗响千载。

即使是生于帝王之家，贵为太子的萧统也是"性爱山水"。史载，一次泛舟宫池，面对良辰美景，番禺侯轨认为当有丝竹歌舞，萧统不理，却悠悠然地咏起左思的诗："何必丝与竹，山水有清饮。"（《招隐》）可见，在南朝名士心目中，山水清音最能怡情养性。

南朝宗炳，一生绝意仕途，"妙于琴书，精于言理，每游山水，往辄忘归"（《宋书·宗炳传》）。史传说他待到老病俱至时，自感名山恐难遍游，便把他所游历过的山水在室内墙上画成一幅幅山水画卷，"卧以游之"。且对人说："抚琴动操，欲令众山皆响。"宗炳可谓真正的艺术家，他优游山水，不仅领略了山水之美，亦从中获得了精神上的极大享受。

南朝士人在享受了现世人生的种种快乐以后，还有更高远的人生追求，即追求长生，希望神仙般摆脱世俗的种种烦恼。因此，其时道学、佛学理论受到士人们的欢迎。许多名士信佛信道，与名僧、道人交游颇多。晋人信佛信道的目的之一是为逃避世务，以求活得更逍遥自在。我们还可从东晋名士的方外诗中了解他们在享受现世生活的一切快乐的同时，还在向往着一个了无系念的方外世界，湛方生的《后斋诗》就为我们描述了这样一个世界：

> 门不容轩，宅不盈亩。茂草笼庭，滋兰拂牖。抚我子侄，携我亲友。茹彼园蔬，饮此春酒。开棂攸瞻，坐对川阜。心焉孰托，托心非有。素构易抱，玄根难朽。即之匪远，可以长久。

南朝士人在经过一番寻觅之后，终于明白了这一道理，于是又把眼光投向没有尘世系累，唯有山水之美的山林之中。

从总体上看，南朝士人具有更加强烈的自我意识，他们所选择的种种处世之道都以自我为核心；他们偏安、苟且，让自我变成轻松的人；他们优游山水，领略山水之美，享受山水之乐，把自我变成快乐的人；他们种种的艺术情趣，从容闲雅的风度，则是为表现自我；他们学佛学道，是为了让自我得到更长的延续。比较看来，如果说西晋士人以狂放的生存方式加速了自我毁灭的话，那么南朝士人则以优雅的方式来表现对自我的欣赏。

三 空前的爱乐尚音热情

在整个古代华夏民族的传统文化中,"礼"、"乐"向来是密不可分的,在社会生活中有着举足轻重的地位。在儒家观念里,古代音乐的作用重在"合同",而"礼"重在"别异",二者各有侧重,但"礼乐"更多的是互相为用,它们在巩固和调和社会关系中发挥着极为重要的作用。在古代音乐的发展过程中,士人成为爱乐尚音的群体。

(一) 古代士人爱乐尚音传统

我国古代音乐的产生,可以追溯到混沌渺茫的原始蒙昧时代。传说尧舜以前的黄帝、颛顼时期就已出现了许多原始的歌舞乐曲。《吕氏春秋·古乐》云:"昔葛天氏之乐。"春秋战国时期,经过"礼崩乐坏"的大变革,被官方垄断而用于计算天地神灵和祖先功烈的"雅乐"进一步僵化和衰落,由"郑卫之音"演变而来的"俗乐",逐渐流行于整个社会,一个拥有较高文化素养的知识阶层和爱乐群体——士大夫阶层正在形成之中。如孔子听《韶》乐而"三月不知肉味"之入迷,孟子游历中"请以乐喻"的说辞,说明我国先秦时期已在宫廷专职乐师之外崛起着一个爱乐、知音的士人群体。

到两汉时期,爱乐之风在士大夫中更日盛一日。司马相如琴挑卓文君的故事已是文学史上的风流佳话,司马相如《上林赋》又描述当时宏大的音乐演奏场面云:"撞千石之钟,立万石之簴,建翠华之旗,树灵鼍之鼓;奏陶唐氏之舞,听葛天氏之歌;千人唱,万人和,山陵为之震动,川谷为之荡波。"这是宫苑中的音乐,但其基础却是士大夫个人的以音乐自娱。《汉书·杨敞传》附杨恽《与孙会宗书》云:"家本秦也,能为秦声;妇赵女也,雅善鼓瑟。奴婢歌者数人。"时常在家以音乐自娱。东汉中叶以后，士大夫个人这种以音乐自娱的作风逐渐扩张，从傅毅、张衡，到马融、蔡邕、祢衡、郦炎、仲长统，解音律或擅长乐器的人不断增多。《后汉书·马融传》载其"善鼓琴，好吹笛……常坐高堂，施绛纱帐；前授生徒，后列女乐"。《后汉书·蔡邕传》也称其"妙操音律"。汉代士人还写作了一些以乐器为题材的赋作。如傅毅的《琴赋》、《舞赋》，张衡的《舞赋》，马融的《琴赋》、《长笛赋》，蔡邕的《琴赋》，等等。通过这些乐器赋的创作，他们力求借助自己独特的音乐感受力，将那飘忽不定、稍纵即逝的音乐旋律，凝固为一种永恒，并以此抒发个人心中郁积的生活感受。

　　魏晋以前的乐论基本是与礼仪相连的，到魏晋时期此种乐论受到了严重冲击。从孔子到《乐记》，从董仲舒到班固，都是以传统道德为指导思想，以规范人的社会行为为目的，将音乐置于这种特殊社会功能的审美形态之中，使原本侧重于表达情感、富于想象力、生动活泼的音乐，成了统治阶级教化民众的政治手段。所谓"移风易俗，莫善于乐"。先秦两汉以来，"乐以风德"的音乐思想始终居统治地位，并形成规范整个上层建筑领域的礼乐制度。孔子将"乐"与"礼"相提并论，"兴于诗，立于礼，成于乐"。他认为人的美丑、善恶意识的兴起在于文学作品的感染，立身处世要靠礼仪的规范，情操的完美在于音乐的熏陶。《礼记·乐记》则把音乐的政治功利提到了首要地位："礼节民心，乐和民声，政以行之，刑以防之，礼乐刑政，四达而不悖则王道备矣。"音乐与礼教政治、刑法成为共同维护社会秩序的工具，造成了音乐自身独具的审美舆论个性的缺失。董仲舒提出"天人感应"论，要求音乐顺天应人，"道者，所繇适于治之路也。仁、义、礼、乐，皆其具也，故圣王已没，而子孙长久，安宁数百岁，此皆礼乐教化之功也"（《汉书·董仲舒传》）。东汉班固把从黄帝以来直到周室的《大武》一一加以社会内容予以认定，使儒家音乐与社会功利相关，充分显示音乐"象德表功"的作用。到魏晋时期，伴随社会的大动荡，经学的衰微，严重地冲击着儒家礼教，使中国历史上出现了继春秋战国之后又一礼坏乐崩的局面，也对传统的音乐价值理论及其审美观念提出了质疑。

（二）魏晋爱乐名士群体的形成

魏晋士人对音乐的酷爱，实乃空前绝后，魏晋时期是一个真正爱乐的时代。玄学名士们几乎熟悉乐器，吹拉弹唱，歌琴吟啸，无所不能，是否知音解律成为名士的重要条件。故曹植《与吴质书》云："夫君子而不知音乐，古之达论谓之通而蔽。"可见，音乐与"三玄"、酒色、五石散一样，深深融入了魏晋士人的心灵。他们爱乐知音的普及程度，令后世望尘莫及。音乐真正成为魏晋士人不可或缺的文化品性，也使中国历史上，首次出现了对音乐具有自觉意识与较高音乐艺术素质的名士群体。嵇康那前无古人、后无来者的《广陵散》，就诞生于这一充满浓厚艺术氛围的特殊时代。

作为一个音乐自觉的时代，魏晋时期士人爱乐的普遍和对于音乐无与伦比的热情，主要可从三个方面体现出来：一是在魏晋这个具有强烈音乐自觉的时代，不仅当时的官方努力加强音乐的创制，以便恢复屡遭损失的雅乐；广大士人也积极参与当时的音乐建树，表现出了空前的爱乐尚音的热情。二是在社会上尚乐之风的习染下，广大士人尤其玄学名士们，不仅积极参与当时官方的音乐文化建设，而且更重视自身的音乐技能的培养。他们或研究乐理，妙解音律；或谙熟乐器，精于演奏；或能歌善舞，长于表演；或娴于为文，刻写音乐舞蹈形象。从而出现了几乎人人解音，个个善乐的名士群体，使擅长乐器真正成为当时知识分子的重要标志之一。三是在时代尚乐之风的影响下,广大士人通过反复的音乐理论探讨和不断的乐器演奏练习,不仅使他们个人的音乐理论和实践水平得到了提高,而且也使整个社会的音乐水准提升到了一个新的高度。

魏晋时代是一个音乐的自觉时代,当时的士大夫们普遍地爱乐、知音或解律,而整个社会的音乐水平也达到了一个前所未有的崭新高度。但魏晋时期爱乐解音的士人们绝大部分乃是那些著名的玄学名士或具有强烈玄学思想倾向的士人。魏晋玄学各个时期的名士均十分热爱音乐。据史书记载,正始名士王弼、何晏、夏侯玄,竹林名士阮籍、嵇康、向秀,中朝名士阮瞻、阮咸、谢鲲、石崇、裴秀,江左名士王导、谢安、王羲之、谢万、王凝之、王献之,乃至陶渊明等,均是知音好乐或雅善乐器之士。即使一些玄学名士,史书上并未明言他们"解音"或"好乐",但也不等于他们不爱音乐或不善音乐。

(三) 魏晋士人爱乐尚音的玄学目的

魏晋时期如此众多的玄学名士爱乐、知音或解律,这种现象的出现应不是偶然的。它说明魏晋社会爱乐风尚的形成或魏晋时代音乐的自觉,实与当时玄学社会思潮的流行密切相关,在玄学思潮和音乐精神之间,应存在着某种深刻的内在联系。一是魏晋玄学清谈名士追求言谈的音乐效果——所谓"泠然若琴瑟"、"声作钟鼓"(《世说新语·赏誉》)作为他们清谈时孜孜以求的最高标准和境界。《世说新语·文学》"裴散骑娶王太尉女"条刘注引邓粲《晋纪》,即盛赞裴遐言谈清畅,宛若音乐之美。听其言谈,似乎聆听到悦耳的音乐,让人心旷神怡,其乐无穷。足见魏晋时期的玄学清谈名士们,对于言谈的辞气清畅或和谐之美的倾心,几乎达到了一种如痴如醉的境地。二是音乐深契于玄学清谈所追求的"得意忘形"、重神轻形之旨,音乐描绘的奇妙艺术境界，正形象地再现了玄学的最高自然本体——"道"、"无"或"意"。所以音乐的实践活动便成为玄学名士们心中体"道"致"玄"实践的一部分，成为他们体"道"得"意"的最佳手段之一。

虽然我国古代士人爱乐传统悠久，但魏晋以前的士人爱乐的程度与魏晋士人无法比拟，他们投身于音乐歌舞的目的亦与魏晋玄学名士完全不同。魏晋以前士大夫们爱好音乐歌舞，其目的只是为了求得耳目感官的满足，而在音乐歌舞内容上，则是宣扬仁人君子之道德，以防淫逸邪僻，因而带有十分明显的政治伦理色彩。音乐给人的满足，最初主要是一种耳目的快感；再通过耳目的快感，对人的道德以潜移默化的作用。故对音乐的内容必须要求其"乐而不淫，哀而不伤"。特别是西汉中期以后，随着儒家整体地位的确立，这种音乐内容上的政治伦理化色彩更为显著。蔡邕《乐意》就曾记载，"汉乐四品"（西汉官方音乐）乃是郊庙、辟雍祭祀或帝宴群臣用的，而即使是家庭闲居奏琴，如"姑舅"在坐，也应先"舍琴兴而对曲名"，然后正襟危坐，虔敬地为长者演奏（《全后汉文》卷七十）。

到魏晋时期，随着社会的转型和玄学思潮的兴起而发生了根本的变化。这种根本的变化，不仅表现在此时人们在音乐内容方面对儒家思想的扬弃上，也表现在人们爱乐目的的巨大差别上。具体而言，魏晋以前人们注重音乐的政治伦理内容，故把儒家确定的《韶》、《夏》、《雅》、《颂》之乐推崇到了极致。孔子听《韶》乐而"三月不知肉味"，两汉时期把《雅》、《颂》视为"高不可及的范本"，都反映了人们对音乐伦理内容的顶礼膜拜心理。但到魏晋之后，儒家思想正逐渐失去其权威地位，《雅》、《颂》之乐也不再神圣。魏晋名士否定名教，肯定自然，反对将音乐视为治理天下的儒家功利观。嵇康以秦客与"东野主人"辩论问题的形式，写下《声无哀乐论》（《全三国文》卷四十九),公开宣称"音声无系于人情"、"无关于哀乐",尽情扫荡儒家的礼乐传统,完全排弃其所谓"移风易俗"、"混同人伦"的社会政治作用。嵇康的音乐审美思想否认了传统的儒家礼乐的社会功能,对汉以来官方音乐理论作了彻底的批判。

嵇康论证了音乐的和谐之美。他遵循道家自然无为的哲学思想,认为音乐是声音相互和合的产物。《声无哀乐论》认为,各种事物都有属于自己的领域界限。音乐的本质在于"自然之和",即声调的和谐、节奏的舒疾。嵇康从音声的角度极力论证音乐以自然之"和"为美。事物均生于自然,音声及其运动就具有了自然之和的本质属性。而声音无论来自自然物体,还是人或者动物,从本质上讲都是属于自然存在。因此,音乐只有好听与否、和谐与否之区别,并无爱憎、哀乐的感情。音乐只是物体的一种外在表现,它的功能只是以"和声"引发人们内心的哀乐,二者不能等同。嵇康除去了蒙在音乐之上的神秘色彩与迷信色彩,恢复了音乐的自然原貌。更难能可贵的是,他一反儒家视"郑卫之音"为淫乐的定论,还其本来面目,使音乐等艺术摆脱礼教功利,回归自然之本体。

嵇康认为,音声与情感之间具有"无常"的关系,音声以"和"为美,而无系于人情。人对音乐的感觉在于心绪的振奋或恬静。哀乐是感情领域,是主观存在,与音乐及音乐引起的感受"殊途异轨、不相经纬"。从而澄清了将客体属性与主体感受混为一谈的谬误。嵇康还认为,音乐对人心的影响只起到"发滞导情"的作用,只限于"躁静"情绪的体验。嵇康以"和"为美,认为人在音乐审美中体验到的哀乐情感是在社会生活中所获取的,强调了审美主体的主观能动性。并认为"美"的事物,尤其是美的艺术,若能在清明的政治环境下,不仅令人愉悦,而且可以"宣和情志"、"移风易俗"。可见,《声无哀乐论》之"哀乐",不单是指人对音乐艺术在情感上的某种感觉,同时也包括一定社会内容的情感体验。若将此论置于当时的社会背景下考察，它正反映了一种摆脱了汉代经学的束缚，在"自然无为"中追求个人精神解放的审美旨趣与自由人格。嵇康"自然之和"的音乐审美主张与其"越名教而任自然"的社会政治思想是一致的。

魏晋玄学名士们对音乐内容及其社会功能的认识，已与先秦两汉以来正统的音乐观发生了重大变化。因而，玄学名士们爱乐、知音、解律的目标也必然会发生相应的变化。他们是为了求"和"而已矣，求"真"而已矣，求"音声"中的"自然之和"、"无声之乐"，即玄学"自然之道"或"意"而已矣（嵇康：《声无哀乐论》，载《全三国文》卷四十九）。嵇康的《乐论》云："夫乐者，天地之体，万物之性也。合其体，得其性，则合……此自然之道，乐之所始也。"显而易见，嵇康把音乐与"自然之道"合二为一了，因而，玄学名士们的音乐观是主张"乐"即"道"、"道"即"乐"的。阮籍在《乐论》中也将音乐与"自然之道"合而为一，"夫乐者，天地之体，万物之性也……此自然之道，乐之所始也"。阮籍立足于老庄思想来认识音乐美的社会作用则是促使人们返归自然无为，因而指出："乐者，使人精神平和，衰气不入，天地交泰，远物来集，故谓之乐也。"（《乐论》）显然，阮籍的音乐观与先秦两汉以来儒家的音乐观有了本质的不同，音乐由道德人伦的载体转化为玄学自然本体的"道"。嵇康《琴赋论》曰：音声"可以导养神气，宣和情志，处穷独而不闷者，莫近于音声也"。具体而言，八音之乐，不论是琴声、琵琶之曲，还是轻歌曼舞、短歌微吟，无不包含着玄学最高本体。乐曲歌舞的艺术境界，亦无不是玄学"自然之道"的形象显现。嵇康《琴赋论》还曰："英声发越，采采粲粲……更唱迭奏，声若自然……性洁静以端理，含至德之和平。诚可以感荡心志，而发泄幽情矣。"这认为弹奏出"声若自然"

的琴声，可把"至德之和平"，即玄学自然本体的"道"，形象地显示于人的心灵，使"道"的探寻者们仿佛亲历了至"虚"至"玄"的"道"境，享受到"至美"和"至乐"。

魏晋时期，玄学名士们对音乐包含"至和"、"太和"的不厌其烦的描述，必然会强化一种观念：音乐的本质精神即是玄学的至高本体——"道"、"无"或"意"。一个玄学名士要去体认玄学本体，必先知音解律；要想体"道"得"意"，必先投身于音乐的实践活动。这就造就了一个全社会酷爱音乐的时代。

魏晋名士强调音乐之声源于自然之声，应保持自然和谐，才能体现"天地合德"的自然美质，又强调欣赏者必须以超俗的主体视野来面对来自于自然的音乐，才能达到主体与客体统一的艺术审美境界，自然具有反儒家礼乐功利的进步性。但是其局限性也比较明显，魏晋名士忽视了音乐的社会性，将音乐美感完全归于欣赏主体的内心感受，把心与声的区别强调到"不相经纬"的地步，将"声"和哀乐割裂开来，显然有其偏见。

从总体上看，魏晋名士音乐观的根本意义，就在于强调了音乐的独立性，突出了音乐艺术自身的"本体"与特质，从而开拓了一个摆脱儒家功利而与自然万物融合无间的全新的审美境界。不仅为晋代艺术审美追求之前奏，而且至今仍给人们以深刻的启迪与有益的借鉴。

四　陶渊明的田园之乐

对传统中国人来说，能过上比较满意的生活，比虔诚地信仰上帝、来世、天国更重要。儒道两家皆如此。儒家把人的生物性欲求与满足，同道德、精神的理想与完善视为背反，生命的乐欲可以用道义的信念替换，因而，总是迈着忧患的步履，锲而不舍地向着"仁爱"的理想境界艰辛地跋涉着。道家热衷于自然、性命世界的内省,视人的生物欲求,如同精神境界的自适、逍遥,有其天然的合理性,因而常我行我素,从自娱性和自足性出发,去采摘东篱之秋菊,赏南山之景观。由此在中国文化结构中,在古代士的文化心态和人生向往中,就出现了入世、忧患与出世、逍遥两条并行的人生之路。

陶渊明(公元365~公元427年),浔阳柴桑(今江西九江西南)人,字元亮,一说名潜,字渊明,世号靖节先生。陶渊明的诗以其冲淡清远之笔,描写田园生活,为诗歌开辟一全新境界。陶渊明的诗文被后人编为《陶渊明集》。陶渊明所认同的是道家的人生之路,他虽简朴终生,却不颓唐、感伤,而能乐观、放达;他虽天资不俗,却不自慕清高,而能"质性自然"。

(一) 安贫乐道的人生价值观

陶渊明的人生价值观存在两个并行不悖的价值取向,亦即建功立业实现自我和固守名节的人生选择,这两种价值取向在不同的时期和外在因素的作用下也会产生行为倾向的差异,而陶渊明的最终归隐田园行为选择显然是后一种人生价值取向占据主导地位的结果。他从布满"密网"、"宏罗"的官场投入田园生活,使他产生了前所未有的解脱感,也使"爱丘山"的本性得到安抚和满足。

"安道苦节"是陶渊明人生价值观的一个重要组成部分,其影响着陶渊明行藏取舍的人生选择和对理想人生境界的建构。萧统在《陶渊明集序》中曾称陶渊明"贞志不休,安道苦节",此所谓的"贞志不休,安道苦节",其内涵亦即陶渊明《感士不遇赋》中所表明的"宁固穷以济意"的人生态度。固穷持节本是儒家所倡导的一种德行模式和行为风范,表现为身处逆境或穷厄之时所抱定的安贫乐道态度和坚守节气的操守。纵观陶渊明的一生,儒家的这一德行模式在其不同的人生阶段都被自觉地认同和内化,并融摄成其人生观的一个重要部分,它影响着陶渊明行藏取舍的人生选择和独特人生境界的营构。

在归田的初期,陶渊明以全身心的投入品味田园生活的恬淡悠闲情调,以触处生趣的笔调抒写归田之乐,甚至以"守拙"的隐者自居。陶渊明归田后的躬耕自给是他营生谋食的方式转变,也是他亲近大自然和精神解脱的一种方式。陶渊明在安道苦节的行为实践过程中是如何以"不喜亦不惧"的超然心态升华其人生境界的呢?首先,陶渊明在经过归田后前期中期对儒家所倡导安贫乐道的人生价值取向的苦苦探究和思索之后,终于走出了迷惘,从而表现出对先贤行为风范的文化心理认同和行为实践上的自觉内化,使之成为其营构理想人生境界的处世哲学。陶渊明在其《咏贫士》七首中列举了阮公、荣叟、黔娄、袁安、张仲蔚、惠孙、黄子廉等七位古贤人,盛赞其鄙视功名、安贫守节的行为风范,并表现出欣羡追攀之情:"何以慰吾怀,赖古多此贤","谁云固穷难,邈哉此前修"!正是源于此古贤者的风范,陶渊明能在"三旬九遇食,十年著一冠"的贫境中"常有好容颜"(《拟古》其五)。

陶渊明进一步对穷达贫富采取了委顺超脱的态度:"若不委穷达,素抱深可惜";"穷通靡攸虑,憔悴由化迁"(《拟挽歌辞》)。在日常具体的行为上,陶渊明始终以听任本心的自然,求得心灵的自由作为准则,以之调整失衡的心理,陶渊明总是以真淳的情怀和独到的感受力饶有兴趣地品味所经历的生活。譬如,他好饮酒,深悟"酒中有深味",故常以一种艺术心境悠然自酌,独享迷狂真淳而雅趣悠长的境界;或以真诚厚意与邻人故交斗酒相聚,在其乐融融的欢饮中领略人情之美,这便是萧统所谓的"其意不在酒,亦寄酒为迹焉"(《陶渊明集序》)之意。他好弹琴,而"性不解音",所弹之琴"弦徽不具",每饮酒至乐则抚琴而和,自言"但识琴中趣,何劳上声"(《晋书·隐逸·陶渊明传》），重在品味琴中趣弦外音。他躬耕垄亩，却托意于原野上碧绿翻滚的秧苗、树间婉转的鸟儿和水中欢游的鱼儿；在"树木交阴，时鸟变声"的春夏，他高卧南窗、沐浴阵阵凉风，遥寄悠远的怀古之情；在与老农"但道桑麻长"的闲谈中体味闲适人生的真谛。他或觅趣小园，或采菊东篱，或临流赋诗……凡此种种平凡的田园生活都被诗人以一种审美的眼光和浪漫诗情点化成情趣盎然的诗境，诗人也从中找到了心灵的归宿，获得了心灵的自由。陶渊明以宽厚真淳的胸怀拥抱生活的大地，把世俗生活点染成各种美好之境。

总之，陶渊明的人生境界不同于那些远离尘世、索然寂寞的隐者生活方式，它是融会了诗人一生的生活经历、理想追求和人生感悟的极致境界；它扎根于传统文化土壤，又丰富了其深广内涵。无疑，它将永久地为后世确立一个躬行"安道苦节"终极目标和营构出独特生活境界的人生范式。

(二) 乐天达命、委运大化的人生态度

委运是一种文雅的说法，通俗些讲就是听从命运的安排，不逆天命而行之。这种人生态度，听天由命，消极意义是十分明显的。但是，在陶渊明那里，"委运"一词却是任情自然、顺应自然的代名词。陶渊明任情自然、顺应自然，同样包括这样两个层次。他既投身于自然，就顺应自然，满腔热情地描绘自然，讴歌自然，与自然融为一体，充分享受大自然的赐予。顺应自然的陶渊明表示"人生似幻化，终当归空无"。表现了淡泊生死、任情自然的超然态度，其《五月旦作和戴主簿》曰：

> 既来孰不去，人理固有终。
> 居常待其尽，曲肱岂伤冲。
> 迁化或夷险，肆志无窊隆。

> 即事如已高，何必升华嵩。

有生就有死，这是人之常理。既然如此，就不必忧生虑死，而应以乐观的态度对待人生，生死贵贱，贫富穷达，皆任其自然，而不必祈求得道成仙。这种人生态度，在陶渊明出仕之时也有所表现。既然委运大化，对生与死的人生话题，就不会讳之莫深。在《自祭文》中，陶渊明敞开心扉，坦陈乐天达命、委运大化的人生态度：

> 含欢谷汲，行歌负薪。
> 翳翳柴门，事我宵晨。
> 春秋代谢，有务中园。
> 载耘载耔，乃育乃繁。
> 欣以素牍，和以七弦。
> 冬曝其日，夏濯其泉。
> 勤靡余劳，心有常闲。
> 乐天委分，以至百年。

正因为陶渊明能够"乐天委分"，他才能坦然面对一切，不惧一切，甚至笑对死神，在其轻松调侃的笔调中，死亡的悲哀和凄凉一扫而光，"匪贵前誉，孰重后歌。人生实难，死之何如！"为其乐天委命的人生态度又重重地添上了一笔。应该说，明白"天地赋命，生必有死。自古圣贤，谁能独免"的道理并不难，难的是把抽象的大道理与自己具体的人生实践结合起来，转化成一种超然大度的人生态度。但又有多少人能够真正乐天委命，直面人生呢？究其原因，主要是功名利禄富贵显达之类的欲念在作祟。人生在世，一旦被这些欲念占据了头脑，为人做事自然难以放得开。但陶渊明既不求生前之名，又不求身后之誉，自然就没那么多的顾虑。他不妄求功名利禄，不祈求登仙长生，不留恋官场富贵，不计较人生得失。得失不系于心，是非不萦于怀，陶渊明委运大化的人生态度是真正的旷达，真正的洒脱！

魏晋以来的士人们皆为岁月匆匆，人生稍纵即逝的心绪所苦。这原本是一个永恒的主题，无论是战乱年月还是太平岁月，许多士人都无法摆脱这一问题的困扰。但是陶渊明却摆脱了这种困扰，从而走向心境的宁静。

西晋士人在无可奈何中活得潇洒。中国文人的命运大体不外乎两种：一种是身居庙堂之上，辅君安民，经邦济世，遵循儒家价值理想建功立业。他们一生生活在责任伦理中，可谓居庙堂之高则忧其君。得志则兼善天下，不得志则独善其身，修身以待时命。另一种是在理想与现实的矛盾中对儒家信念发生怀疑，顺着庄子之路，寄浮生于天地大化之中，委运任化，心与道冥，力求摆脱人生的困缚，在无可奈何中尽力活得潇洒风流。这一类人属于史书上所谓放达者和隐逸者。古今放浪于形骸之外者多矣，而魏晋时代的名士最为洒脱，因为他们多是带着巨大的精神苦闷而走向放达的，这种放达与一味追求感性快乐的行尸走肉式的混世根本不同，前者是追求精神自由，后者是沉沦于低级趣味。

玄学思潮兴起之后，道家自然主义在一定程度上稀释了孔孟儒家伦理责任，士人纷纷以老庄哲学为精神依归，追求自然适性、心与道冥的生活方式，但在事实上他们都没有达到。这是因为他们做不到委运任化。人生活在社会中，衣食住行都受到各种关系的制约。出处去就，时运好坏，吉凶泰否，不可能事事如意，因之便会有失意，有困厄、苦闷、悲哀。当生老病死、祸患困厄到来时，不能以委运任化的态度去对待，必然会陷入痛苦与怨愤之中，这样要达到心与道冥是不可能的。陶渊明在精神上走出了人生的困缚，是因为他真正做到了以委运任化的态度去对待出处进退、穷通泰否，去对待世网重重的羁缚。

（三）在自然中冥忘物我，怡然自乐

虽然陶渊明的家境异常困窘，现实生活给他带来了诸多人生忧患。但他通过走向自然，同自然拥抱，到自然中去消融自己，以冥忘物我的方式，融化、冲淡、排遣了现实中的诸多人生忧患。他在"采菊"、"见南山"时，在观照"山气"、"飞鸟"的美好景观时，仕途、官场"车马喧"的混乱，都由于他领悟到了艺术的"真意"，神游天外而被"远"、"偏"掉了。这是一条古代的诗人之路，也是古代中国士的艺术化的人生之路。如果说老庄是此路的倡导者与构思者，即以"逍遥游"而达到艺术精神化了的人的"至乐"进而"天乐"，那么陶渊明就是此路的实践者。正是在这条艺术人生之路的漫游中，陶渊明把"委运任化"的态度、"安贫乐道"的节操和"返自然"的人生审美观召集于一身，使他成为中国文学史上为数不多的，能感自己之所感，言自己之所言，行自己之所行的"真人"和"至人"。

陶渊明"优哉游哉"的幸福，来自他的"中觞纵遥情，忘彼千载忧"的怡然自乐原则。魏晋士人与大自然的关系，大体说来，均是在自然中求得一席安身之地，安顿自己的身心。竹林名士遁迹山林泉间，是借山水的纯真自然、鱼跃鸟啼来排遣心中的压抑与苦闷；西晋金谷宴集的名士们，是让山水林泉为其歌舞宴集增加一点情趣，使其过于物质化的生活添加一点雅兴；兰亭名士们，怡情山水，流连忘返，是为了借山水之美启迪灵性，使其文学艺术天才得以极致的表现。他们与山水的关系，比之金谷名士，自然要亲切得多。然而他们仍然只是欣赏者，他们面对山水，赏心悦目，从中得到美的享受。他们与自然山水之间还有一段审美与被审美的距离。这种境界还属于有我之境。陶渊明与兰亭名士的区别，在于他与自然之间没有了距离。

在中国文化史上，陶渊明是第一位心境与物境完全冥一的诗人，是在精神上彻底超越了主客观的对立，进达无我之境的诗人。他成为自然间的一员，不是旁观者，不是欣赏者。在其诗文中，很少专门描写山川田园的美，也不用专门叙述从山川之美中得到的感受。山川田园，一草一木，就在其生活中，自然而然地存在于其喜怒哀乐里。陶渊明写的山川，不是充满雅趣和自我欣赏意味的士人眼里的山川，而是农家景色，是淳朴的村民野夫活动于其中的山川，或者说是人与自然融为一体的环境。他并没有也无须对山川作纯粹的审美鉴赏。他写的山川田园在其生活里，在其心中的位置，而旁人尽可以体味到他在其中的美的感受。陶渊明的诗文中饱含着诗人对山川田园的眷恋。那是他的山川，他的田园，和他在生命本真的意义上是万物冥合为一的。

《归园田居五首》的首篇云：

> 少无适俗韵，性本爱丘山。
> 误入尘网中，一去三十年。
> 羁鸟恋旧林，池鱼思故渊。
> 开荒南野际，守拙归园田。
> 方宅十余亩，草屋八九间。
> 榆柳荫后檐，桃李罗堂前。
> 暖暖远人村，依依墟里烟。
> 狗吠深巷中，鸡鸣桑树巅。
> 户庭无尘杂，虚室有余闲。
> 久在樊笼里，复得返自然。

陶渊明走出了官场和仕途的樊笼，回到山远地偏的田园。就像笼中鸟飞回了旧林，网中鱼回到了故渊。听着深巷中的犬吠，桑树上的鸡鸣，沉醉在自然的怀抱了。《归园田居》描述了万物冥合为一的景色，村落、炊烟、田野、月色、山涧、榛莽，都和陶渊明的心灵相通。他就在这安静的山野间生活，一切是那样自然，仿佛原本都是如此的存在着，是那样的合理，那样的真实，那样的永恒。心灵与自然完全融合在这永恒的真实之中。陶渊明不仅找到了安身的家园，而且找到了心灵的寄托。

陶渊明《饮酒》二十首之五云：

> 结庐在人境，而无车马喧。
> 问君何能尔，心远地自偏。
> 采菊东篱下，悠然见南山。
> 山气日夕佳，飞鸟相与还。
> 此中有真意，欲辨已忘言。

《饮酒》是陶渊明弃官归隐后陆续写成的一组五言古诗，为酒后即兴之作，大多直抒胸臆，挥洒真情，实际上是借"饮酒"的题目，写对世事人生的感慨。这组诗共20首，以这一首的格调最为闲雅有致。历代谈诗者论此诗，谓其不知从何处着笔，关键就在这心与道冥、物我冥一的大和谐上。一片心绪，不知着落在何处。人与菊、山、鸟和谐地存在着，仿佛宇宙原本就是如此安排的。"天籁"本不可言说，也无须言说，一落言筌，便会破坏了这心物交融的和谐之美。这正是庄子所悟的"天地有大美而不言"的最高境界。魏晋士人和文学都追求这种境界，但只有陶渊明达到了这一境界。

陶渊明"优哉游哉"的幸福，来自他"采菊东篱下，悠然见南山"的艺术人生的审美观照和愉悦。对生活进行审美观照，不仅能够在美化人生和提高人们精神境界中发挥作用，能够净化人们的心灵和情感，而且还能够在快乐、感性、艺术和自由、幸福之间架起金桥，使它们之间实现内向的沟通，这种沟通，实际上是审美主体的心理调节机制。审美主体的想象、创造过程，同时也是消遣的、赏心悦目的过程。陶渊明在"采菊东篱下，悠然见南山"的同时，突然悟出"此中有真意，欲辨已忘言"，指的也就是这种美的发现和他在审美过程中所获得的消遣、快乐、忘我的陶醉。

陶渊明的一生是"半耕半读"的一生。读书是其人生的一大乐趣，其诗文对此多有表达。诸如，"少学琴书，偶爱闲静，开卷有得，便欣然忘食"；"好读书，不求甚解，每有会意，便欣然忘食"；"乐琴书以消忧"、"委怀在琴书"；等等。读书对陶渊明是一种消遣，也是一种"消忧"取乐的手段。颜延之在诔文中说他"心好异书"，从中"得知千载"，通古观今，以达到对现实的超越。

陶渊明生活的时代，名士辈出，但在寄情山水以解脱者之中，能像陶渊明这样彻头彻尾彻悟的，实在少见。"竹林七贤"远不及他。"竹林七贤"的放浪山水，更多的是借山水自然来抒发自己的不平与牢骚，以排遣自己欲进不能的无可奈何的苦闷。当然，在山水自然中，他们得到的主要是感官上的一时的快乐和忘却，作为一种解脱也是短暂的、感性的。如果说相当多的名士寄情山水、乐守田园还只是一种人的生存手段，是一种不得已的权宜之计，那么陶渊明的寄情山水、乐守田园已经是一种自觉的生存方式，是一种发自其生命的人性追求。陶渊明真正从尘网中解脱出来而回归自然，享受自然。他超越了当时名士对山水自然的认识，进入一个更高的境界。在陶渊明的自然观中，人与自然是那么和谐统一，社会现实的庸俗丑恶在强大而且有生命力的自然面前变得极其渺小。他注意到山水自然所昭示的自然之理，把自然看成是无所依傍的独立自主的存在，并把自己全心全意地投入其中，领悟自然、享受自然的化境。陶渊明是回归自然，连读书、漫游、饮酒、种田都如本性之需求，山水田园之乐，对他来讲已不是一般意义上的感官享乐，而是心灵的契合，一种内在精神的折射。

宋代以后，陶渊明的那种寄情山水、投身田园的生活方式更为君子士大夫所推崇，成为人们排遣生活苦闷，寻求心理慰藉的重要手段。如苏轼就是一个典型。

五　魏晋士大夫的快乐人生

魏晋时代作为大动荡、大分裂的年代，社会思想十分错综复杂。由于长年累月的争战，在血与火的灾难中，人们备感生活的沉重和生命的无常。在生活上、人格上的自然主义不断高涨；又因为儒学的衰微、社会秩序的解体，便呈现思想多元化的局面。大多数士人不愿再做社会的附庸、礼教的牺牲品。他们冲破汉代的儒家礼网，呼唤着"我便是我"，"越名教而任自然"，形成了我国历史上思想空前解放的时代氛围。在这种社会氛围下，士大夫们表现出任情纵乐和追求宁静的精神天地两种截然相反的人生观。

（一）任情纵乐

在追求自由美丽的辞藻中却包裹着充满享乐的强烈的物欲世界，它涉及衣食、住行、长生、权势、男女等各个方面。那些豪门贵族或干禄寻利，或沉迷酒色，或骄奢淫逸，在社会上煽起一阵阵淫靡之风，使人欲恶性发展，造成时代的严重失控。《世说新语》记载了许多让人触目惊心的事例，展现出一幅幅人欲横流的可怖可憎的景象。

太多的战乱困顿使魏晋士大夫对人生有着独特的体验，他们哀叹生命之无常、人生之忧患，曹操就写道："对酒当歌，人生几何？譬如朝露，去日苦多。"对生存意义的绝望很自然地使相当一部分士大夫看透了生死之间的界限，从而追求一种放纵肉欲的快乐主义。曹操一生所钟爱的女人不少,临终曾有让姬妾改嫁的遗命,但是其子曹丕竟尽数占有他的女人,败德乱伦。以致卞后痛骂儿子"狗鼠不食汝余,死故应尔!"(《世说新语·贤媛》)直到曹丕咽气,也不肯看他一眼。他的儿子明帝平生也很荒唐,过于纵情声色,35岁就一命呜呼。至魏晋嬗替,世风的衰落更是到了不可收拾的局面。晋武帝司马炎后宫佳丽近万人,每到夜晚,不知往哪处睡觉,只得乘坐羊车,任羊所之,羊停处,就与居住在该地的姬妾同眠。于是其一万多姬妾就各使手腕,纷纷以竹叶插户,盐汁洒地,吸引帝车以争宠。上行下效,纵情声色,放浪形骸已成一时之风气。

魏晋时代,爱情和婚姻观念自由开放,魏晋名士多有男女风情。竹林七贤之一的阮籍虽然瞧不起礼法之士,对于天真美丽的女子却情有独钟。其邻居开了一家酒馆,这家少妇长得很美丽,每日当垆。阮籍经常去那里喝酒,醉后便卧眠在酒垆边。少妇的丈夫开始有些疑心,但经几次观察,认为阮籍并无恶意,于是便任其卧眠在酒馆中。在此,阮籍的妇女风情,只能说是爱美而不能说是好色。

《世说新语》记载了大量的士人任情纵乐之事例。比如王子平、胡毋彦"以任放为达,或有裸体者";"王处仲世许高尚之目,尝荒恣于色"。"毕世茂云:'一手持蟹螯,一手持酒杯,拍浮酒池终便足了一生。'"持这种放达的人生观的士大夫们只顾眼前享乐,根本不管死后名声,正如一个叫张季鹰的人所谓"使我有身后名,不如即时一杯酒"。身后的名节连一杯酒的价值都不如,可见这种快乐主义的人生哲学达到了何等极端的地步!

魏晋时期,豪门贵族在日常生活中更是奢侈豪饮,竞奇斗富,极力挥霍。可以毫不夸张地说,上自君主,下至平民,"惟酒是务,焉知其余"(刘伶:《酒德颂》)。现实本身让人绝望,魏晋士大夫们便极力追求物质享受，抛弃一切礼教的束缚，放任自己的性情，醉生梦死于人生的无奈境遇中。

这一时期提倡快乐主义哲学的典型代表当数刘伶。刘伶为"竹林七贤"之一，其言行随便、放荡不羁，以嗜酒为乐。他曾经写《酒德颂》，强调"惟酒是务，焉知其余"。他赞美喝酒能使人进入一种"无思无虑，其乐陶陶"的"混沌境界"。刘伶还喜欢裸体，《世说新语·任诞》云："刘伶恒纵酒放达，或脱衣裸形在屋中，人见讥之。伶曰：'我以天地为栋宇，屋室为帏衣，诸君何为入我帏衣中？'"在此，刘伶说他之所以裸体，是因为他把天地当成自己的房屋，把房屋当成自己的衣裤；他反而讥笑那些讥笑他的人：你们何以进入我的裤裆中？由此可见刘伶的放荡作为和诙谐性格。刘伶还经常喝得大醉，叫人肩扛一把锄头，"死便埋我"。这种对待死亡的态度可谓放达。一个人，生不求其名，行不求其利，就连死都不求其善终，这在刘伶的眼中才称作真正的快乐人生。

魏晋时期，士人的纵乐是普遍的。曹丕周围的文人集体，便在这种纵乐的环境中体认人生。他们的纵乐，其中含有甚深之意义。曹丕《典论·酒诲》记灵帝时的情形："洛阳令郭珍，家有巨亿，每暑召客，侍婢数十，盛装饰，罗縠披之，袒裸其中，使进酒。"（《太平御览》卷八百四十五）当时纵欲的另一种表现，似乎和道教的房中术有些关系，是以养生的名义出现的。但是，士人的纵乐，其中却包含有对于人生的深切眷恋和对于人性的体认。解除了礼的束缚，自我得到了很大程度的认可，感情也在放纵中得到丰富的发展。士人从皓首穷经、规行矩步的桎梏中解脱出来之后，体认到自己还有丰富的内心世界，惊喜于人间还有许多欢娱，于是尽情纵乐，感受到生的可贵。但是，当自我觉醒，体认到生之可贵的时候，却同时也是战乱不断、人命危浅的时期。因而生的欢乐便伴随着人生短促的悲哀，在纵乐之时便常弥漫着一重浓重的悲凉情思。曹丕《大墙上蒿行》："……今日乐不可忘,乐未央;为乐常苦迟,岁月逝,忽若飞,何为自苦,使我心悲。"生固然美好,怎奈时光如水之流逝。在士大夫中,纵乐包含着对人生强烈眷恋的意味,是人性觉醒之后的一种反映。

然而,魏晋士人这种快乐主义的生死观由于并非源于真正理智的分析,而不过是对人生的一个感悟,因而是不成体系的。这种快乐主义生死观实际上是一种对现实生活中的苦难的盲目回避态度。历史往往表明,在苦难年代,人们面对现实的残酷和不平,而又无力改变现实时,只有两条路可走,一条是默默地忍受痛苦,祈求死后的自由快乐,这就是神学和宗教的根源;另一条是无视现实的痛苦,既看透了生,又看透了死,将自己沉入追求肉体满足的生活中去。前者是精神上的慰藉,后者是物质上的享受;而两者实际上都是对现实的回避态度。在这两种快乐观念的外衣下面,潜伏着骨子里的对人生的苦难和死亡的无奈的深深的悲哀。

(二) 东晋名士追求宁静的精神天地

玄风发展到东晋,任自然、重情性还是一脉相承的,但是任自然、重情性已经不是西晋士人那种为所欲为、不受约束的放诞,而是任自然而有节。东晋中期以后,士人的最高精神境界,是潇洒高逸。不论是在位,还是又仕又隐,还是纯粹的隐士,都以潇洒高逸为最高的精神追求。谢安、王羲之、戴安道、许询诸人,都是当时重要的名士,他们受人推崇的原因虽各不同,例如,谢安以其功业,王羲之以其书法艺术的杰出成就,戴、许以其隐,但是有一点却是共同的,那便是他们都具备潇洒高逸的精神境界。

谢安是一位风流名相,但其生活情趣,却是优游容与。他也诗酒宴乐，时时携妓东山，但是与石崇辈已经不同。石崇辈重在物欲的满足，而谢安则在物质享受的同时，更重精神的满足。他是住在会稽的名士群体的中心人物，和他交往的有王羲之、许询、支遁等人，他们或则清谈终日，或则渔弋山水，或则啸咏属文。他们所追求的，不是物质的满足，而是精神的高雅。谢安的潇洒风度，在当时和后世，确曾引起一些批评，说他矫饰。但从其行为看，他的潇洒，确实是来自内在的风神调畅。他给王胡之的诗就能说明这一点，诗中表述了其理想生活："朝乐朗日，啸歌丘林。夕玩望舒，入室鸣琴。五弦清激，南风被襟……幽畅者谁，在我赏音。"（《晋诗》卷十三）这首诗描述了隐者的日常生活和感受，字里行间表露出作者对这种生活方式的陶醉之情。从谢安的诗中可以看出他对庄子思想极为领会。赏月、弹琴、酒、清言，全是雅士风流的物事。谢安相当喜欢音乐。其弟谢万死后，他曾经废乐将近十年，但是当他辅政以后，便始终未离开音乐，即便服丧，也未曾中断过。他的游赏山水，诗酒音乐，清谈，都是他所理想的那种"幽畅"生活的一部分，是一种精神上的满足，而不是生活方式的追求。谢安的人格形象，可以作为东晋名士风流的代表。

王羲之亦属谢安类型，虽然他没有谢安的功业，但他属于一个可与谢安的家族地位媲美的著名家族。东晋的王、谢，几乎可以说是著名家族的代称。王羲之与西晋以来崇尚老庄的名士不同之处，是他在思想上对老庄有所非议。他信道教，服食养生，但以为庄子的齐物论不可信，"固知一死生为虚诞，齐彭殇为妄作"（《兰亭集序》）。王羲之的政治见解也近于儒家。不过他的生活情趣，实质上是老庄的任自然的思想之表现。在与谢万书中，这一点有非常明确的表述：

顷东游还，修植桑果，今盛敷荣，率诸子，抱弱孙，游观其间，有一味之甘，割而分之，以娱目前。虽植德无殊邈，犹欲教养子孙以敦厚退让……比当与安石东游山海，并行田视地利，颐养闲暇。衣食之余，欲与亲知时共欢宴。虽不能兴言高咏，衔杯引满，语田里所行，故以为抚掌之资，其为得意，可胜言邪！（《晋书·王羲之传》）

这与嵇康的生活理想是类似的，同样追求优游容与。但也有不同，嵇康在优游容与中与世无涉，属小国寡民的朴素理想，而王羲之却是富裕生活中的风流潇洒。王羲之的一切行为，是朝野都可以完全接受的。其人生之理想境界虽有与嵇康相似的一面，而生命之归宿却与嵇康大异。他留下的是许多潇洒风流的动人故事，而不是嵇康那样的人生悲剧。

王羲之的儿子王徽之，更是一位潇洒风流的人物，其许多故事被后人反复传诵。他喜欢竹，便让人去院子里种竹。别人问他为什么要种竹，他回答曰："何可一日无此君！"种竹纯然是一种充满雅趣的癖好。具备一种风雅的癖好，是东晋名士成名的一个条件。王徽之之好竹，正是其时名士癖好之一种。他每遇优雅竹林，辄流连忘返。吴中有一士大夫家，有很美的竹林，他便闻名前往。主人听说这位名士要来，便洒扫等待。而王徽之到来之后，完全沉浸在纯粹的赏竹感受中，置主人于不顾。名士的这种潇洒风度，完全是以自己的适情为依归，情之所至，即是目的。

东晋士人的雅趣，与此前士人的裸袒箕踞，与对弄婢妾，在心态上确有较大的差别。这种追求潇洒风流、高情远韵，寻找一种宁静精神天地的心态，千古以来一直被视为高雅情趣，是一种无可比拟的精神之美。然而，如果考虑到其时的半壁江山，考虑到古代士人忧国忧民的固有传统，那么这种高雅情趣所反映的精神天地，应是一种狭小的心地的产物，是偏安政局中的一种自慰。

六 《列子》的纵欲主义快乐论

《列子》一书，相传为周朝列御寇所作，但根据近代学者的考证，其思想倾向、史料来源、语言运用、行文用笔方面，都带有明显的晋人风格，因而多数学者认为它出自晋人之手。虽然在先秦著作中，经常有人提起列御寇这个人或他的学派，但现在所通行的《列子》并不是《汉书·艺文志》中所著录的那部《列子》，而是在晋朝才出现的。晋人张湛发现这本书后，就作了一篇《列子序》。因而《列子》所言是晋人所言。

杨朱之学，出于道家。钟泰先生《中国哲学史》、吕思勉先生《先秦学术概论》均已言之。杨子的事迹，可考者不多；杨子的言论，散佚者甚多。今所见者，只《孟子》、《庄子》、《荀子》、《韩非子》、《吕氏春秋》及《淮南子》有点滴的存留。《列子·杨朱》有集中的记载，但《列子》却是伪书，然而胡适及钟、吕等先生以为此篇是大体可信的。因而古代文献有所引用。《孟子·尽心上》："杨子取为我，拔一毛而利天下，不为也。"《淮南子·氾论》："全性保真，不以物累形，杨子之所立也。"这就是杨子的为我思想。

杨朱后学的思想，试图在长寿和享受之间、在生命的保存和人格尊严之间，找出一个中道。如果迫不得已的话，他们宁要享受而不要长寿，宁要人格的尊严而不要忍辱偷生的"迫生"。可见，杨朱后学的思想，基本上还属于贵己重生、全性保真主义的范畴，只是包含有人生享受的倾向罢了。后来有人把这种人生享受的意识推向极端，并予以理论的论证，形成了中国思想史上的纵欲主义快乐论。

（一）唯快乐主义

《列子》一书中最突出的是《杨朱》篇，因为这一篇集中讨论了死亡和人生问题，且提出了与孔子的儒家人生观及庄子的道家人生观截然不同的人生理论。它公开系统地提倡肉体快乐，这在中国传统思想中是极少见的。从其生死观出发，引出了其对待人生问题的享乐主义。

庄子的人生观是"不知悦生，不知恶死"，要求人们"知天、顺时、养命"，过一种追求心灵平衡、超然物外的人生；不仅对死，而且对生，都要抱无所谓的态度，更不要为了追求物质享受而抛弃心灵的安处。《列子》却正相反，在宣扬自然无为地对待死亡的同时，却公开地提倡肉体的快乐。

《列子》在人生观上持一种彻底的快乐主义，这种快乐主义的特征就是提倡肉体快乐。在《列子》看来，生生死死是无法避免的，那么人生在世就应当尽力忘却生存和死亡的痛苦、无奈、烦恼，在短暂的人生旅途中，好好地把握当下的快乐，纵情在日常的"美厚声色"之中。而要纵情声色，就应首先摆脱束缚身心的精神桎梏，特别是那些世俗的礼法、人为的规范、儒家仁义道德，等等。

在《列子》看来，只有快乐是最重要的，生命本身都应该服从这个原则。一个人，只有抱着"不求长生也不求速死"的态度对待死亡，他才能生活得快乐。同样，如果他生活得快乐，那么生死在他看来都是不重要的了。《列子》的唯快乐主义，主张一切以快乐为准绳，为了快乐，宁肯死去也在所不惜；没有了快乐，生活就没有了意义。

《列子》认为，人生最重要的是活得快乐，而不在于活得久长。它声称一个人如果能最大限度地享受感官的生理快乐，那么，即使他活一天、一月、一年、十年，也胜过痛苦地活百年、千年、万年。《列子》肯定了快乐人生的极端重要性，在它看来，一个人如果活在世上，成天压抑自己的本性和欲望，不能纵情怡乐，那么还不如去死。

（二）纵欲任情主义

纵欲任情主义以随己之欲、达己之情为至上目标。主张一切交往活动和生命活动，都应以自我情欲的满足、自我尽情享受为根本目的。纵欲任情主义初成于战国时代，最后大成于魏晋时代成书的《列子·杨朱》。

战国时期已经出现了成体系的纵欲主义学说。《荀子·非十二子》云："纵情性，安恣睢，禽兽行，不足以合文通治；然而其持之有故，其言之成理，足以欺惑愚众。是它嚣、魏牟也。"它嚣不见于其他典籍，无可考。魏牟，即魏公子牟，封于中山，故又称中山公子牟。《吕氏春秋·审为》载有中山公子牟与詹子回答之语，公子牟说自己虽知重生之义而不能胜其情欲，詹子告之"不能自胜则纵之"。纵欲任情主义从出现之初就受到了众人的批判，荀子甚至把纵欲主义者的行为斥为"禽兽行"，然而，纵欲主义享乐也不乏真诚的信奉者和实践者。最高统治者享乐都是追求纵欲的。秦李斯在其著名的《谏逐客书》中，把秦最高统治阶级的生活态度、信仰概括为一句话："快意当前，适观而已矣。"《管子·奢侈》篇有要人们尽情享乐之意。

《列子·杨朱》进一步完善了自我放纵论。《杨朱》认为，万物都有生有死，生之时相异，死后则归于同。人也是如此，它认为人世间根本不存在任何不朽的东西。为了获得一时的美名荣誉而克制自己，焦神苦形，实在是不明智的。人生只有目前的享乐是唯一现实的，不要去管什么名声道德，不要去考虑别人的要求和意见，只要循一己之意，任一己之欲而行，不能委屈了自己，这就是其结论。

有鉴于此,《杨朱》提醒人们,生难求而死易至,人生是极为短暂的,必须及时行乐。《杨朱》树立了两个"真人"的形象,一个是子产之兄公孙朝,一个是其弟公孙穆。公孙朝好酒,室储千钟美酒,味溢百步之外,其肆意饮酒,不管世之治乱,对人之亲疏、存亡哀乐都不放在心上。公孙穆好色,后庭数十间房屋尽藏娇色,为满足其色欲,断绝社会交往,日以继夜地纵欲,三月一出,还不满足,哪里有姣色处女,必贿而招之,非到手不肯罢休。他们的信条就是"为欲尽一生之欢,穷当年之乐,唯患腹溢而不得恣口之饮,力惫而不得肆情于色"。根本不去考虑什么名声的美丑和性命的安危。

《杨朱》的自我任情纵欲至上主义,是一种极为片面、残缺不全的唯我主义。它所尊崇的自我,只是一个残缺不全的我。自我作为人类的一个统一体,具有多种规定及需要,不仅有物质的需要,而且还有精神的需要。《杨朱》在自我这个复杂的统一体中,只选择了最简单、最低级的肉体欲望,并把它们膨胀为具有唯一现实性的至高无上的欲求。为了满足这种欲求,不仅可以牺牲名誉地位,而且也可以不要财富,甚至不顾及身家性命。这种唯我主义,只能煽动自我的情欲之火,让它尽情地燃烧,直至自我毁灭。透过《杨朱》对纵欲至上的种种赞颂之词,我们可以看到其中隐藏着腐朽的魏晋门阀士族所特有的对人生的厌倦和濒临灭亡时的悲哀和疯狂。疯狂地纵欲,尽情地发泄,直至灭亡,这就是自我纵欲至上主义的归宿。这是典型的自私的、短见的、病态的快乐论。

(三) 当下放纵的感性享乐

当下和放纵的感性享乐论观点曾以形象思维的形式出现在《诗经》的部分篇章中,并在《列子·杨朱》中获得了其理论形态。《诗经·唐·山有枢》:"子有酒食,何不日鼓瑟,且以喜乐,且以永日。宛其死矣,他人入室。"《诗经·秦·车邻》:"既见君子,并坐鼓瑟。今者不乐,逝者其耋!既见君子,并坐鼓簧。今者不乐,逝者其亡!"这里透露出一种质朴的及时行乐的意识,与曹操的"对酒当歌,人生几何"和李白的"人生得意须尽欢"等有异曲同工之妙。

《列子·杨朱》把人生的目的和意义归结为感官享乐,主张毫无节制地满足人们的感性欲求,这显然是一种以感性主义为基础的快乐论和纵欲论。《列子·杨朱》论证感性享乐的理论根据就是"且趣当生,奚遑死后",具体有三个方面:一是人生短促。人生短促,一生中能无忧无虑享乐的时间,实在是非常少的。而人生的目的是"为美厚尔,为声色尔。而美厚复不可常餍足,声色不可常玩闻"。因而其结论是:"太古之人知生之暂来,知死之暂往;故从心而动,不违自然所好;当身之娱非所去也","年命多少,非所量也"。《杨朱》篇就这样给享乐主义找到了根据。二是生异死同。《列子·杨朱》以死亡是必然的为前提,主张人们"奚遑丝毫",不要考虑死后的事情,要"且趣当生",充分享受生前的快乐。人在世界上"久生"也没有意思。"理无久生。生非贵之所能存,身非爱之所能厚。且久生奚为?""不然。既生,则废而任之,究其所欲,以俟于死。将死,则废而任之,究其所之,以放于尽。无不废,无不任,何遽迟速于其间乎?"所谓"废而任之",就是废去各种限制而任情纵欲。可见,《杨朱》篇关于纵欲任情的观点总是建立在对人世悲观绝望的思想之上的。三是去名取实,名中求实。在《列子·杨朱》看来,一般人只追求名义,而不注重生前享乐,这种做法是错误的。其"名"是指生前死后的名誉,"实"指感性享乐的实惠。它指出,追求名誉对人生是有害的,"凡为名者必廉,廉斯贫;为名者必让,让斯贱",追求名誉的人必然廉洁和礼让,廉洁和礼让必然导致贫困和贫贱,这既苦其身,又焦其心,"徒失当年之至乐,不能自肆于一时",与"重囚累梏,何以异哉"?名誉既然是追求享乐的障碍,因此,人们应当去名取实,不要"遑遑尔竞一时之虚誉","以焦苦其形"。

《列子·杨朱》虽然反对人们追求名誉,但它无法否认名誉能给人们带来物质享受的事实,"今有名则尊荣,亡名则卑辱。尊荣则逸乐,卑辱则忧苦。忧苦,犯性者也;逸乐,顺性者也。斯实之所系矣"。因此,"名固不可去"。获取名誉不仅能给自己生前带来富贵,而且能"泽及宗族,利兼乡党",甚至死后延及子孙。因此,《列子·杨朱》又肯定了名誉对人生的价值,似乎与去名取实的观点发生了矛盾。但这种矛盾只是表面上的,二者统一于论证的主题上。如果为了追求生前死后的名誉而妨碍了今生今世的感性享乐,那这种追求是不可取的;如果名誉非但不妨碍反而有助于感性享乐,那就不必拒绝。换言之,当名与实发生矛盾时,要去名取实;当名与实相统一时,要名中求实。

为使"名"、"实"关系的理论更具有合理性,《杨朱》篇还以舜、禹、周公、孔子这"四圣"同桀、纣这"二凶"作比较,一方面来强调名誉不仅对生前有害,而且对死后毫无意义;另一方面来证明为公为民办好事而得实名之无益,为己纵欲而得恶名之可取。舜禹周孔"凡此四圣,生无一日之欢,死有万世之名";桀纣"二凶者,生有纵欲之欢,死被愚暴之名"。死后的名誉对毫无知觉的腐骨来说没有意义。《杨朱》篇认为"四圣"为国为民办好事,而自己却在无数委屈和困苦中度过了一生,"戚戚然以至于死"。"四圣"在生前并未能从"名"中取得实惠,死后虽然得到赞美和膜拜,却已经没有意义。而"二凶""逸荡"、"放纵"的生活,正是《列子》作者孜孜以求的"理想"。而实现这种"理想"又兼有美名是不可能的,相反,倒是"死被愚暴之名"。但《列子》作者认为,人死后即与草木泥块无异,没必要在乎所得之名。因此,如果追求名誉与生前的享乐是有矛盾的,应当去名取实,宁做二凶,乐以至终,不做四圣,苦以至终。

《杨朱》篇所宣扬的纵欲主义快乐观,是一种不顾他人死活、不顾长远利益,只图个人欲望满足的彻头彻尾的利己主义;是一种不顾是非,不要廉耻,否定社会公德的腐朽思想。这种思想在任何时候,都没有起过积极作用。然而,在形式上,它是以反对"名教"的面貌出现的。我们对此应当有清醒的认识。

七 佛教的乐伦理

佛教作为外来宗教,自从东汉时期传入我国之后,到魏晋南北朝时期已经在社会上流行起来。此后隋唐时期出现了佛、道、儒三教合流的历史现象,佛教的快乐观念对国人的影响不可忽视。

宗教是一种感情,一种寄托,人生的一种特殊方式,它从最广泛和最根本的意义上,指向一种终极的眷注,使其自身成为一种终极领域而鄙视世俗领域,使它的神话、教义、仪式和戒律都成为终极标准,因而让人们忘记自身的痛苦和危机。

人生所遵循的原则之一是快乐的原则,就是说都不愿为苦恼所羁绊。然而,在人生的旅途中,由于自然界的压力,自身肉体的弱点,家庭、社会、国家及人际关系之间多种冲突所带来的创伤性、痛苦性和不安全性——来自生理的、心理的、社会的压力,使人需要一种精神上的麻痹与逃遁,宗教就成了其逃避所。因而宗教总是要把世界二重化,把它划分为此岸的现实世界和彼岸的超现实世界,并把人们的心理和希冀导引到彼岸世界中去,让人们相信只有在超现实世界里才能摆脱社会中存在的种种苦难,美好的希望、幸福的生活只有在那超现实的彼岸世界中才能实现。

佛教提出三教同善的思想,指儒、道、佛三教均劝善止恶,教化民众，共同起着安定社会、维护社会秩序的作用。儒、道、佛三家设教的宗旨形式有异，而精神实质则相同，那就是，它们都关注人的道德修养、道德完善和社会的安乐。

在伦理道德上，佛教综合了儒道两家的长处。一方面，它利乐众生，拔苦为乐，自利利他，以天堂净土之极乐奖善，以地狱之惨烈惩恶，维持世俗的纲常名教和社会秩序，使人安分守己；另一方面，它又探究宇宙和人生的真实，引导人们去妄归真。佛教既是彼岸世界的追求，也是对真世的救济，因而它是古代人们安身立命最好的指导思想。

（一）佛教道德追求的最高目标

中国传统伦理道德以人的完善为生命的内在追求。这个完善不是在存在层面上的生活的崇尚与幸福、肉体的无缺陷、寿命的长久，而是在超越的层面上的德行的完美、本性的自足、生命价值的永存。

佛教伦理学也追求人生的幸福，但什么是真正的幸福，佛教有着独特的价值标准。世俗伦理学说都把幸福建立在现实生活的基础上，或者追求物质生活的愉快，或者追求个人精神的完善，或者追求社会进步的理想。佛教认为所有这些根本不是真正的幸福。首先，物质生活的满足是暂时的，世界万物流转不止，人的物质欲望永远无法得到彻底的满足。因而对物质欲望的追求不能给人带来真正的幸福，只能加深因为永不满足所造成的痛苦。物质利益根本不可能作为道德价值的标准。其次，幸福本身是精神上对生活的一种满足感，属于精神的范畴。但是，它又绝非离开物质生活的虚幻的感觉或空洞的抽象。生活是现实的，现实生活是痛苦的，人们在现实生活中被烦恼、痛苦困扰，在这种状态下，所谓个人的精神完善根本无从谈起。因而，精神完善也不可能作为道德的价值标准。再次，人类自古以来所追求的社会进步理想，在佛教看来也是虚幻不实的。社会的完善离不开个人的幸福，既然人在现实生活中只有烦恼和痛苦，根本没有真正的幸福可言，社会的完善就永远只是一种虚幻的观念。在任何时候，社会都无法从根本上消除人生的痛苦。所以说，社会的进步与完善也无法作为道德价值的标准①。

在佛教看来，幸福就是没有痛苦的永恒的真正安乐。而一切世俗的伦理学说都很难找到导致人生痛苦的真实根源，也难以给人们指出一条消除痛苦的正确途径。佛教认为，真正的幸福在于彻底解脱人生的苦难，断除人生烦恼和痛苦的根源。但由于人注定要在生死中轮回，无论作善作恶都只能改变生活的状况，不能改变它的本质，因此，真正的幸福不在现实的人生，而在于对人生的超越，只有这种超越才能彻底解脱人生的痛苦，不再受生，不再受死，一切烦恼均已消失，获得了永恒的幸福。

佛教的这一道德价值标准否定了现实生活的积极意义，它把幸福建立在对人生的宗教超越的基础之上，是对现实社会和人生现实苦难的回避，其虚幻的性质是显而易见的。但应当指出的是，佛教这一理论也具有一定的积极意义。它对幸福的本质进行了深刻的分析，指出幸福具有超越性，其中包含着合理成分。事实上，任何幸福都内含着理想的因素，绝非是对现实生活的坚定满足。而理想本身就具有一定的超越性。佛教伦理就凸显了它的超越性。

（二）佛教追求的幸福快乐

1. 三世业报的善恶因果

佛教认为，世界万物皆处于普遍的因果关联之中，人的生死祸福亦如此。佛教将产生人生现象的原因称为"业"，而把其结

---

① 张怀承：《中国传统伦理道德文化丛书　无我与涅槃　佛家伦理道德精粹》，湖南大学出版社1999年版，第104页。

果称为"报"。善恶报应、三世报应论对现实社会道德与幸福二律背反的现象作出了无法证实的解释，并彻底否定了二者之间的矛盾。它认为，这个矛盾是不真实的假象，其不真实性的原因倒不在于生活本身的虚幻，而在于它割断了善恶福罪因果的无限链条，只从中抽取极其有限的一段即人的一生来分析，就必然会得出错误的结论①。如果在善恶福罪的无限链条中考察道德与幸福的关系，就会"发现"二者之间根本不存在任何矛盾，好人善行必得福报，坏人恶行必得罪报。"善有善报，恶有恶报，不是不报，时候未到"，这种观念成为中华民族普遍的道德信念，曾经是中国人行善去恶的一种精神力量。佛教对善恶祸福的业报之论述十分具体，坚信为善必得福，为恶必得祸。如作十善就会得到多种福报，而作十恶就会得相应的罪报。佛教坚信道德与幸福的绝对一致性。

2. 重视精神的完善与崇高

佛教虽然讲人生皆苦、人生如梦，但并没有彻底否定生活的意义，也热爱生命和追求生命，这不是由因缘决定的，而是由生命的自然本性决定的。佛教认为人应该重视自己的生命，不能轻生。重视生命是对生命本质的把握，而非放恣于形骸。生命的价值不在于七情六欲，而在于其心，重生者尊其心、养其心，不可以追求世俗的物质享乐。明僧德清曰："恣口体，极耳目，与物镬铄，人谓之乐。何乐哉？苦莫大焉。瘠形骸，泯心智，不与物伍，人谓之苦。何苦哉？乐莫至焉，是以乐苦者，苦日深；苦乐者，乐日化。故效道之人，去彼取此。"（《憨山绪言》，《憨山老人梦游集》卷四五）追求物质享受，恣口体之欲，世俗以为乐，其实，它并不能给人带来快乐，只能给人造成更大的痛苦。因为

---

① 张怀承：《中国传统伦理道德文化丛书 无我与涅槃 佛家伦理道德精粹》，湖南大学出版社1999年版，第118~119页。

物欲永远无法满足，以恣欲为乐便永远处于不满足的遗憾之中，所求越多，所得越苦。真正的快乐不在物质享受，而在于精神的完善与崇高，其可超越物质享受而获得持久的快乐。由此可见，佛教主张精神生活的幸福高于物质生活的幸福，这才是人生幸福的真谛。佛教否定物质生活幸福的积极意义自然有失偏颇，但佛教肯定幸福的本质是精神生活的幸福，对于我们今天正确认识物质生活幸福与精神生活幸福及其相互关系，追求真实、崇高的幸福，无疑具有启迪作用。

人类追求幸福是对自身生命的价值肯定，每一个人都希望有辉煌的生命和崇尚的生活。这种对生命的肯定内含着对生命与幸福的长存和永恒的期盼。然而，任何事物都不具有常住性，任何生命都不可避免地走向死亡。佛教认为，人生是短暂的，生命与生活中的一切都不具有长住性，而与万物一样处于瞬息万变之中。因而，人生的一切喜怒哀乐、境遇得失都不必过于执著，人对生活中的得失荣辱亦不必斤斤计较。

3. 佛教的慈悲情怀：自利利他

慈悲是佛教修行的最高境界，反映了佛教伦理道德的一个根本特点，它与基督教的"爱"、儒家的"仁"交相辉映，是佛教伦理道德最具积极价值的重要思想之一。慈悲观表达了佛教对人生的深切关怀，对受苦受难的民众的同情与悲悯，显示了佛教为了众生的幸福而忘我奋斗的牺牲精神。

慈悲的基本含义就是拔苦与乐。所谓"拔苦"，意即解脱一切众生的无量诸苦；所谓"与乐"，则是断灭众生的烦恼，使众生享受永恒、真实的欢乐。换言之，拔苦与乐就是关心并积极解救一切生命的痛苦，促进其幸福。在此，佛教要求人们自度度人，自利利他，拔苦与乐绝非单方面的恩赐，而是把度人和利他看做自度、自利的前提和基本内容。

佛教对苦的论述相当丰富，它从各个方面揭示了生活与人生的一切缺失与不完善，对现实存在给予了最彻底的否定，并从中感发出对芸芸众生的悲悯。佛教的苦名目众多，如身苦、心苦、内苦、外苦、苦苦、坏苦、行苦、四苦、八苦、十八苦、百十苦乃至无量诸苦等。佛教的根本宗旨就是解脱众生之苦，它反映了佛教对人生种种不幸的深切关怀与同情。

拔苦即拯救苦难的众生，帮助他们脱离苦海。佛教伦理强调慈悲菩萨之行，就是要求人们关心他人的疾苦，尽自己一切能力拔除苦海中众生的烦恼，帮助他们觉悟，到达幸福的彼岸。慈悲精神表现为一种给予，即满足众生的需要。

如果说，悲为拔除痛苦、断灭烦恼，那么慈就是引导福乐、利乐有情。去苦是为了求乐，求乐是目的，去苦是前提。不去苦，始终无法领悟真实的大自在乐；不求乐，去苦就失去了其积极的意义。同情固然是一种仁爱，但真正的仁爱是给予众生永恒的快乐和幸福。

"乐"在梵文中，与"苦"相对，指身心适悦的感觉，而身之适悦感称乐爱，心之适悦感称喜爱。佛教对乐有多种分析，有所谓"三乐"、"五乐"之说。"三乐"又有二说，一指外乐、内乐和法乐乐，二指天乐、禅乐和涅槃乐。外乐指五识（眼、耳、鼻、舌、身）缘五境（色、声、香、味、触）所生之乐，即人的感官快乐；内乐指初禅、二禅、三禅意识所生之乐；法乐乐指由无漏智慧所生之乐，即由远离我心、无安众生心、自供养心而产生的快乐。大乐指修行十善者生于天界而享受的种种殊妙之乐；禅乐指修行之人入诸禅定，一心清净，万虑俱寂而感受到的禅悦之乐；涅槃乐指断除无明，证得涅槃，生灭灭已的寂灭之乐，此为究竟之乐。所谓五乐即出家乐、远离乐、寂静乐、菩提乐和涅槃乐。概而言之，佛教所讲之乐可以分为两大类：一是现实的感官、精神之乐；二是超越的寂静、完善之乐。所谓与乐就包括这两个方面。它一方面要求随顺众生，资其所欲，利乐有情,尽自己所能满足他人的需要;另一方面,又要防止众生因利乐生贪,向他们昭示妙圆胜景,引导他们追求超越的完善与满足。

由上可见,拔苦与乐的慈悲观反映了佛教思想利他主义的道德特点。拔苦与乐的慈悲行为属于纯粹的道义行为,而不能带有丝毫的功利色彩。利乐有情就是要毫不为己,专门利人。换言之,尽自己所能主动关怀他人,满足他人需要,给他人带来快乐。佛教以拯救苦难众生、利乐有情为己任,心怀同体大悲,把他人的痛苦视为自己的痛苦,积极解救,以身代之;感发无缘大慈,把他人的解脱视为自己的解脱,苦心积虑地引度众生,启发他们的觉悟,为了众生的根本利益,不惜牺牲自己的一切。佛教舍己救人的慈悲观,就是以他人之乐为乐,以他人之苦为苦,完全去掉了个人私利和小我的局限,主体已经与无量众生完全融为一体,追求众生的解脱与完善,以此为自己崇高的道德责任。严格说来,佛教慈悲观体现了忘身舍己的道德精神:为了追求和实现自己的信仰,为了解救苦难大众,甘愿奉献自己的一切,甚至捐弃身命。这是一种彻底无私的博大胸怀。

佛教的利乐众生主张与墨家的兼爱利他主张具有相似之处,都具有鲜明的博爱意识。宋代范仲淹主张"先天下之忧而忧,后天下之乐而乐"。乐以天下,忧以天下,即把自己的忧乐融入天下民众的忧乐之中,以天下的忧乐为自己的忧乐,立志解除天下之忧,实现天下之乐。这是一种崇高的道德志向,它把个人幸福与全社会公众的幸福紧密联系在一起,表现出与佛教相类似的利他主义倾向。

大凡在历史上产生过重要影响的伦理学说,从主观而言,其宗旨都是为社会公众的福祉服务,是为了促进全社会的安乐。但是,只有佛教才把它作为一种信仰去追求。佛教修行者全身心地投入救赎众生之苦的事业中去。具有"欢喜心",即见到众生去苦得乐后感到由衷的高兴,这种快乐远远胜过自己修行所得到的转轮王之乐,释梵天王之乐和声闻、缘觉的罗汉果之乐。

　　显而易见,佛教的极乐世界是彼岸的天堂,它在现实社会中不可能实现。因此,佛教劝人们舍弃现实生活的追求,认为对现实生活的任何追求都只给人增添更多的烦恼,永远也无法获得真正的幸福。最完善、最理想的世界不在尘世,而在西方净土,要想获得这种净土和极乐,就必须依佛教义理修持,了悟宇宙、人生和自我的永恒的真实的幸福。虽然佛教的这种思想有其虚伪性、欺骗性,但却以宗教的形式曲折地反映了人生理想。

　　佛教的理想人格和人生理想境界充满着宗教的色彩,剥开其宗教的外衣,我们不难发现其积极的内核,即佛教追求人的完善与人生的真实幸福,其理想人格有着高尚的道德品质。中国佛教在儒家文化的影响下,特别重视与宣扬菩萨人格,其特点是以超世间的精神境界展示人世间的美德,既不同于声闻、缘觉的独善其身,也不同于佛的绝对超越,而深刻地体现了中国佛教对世间生活的深切关怀。

　　当今社会,人们仍在追求生活与精神的乐园,坚信在现实的世界上能够实现这一目的。但是,社会的纷乱、人欲的横流、人与人的争夺造成了太多的乌烟瘴气,导致了人的精神失落。面对这一现实,我们应该重新树立崇高的理想,培植健全的人格,努力将我们的家园建设成一片净土,实现人类的幸福与完善。

第八章　宋代理学时期"乐"的转型

理学是宋元明清时期儒学的主要形态，是中国封建社会后期占统治地位的哲学思潮。学术界对儒学的这个形态，历来存在多种称法，或"道学"，或"理学"，或"宋学"，或"新儒学"。理学的产生，是儒学自身发展演变的结果，但更有其深刻的政治、经济和文化的背景。理学产生的政治和经济背景，主要与中国封建社会从前期向后期转变而引起的政治、经济方面的各种变化联系在一起。而理学产生的文化背景，则与外来文化的冲击，即佛教的刺激和挑战息息相关，理学的出现，实质上就是儒家学说针对佛教挑战而作出的一个创造性的回应。

作为一种精神，理学适应当下的意识风貌，自有其价值和意义。如果不把它看成医治百病的"灵丹妙药"，不视为升官发财的"敲门砖"，而仅作为一种思想的系统，一种文化的形态，一种贤人智者的处世良言和谆谆教诲，一种精神世界的新创和拓展，那么，它确实有闪光之处。它在塑造士大夫的内心品格和精神的陶冶锤炼方面确实为世人树立了一面镜子。

一　北宋五子的乐道境界

北宋前期百年内，社会相对稳定，经济颇为繁荣，科学技术取得惊人成就。思想文化领域涌现大批出类拔萃的人物，有社会改革家王安石、范仲淹，史学家欧阳修、司马光，词人苏东坡、黄庭坚、柳永，创造发明家沈括、苏颂、毕昇。尤其是哲学界人才辈出，诞生了"北宋五子"邵雍、周敦颐、张载、程颢、程颐。卓越风流人物，同时活跃在北宋历史舞台上，群星灿烂，光彩夺目。他们对北宋哲学思想的发展，尤其是开创宋代理学起了重要的作用，可以认为，延续好几个世纪的"宋明理学"就是从他们开始的。理学共有四大派别，即濂洛关闽，北宋五子占了三席，闽学代表是朱熹，他们在理学发展史上占有十分重要的地位。

（一）　周敦颐的道德快乐论

周敦颐（约公元1017～1073年），北宋道州营道（今湖南道县）人，原名敦实，为避宋英宗之讳，改名敦颐，字茂叔。周敦颐从小喜爱读书，1072年，周敦颐来到江西，创办了濂溪书院，从此开始设堂讲学，收徒育人。他将书院门前的溪水命名"濂溪"，并自号濂溪先生。因之由周敦颐开创的理学学派被称为"濂学"。周敦颐作《太极图说》，糅合道家无为思想和儒家中庸思想，提出"无极而太极"等重要命题，实为宋代理学的鼻祖，其理学思想传播较广，在中国哲学史上起到了承前启后的作用。北宋著名理学家程颢、程颐少时皆受其业。周敦颐的著作被后人编为《周子全书》。

在宋代理学家中，周敦颐首倡"无欲"说。他继承和发展了孟子的"养心寡欲"说，提出了"养心无欲"说。他曰："养心不止于寡欲而存耳。盖寡欲以至于无，无则诚立明通；诚立，贤也；明通，圣也。是贤圣非性生，必养心而至之。"（《周子全书》卷17《养心亭说》）孔孟并不完全否定"欲"的存在性和合理性，只是主张"节欲"、"寡欲"，周敦颐对欲则是抱着一种明显的否定态度。他强调仅仅寡欲还不够，而应该"寡欲以至于无"，即"无欲"。他认为："无欲则静虚，动直。静虚则明，明则通。动直，则公，公则溥，明通公溥，庶矣乎！"（《周子全书》卷9《通书三》）周敦颐的"无欲"说的目的乃是为了达到一种高尚的道德境界，仍是建立在对世俗道德的尊重基础之上的。在周敦颐看来，只有无欲，人心才能心平气和，和谐万物，清虚透明，大公无私，德配天地，无有怨恨，人伦至乐，天下太平，这是圣人制礼乐修教化的目的。"寂然不动"是寂然不为各种非道德的欲念所动，以成为一名粹然无瑕的道德君子。

周敦颐鲜明地将"欲富贵"、"欲名利"作为人生的枷锁，采取了摒弃的态度，向往佛老那种超脱尘世的境界。他说："寻山寻水侣尤难，爱名爱利心少间，此亦有君吾茂乐，不辞高远共跻攀。"（《周子全书》卷17《喜同费君长官游》）在周敦颐的著作中，诸如此类的观点比比皆是，这与其"无欲"说密切联系。

从广泛的文化意义上看，周敦颐的"无欲"说有其价值。在北宋变动不居的社会情况下，如何在变迁万般的生活起伏中保持和维系心理平衡，化解人生舞台上的贫富贵贱的巨大反差等问题就成为思想家亟待解决的问题。而周敦颐的"无欲"说，是一种将儒家的入世有为的人生理想与释道的超凡脱俗、静泊空寂的意境旨趣融为一体的理论，恰恰是回应和解答这类问题的一种努力。它以"寂然不动"的"纯一"之本心明智地对待人生的变迁，以"知足"、"无欲"来化解和平衡世态的炎凉。无欲则"无不足"，无不足自然就会"化富贵贫贱如一也"。事实上，周敦颐本人就是依靠这种超脱达观的理性态度支撑自己的生活："庐山我久爱，买田山之阴……囿外桑麻林，芋蔬可卒岁，绢布足衣衾，饱暖大富贵，康宁无价金，吾乐盖易足。"（《周子全书》卷17《濂溪书堂》）

从先秦儒家"寡欲"到周敦颐的"无欲"，这是儒家理欲观的一大转变，周敦颐把儒、释、道三家的有关思想吸纳、融合起来，即把儒家的寡欲、佛教的禁欲、道家的无欲糅合在一起。由于周敦颐为理学的创始人之一,因而其理欲观对宋代以后儒家学者的理欲观产生了重大影响。

周敦颐对颜子"无欲故静"的境界作了如下描述:

> 颜子,一箪食,一瓢饮,在陋巷,人不堪其忧,而不改其乐。夫富贵,人所爱也。颜子不爱不求,而乐乎贫者,独何心哉?天地间有至贵至富可爱可求而异乎彼者,见其大而忘其小焉尔。见其大则心泰,心泰则无不足;无不足则富贵贫贱处之一也。处之一则能化而齐,故颜子亚圣。(《周子全书》之《通书·颜子第二十三》)

《宋元学案》注:"古人见道亲切,将盈天地间一切都化了,更说甚贫,故曰'所过者化'。颜子欲正好做工夫,岂以彼易此哉!此当境克己实落处。"(《宋元学案》卷十一)黄百家解释曰:"化而齐者,化富贵贫贱如一也。处之一以境言,化以心言。"(《宋元学案》卷十一)足见颜渊的工夫在于化富贵贫贱而为一,能处之一则体现的是他的思想境界。周敦颐认为学做"圣人"之关键在于"无欲","无欲"则能使人心处于虚静明透的地步,他强调只有见"大"而忘"小"才能达到这一境界。见"大"在强化精神和道德价值的追求,忘"小"则是淡化贫富贵贱的遭遇。因为"大"既为人得,"小"自然没有了计较的必要,故能于富贵贫贱"处之一也"。有鉴于此,周敦颐提出了著名的"道充为贵"说,其言曰:"君子以道充为贵,身安为富,故常泰,无不足。而铢视轩冕,尘视金玉,其重无加焉尔。"(《周子全书》卷10《通书四》)道的充实在于君子具有最高的价值。君子的"富贵"体现在身心的安宁,而不是钱财的富有。因为其心与道合,"心泰"实指心与道冥的哲学快乐。而相比之下,外在的轩冕、金玉因与道义的充分与否没有直接的联系，也就失去了其原有的价值，如同尘土一般。

寻"孔颜乐处"乃是理学的一贯传统。北宋中期，少年二程向周敦颐问学，周敦颐便告知："寻颜子、仲尼乐处，所乐何事！"但就周敦颐而言，他并未明白告知"何事"究竟为何，而是将它与"富贵"与否的问题联系起来加以思考，要求发现颜回不爱富贵而乐于贫贱"独何心哉"的问题。颜子不为外在的物欲所移，别人视之为困苦，但他不改"安贫乐道"的心境。内心修养达到"无欲"的程度，便可有"安贫乐道"的境界，这是颜子被视为"亚圣"的缘故。就此而言，周敦颐所谓"乐"，实指"安贫乐道"的"乐"，故其"亚圣"境界与其君子人格境界相同。在周敦颐看来，"颜回之乐"根本不是贫贱本身有什么可乐，而是指颜回已经达到为了一种理想而超越了富贵的精神境界。"颜回之乐"实质上是一种道德境界之乐，即乐在道义的充实和精神的高尚。

（二）邵雍的"同天"之乐

邵雍（1011~1077年），字尧夫，谥康节，先为范阳人，后随父迁共城（今河南辉县）。邵雍同当时许多杰出人物相比，具有显著特点。他不求闻达，终生不仕，身居垄亩，心忧天下，埋头著述，撰写《皇极经世书》。二程推重其人品，称之为"风流人豪"。邵雍为理学家所重，主要是其人品。他自称"平生不作皱眉事"，一生追求安贫乐道，逍遥自适的"乐"的境界。他将自己的寓所称为"安乐窝"，自称安乐先生。富弼、司马光退居洛阳后，帮他买了一所园子，他在其中自耕自食，平日自乘一小车出游，以诚待人，和气蔼然，笑语终日。如此洒脱的胸怀，时人都很喜欢，君子小人都称其为"吾家先生"。这种风范虽与理学家所寻求的"孔颜乐处"不尽相同，但大体相近。

邵雍既是北宋哲学家，又是诗人。邵雍的诗学理念可以称为

"快乐诗学",他以诗言理,而所言之理正是他对快乐问题的思考和体认,因而他的快乐诗学与快乐哲学是互为表里的。他的快乐哲学包含三个层面:人生需要快乐,何谓快乐,怎样快乐,他在《安乐吟》中对快乐人的描述为:

> 安乐先生,不显姓氏。垂三十年,居洛之涘。风月情怀,江湖性气。色斯其举,翔而后至。无贱无贫,无富无贵。无将无迎,无拘无忌。窘未尝忧,饮不至醉。收天下春,归之肝肺。盆池资吟,瓮牖荐睡。小车赏心,大笔快志。或戴接篱,或著半臂。或坐林间,或行水际。乐见善人,乐闻善事。乐道善言,乐行善意。闻人之恶,若负芒刺。闻人之善,如佩兰蕙。不佞禅伯,不谀方士。不出户庭,直际天地。三军莫凌,万钟莫致。为快活人,六十五岁。(《伊川击壤集》卷十四)

邵雍在《安乐窝中四长吟》诗中又提出了"快活人"的四大雅好:

> 安乐窝中快活人,闲来四物幸相亲:一编诗逸收花月;一部书严惊鬼神;一炷香清冲宇泰;一樽酒美湛天真。(《伊川击壤集》卷九)

诗、书、酒,都无须解释,唯"一炷香"需加解释,邵雍自称"不佞禅伯,不谀方士。不出户庭,直际天地",其平生未见吃斋念佛之事,此"香"非指宗教信仰,而是指闲逸安静之谓。在他看来,人需要快活,而快活需要人心闲逸安静,气韵平和淡泊,兴趣高远优雅。

邵雍的快乐生活观念是以其深厚的哲学修养为底蕴的,他是很能体验"同天"之乐的北宋哲学家。邵雍之所以能够保持心灵的活泼和畅快是因为他排除了对万物的主观情感,懂得"以物观物"的道理。他曰:"圣人之所以能一万物之情者,谓其能反观也。所以谓之反观者,不以我观物也。不以我观物,以物观物之谓也。"(《观物内篇》,《皇极经世书》卷六)以物观物,即按照万物的必然性理解万物。人类一旦懂得了万物的必然性,他的感情就不再为自我的主观性而烦恼。正因为邵雍能"以物观物",才使他在自己所隐居的"安乐窝",谈笑有鸿儒,往来多布衣;酌古论今恢弘江山气度,醉酒吟诗怡然风月情怀。

邵雍超越一己的局限,最可能从接近事物本然的立场去观察事物,用超脱了自我的"天下之心"去观察万事万物之普遍的、客观的情与理,因而"其见至广,其闻至远,其论至高,其乐至大"(《观物内篇》,《皇极经世书》卷六)。这就是邵雍快乐的"秘诀",其实就是淡化个人的喜怒哀乐,超然于个体人生的荣辱得失祸福利弊之上,使主体的心灵处于一种通达的状态,达到一种自由、轻松的境界,快乐就会与生命相伴了。这既与孔子"四十而不惑,五十而知天命,六十而耳顺"的生命境界相类似,也与老子的认知哲学如出一辙,还与庄子的"坐忘"而"无己"的"至人"境界异曲同工。

(三)张载的哲学快乐和"乐天安土"人生态度

张载(1020~1077年),字子厚,陕西凤翔郿县(今陕西眉县)人,著《正蒙》等众多著作,倡"气本论",门人遍布四方,创横渠学派,学者称"关学"。张载的主要著作有《正蒙》、《易说》等,后人将其著作编为《张子全书》。张载高度理解了哲学之乐,其人生态度是"存顺没宁"、"乐天安土",其中也蕴涵了其幸福快乐的观念。

理学家作为一代哲学托命之人,对哲学的快乐有极高的理解。他们所理解的哲学的使命,张载概括为四句话:"为天地立心,为生民立道,为往圣继绝学,为万世开太平。"(《近思录拾遗》)此"四为"箴言,可以视为理学的根本宗旨。所谓"为天地立心",即哲学家在天地间的地位与责任。天地本无心,人之心即天地之心。哲学家为天地立心,就是对宇宙间的必然性与万物存在的意义加以最大限度的理解。所谓"为生民立道",指人之所以为人的安身立命之道,亦即人性与人的自由幸福问题。所谓"为往圣继绝学",指哲学家所肩负的文化使命。所谓"为万世开太平",指哲学家对人道、对人类未来的责任。张载以"四为"为己任,展示了其崇高的人生抱负,他完全超越了有限的感性快乐,获得了精神的"至乐"。感性快乐是物质的刺激,精神快乐是智慧的创造、理性的升华。

张载虽然一生经历坎坷,逝于贫病之中,但他在严酷的现实中坚持"存顺没宁"的人生态度。他气势磅礴地写道:

> 乾称父,坤称母;予兹藐焉,乃混然中处。故天地之塞,吾其体;天地之帅,吾其性。民吾同胞,物吾与也。大君者,吾父母宗子;其大臣,宗子之家相也。尊高年,所以长其长;慈孤弱,所以幼其幼。圣其合德,贤其秀也。凡天下疲癃残疾、茕独鳏寡,皆吾兄弟之颠连而无告者也。于时保之,子之翼也;乐且不忧,纯乎孝者也。违曰悖德,害仁曰贼;济恶者不才,其践形,唯肖者也。知化则善述其事,穷神则善继其志。不愧屋漏为无忝,存心养性为匪懈。恶旨酒,崇伯子之顾养;育英才,颍封人之锡类。不驰劳而底豫,舜其功也;无所逃而待烹,申生其恭也;体其受而全者,参乎!勇于从而顺令者,伯奇也。富贵福泽,将厚吾之生也;贫贱忧戚,庸玉汝于成也。存,吾顺事;没,吾宁也。(《正蒙·乾称》)

在人世间，富贵福泽是人之所求，贫贱忧戚是人之所避。人们往往把人生中的这种趋避活动视做人生的全部内容，故而陷于求利求名求权势的无穷争夺之中不能自拔。在张载看来，富贵福泽和贫贱忧戚，都只是人生的状态，而不是人生的全部内容，更非人生中最重要的部分。他认为，人生最重要的是能否体天之"道"，并坚定地践履之。张载从其气本论出发，指出天地是万物和人的父母，三者皆为气之"聚"，所以，天地之性即物之性，亦即人之性，故而人人皆是我的同胞，万物皆是我的朋友。由此种人生的体悟去为人处世，就要恪守一种泛孝主义：对君主和百官臣僚要视为"长上"而忠之；对天下的老年人、残疾者、孤独鳏寡者皆视为自己的父母兄弟姐妹而孝悌之。因而人的一生最重要的并不在于取富贵，而在于完成自我各种尽孝的责任。引起一般人万分欣喜的富贵福泽在张载那里不过只为"厚吾之生也"；引起一般人苦恼烦闷的贫贱忧戚，在张载处倒是一种值得欣慰的人生历练。这种与常人完全不同的人生态度是因为张载把人之德行的体悟和发扬作为人生的首务。因而人应以豁达的心胸、无所忧闷的心境去承受世间的各种状态，富贵贫贱各有其出现的必然性，对人生皆有益处。富贵时坚行其"道"，贫贱时恪守其"德"，面对死亡亦持之不怠，故而能够心安体亦安，人生状态的不同绝不能动摇其崇高之理念和抱负，这即张载"存顺没宁"的人生态度。

现代人在生活中一般很难认同"存顺没宁"的人生态度。人们往往抱一种拥有得越多越好的人生观，追逐名利，永无满足。可实物的占有总是有限的，人之贪欲却无限，因而现代人常常感到强烈的人生疲惫感。我们应该从张载的人生态度中汲取有益的思想资源。应该看到"存顺没宁"的人生态度追求的是一种精神性的心安理得而非世俗生活的心满意足。张载云："至当之谓德，百顺之谓福。德者福之基,福者德之至,无人而非百顺,故君子乐得其道。"(《正蒙·至当》)一个人只有乐得其"道",循"道"而行,才能奠定世俗生活的顺畅,也才能获得真正的人生幸福,而不至于落入无穷无尽的贪欲之中饱尝人生的痛苦。

现实生活中,许多人因为自我愿望的落空,也许受到重大的人生挫折,也许会对人生抱着宿命论的看法。而张载的"存顺没宁"的人生态度绝非宿命论的而是积极有为的。张载常言要"乐天安土,所居而安",要人们既安于人间的富贵利达,也顺从于贫贱忧戚的状态,有学者指其为消极而宿命,其实不妥。《正蒙·乾称》曾以儒者的人生态度比对佛家的人生观:

> 释氏语实际,乃知道者所谓诚也,天德也。其语到实际,则以人生为幻妄,以有为为疣赘,以世界为荫浊,遂厌而不有,遗而弗存。就使得之,乃诚而恶明者也。儒者则因明致诚,因诚致明,故天人合一,致学而可以成圣,得天而未始遗人,《易》所谓不遗、不流、不过者也。彼语虽似是,观其发本要归,与吾儒二本殊归矣。

佛家之学指世间万物为空,人间万事为虚,因而觉人生为幻象,弃有为而归于寂灭。而儒者则由自明本性而推之天下,既在境界上臻于"圣人",又化而为"外王"施恩于天下,完全是积极而"有为"。且儒者顺命之"命",并非民间百姓崇奉的那种盲目性的"命";而是内蕴道德之性的"命"。因为人之本性为仁义道德,所以人们行德由义亦是一种"命",要"强恕而行",勉力而为,不因外在的艰难险阻而停止,亦不因外在压力和困苦而改变。这样,张载所奉行的"存顺没宁"、"乐天安土"的人生态度便不是宿命论的,而是一种具备高度主观自觉之后的对"天道"的坚持和人生践履。

（四）二程的"无欲"说和"孔颜乐处"观

程颢（1032～1085年），字伯淳，学者称明道先生，北宋河南（今河南洛阳）人。程颐（1033～1107年），字正叔，人称伊川先生。程颐为程颢之胞弟。程颢、程颐兄弟，家居洛阳，世称"二程"，其学又称"洛学"。二程是理学的奠基者，其言论著述后人编为《二程遗书》、《二程外书》、《经说》、《粹言》等，收入《二程全书》。二程使儒学在继孔孟之后进入一个新的发展阶段。他们共同承担了洛学的发展使命，又是南宋儒学一派的开启人，程颢当之无愧地成了后来陆九渊心学的祖师。

1. 二程的无欲说

二程提倡"窒欲"、"灭欲"、"无欲"以"存天理"。二程对"天理"范畴的规定："天理云者……不为尧存，不为桀亡。"（《二程集》之《河南程氏外书》卷12）可见，天理是一个普遍的、至上的、超然于客观物质世界之外的、凌驾于万事万物之上的绝对精神本体。二程将"道心"等同于天理，将"人心"等同于"人欲"。足见其天理人欲之辨是关于人的道德理性与感性欲望的关系的一种理论。二程却又明确地将"人心"、"人欲"与"私欲"相提并论，而这个"私欲"却并不是感性自然欲求的另一种说法，而是指"一己之私"。"一己之私"既可指饮食男女之类的感性自然欲求，亦可指对个人名望的追逐，对个人得失、去就的计较，等等。总之，"饮食言语，去就死生，小大之势一也"（《二程集》之《河南程氏外书》卷12）。

二程提出的"存理灭欲"的具体措施主要有二：一是安贫乐道，不求富贵。即"若志在富贵，则得志便骄纵，失志则便放旷与悲愁而已"（《河南程氏遗书》卷一）。一个人志在富贵，得到了便骄纵，失去了便悲观，这种追求身外之物者，即使得到了，"却不知道自家身与心却已先不好也"（《河南程氏遗书》卷一）。人只有养心寡欲以至于无欲，心甘清贫，有志于道，方可思而不惑，保存天理。因而"养心莫善于寡欲，不欲则不惑。所欲不必沉溺，只有所向便是欲"（《河南程氏遗书》卷十五）。立志尽道，不在富贵，不欲则不惑，身与心都不为外物所诱、物欲所扰，天理就不会丧失了。二是视听言动，以礼规范。人要存天理，灭人欲，就必须以"礼"来约束、规范自己的道德行为，不能妄言狂行。二程曰："不是天理，便是私欲。人虽有意于为善，亦是非礼。无人欲即皆天理。"（《河南程氏遗书》卷十五）二程把封建礼教抬到天理的高度，并以此作为约束人们行为的最高道德律令，而天理与人欲是相对立而不可共存的，"不是天理，便是私欲"，故要以礼约束自己的言行，不求人欲，没有欲求，便是天理了，"无人欲即天理"。

二程提倡的"灭欲存理"，虽被有些学者批为"假道学"，但从伦理道德与感性自然的角度看，它极度推崇道德理性，树立了人伦主体的庄严伟大。从道德精神积淀的层次看，虽然二程的"天理人欲之辨"在某种程度上张扬了虚假的道德理性，但这毕竟不是其全部，更重要的是，即便是对虚假的道德理性的张扬，仍然是以追求理性的形式出现的，是人类追求理性过程中的一种真实的努力，这种努力在造就中华民族的"不以物喜，不以己悲"的理性生活态度上显然具有积极的意义。

2. 二程的"孔颜乐处"观

二程从"孔颜乐处"中体会到孔颜的"圣贤气象"。"圣贤气象"是二程所独创的术语。二程认为，从孔颜遗留下来的语言文字中，可以感觉其人格世界，把握其"圣贤气象"。"气象"是人的精神境界所表现于外的，是别人所感觉到的。有某种精神境界的人，他自身也可以有一种感觉。这种感觉是内在的，理学家称之为"体认"。由体认而得到的感觉是"乐"，也即前述"孔颜乐处"的"乐"。

二程对"孔颜乐处"的认识，源于其师周敦颐。周敦颐以"孔颜之乐"教授自己的学生，程颢、程颐兄弟从学周敦颐并深受其影响。他们以周敦颐的道德形而上境界之乐为主旨，认真探求，反复体味而达到了"孔颜之乐"的形上境界。"自再见周茂叔后，吟风弄月以归，有吾与点也之意。"（《遗书》卷三）在二程兄弟看来，"孔颜之乐"不仅是指颜回的箪瓢、陋巷形而上的道德境界，而且还包括形而上的审美境界。"吾与点也"就是这种审美境界的体现。当程颐的学生问及"孔颜之乐"的内容时，程颐指出"孔颜之乐"不仅仅是指形而上的道德境界。"鲜于侁问伊川曰：'颜子何以能不改其乐。'正叔曰：'颜子所乐者何事？'对曰：'乐道而已。'伊川曰：'使颜子而乐道，不为颜子矣。'"（《外书》卷七）"乐道"即"乐理"。即"孔颜之乐"不仅是指形而上的道德境界，即"理"的境界，而且包括"吾与点也"的审美境界。但二程还没有将道德境界与审美境界很好地统一起来。

程颢具有道家的人生情怀，其道家情怀似是与生俱来的。在10岁时，程颢从周敦颐处问学归来，便有浑然忘我之态，面对清新的大自然，他仿佛是一位被点化的求道者，油然进入生命和心理的最佳状态，自由、充实而又愉怡，他自称有"吾与点也"之意。成年以后，他依然十分喜爱山水自然，常觉得自己置身山水之间，对那种自由生命境界的体悟是绝对充分的。在山水自然间他能进入到"浑然与物同体"的境界，能体味到这种人间"大乐"。

宋明理学家很讲究生活的情趣，留下许多好诗。宋儒的诗歌世界，如此的精彩、清新和富有诗情画意。程颢有一首《春日偶成》很形象地表达了这种境界。诗云："云淡风轻近午天，望花随柳过前川。旁人不识余心乐，将谓偷闲学少年。"（《二程集》之《程氏文集》卷三）这是他从自然中体味到的生机和喜悦，找到的物与我的相通和对应，从而达到一种心灵与万物间的和谐交融。其《秋日偶成》云："世上名利群蠛蠓（miè méng，小飞虫），古来兴废几浮沤（ōu，水泡）。两事到头须有得，我心处处自优游。"（《二程集》之《程氏文集》卷三）这充分表达了抛开名利之后的优游快乐人生。《陪陆子履游白石万固》云："临溪坐石遍岩谷，幽处往往闻丝簧。山光似迎好客动，日景定为游人长。乘高望远兴不尽，恋恋不知歧路忙。人生汩没苦百态，得此乐事真难常。"程颢深刻体味到融入山水自然的乐趣。

对于中国人的幸福来说，逍遥闲适是至关重要的。知足常乐之所以能够在大多数中国人的生活中落实，就是因为中国人不打算为了更多的幸福而放弃闲适。闲适才能慢慢地品玩人生，才能酌酒吟诗。闲适对于寻常百姓并不难得，他们整日都在随着日出日落的自然节律安排生活。而对那些仕宦者，闲暇却不易得。如果有闲适机会，他即快乐无比，把这种难得的闲适写成诗，让自己的朋友一同分享自己的闲适。这种情景，即使是圣贤也不例外。闲适使中国人懂得了生活的艺术，使其在清贫的生活中尽情享用其拥有的一切。

"乐"从何而来，是理学的一个大问题。周敦颐叫二程寻"孔颜乐处，所乐何事"，就是要求回答这个问题。程颐在解释颜回陋巷箪瓢之"乐"时曰："箪瓢陋巷非可乐，盖自有其乐耳。'其'字当玩味，自有深意。"（《二程集》之《遗书》卷十二）并不是穷有什么可"乐"的，而是内心的精神世界"自有其乐"。程颢从其个人实践上回答了这个问题，我们由其诗文可看出他是内心感受到"乐"的："闲来无事不从容，睡觉东窗日已红。万物静观皆自得，四时佳兴与人同。道通天地有形外，思入风云变态中。富贵不淫贫贱乐，男儿到此自豪雄。"（《二程集》之《程氏文集》卷三）这首诗提到"乐"，其所以能"乐"，一方面是"安贫乐道"的"乐"，即"富贵不淫贫贱乐"，此与周敦颐同；另一方面是天人合一之"乐"。理学家经常爱讲的"孔颜乐处"，作为人生的最高境界，就是指这种不怕艰苦而充满生意、属伦理又超伦理的"天人合一，万物同体"的目的论的精神境界。应当说，这种境界的实现是与物我两忘、超功利的内心之"乐"分不开的；同时，此"乐"又只能在"天人合一"的情况下产生。程颢云："学者须先识仁。仁者，浑然与物同体。义、礼、知、信皆仁也。识得此理，以诚敬存之而已，不须防检，不须穷索……"（《二程集》之《遗书》卷二上）这是被后来理学家广泛传播的《识仁篇》。所谓"识得此理"，就是弄清天人合一的来龙去脉，理解万物同体的内在联系，这就是为什么强调"学者须先识仁"的原因。在程颢看来，"识仁"就是不仅要理解仁的全部内涵，更要认清仁是自己心中固有的道理。不必舍己到客观外在世界中去穷索，而是只要以"诚敬存"自己所固有的仁。

程颢主张人应随时检查自己是否真正具备这种精神境界，如果真有这种境界，就是莫大的快乐，即"万物皆备于我，须反身而诚，乃为大乐"。如果"犹是二物有对，以己合彼，终未有之，又安得乐"（《二程集》之《遗书》卷二上）？"二物"指天与人、客观世界与主观自我，"有对"是说天与人还处于对立的状态。仅仅主观上"识仁"，而在实际中仍然是物归物、我归我，自然不会有什么快乐。要自觉地识仁、存仁、守仁，必须处于"无对"这一"天人合一，万物同体"的状态。"无对"的归宿是得"大乐"，也即"孔颜乐处"的"乐"，而此"乐"是与外在的客观世界不相关的，完全是一种主观精神世界的快乐。

二　朱熹的禁欲主义快乐论

朱熹（1130～1200年），祖籍徽州婺源（今江西婺源县），字元晦,又字仲晦,晚号晦翁、云谷老人、沧州病叟、遁翁,别称紫阳。因为他一生主要的学术活动在福建,所以世称朱熹创立的学说为"闽学",亦称朱子学,又因朱熹晚年讲学于考亭,故闽学学派又称考亭学派。朱熹著作甚富,有《四书章句集注》、《周易本义》等,后人编纂的《朱子语类》、《晦庵先生文集》等。清李光地等编有《朱子全书》。朱熹作为宋代理学集大成者,继承二程思想,强调"存天理,灭人欲"和安贫乐道,其提倡的是禁欲主义的幸福快乐观。

(一)"天理人欲"的对立观

朱熹作为宋代理学的集大成者,其理欲观深深打上了两宋理学的烙印,他主要继承了二程的思想,并加以修正,同时又汲取了其他学者的观点,融会贯通,形成了较为完整的理学理欲观。这集中表现于"存天理,灭人欲"的系统论述。与二程相同,朱熹也十分强调"天理人欲"的两极对立,互不相容,"天理人欲,不容并立"(《四书章句集注·孟子集注·梁惠王下》)。在朱熹那里,理是一个最高的范畴,理在人心即为性。他将人的本质分为理与气二本,认为理即人性,故性善;气即气质,生欲望而乱人性,故恶。所以要存理,就必须灭欲,使气质之气不得作恶。理学从本体论上立论,使封建礼教获得了永恒的性质。

与二程相比,朱熹的"天理人欲"中的"天理"与现实政治关系和现实纲常关系的结合更加紧密,他曰:"亲亲之杀,尊贤之等,皆天理也。"(《四书章句集注·中庸集注》)朱熹将"天理"与现实政治、纲常关系完全等同并"浑融"在一起的过程,也就是现实政治秩序、社会秩序"天理化"的过程,正是在这一过程中,理欲关系的重心开始从一个层次转到另一个层次上,即从道德理性与感性欲望的关系的层次转向社会规范与个人需求即公与私的关系层次上来。他要求人们"存理灭欲"。对于朱熹的"存理灭欲"论,以往学术界由于受"左"的影响,对之批评颇多,而对其中的合理因素发掘较少,在一定意义上说,这似乎有失公允。我们应当本着实事求是的原则,对之作出客观的评价。

(二) 安贫乐道

朱熹本人具有两种精神情愫,那就是敬和静。敬和静在朱熹那里达到了完美的统一,它们融化在朱熹的言行举止和音容笑貌之中。他曰:"大凡学者,须先理会敬字。敬是立脚去处。"(《朱子语类》卷十二)持敬,就要做到心常惺惺,如履薄冰。朱熹又曰:"人心常炯炯在此,则四体不待羁束,而自入规矩。"(《朱子语类》卷十二)他把敬作为人生的基点。为何要敬呢?在朱熹看来,"敬"就是"畏":"敬非是块然兀坐……只是有所畏谨,不敢放纵,如此,则身心收敛,如有所畏。"(《朱子语类》卷十二)其实,畏不是什么神秘的东西,从根本上说,畏是一种人心的自觉,一种终极关怀的情怀。其敬畏乃是对人性自身的那个绝对本质的敬畏。

朱熹的风范中,敬又是一种静,所谓静,即是一种安详和乐宁静如一的精神情愫和人格风貌。在敬畏中,虽应该如履薄冰、如临深渊,但敬畏不是惧怕、恐慌,不是对外部敌对力量的避之唯恐不及的空间,而是一种虔敬的接受,一种与之合解熔铸的通达。因此,最终极的敬畏又导致最内在的宁静,并在宁静中呈现出一种与天地参的和悦。和悦与敬畏的和谐如一,就是"诚"与"乐"。朱熹的风范显然是由这两种情怀交融而成的。在虔敬的言行举止中透露出来的不是强迫和努力,而是出于天性本于天理的怡然自适。

朱熹颇有读圣贤书的味道,李侗对其影响极大。朱熹24岁时遇到李侗，此前他学无常师，且兼学佛老，在人生仿效和学问上都感到彷徨。李侗（1093年~1163年），字愿中，世称延平先生，剑浦（今福建南平）人。从罗公彦学，既而退居山田，谢绝世故四十余年。高宗绍兴二十三年（1153年），朱熹受业于门下。据记载当时的生活条件十分艰苦，而李侗能怡然自适。其一生为学慎重凝然，不著书，不作文，安贫乐道，颇有孔门弟子颜回的风貌。李侗有诗《静庵山居》云："胜如城外宅，花木拥檐前。一雨晚时过，群峰翠色鲜。采荆烹白石，接竹引清泉。车马长无到，逍遥乐葛天。"（《全宋诗》第三十二册）"葛天"即生活快乐的远土部落。李侗认为天理与人欲相混杂，只有与现实生活作一隔离，默坐独慎，澄明心境，才能从滚滚而来的心际欲念中体察出天理。能默坐澄心，体认天理了，在现实生活中才会不受阻隘，潇洒自如，怡然自得。其这种思想意识对朱熹影响较大。

朱熹对安贫乐道的看法是重复多于新的建树。朱熹云："言君子所以为君子也，以其仁也。若贪富贵而厌贫贱，则是自离其仁，而无君子之实矣，何所成其名乎？"（《四书集注·论语集注·里仁》）"仁"是孔子以来儒家传统哲学的根本范畴。荀子以为，君子立志于安贫乐道，是对"仁"的发扬与光大。朱熹以"仁"为君子人格的实质性规定，并无超越孔荀之处。在朱熹看来，"仁"的境界的实现，必须奠基在"胜私欲"以复"天理"上："故为仁者，必有以胜私欲而复于礼，则事皆天理，而本心之德复全于我。"（《四书集注·论语集注·颜渊》）这大体上也不出荀子所言"君子能以公义胜私欲"的框架。这在儒家看来是一种至上的快乐，而此"乐"又须奠基在"以道制欲"的基础上，这样，安贫乐道就成为君子理想人格的必备素质之一。南宋儒生罗大经的话颇具代表性："吾辈学道，须是打叠教心下快活。古曰无闷，曰不愠，曰乐则生矣，曰乐莫大焉。夫子有曲肱饮水之乐，颜子有陋巷箪瓢之乐，曾点有浴沂咏归之乐，曾参有履穿肘见、歌若金石之乐。周程有爱莲观草、弄月吟风、望花随柳之乐。学道而至于乐，方是真有所得。大概于世间一切声色嗜好洗得净，一切荣辱得丧看得破，然后快活意思方自此生。"（《忧乐》，《鹤林玉露丙编》卷三）其间的禁欲主义倾向一目了然。

不过时代越往后推移，则禁欲主义倾向越明显，这是儒家安贫乐道思想发展的趋势。孔子宣扬"一箪食，一瓢饮"的苦行精神，孟子也有过"寡欲"的主张，但尚无明确的禁欲主张。荀子强调"虽为守门，欲不可去"（《荀子·正名》），认为普通人的基本物质欲望是不能抹杀的，如果人格提升到理想的层面，荀子则有明确的禁欲主义倾向。"公义胜私欲"、"以道制欲"，在荀子看来都是君子人格境界的必备前提。这在朱熹那里更为突出，而后于朱熹的罗大经以"一切声色嗜好洗得净，一切荣辱得丧看得破"方为"至乐"的说法，更为干脆明了。此一趋向把德行的完善与人的贪欲相对立，强调理想人格的境界是排斥个人利益与情欲的。儒家以禁欲主义为安贫乐道的君子的先决条件，其对中华民族历史的发展所起的消极作用自不待言。但也不可否认，当个人处于贫穷的境地时而又锲而不舍地追求一定价值的目标时，安贫乐道又起着一种精神砥石的积极作用。当代学者张岱年先生指出："专心致志研究学术的知识分子，不追求声色货利，不谋富贵利达，唯一的兴趣是揭发自然的奥秘，探求人生的准则。历代许多知识分子经常过着清贫的生活，住在简陋的房屋，穿着粗布的衣服，而志气高昂，奋发向上。这是一个可贵的传统。"[1]

---

[1] 张岱年：《文化与哲学》，教育科学出版社1988年版，第321~322页。

三　胡宏、吕祖谦对孔颜乐处的弘扬

（一）胡宏的"不介意"快乐论

胡宏（约1105～1161年），字仁仲，建州（今属福建）崇安人，北宋著名学者胡安国的季子，学者称五峰先生。清代全祖望推崇其学，谓"中兴诸儒所造，莫出五峰之上"，"卒开湖湘之学统"。著有《知言》六卷、《皇王大纪》八十卷等。胡宏在肯定人欲合理的基础上提出了"不介意"快乐论。

1. 不以欲为念，不计较利害

天理与人欲的问题是每个理学家都要面对且必须回答的问题。北宋理学的天理代表着普遍的道德原则，强调思想境界和精神的追求；人欲则是出于自私的利己的需要，强调的是生存的原则和物质生活条件的享受。

胡宏是理学阵营中最早肯定人欲合理地位之人，他提倡天理人欲"同体异用"说，他曰："天理人欲同体而异用，同行而异情。进修君子，亦深别焉。"（《胡宏集》之《知言疑义》）在此，"同体"、"同行"是说理欲双方共存于同一人体及其事物活动之中，"异用"、"异情"则披露了天理人欲的作用和表现情形不同，即天理立足于道义的要求，人欲则服务于生存的需要。何为天理，何为人欲，取决于人们评价的出发点和动机。因此君子的修身养性，需要在同体、同行中去认真地分辨异用和异情。

胡宏认为，理欲双方虽然共处，各有其存在的必要，但因反映着不同的需要而在利益上互相冲突，欲盛则必定理昏，作为一个道德高尚的君子，应当自觉地屏除物欲的蒙蔽而发明天理。他有诗称："心由天造方成性，逐物云为不是真。克得我身人欲去，清风吹散满空云。"（《次刘子驹韵》，《全宋诗》第三十五册）人的真正价值追求、人的道德生命在天理而不在人欲。而且过分的欲望不但威胁着天理，在人们日常生活中，还会干扰人的认识，使人作出错误的判断。

归结起来，胡宏对欲望的观点有两个方面的内容，即从事实一方所给予的肯定的回答，无此必不行；而在价值评价一方，由于众人欲望的不能中节，也就不能给予善的评价。需要圣人的教化和引导，以期最终达到一种主观上不以欲为念，对外在的利害得失不予计较的心态。他曰："人欲盛，则天理昏；理素明，则无欲矣。处富贵乎？与天地同其通。处贫贱乎？与天地共其否。安死顺生，与天地同其变，又何宫室、妻妾、衣服、饮食、存亡、得丧而以介意乎？"（《胡宏集》之《知言·纷华》）整个世界既然是一个大我，何物非我，何我非物，就不应去计较小我。

2. 孔颜乐处与不介意

前述少年二程向周敦颐问学，周告知："寻颜子、仲尼乐处，所乐何事！"就周敦颐而言，他并未明白告知"何事"究竟为何，而是将它与"富贵"与否的问题联系起来加以思考，要求发明颜回不爱富贵而乐于贫贱"独何心哉"的问题。周敦颐提出了著名的"道充为贵"说，道的充实在君子具有最高的价值。因而所谓孔颜乐处，实质就是乐在道义的充实和精神的高尚。就二程来说，他们在讲了孔颜之乐"非乐食饮水也"，"非乐箪瓢陋巷也，不以贫窭累其心而改其所乐也"（《论语集注·雍也》）之后，也未直接言明究竟"所乐者何事"的问题。似乎从正面回答会限制这一问题的普遍意义，即使以最高本体范畴来充当亦属不可。故当程颐与弟子讨论这一问题、反问弟子"颜子所乐者何事"时，对弟子回答的"乐道而已"，程颐并不同意，强调说："使颜子而乐道，不为颜子矣。"（《二程集》之《外书》卷七）道若作为乐的对象的话，则尚与人处于对立的关系而没有达到双方的统一。这较之周敦颐更为严格化了，即只要还有"外"则不能算是"乐"，因为它会看低颜子所达到的精神境界。

后来朱熹在作《论语集注》时,对二程的思想进行了归纳,但却又称:"程子之言引而不发,盖欲学者深思而自得之。今亦不敢妄为之说。学者但当从事于博文约礼之诲,以至于欲罢不能而竭其才,则庶乎有以得之矣。"(《论语集注·雍也》)话虽说得高深莫测,然其要旨,仍不过是强调道德的自律和精神追求的至上性而言。

胡宏首先以程颢称"昔受学于周子,令寻仲尼、颜子所乐者何事"为根据,提出"道学"是由周敦颐传往二程的,说明这个"所乐者何事"对于理学的创立和发展,对于儒家道统的延续,都具有十分重要的意义。胡宏继续了不正面回答"何事"为何的思维定式,但通过他的阐发不难看出,他实际上是将它作为至上的精神境界来看待的,因而他提出并强调了"真乐"的问题:"饮水曲肱,安静中乐,未是真实乐。须是存亡危急之际,其乐亦如安静中,乃是真乐也。此事岂易到,古人所以惟日孜孜,死而后已也。"(《胡宏集》之《与彪德美》)安静中乐是容易做到的,因为此时尚不与人的利害关系直接冲突。至于存亡危急之际,能够不为外物所动,始终保持心灵的安静和对理想境界的崇高的追求,才能算是"真乐"。这比之周敦颐又附加了时间和真假的规定。

关于胡宏之"真乐"的至上境界的内涵,我们不妨从他所引用的孟子言论来作进一步的分析。《知言·义理》云:"孟子论曰:'禹、稷当世平,三过其门而不入,孔子贤之。颜子当乱世,居于陋巷,一箪食,一瓢饮,人不堪其忧,颜子不改其乐,孔子贤之。'孟子曰:'禹、稷、颜回同道。禹思天下,有溺者犹己溺之也;稷思天下,有饥者犹己饥之也,是以如是其急也。禹、稷、颜子易地则皆然。'"从胡宏所引述的思想来看,他所寄托的至上境界的内涵,大致有三点:一是禹、稷三过家门而不入、忧天下之所忧、急天下之所急的精神境界,突出了拯救天下人出苦难、免饥寒的博爱思想和慈悲心怀;二是颜子身处乱世却不随波逐流,能安于贫贱的生活和保持乐观向上的志向;三是贫贱忧戚的生活能够培养锻炼高尚的道德情操,具备了这样的情操,穷时如颜回能够独善其身,达时如禹、稷则能兼善天下,在颜回和禹、稷之间,差别只在于时遇不同而已。将这三层含义总括起来,就是一种"仁者以天地万物为一体"的宽广胸怀和崇高境界,到达此种境界,个人的贫富、贵贱、荣辱等,自然皆被抛于脑后了。

归结起来,从周敦颐的"道充为贵"到胡宏的不以"宫室、妻妾、饮食、存亡、得丧而以介意"都是对孔颜乐处的弘扬的继续。但是比较起来,在周敦颐和胡宏之间,伴随着要求的严格化,他们的思想也存在一定的差别。这主要是周敦颐提出孔颜乐处时尚没有明确天理和人欲的对置,这一问题在张载和二程以后才逐步突出起来。同时,周敦颐的"道充为贵"是自觉自愿,而胡宏的"不介意"说却是自觉,而并非自愿,这就给他结合对利益和富贵问题的思考来解决传统义利问题在理论上作了铺垫。

(二)吕祖谦的乐天知命

吕祖谦(1137~1181年),字伯恭,学者称东莱先生,婺州(今浙江金华)人。历太学博士,官至著作郎兼国史院编修、实录院检讨。主张抗金,改革弊政。居明招山讲学,晚年办丽泽书院,"四方之士争趋之",形成"婺学",又称"吕学"或"金华学派"。与朱熹、张栻齐名,时称"东南三贤","鼎立为世师"。著有《东莱吕太史文集》十五卷、别集十六卷、外集五卷等,并辑有《近思录》等。

1. "以圣人为准的"

"圣人"原是先秦儒家的理想人格。孟子曰:"圣人,人伦之至也。"(《孟子·离娄上》)荀子亦曰:"圣也者,尽人伦也。"(《荀子·解蔽》)以儒家为宗的吕祖谦,在理想人格问题上所继承的亦是先秦儒家的传统观点。他明确宣传:"人之为人,非圣人莫能尽。"(《东莱博议》卷1《齐郑卫战于郎》)认为作为一个人,只有达到圣人之境界,才能真正领悟人生之真谛,无愧于"做一个人"。

吕祖谦强调首先要立志弘毅才能至圣。人和动物不同,是有独立意志的。吕祖谦充分认识到独立意志对于成就理想人格的重要性。他曰:"若欲成天下之大事,立天下之大节,非有决断之志者必至于疾疢危厉而后已。"(《文集》卷13《易说·遁》)这指出要实现自身的最大价值,就必须保持自己的远大志向,"以立志为先"。吕祖谦认为,只要始终以圣人的标准激励自己,天下就没有自己"不可为之事",也就没有自己达不到的境界。

吕祖谦强调,人应当历经忧患,不耻恶衣恶食。在人生的旅途中,并非总是阳光明媚、鲜花灿烂的。人们常常碰到的是坎坷迭起,磨难纷至。如果不敢正视这一切,勇敢地接受生活的挑战,要想实现自己的远大抱负,只能是一句空话。吕祖谦提出了"小大成就皆是患难中得"的命题。即"忧患艰难方是天大成就处……小大之成就皆是患难中得"(《文集》卷18《孟子说》)。人只有饱尝忧患,历经艰难,才能掌握驾驭人生的本领,培养起高尚的人格。相反,一个人习惯于安逸舒适,就很难承受住生活的考验,遇到意外之阻碍则畏缩不前。吕祖谦的这种理论虽近似老生常谈,毫无新鲜之感,但又恰恰是人生自我完善的经验之谈。

人们往往可以对于骤然而至的忧患艰难泰然处之,但却不能忍受长期艰苦生活的折磨,吃不得粗茶淡饭,住不惯简室陋居。吕祖谦曰:"能恶衣恶食在众人中不愧,方可。"(《文集》卷20《杂说》)他认为,仅仅是主观上想做一个志向恢弘、道德高尚的仁人志士,但又不能安贫守苦,"耻恶衣恶食",则注定是不会成功的。吕祖谦强调,真正的仁人志士,不仅在口头上"不耻恶衣恶食",而且要从内心深处认为,为坚持崇高的人格和远大抱负而在大庭广众面前"恶衣恶食"并不可耻,居所简陋并不羞愧。唯有如此,才能有望进入圣人的殿堂。

人生价值的大小,不是取决于索取之多寡,而取决于奉献之多少。尤其对那些有志于成就理想人格和坚持独立意志的人来说,物质生活之艰苦,确实算不上什么,只要精神生活充实,保证自己的人格和意志不受玷污,亦未尝不是人生之一大乐趣。正如宋代理学家津津乐道的"孔颜乐处",就成为众多理学家本身之一大乐趣。它成为宋代理学家乐此不疲的大课题。

沿着程颢的思路,吕祖谦对"孔颜乐处"又作了进一步的研究。他指出"至乐之地,人皆有之"(《东莱博议》卷4《公孙归父言鲁乐》),而对权势恩宠的思慕、文章华丽的追求、声色犬马的沉湎、田猎游玩的嗜好,这是"陋人之所乐",显然不是孔颜之乐。"饭也、饮也、曲肱也","箪也,瓢也、陋巷也",也不是孔颜之乐的依据。答案只有一个,即追求道德的完整、实现自身的最大价值,才是孔颜之乐。无疑,这也是吕祖谦本人之乐。

如果说孔颜之乐与常人之乐有所区别的话,那么君子之"忧"亦与常人之忧不同:"君子所忧之事与小人不同。君子以是非贤否为忧,小人以吉凶得失为忧。君子所谓终身之忧,如孟子所言忧不如舜耳。若所谓一朝之患非祸患乃忧患之患,夫外物之来岂可前必?君子非无一朝之祸患也。"(《文集》卷18《孟子说》)这是说小人是以"吉"、"得"为乐,以"凶"、"失"为忧的,君子则以"是"、"贤"为乐,以"非"、"否"为忧。对于君子来说,他们的"终身之忧"是唯恐自己不能成为舜那样的圣人,而不计吉凶得失,但求内心无愧。这种忧乐观念,乃是吕祖谦为成就理想人格而专门设计的。

2. 乐天知命

在现实社会中，每个人的命运是各不相同的。是向不公正的命运抗争呢，还是屈从命运的安排？在这个问题上，吕祖谦和众多理学家一样，其基本观点是赞同后者，反对前者。他认为虽然人与人之间的命运大不相同，但这都是上天的安排。不同的命运体现的是同一天理。真正的仁人君子不是在改变自身命运的基础上成就自己的理想人格，实现自己的远大抱负，而是在服从命运的前提下，增进自己的道德修养。吕祖谦曰："如成汤夏台之囚，文王羑里之狱，孔子陈蔡之厄，孟子在薛之厄皆祸患也。但君子乐天知命，安常处顺，夫何忧何惧。"（《文集》卷18《孟子说》）上述这些历史人物都是吕祖谦心目中的"圣人"。他们都曾一度受到了不公平的待遇，可谓命运多舛。但他们却以"乐天知命，安常处顺"的态度对待这一切，既不忧愁伤怀，也不惊慌恐惧，终于使自己成了"圣人"。其言下之意无非凡是有志于成为圣人者，也应该像成汤、文王、孔、孟一样"乐天知命，安常处顺"。

有鉴于此，吕祖谦着重论述了"致命"与"遂志"的关系。"君子以致命遂志。人多谓因穷不能遂志，往往言有其志而无其命，此不能致其命者也……"（《文集》卷14《易说·困》）在封建社会中，绝大多数人是处于穷困之地，而其中却不乏壮怀激烈、鸿鹄之志者。吕祖谦要求人们听任命运的摆布，对于多舛之命运逆来顺受，以完成自己的道德修养，从而做一个仁人君子。为此，他强调无论是富贵之命，还是穷困之命，都是不可违背的。在他看来，人处富贵之地，"致命"比较容易，成其所欲并无多大的困难，"遂志者"居多。相反，处穷困之地、命运不济者，要"致命"是相当不易的，而其所欲者多半不能成功，"遂志"就更难。唯有处穷困之地、命运不济者因其努力"致命"

233

而最终"遂志",才会真正掌握"致命遂志"的要诀。诚然,作为志向远大、道德高尚的仁人志士,确实不能因为命运不公而"变其所守",辱没自己的人格,背叛自己的信仰和意志,而要做到泰山压顶不弯腰,越穷困志越坚。所谓沧海横流,方显英雄本色。但吕祖谦所强调的重点显然不是如此,而是希望处于穷困悲惨境遇中的人们听天由命。果真如此,处于穷困之地而怀有远大志向的人是永远不可能"遂志"的,因而所谓"乐天知命"、"致命遂志"理论的消极因素也是显而易见的。

四 陆九渊"心学"的快乐论

陆九渊(1139~1193年),金溪(今属江西)人,字子静,号存斋、象山翁,学者称象山先生。与兄九韶、九龄并称"三陆"。清全祖望谓"三陆子之学……象山成之"。陆九渊乃公认之天才。4岁时仰天俯地,用稚嫩而悠远的心灵琢磨:"天地何所穷际?"苦思冥想,以致不食不睡,最后其父不得不动用父亲的权威喝止他。陆九渊不像朱熹那样遍寻名师博采众家之长,而是旱地拔葱式的崛起,超越其时流行的一切,师古——直承孟子的心性论;师心——发明自己的本心,于是开"心即理"之说,重在发明本心,开创"心学"一派,震动天下,并被王阳明发扬光大,成为陆王学派。陆九渊的著作被后人编为《象山集》或称《陆九渊集》。

(一)"存心去欲"

当程朱理学的理性走向极端时,陆九渊的心学理论逐渐崛起。陆九渊批判程朱的"天理人欲之辨",反对的是"天理"、"人欲"的提法,而不是其内容。陆九渊发挥儒家传统的"天人合一"之意,认为理不离人,"天降衷于人,人受衷于天,是道固在人矣"(《与冯传之》,《陆九渊集》卷13)。从人与社会伦理道德即"理"的关系上看,更是"四端者,人之心也。天之所以与我者即此心也,人皆有是心,心皆具是理,心即理也"(《与李宰》,《陆九渊集》卷11)。可见,陆九渊与程朱一样,承认"理"是一个宇宙的和道德伦理的本体,它又不离人。他的"心即理"中的"心",就不仅是对"理"的一种不同的表述,而且还成为一个依赖于人的感性血肉之身,但同时却又是道德本质和起源的本体性范畴。

陆九渊的"心即理"命题,把"心"片面地规定和强调为一个绝对超越感性自然存在的"纯理世界",从而使其在道德理性和感性欲望、群体利益与个体利益,即"天理"与"人欲"的关系方面,表现出与程朱的"存理灭欲"观极为一致的认识倾向:"夫所以害吾心者何也?欲也。欲之多,则心之存者必寡。"(《养心莫善于寡欲》,《陆九渊集》卷32)这皆是从道德理性与感性欲望的角度论说理(心)欲对立的。在陆九渊看来,人心是一个全善无恶的统一的伦理精神整体,而"欲"只是外物引诱的结果,并非人心之所有。这是明显的"理善欲恶"理论。其作为一般的道德理论,是片面和畸形的,因为鄙视现实物质生活的改善和提高,否定物质生活的价值,最终必定导致其萎缩。

以心为本体的陆九渊强调由存心明理而去欲,其重点是"存心"而不是去欲。他强调:"义理所在,人心同然,纵有蒙蔽移夺,岂能终泯,患人之不能反求深思耳。此心苟存,则修身、齐家、治国、平天下一也;处贫贱、富贵、死生、祸福亦一也。"(《邓文苑求言往中都》,《陆九渊集》卷20)"身或不寿,此心实寿;家或不富,此心实富,纵有患难,心实康宁……但当论人一心,此心若正,无不是福。"(《荆门军上元设厅皇极讲义》,《陆九渊集》卷23)。可见,人只要不为物欲所迁,不为

235

困苦危难所屈，就能从根本上"去欲"。

(二) 须大做一个人

陆九渊强调弘扬人的内在本质，将人扩展为一种真正的"大人"。他认为，人皆有本心，但大多流放于外了，要求人尽可能地把内心的本质创造出来，这种努力必须弘扬激发起人的内在潜力和狂放不羁的豪情。正像陆九渊所言："人须是闲时大纲思量，宇宙之间如此广阔，吾身立于其中，须大做一个人。"(《陆九渊集》卷36) 此之"大做一个人"，非是自大狂，而是进入与天地合德的境界，这样的一个"大人"，也就是一个独立的超人。他堂堂正正，凝视宇宙万里于一身，括天地万物于一心，他的发明呈现使他驾驭万物之上，无所不知，无所不能。此时之心学，恢复了早期儒学阳刚雄健的人生姿态，恢复了儒学的"大丈夫"风采："仰首攀南斗，翻身倚北辰，举头天外望，无我这般人！"这是陆九渊诗中所描绘的顶天立地的大人、超人形象。这样一个终极的大人，是心学所追求的目标，陆九渊在象山精舍讲学时提出了"明理"、"立心"、"做人"的宗旨。在他看来，为学的目的并不在于认知，而在于做人，在于真正做一个人，一个堂堂正正的大人。此诗既是心学的一种境界，也是陆九渊的个人生活和为学所追求的真实写照。

陆九渊的心学乃是一种继承着孔孟之道的儒学，它的精神自然有着终极关切的情怀。也就是说，它并非从个人的情欲心志出发，从一己的利益出发，而是从整个世界出发，以大我、以绝对的大心为依归。在陆九渊的心学中，始终贯彻着这种庄严的肃敬和人格的严毅。

(三) 崇尚雅颂礼乐

南宋王朝偏安一隅，享乐思想浓厚，决定了审美性更强的燕乐不断得以繁兴，造成实际上雅乐不被人喜爱，雅乐中宣扬德化的思想被人冷落的社会现实。这是那些复古意识浓厚与复古精神强烈的中下层文人儒士所愤慨的，这就促使宋代雅乐的修正。虽然事实上古雅乐早已失传，是不可能复古周礼乐制的。但宋人这种强烈的复古意识与坚韧不拔的复古精神，却成为两宋特别是南宋礼乐审美情趣的主流。

陆九渊是南宋崇尚雅颂礼乐，宣传德化思想的典范，他具有鲜明的礼乐复古意识和精神。他早年创作的一首自己很喜爱的诗《少时作》云："连山以为琴，长河为之弦。万古不传音，吾当为君宣。"诗中把山比作琴架，把长河比作一根琴弦，自己想象中弹着这样独特的一弦琴，目的是把"万古不传音"演奏给时人听。这从一个侧面表达了他的礼乐复古意识和精神，反映了他的礼乐审美情趣以琴德为己任。陆九渊所指的万古不传之音，当指周礼乐德教化思想，因为诗中以山为琴、河为弦，意象中所宣扬的琴德广播四方，这只有成周礼乐时期才能做到。从陆九渊文集中多处谈及周道之衰的言语中可以得到旁证。陆九渊谈周道之衰既不是否定周礼乐制，也不是说南宋时期礼乐的沦丧至尽，而是对南宋时期的礼乐只停留在"大言侈说"上的现状不满，他所希望的是体会礼乐并自觉接受礼乐教化从而人人为尧舜的实践。正如其《刘晏知取予论》所云："至于谈仁义，述礼乐，既古人之文不既古人之实，大言侈说而不予用……"要体会周礼乐思想，首先在于正确认识周礼乐。

前已述及，孔子对礼乐的判定标准是美与善，认为诗乐兴，礼义立，然后大乐乃成。孟子的礼乐突出以乐化德的观点。荀子的礼乐观，强调音乐由人内心出，人道与心性的变化皆尽由礼乐而起，所以礼乐管乎人心；而先王之礼正，以乐宣德而达到的境界深远，所以其道盛。陆九渊的文集，虽然没有专门论述礼乐的文章，但其礼乐观点零星见于其书。《与傅圣谟》云："夫子绝粮,齘七日不食,而匡坐,弦歌,歌声若出金石,夫何累之有哉?"(《陆九渊集》卷6)《敬斋记》云:"黄钟大吕施宣于内,能生之物莫不萌芽。奏以太簇,助以夹钟,则虽瓦石所压,重屋所蔽,犹将必达。是心之存,苟得其养,势岂能遏之哉?""心之所为,犹之能生之物得黄钟大吕之气,能养之至于必达,使瓦石有所不能压,重屋有所不能蔽。"(《陆九渊集》卷19)在陆九渊看来,诗乐兴之作用在于人学诗乐而有所致用;孔子删定诗三百,以《关雎》为首篇的标准是韶乐的美与善的音乐教化性能;曾子七日不食而弦歌金石之乐而不累,是好礼乐及礼乐教化的作用;音乐由人内心而出,礼乐宣于内,可感化万物之灵,其感化之力是潜在和强大的;礼义是内心固有和情、思不能超越的,崇礼义必须先养心致敦厚境界;谈仁义,述礼乐,要以尧舜孔孟之学为本,更主要的是学以致用。

陆九渊的礼乐观点根基在于孔孟的礼乐思想,实际上还融入不少荀子的礼乐思想。如"子谓韶尽美矣,又尽善也;谓武尽美矣,未尽善也"(《论语·八佾》);"见其礼而知其政,闻其乐而知其德"(《孟子·公孙丑上》);"乐也者,和之不可变者也;礼也者,理之不可易者也。乐合同,礼别异,礼乐之统,管乎人心矣"(《荀子·乐论》)。在陆九渊看来,礼乐藏于心而生发万物,礼乐入人之深、化人之远,是无法阻挡的。礼乐的最高标准是达到好与善。其中以孔子的韶乐美善标准为基础,以孟子的德化为目的,以荀子的乐管乎人心为方法。陆九渊的心学之"本心",从礼乐角度来说,实起源于荀子的"礼乐之统,管乎人心"的礼乐思想。

陆九渊的礼乐雅正思想是非常淳朴的。其所谓"本心"的最高境界,是人人皆为尧舜,实际上成周礼乐所宣扬的德化之境界,即孔孟追述的礼乐仁义之内涵;其"易简"说"先立乎其大者"所指的"大",是"万物皆备于我矣"的境界。换言之,陆象山所宣扬的"大",实际上要求自我首先有"乐成"时的那种境界,其理论基础来源于礼乐。《荀子·乐论》云:"乐由中出,乐由中出故静。大乐必易,乐至则无怨。"大乐即雅音礼乐,如此,陆九渊的"易简"论题的起源也与荀子的礼乐观有关联,其宣扬的"易简",实际上本身就是一种"大"的境界,是一种"大乐"的境界,是雅颂礼乐的德化思想之反映。陆九渊的礼乐思想充分体现在其日常生活之中。《陆九渊集·年谱》载其在50岁时"平居或观书,或抚琴。佳天气,则徐步观瀑,至高诵经训,歌楚辞,及古诗文,雍容自适。虽盛暑,衣冠必整肃,望之如神"。其雍容自适的生活作风本身就是一种古礼制的承继;其生平爱好抚琴,常以琴德自怡自乐,也反映了他崇尚古乐的情趣,这种生活作风与情趣,是对南宋雅颂礼乐宣扬德化思想的体现的典型。

五 范仲淹的"后天下之乐而乐"

范仲淹(989~1052年),吴县(今属江苏)人,字希文,北宋名臣,著名政治家、思想家、文学家,其著作被后人辑为《范文正公全集》。他提出的"先天下之忧而忧,后天下之乐而乐"的伟大人生格言,充分体现了其民本思想。他身体力行,一生以人民、国家利益为重,以实际行动去实践"先忧后乐"的光辉思想,为后人所景仰。忧国忧民精神,不仅是范仲淹人格的最高境界,也是中华民族传统文化的精华。

(一)"先忧后乐"忧乐观的形成

"先天下之忧而忧,后天下之乐而乐"是脍炙人口的名言,它出自范仲淹的《岳阳楼记》。庆历六年(1046年),范仲淹因提倡改革被贬,恰逢他另一个贬在岳阳的朋友滕子京重修岳阳楼罢,请他写一篇楼记,他借楼写湖,凭湖抒情,写下了著名的《岳阳楼记》。其中的一段文字,说明其气节:"予尝求古仁人之心,或异二者之为。何哉?不以物喜,不以己悲,居庙堂之高,则忧其民;处江湖之远,则忧其君。是进亦忧,退亦忧。然则何时而乐耶?其必曰:'先天下之忧而忧,后天下之乐而乐!'"千百年来,经历了不同的历史时代,范仲淹的忧乐观一直受到人们的景仰,不是偶然的。因为他在政治上积极进取,具有使命感;在道德观上,忧国忧民,具有爱国主义精神。

范仲淹忧乐观的形成不是偶然的,而是有其自身背景。范仲淹幼年丧父,生活清贫,10岁时靠亲戚资助才得以读书,家境的贫困,坎坷的经历,艰苦的生活状况,磨炼了他的心志。他深刻理解了孟子"生于忧患,死于安乐"的人生哲理。在南都学舍时,他经常对学友言"士当先天下而后个人"。在艰苦的求学中,已经认识到个人与天下的关系,其"忧和乐"观念已经萌芽。

(二)"先忧后乐"忧乐观的表现

范仲淹"先忧后乐"的人生哲学既源于儒家,又有较大的发展。孔子赞颜回"人不堪其忧,回也不改其乐",提出了"忧中有乐"的哲理;而孟子"生于忧患,死于安乐"的说法,既肯定了"忧中有乐",又说明了"乐极生忧"的道理。这种忧乐相互制约的哲理,既很有见地,也很有积极意义。而范仲淹在忧、乐这对矛盾中,抓住了矛盾的主要方面"忧",提出"先忧后乐"的哲学思想,自成体系。

首先,先国之忧。范仲淹在求学时期,就"慨然有志于天下"(《范公碑铭》,《欧阳永叔集》卷二十)。进入仕途后,以"至诚许国","进则尽忧国忧民之诚,退则处乐天乐道之分"(《谢转礼部侍郎表》,《范文正公全集》),是进亦忧,退亦忧,知进退之分，得去就之理。他一生四次做京官，三次遭贬官。范仲淹常曰："家常饭好吃，常调官好做。"他为国分忧，不做常调官，向来为仕途楷模。

其次，先民之忧。忧民是忧国的根本，据叶大发《高邮政军兴化县重建范文正公祠堂记》："昔文正公为士时，已有泽民之志，每谓士当先天下之忧而忧，后天下之乐而乐。"（《范文正公集》附《褒贤祠祀》卷一）范仲淹曾向神灵发誓，"夫不能利泽生民，非大丈夫平生之志"（吴曾：《能改斋漫录》卷十三）。他表示要"上诚于君，下诚于民"，"不以富贵屈其身，不以贫贱屈其志"（吴曾：《能改斋漫录》卷十三）。范仲淹在《用天下心为心赋》中云："不以己欲为欲，而以众心为心"；"何以致圣功之然哉，从民心而已矣"！范仲淹不是一个口头思想家，他是一个政治实践者，其先民之忧，都以其忧民之政绩体现出来。

（三）"先忧后乐"忧乐观的践行

范仲淹一生节俭自律，"戒之在德"，他之所以如此，是因为他"出入困穷，忧思深远"（《让观察使第三表》，《范文正公全集》卷四）。范仲淹正身力行，始终如一，宋仁宗御撰《范公碑铭》：范公"丧母时尚贫，终身非宾客食不重肉"，且"妻子仅给衣食"，出自皇帝手笔，非同一般的赞誉。宋代名士富弼撰《范公碑铭》曰："既昱，门中如贫贱时，家人不识富贵之乐。"范仲淹对己对家人十分苛刻，对他人却"临财好施，德豁如也"（《范公神道碑铭》）。《范公言行拾遗录》卷一记载："公自政府出，归姑苏，焚黄搜外库，惟有绢三千匹；令掌吏录亲及闾里知旧。自大及小，散之皆尽。"范仲淹这种身体力行的"先天下之忧而忧"的精神，如日月行天，足以昭鉴后世。

1. 为民兴利除弊

作为"大通六经之旨"的范仲淹，做官所到之处，身体力行造福百姓。天禧五年（1021年），范仲淹监泰州西溪盐仓。泰州的海陵、兴化等县，濒临大海，原来土地肥沃，民众生活富足。后来由于海堤多年失修，潮水泛滥，土壤碱化，百姓好多逃荒异乡。专管盐仓之事的小官范仲淹，"越职言事"，立即向任江淮发运使的张纶建议修复捍海大堰。范仲淹在为政实践中同样以"先天下之忧而忧"的诚心为广大平民百姓的疾苦而呼吁请命，兴利除弊。因之他不仅多次上书，提出了一系列"固邦本"、"厚民力"、"以救民之弊"的改革主张，而且他自己躬身力行，积极实践。他为官所至，无不采取惠民之政，力争造福于民。或为民请命，减轻百姓负担；或兴修水利，发展农业生产。如明道二年（1033年），江淮发生灾害，范仲淹请求朝廷遣使巡行，赈济灾民。他奉命安抚江淮，每到一处，便开仓赈济灾民，严禁淫祀，并奏免庐州、舒州的折役茶，以及江东丁口盐钱。正是从忧民、爱民的仁政思想出发，范仲淹把官吏的廉洁同仁政的推行紧密地联系了起来。基于这种认识，他极力提倡为政者的俭约清廉之节，主张"清心做官"，要"不以己欲为欲，而以众心为心"。他一生言而有行，自奉俭约清廉，"富贵贫贱、毁誉欢戚，不动其心"。

2. 为民请命，敢斗权奸

范仲淹为民请命、冒死直谏的言行，历来为史家所称颂。庆历新政实行后，根据欧阳修的建议，任命一批精明干练的按察使，派往各地，视察官吏善恶，坚决地把贪官污吏清除。富弼见他毫不留情地罢免贪官污吏，不免敬畏，从旁劝止，但范仲淹丝毫不动摇。天圣七年（1029年），他任秘阁校理，反对仁宗皇帝率百官给皇太后上寿。他上书太后，要求还政给仁宗，结果被贬为河中府通判。刘太后死后，范仲淹被召回朝廷，任右司谏，他上书言事更加无所畏惧。这些言行，尽管涉及统治阶级内部关系，终极目的在于维护赵宋王朝的长治久安，但也应当看到，其中包含着一种平等民主的进步思想因素，以国计民生为是非标准，而不是以权势为轴心。范仲淹虽然为进谏一再贬官，但他依然危言危行，耿介不屈。史称"仲淹言事无所避，大臣权幸多恶之"。其《和谢希深学士见寄》诗所谓"心焉介如石，可裂不可夺"，便是他勇于同邪恶势力作斗争之决心的率然表露。

3. 舍己助人

舍己助人也是范仲淹对民本思想的实践表现。孔子指出，要成为仁人君子，应自觉地进行思想道德修养，使亲族朋友安乐，使天下百姓安乐。做到这些的关键在于修身，即以德治身。只有具备了内在的修己之功，才会有外在的安人、安民之效。即孔子所谓执政者"其身正，不令而行；其身不正，虽令不从"。范仲淹认真实践了儒学中关于仁民、爱民而严于律己的政治主张。为长期救济自己的宗族，范仲淹将节省的俸禄，在故乡苏州"买负郭田千亩，号曰义田，济养群族，择族之长而贤者一人主之"（《中吴纪闻》卷二）。建造范氏义庄，对范氏家族中一部分贫苦农民来说，可以维持生活，不致逃难外乡。范仲淹不忘继父朱氏养育之恩，买义田四顷三十六亩，赡养救济朱氏宗族。范仲淹对待同僚，一向光明磊落，不计较个人恩怨，全然以天下国计民生为重。对西夏用兵，韩琦、尹洙主张进攻，范仲淹主张防御。朝廷采纳了韩琦的意见，但他与韩朱二人毫无芥蒂。其后，不仅交厚，而且言深。范仲淹确实是一位胸怀天下、以国家百姓为重的人。

总之，范仲淹一生的言行，利国利民利人而不谋个人私利，真正体现了他"先天下之忧而忧，后天下之乐而乐"的崇高人生格言，达到了中国封建社会士大夫民本思想所能企及的最高境界。这便是范仲淹从北宋迄今一千余年中为中华民族一致所赞颂的根本原因。

六 苏轼的旷达自适之乐

苏轼（1037～1101年），字子瞻，又字和仲，自号"东坡居士"，眉州眉山（今四川眉山市）人。苏轼为北宋文学家，书画家。他是唐宋八大家之一，与父苏洵、弟苏辙皆以文学名世，世称"三苏"。苏轼著有《东坡七集》、《苏氏易传》、《书传》、《论语传》和《东坡志林》等。苏轼作品集，历代有不同的编法。其中明末茅维《苏文忠公全集》七十五卷本只有文和词，为中华书局《苏轼文集》七十三卷本所沿用，书后有点校者辑《苏轼佚文汇编》。

苏轼是古代风雅之士中最富色彩之人，他的一生经历就像一部曲折的传奇，他在政治上恪守传统礼法，而又有改革弊政的抱负，故在仕途上多经坎坷。曾"七典名郡，再入翰林，两除尚书，三忝侍读"，显赫一时；也曾获罪入狱，两遭贬谪，经年累月颠簸在僻野之中。他性格豪迈，诗词汪洋恣肆，清新豪健，开创豪放一派。他心胸坦荡，在书法上虽取法古人，却又能自创新意，充满了天真烂漫的趣味。同时，他善绘画，喜作枯木怪石。苏轼自称平生有三不如人，即喝酒、下棋、唱曲子，但其诗文、书、画却名垂后世。他的思想色彩就更加斑斓了，儒、道、佛在其身上体现得比较明显。在个人生活方面，他取道家适性潇洒自由自在的人生观。

（一）乐观精神的形成

苏轼的乐观精神因何而形成？需要对他的生活经历、人生观和性格特征等加以分析。

1. 兼采儒、释、道三教所长

苏轼所处时代，学术风气已由独尊儒术转为三教合一，并已对文学产生了深刻的影响,这种影响在苏轼身上得到鲜明体现。从总体上看,苏轼在政治上表现出一种积极用世、经世济民的精神,以儒家思想为主;但在生活上,在处世和人生态度上,特别在政治上遭受打击、处于逆境时,就更多地表现出佛、老思想的影响,常常以"静"和"达"来对待并排解人生的种种不幸和苦闷。

  虽然苏轼的思想在不同时期有不同的表现特点和侧重面,但儒、释、道三家思想都是纵贯其一生的。他少年时期就学于道士张易简,从小便对道家消极无为的思想产生过一定感慨,读《庄子》时喟然叹曰:"吾昔有见于中,口未能言,今见《庄子》,得吾心矣。"可见他与老庄思想是一拍即合,很自然地在内心引起共鸣。不仅对老庄,就是对道教的道术,他从年轻时起也深有爱好,至晚年也没有改变。对佛家他也很早就有接触,年轻时即与蜀中的文雅大师惟度、宝月大师惟简交往。通判杭州时,喜听海月大师惠辨说法,颇有感悟。贬居黄州时,他在很长时期中"杜门不出。闲居未免看书,唯佛经以遣日,不复近笔砚矣"。不仅研习佛理,而且在佛教中寻找精神寄托。越到晚年,越是遭遇不幸,他在生活上便越多地吸收佛、老思想,作为处逆为顺、安以自适的一种手段。他齐生死,一毁誉,轻富贵,善处穷,随缘自适,超然物外,更加努力追求"物我相忘,身心皆空"的境界。如他在给子由书中所言:"任性逍遥,随缘放旷,但尽凡心,无别胜解。"所谓"但尽凡心",即苏轼所追求的"以时自娱",而"所谓自娱者,亦非世俗之乐,但胸中廓然无一物,即天壤之内,山川草木虫鱼之类,皆可作乐事也"。这种人生态度的基础是道家和佛家的思想。

  在苏轼处于逆境时,即经世济民的政治理想难于实现而个人又遭受排斥打击时,则又更多地接受清静无为,超然物外的思想,在释、道思想中找到精神的寄托。在《醉白堂记》一文中,他借称颂韩琦来表现自己的处世态度:"方其寓形于一醉也,齐得丧,忘祸福,混贵贱,等贤愚,同乎万物而与造物游,非独自比于乐天而已。"这完全是用庄子"万物齐一"的思想来求得精神上的解脱。《庄子·齐物论》主张齐是非,齐彼此,齐物我,齐寿夭,认为任何事物的差别和人们认识的是非都是相对的。苏轼所表现的,实际上就是庄子的相对主义哲学。而在《超然台记》一文中,他更阐发和推崇那种超然物外的思想,"人之所欲无穷,而物之可以足吾欲者有尽。美恶之辨战乎中,而去取之择交乎前,则可乐者常少,而可悲者常多。是谓求祸而辞福"。他认为美恶齐一,因而无所谓"去取之择",这样即可"游于物之外"了,而其"无往而不乐者,盖游于物之外也"。可见苏轼的乐天派性格和生活态度,确实跟庄子齐生死、齐得丧、等富贵的思想是分不开的。但这种思想主要表现在人生态度和处世哲学上,而且主要在身处逆境需要排解内心苦恼之时。

　　从总的倾向和基本精神看,苏轼学习和吸收佛老思想,并不是为了避世,更不是出于一种人生幻灭,而是体现为一种人生追求。这是一种高层次的精神追求,是超世俗、超功利的。苏轼是吸收佛老思想中他认为有用的部分,并加以改造利用,以构建其理想的人生境界。这种境界是超脱的、自由的,体现了一种人生境界的升华。他在《答毕仲举》中曰:"学佛老者,本期于静而达。静似懒,达似放。学者或未至其所期,而先得其所似,不为无害。"这里讲的"静"和"达",就是一种高层次的人生境界。这种境界,第一个层面,可以理解为是一种对世俗人生的超脱。名利、穷达、荣辱、贵贱、得失、忧喜、苦乐,等等,都是人生现实欲念所生出的一种羁绊和枷锁,到了"静"和"达"的境界,就从这种羁绊和枷锁中解脱出来了。第二个层面,可以理解为达到一种自由的境界,人的精神世界因而变得无比的开阔,可以不受尘世的污染,可以在任何境况,比如极痛、极苦、极悲之时都能处之泰然,甚至得到一种愉悦和至高无上的享受。但这种境界,在实际上充满倾轧、争斗、残害、悲苦、烦恼等的尘世中,是很难找到,也很难实现的。有鉴于此,这种人生追求,常常只能是一种精神的寄托或理想,而作为一个诗人,这种追求和理想熔铸在其创作中,就变为一种艺术创造。例如《前赤壁赋》、《记承天寺夜游》、《超然台记》等作品中所创造的,就是这种不受外物羁绊的、超旷的、自由的人生境界。这是一种人生追求的艺术化,苏轼所创造的,既是艺术境界,也是精神境界。然而,从超脱的表象中,我们仍能看到隐含其中的人生忧苦。在"静"与"达"中,身处现实社会的诗人,也不免时时露出挣扎的痕迹。

苏轼接受了儒家正统思想的教育,年轻时奉行"学而优则仕"的信条,志向宏伟,锐意进取。但是,踏入仕途之后,政治迫害纷至沓来,理想抱负难以施展,苏轼又于厄运中深研道藏和佛典,到处游览庙寺,交游僧道,他兼采儒、释、道三家所长,融合成复杂的内心世界,形成了自己独特的人生观。佛老的清静无为思想和儒家的勤政爱民、恪尽职守的正统思想都在苏轼身上得以表现。仕途坦荡,他便积极进取,"兼济天下";仕途受阻,便"独善其身",于佛老思想中寻求精神上的解脱。佛老思想中通达明理的一面加强了苏轼的乐观精神,使他能在逆境中齐宠辱,忘得失,加强生活信心,保持美好理想,以求内心安然。在某种程度上说,儒家进取精神是其骨,佛老避世思想是其表,有了这副坚硬骨架,使其永远直立;而在这骨架外,包着一层柔软的"表",可以缓冲一切外来的打击。

2. 君子不可留意于物

人们之所以乐少悲多,根本原因在于他们拘泥于物欲。苏轼要求人们"游于物之外",保持内心的绝对平静,"胜固欣然,败亦可喜,优哉游哉,聊复尔耳"(《观棋》)。苏轼在《宝绘堂记》中云:"君子可以寓意于物,而不可以留意于物。寓意于物,虽微物足以为乐,虽万物不足以为病;留意于物,虽微物足以为病,虽万物不足以为乐。"这就表明了他对待"物"的态度。他在《超然台记》中还云:"凡物皆有可观,苟有可观,皆有可乐。"苏轼主张人们要"轻外物而自重",要"超然物外",不能成为物的奴隶;也不要"得之则喜,丧之则悲"。苏轼称颂韩琦曰:"方其寓形于一醉也,齐得丧,忘祸福,混贵贱,等贤愚,同乎万物而与造物者游。"(《魏公醉白堂记》)并自道:"余之所无往而不乐,盖游于物之外也"。苏轼正是这样"寓意于物",故他能寄情于江山风月之中,从中获得喜悦和美感;他不"留意于物",不想占有"物"以满足个人私欲,故他不为物所累,不为物所迷惑,并且不贪慕荣华富贵。他贬官黄州,不以自己是罪人,而只感"长江绕郭知鱼美,好竹连山觉笋香"(《初到广州》)。他三游赤壁,寄情江山风月,以求精神解脱,不因政治打击而懊丧。他流放岭南,不因生活穷困而懊丧,而是从"千山动鳞甲,万谷酣笙钟"的壮美山色中寻找到精神上的慰藉。苏轼视"万物皆幻"、"万物齐一",能"游于物之外",因而他能齐荣辱、等贵贱,"无往而不自得"。

3. 具有乐观开朗的性格

苏轼在曲折的人生道路上能够随遇而安也与其乐观的性格密不可分。林语堂在《苏东坡传》原序中说:"苏东坡是一个不可救药的乐天派","苏东坡比中国其他的诗人更具多面性天才的丰富感、变化感和幽默感"。"他对朋友和敌人都乱开玩笑","他一生嬉笑歌唱,自得其乐,悲哀和不幸降临,他总是微笑接受"。苏东坡曾对其弟曰:"吾上可陪玉皇大帝,下可陪田院乞儿,在吾眼中天下没一个不是好人。"他的随和、大度,使所有人都能和他亲密相处。在"乌台诗案"案发前,全家人都为他担心而哭泣,可他却仍跟妻子开玩笑,让妻子也像杨朴妻那样作一首滑稽诗给他送行。他被贬官黄州,妻子生了一个儿子让他题诗,他嬉戏道,"人皆养子望聪明,我被聪明误一生,惟愿孩儿愚且鲁,无灾无难到公卿"。苏轼热爱生活,具有爱人之心。珍视亲朋师友之间的情谊,对人生和美好事物执著追求,至死不渝;他童心不老,苏辙谓其晚年"精深华妙,不见老人衰败之气";因为他以心理上的年轻,抵消了生理上的衰老;他胸怀宽广坦荡,宰相肚里能撑船,对一切得失、荣辱都视同儿戏,一笑了之,所以人们都非常喜爱他。苏轼的性格直接影响到其创作,从其作品人们可感受到一种旷达豪迈之感。苏轼博学百家,善于广采博引,并不为一家之见所障目,而是取众家之所长,化为己用。他的开朗性格又帮助他扬弃众学之糟粕,因此,乐观精神在他身上得到充分表现,使他成为独异于众的乐天派诗人。

(二) 苏轼的旷达自适之乐

苏轼具有独特的个性——旷达、豪放、任性、风流,既桀骜清高又随遇而安,既对人生命运无奈又充满了乐观。在大自然中,在平淡无奇的生活中,他以艺术家的眼光发现了许多美,发现了生活的情趣韵味。尽管他的命运极为坎坷,充满悲剧色彩,但他却活得无比充实,显得洒脱逍遥,令人钦羡。

1. 随缘自适

苏轼感叹自己的人生之无常:"四十七年真一梦,天涯流落泪横斜。"世事一场大梦,人生几度秋凉。面对悲凉的人生,苏轼没有走向悲观主义,而是主张淡化功名利禄,把进退出处、贵贱贫富,一任大自然的安排,专心追求内心的宁静和平,达到一种达观的人生境界。

面对失意,他拿日常生活中的常理来自譬自解,以此自我调适,使心理趋向平衡。其《泗州僧伽塔》诗曰:

> 耕田欲雨刈欲晴，去得顺风来者怨。
> 若使人人祷辄遂，造物应须日千变。
> 我今身世两悠悠，去无所逐来无恋。
> 得行固愿留不恶，每到有求神亦倦。

此诗写出了生活中的一个普通道理：人人都有自己的愿望，如果每个人的愿望都要实现，那么造物主一日中便须千变万化，当然这是完全不可能的，所以只有随遇而安。这就是苏轼对待挫折、对待逆境的达观态度。

苏轼用随缘自适的处世之道去对待贬谪生活中的一切困难。"口体之欲，何穷之有？每加节俭，亦是惜福延寿之道。"（《与李公择书》之十）在极困难的境况下，随缘自适的人生哲学总能给他以心灵的抚慰，林语堂的《苏东坡传》中讲到，苏轼曾在雪堂的墙壁上写下四道警告，以便他日夜观看：

> 出舆入辇，蹶痿之机。
> 洞房清宫，寒热之媒。
> 皓齿娥眉，伐性之斧。
> 甘脆肥浓，腐肠之药。

失去了原本属于自己的种种享受，本来会觉得痛苦，苏轼却反而感到幸运了。这就是随缘自适给他带来的快乐和满足。

苏轼是逐渐走向超然旷达的，超然旷达就成为"东坡精神"的精髓。元丰三年（1080年），苏轼被贬为黄州团练副使，刚到黄州，生活困难、没有薪俸，连住的地方都成问题。后来，只好暂居定惠院里，天天和僧人一起吃饭，一家大小靠仅剩的钱节俭过活。老友马正卿实在看不过去，替他请得城东营防废地数十亩，让他耕种、造屋。他汗流浃背地在东坡上辛勤耕作，妻子王氏则在一旁打下手,夫妻二人同甘共苦。由于苏轼亲自在东坡开荒种地,所以便对这个曾经长满荒草的地方产生了深厚的感情,他赞扬这东坡如同山石般坎坷坚硬的道路,要自己也必须不避艰险、乐观地在坎坷的人生道路上前行。他把东坡看做自己个性的象征。辛苦一年后,苏轼在东坡旁筑了一间书斋,命其名为"东坡雪堂",从此自号"东坡居士"。因而有了后来著名的《定风波·莫听穿林打叶声》词:"莫听穿林打叶声,何妨吟啸且徐行。竹杖芒鞋轻胜马,谁怕?一蓑烟雨任平生。料峭春风吹酒醒,微冷,山头斜照却相迎。回首向来萧瑟处,归去,也无风雨也无晴。"这首词作于苏轼贬谪黄州后的第三个春天。那一天,苏轼因去沙湖相田,途中遇到了大雨,而雨具已被打前站的先期拿走。同行的人都因为无法避雨而狼狈不堪,唯独苏轼毫不在意,好像什么都没有发生过一样。苏轼就是以"一蓑烟雨任平生"的态度来对待人生道路上的不幸和灾难的。正是这种镇定自若的人生态度,使他一次次地渡过了难关,始终没有被击垮。在苏轼看来,不管是风吹雨打,还是阳光普照,一旦过去了,都成了虚无。这也反映了他不随物悲喜的人生态度:在逆境时不悲观失望,处顺境时也不沾沾自喜,始终保持内心的超然和旷达,只有这样,才能在荒凉的环境中平静地生活下去。

官场中的苏轼,似乎总是与主流派唱反调,颇为不合时宜,总是成为失败者。大概是他非常看重自己的政治理想和社会责任,才不肯苟合而至如此。生活中的苏轼,却舒心自适,随遇而安,超然物外,几乎达到无可无不可的境界。这看起来是矛盾着的两极,但在苏轼那里却成了相依而用的两翼。苏东坡以坦荡的胸怀,达观的态度,随缘自适的心态去对待士人道路上一个又一个的风浪,给后人留下了一份丰厚的精神财富。

2. 心无沾带,随缘放旷

从形式上看,苏轼一生并未退隐,也从未真正的"归田",

但他通过诗文表达出来的人生空漠之感,却比前人的"归田"、"遁世"要更为深刻、彻底。因为其诗文所表达的随缘放旷的退隐心绪,已不是陶渊明式的对政治的退隐,而是一种对社会的退避;它不是对政治杀戮的恐惧,而是对人的生存意义的怀疑。这种无隐之隐,实际超越了山林之隐、市井之隐、朝中之隐的"心隐",它是对人生存在意义的彻底回避。对政治的回避,是容易做到的;而对社会的回避,是难以做到的。苏东坡的智慧就在于他悟出了一条最根本的解脱方式——以不解脱为解脱,这是对存在意义的根本舍弃,此种舍弃,不是自杀,也不是纵欲,因为这都意味着心灵仍在选择。

苏轼随缘放旷既与其处境有关,也与其天性有关,但又不止于此。他对这种人生态度作了形而上的理解。这种理解受启发于庄子,更有得于当时士人已十分谙熟的禅理。他与禅宗们过从甚密,无所不谈。他无处不放旷,无时不幽默的人生境界,在世俗中过超世俗的生活和以逸为隐的智慧,乃是对瞬间的永恒、禅谛的活用。

3. 以读书与创作为人间至乐

"人生异趣各有求",对于苏轼来说,其异趣不是富贵,不是功名,而是读书和创作。在文学艺术的瀚海中遨游,是苏轼平生之快事,李之仪云:"明窗净几,笔砚纸墨皆极精研,是人间之至乐。"(《为杨元发跋东坡所书兰皋亭记》)苏轼自己亦曰:"某平生无快意事,惟作文章,意之所到,则笔力曲折无不尽意,自谓世间乐事,无逾此者。"(何远:《春渚纪闻》卷六)这些可以作为苏轼审美人生的极好概括。

苏轼的很多诗言提及读书之乐,读书可以说是苏轼终生不变的生活习惯,是苏轼战胜苦难的精神支柱之一。"公尝言观书之乐,夜常以三鼓为率,虽大醉归,亦必披展至倦而寝。"(《春渚纪闻》卷六)苏轼晚年贬谪海外,无书可读,偶得柳子厚文,于是，横看侧看，敲骨吸髓，何止八面，恐怕每个字都要反复玩味，如同荒漠中的饥渴者得到有限的一泓清水，是不肯一口吞尽的。在黄州时，生活极端艰苦，苏轼仍然每夜读书。"一日读杜牧之《阿房宫赋》，凡数遍；每读彻一遍，即再三咨嗟叹惜，至夜分犹不寐。有二老兵，皆陕人，给事左右。坐久，甚苦之。一人长叹操西音曰：'知他有甚好处，夜久寒甚，不肯睡！'连作冤苦声。其一曰：'也有两句好！'其人大怒，曰：'你又理会得甚底？'"（《道山清话》）令人失笑，也可知苏轼读书之痴迷。

在《读孟郊诗二首》中，我们能感受到苏轼的那种如饥似渴的阅读，时而像是饥饿者的大快朵颐，时而又像是美食家的细细品味："初如食小鱼，所得不偿劳；又似煮彭越，竟日持空螯"，饥渴之态、贪婪之态、寻觅之态，跃然纸上。如果有美感的时候，苏轼会感到极大的愉悦："寒灯照昏花，佳处时一遭。"（《道山清话》）读到佳处、美处，那种审美的愉悦，是无法言传的。苏轼读书的感受是美感如佳肴美酿，或是"倩麻姑痒处搔"。读书对于仕宦者，像是天涯倦客忽见清清的溪水一样，虽不能从此彻底摆脱仕宦的尘埃，却可使心灵得到短暂的休憩。

对于多才多艺的苏轼来说，审美的愉悦，其范畴相当的广泛，书法、绘画、古董、金彝，无不在其彀中。初踏仕途的凤翔时期，他就有《凤翔八观》，其中的《石鼓歌》、《王维吴道子画》皆十分著名。因而仕途为苏轼的审美人生提供了更为广阔的视野。在《石苍舒醉墨堂》中，苏轼曾论说书法之乐："自言其中有至乐，适意不异逍遥游"，"如欲美酒消百忧"，"兴来一挥白纸尽，骏马倏忽踏九州"，那快意可与庄子笔下的逍遥游媲美。所以，苏轼人生的闪耀，便是在那"少焉苏醒，落笔如风雨，虽谑弄皆有意味，真神仙中人"（《豫章集》）的愉悦。

4. 不以穷通为怀

官场竞争比较复杂，这种竞争往往不是在同一起跑线上进行，在封建专制社会尤其如此。后台、裙带、帮派和机缘等，都是影响一个人升降沉浮的重要因素。在政治黑暗时代，大批纨绔子弟、皇亲国戚爬上高位，政治精英反而仕途蹉跎，就是登上高位的人，也可能因政治力量的变化而突然跌落下来，历史上多少仁人志士饮恨而亡。

仕途一帆风顺的时候意气风发，最多只能令人羡慕；要是在陷入困境时，还能豁达豪爽，那才算是真正的风流。在逆境中的表现与一个人的气质个性有关，而参政的动机也严重影响一个政治家失败后的境界状态。假如参政只为谋取私利，那就会把权柄看成命根，丢官和丧命往往引起连锁反应。假如把参政看成是实现抱负的机会，失败后会总结教训，失败可能使他更加坚韧刚强，以一种旷达的胸怀对待仕途的穷通。道德高尚的人看轻权势和显位，心胸博大的人不以物喜，不以己悲，身居显位不会因害怕失去它而心神不宁，见到利禄更不会不顾性命，丧失良心，官运亨通不得意扬扬，仕途坎坷不消沉失望。

总之，在生死场上镇静自若，笑向刀斧丛的英雄自古不乏其人，但在残酷的政治打击面前仍谈笑风生，畅怀高歌的文学家却并不多，苏轼便是极特殊的一个。苏轼所追求和构想的人生境界，除了熔铸为艺术境界，表现于许多杰出的作品之中以外，也是其内心的体验。如《与孙志康》云："祸福苦乐，念念迁逝，无足留胸中者。"在给子明书中云："吾兄弟俱老矣，当以时自娱。此外万端皆不足介怀。所谓自娱者，亦非世俗之乐，但胸中廓然无一物。即天壤之内，山川草木虫鱼之类，皆吾供乐事也。"（《与子明兄书》）苏轼所谓的"一念清净，染污自落。表里脩然，无所附丽"的境界，就是一种无拘无束、自由自在，获得了极大自由的人生境界。

七　宋元时期的乐心说和士人的人生乐趣

宋元时期，乐心说比较流行。所谓乐心，"乐"是快乐的意思，"心"是指审美主体的心灵世界。用今天的话说，就是强调艺术给予心灵的审美愉悦。

儒、释、道三家所追求的心灵之乐，对中国传统艺术理论有着深远影响。尤其是儒家的伦理道德之乐影响最大。儒家的伦理道德之乐认为乐舞的功用，在于造就人的伦理人格，从而自觉遵守礼义等道德规范。人们欣赏音乐舞蹈，主要是感受、体验其中的伦理道德观念。通过艺术的道德教化作用，反情和志，稳定社会。到汉代，体现儒家伦理道德之乐的《毛诗序》标美刺，讲风教，要求艺术发挥"经夫妇、成孝敬，厚人伦，美教化，移风俗"的作用。儒家这种观点，长期支配着中国传统的艺术观念。

南北朝时期，佛、道思想，尤其是道家思想广为流行。儒家的道德教化说受到挑战。绘画理论家宗炳在《画山水序》中明确提出"畅神"说，强调绘画的精神愉悦作用，标志着古代传统艺术观念由以道德教化为中心开始向愉悦心灵方面逐步过渡。

宋、元时期，"以韵为主"成为时代审美主潮，人们的艺术观念也发生了变迁。尽管这个时期道德教化说仍然占据重要地位，特别是在对待传统诗文的看法上。然而，作为时代审美新潮的乐心说也相当活跃。其中的原因，自然与宋元时期的经济政治状况和艺术本身的发展分不开。宋代，随着农业生产的发展，工商业空前繁荣。无数中小商人和手工业者涌进工商业重地的大都市，形成了广大的市民阶层。适应这种新的形势，出现了反映市民生活和市民趣味的审美意识和文艺作品。它们毫无掩饰地追求身心享乐的观念，与传统的道德教化格格不入。

(一) 宋代乐心说的特征

宋代"乐心说"的审美内涵,与这个时期的审美趋势是互为表里的,传统的艺术观念正在向着追求个性和自由的倾向转化,因而使乐心说呈现出一些与传统观念很不相同的特征。

1. 追求消闲之乐

所谓消闲之乐,就是把艺术当做打发闲暇时光的消遣品。这对讲究道德教化的艺术来说,显然有些不恭。然而,对满足个体的、自由的审美活动来说,在客观上却是很有意义的。至少,它是承认审美个性差异,承认趣味、爱好多样化的表现。在宋代,上至帝王,下至官僚士大夫,比较普遍地存在着追求消闲之乐的现象。当时朝廷特设专局以采访各种艺伎,优秀的"说话人"常常被召去供奉内廷。宋高宗做了太上皇,常在德寿宫以话本消遣,并召说话人说唱。《武林旧事》记载小说说话人姓名,其名下注德寿宫者二人,注御前者五人。史料记载了宋高宗赵构命宦官"进御"话本或召集艺伎表演的例子,其间所谓"天颜喜动"、"以怡天颜",就是消闲取乐。

追求消闲之乐的现象在封建最高统治者和官僚士大夫中早就存在。有学者说:"从中唐开始大批涌现的世俗地主知识分子们(以进士集团为代表)很善于'生活'。他们虽然标榜儒家教义,实际却沉浸在自己的各种生活爱好之中:或享乐,或消闲;或沉溺于声色,或放纵于田园,更多地相互交织配合在一起。"[①] 统治阶层的消闲之乐常常掩盖在道貌岸然的政治道德说教中,宋代以后,则堂而皇之公开说出来,有文献可考。据明代郎瑛《七修类稿》载:"小说起仁宗时,盖时太平盛久,国家闲暇,日欲进一奇怪之事以娱之。"此处的"仁宗"即北宋仁宗赵祯,"进

---

① 李泽厚:《美的历程》,文物出版社1981年版,第154页。

一奇怪之事以娱之"即消闲取乐。这种现象在北宋士大夫中也很普遍。例如，我们读欧阳修的《醉翁亭记》，"太守"那副乐陶陶的醉态，就可以窥见他是个多么善于消闲取乐的人。提起正宗诗文，欧阳修仍标榜儒家教义。谈到其他艺术，则毫不遮掩消闲取乐的观点。例如书法艺术，欧阳修认为主要功能是寓意乐心，《学真草书》云："有以寓其意，不知身之为劳也；有以乐其心，不知物之为累也。"（《试笔·学真草书》）《学书为乐》云："苏子美尝言：'明窗净几，笔砚纸墨，皆极精良，亦自是人生一乐。'然能得此乐者甚稀，其不为外物移其好者，又特稀也。余晚知此趣，恨字体不工，不能到古人佳处，若以为乐，则自是有馀。"（《试笔·学书为乐》，《欧阳修集》卷130）至于小说杂记的艺术功能，欧阳修也认为主要在于消闲取乐，其《归田录自序》云："《归田录》者，朝廷之遗事，史官之所不记，与士大夫笑谈之馀而可录者，录之以备闲居之览也。"其《六一诗话》也没有在小序中讲述冠冕堂皇的儒家教义，而只是简述道："居士退居汝阴，而集以资闲谈也。"此等种种消闲取乐的审美例子，虽然是与封建统治者及官僚士大夫安逸的社会生活状况密不可分的，但在客观上却是对艺术道德教化说的冲击。

2. 追求宣泄之乐

所谓宣泄之乐，是认为艺术可以宣泄某种情绪而获得精神满足。这种审美观念，往往与当时下层群众的生活和愿望相联系。这与儒家积极入世的教化说根本不同，基本上是在野的市民阶层的审美意识的反映。据《醉翁谈录》所描写的当时说书场上的情景，相当生动地反映了市民阶层的审美趣味："说国贼怀奸从佞，遣愚夫等辈生嗔；说忠臣负屈衔冤，铁心肠也须下泪。讲鬼怪令羽士心寒胆战；论闺怨遣佳人绿惨红愁。说人头厮挺，令羽士快心；言两阵对圆，使雄夫壮志。谈吕相青云得路，遣才人着意群书；演霜林白日升天，教隐士如初学道。口童发迹话，使寒门发愤；讲负心底，令奸汉包羞。"（罗烨：《醉翁谈录·小说开辟》）所谓的"愚夫等辈"指成分比较复杂的市民阶层的人物。说话人高超的技艺极有艺术感染力，使听众"生嗔"、"下泪"、"心寒"、"快心"、"壮志"……情绪得到宣泄，获得极大的精神满足。这正如刘后村《田舍即事》诗所云："儿女相携看市优，纵谈楚汉割鸿沟。山河不暇为渠惜，听到虞姬直是愁。"下层群众并不关心统治者争权夺利的得失，而是要求自己的喜、怒、哀、乐有所寄托与表现，从而得到精神愉悦。

以娱乐市民为其存在价值的元代杂剧，较之宋杂剧和金院本，进一步世俗化和民间化。胡祗遹《赠宋氏序》论其功能曰："百物之中，莫灵、莫贵于人，然莫愁苦于人。鸡鸣而兴，夜分而寐，十二时中纷纷扰扰，役筋骸，劳志虑……此圣人所以作乐以宣其抑郁，乐工伶人之亦可爱也。"从宣泄情绪的角度来评价杂剧的审美价值，颇为引人注目。中国古代的戏剧本与优谏关系密切，因而洪迈在《夷坚志》中认为"杂剧""合于古目蒙诵工谏之义"。胡祗遹所言的"宣其抑郁"，显然与传统观念不同。而他所谓的"十二时中纷纷扰扰，役筋骸，劳志虑"的人，应该主要是一般市民和下层劳动者。胡祗遹肯定他们的审美要求，赞扬反映他们心声的乐工伶人，实际上代表了当时市民阶层的审美意识，这在那个时候无疑是有进步意义的。

3. 追求适兴之乐

所谓适兴之乐，就是强调艺术是自娱的工具。它不太注重艺术的道德教化作用，而把创作主体的审美自由置于头等地位。这种审美意识，在宋代的"文人画"中已显露端倪。到元代，"文人画"盛行，表现得尤为突出。宋画追求适兴之乐，与艺术家流连山水密不可分。郭熙《林泉高致》曰："林泉之志，烟霞之侣，梦寐在焉，耳目断绝。今得妙手，郁然出之，不下堂筵，坐穷泉壑；猿声鸟啼，依约在耳；山光水色，滉漾夺目。此岂不快

人意，实获我心哉！"（《林泉高致·山水训》）

乐心说作为宋元时期艺术观念的新思潮，显然与传统的道德教化说相对立，但对立中又有统一。从整个时代来看，乐心说与道德教化说相互交叉，都在社会上流行。例如绘画，宋代无名氏的《宣和画谱》书首的御制叙言明确地指出："是则画之作也，善足以观时，恶足以戒其后。"一方面强调绘画适兴乐，同时绘画能直接达到"成教化，促人伦"的目的，主要靠人物画来完成，它包括宗教画、肖像画、故事画等。如小说，曾慥《类说序》云："小说……可以资治体助名教、供谈笑、广见闻，如嗜常珍，不废异馔。"乐心说与道德教化说两种对立的艺术观念杂糅，表明这个时期的美学思想正处在传统观点与非传统观点相互交替、相互转化的历史过程中。

从艺术的审美功能来看，在一定意义上，乐心说与道德教化说是不能完全分离的。没有广义功利目的的乐心说是不存在的；没有乐心作用的道德教化也不成其为艺术品。作为两种审美思潮，乐心说虽然包含了广义的功利目的，又与道德教化说有着根本区别。它破除了道德教化说的局限性，更加符合艺术审美特性的要求，也符合广大群众多方面的审美需求。

（二）宋代一般士人的人生乐趣

1. 自食其力之乐

在文人的笔下，山川总是那么清新可人。陶渊明所描绘的桃花源，恰似人间仙境。韩愈有篇《送李愿归盘谷序》极受苏轼的推崇，其中勾勒出一幅令人神往的归隐图："穷居而野处，升高而望远，坐茂树以终日，濯清泉以自洁。采于山，美可茹；钓于水，鲜可食。起居无时，惟适之安。与其有誉于前，孰若无毁于其后；与其有乐于身，孰若无忧于其心……"（《全宋词》卷325）然而，实际上的隐居生活远没有这般逍遥自在，有得必有失，当一个人挣脱了官场的束缚后，也同时意味着抛弃了优越的生活条件。在僻静的山野，得到了身心的自由，却又难免被生计问题所困扰，连陶渊明这样的大名士亦不能幸免，何况不及他者。

元末明初人陶宗仪的《辍耕录》中记载了宋代隐士吕徽之的自食其力之乐。隐居深山的吕徽之先生博学多才，能诗善文。问其问题，上天入地，无所不知。但他安贫乐道，不让自己为名声所累，耕种捕鱼，自食其力。有一次，他带着纸币去一富豪家换谷种，当时天正下大雪，他站在门口，无人理睬他，他自己走到庭前，听到东阁中有人正在分韵作吟雪之诗，其中有人轮到藤字，苦思冥想，不能吟成，吕先生听着不禁失笑。阁中吟诗者便派人出来斥问。吕先生起身并不搭腔，阁内那些人便觉得奇怪，一同出来，看其身上穿着粗布短衣，脚穿草鞋，便有意要寻他的开心，后见其出言不凡，便恳切相邀他以藤滕二字赋诗。吕徽之提笔写下：

> 天上九龙施法水，人间二鼠啮枯藤。
> 鸷鹅声乱功收蔡，蝴蝶飞来妙过滕。

后来，吕徽之带着谷种撑船而去，众人派人暗中尾随，一直跟到极为僻远的地方，终于找到了其住处。大雪过后，众人前去拜访。只见仅一间茅房，屋内家徒四壁。奇怪的是米桶里藏着一个人，原来是吕妻，因为天寒地冻，坐在桶内避寒。她告诉众人吕先生到溪边捕鱼去了。他们一起来到溪边，向吕先生说明前来答谢之意。很快他就带着鱼和酒归来，大家尽兴而散。后来有人前去拜访吕先生，他早已不知去向。吕徽之隐姓埋名，以避名声之累，甘心清贫，是享自食其力之乐的典范。

2. 闲读诗书之乐

读书的最大功效在于能够暂时离开现实的景况，而进入一个全新的世界,在那里可以找到自己希望结交的朋友,求得心灵的沟通,感情的共鸣;可以了解外面的世界,给自己的生活注入新鲜的活力,树立更为健康的人生态度;还有像弥补阅历不足、知识之欠缺,等等,不必一一细数。

传统中国伦理学中,在人格上分有君子与小人两类。在抱负上,"君子喻于义,小人喻于利",因而君子必然是胸怀天下,满腹经纶,忧国忧民,治国安邦者,有强烈的历史使命感和责任心,要谋求济世救民,建功立业;小人则只要给予安居乐业的条件——"五亩之宅"、"百亩之田",他们就十分满足,安分守己地服从管理了。在情趣上,君子雅,小人俗,因而君子常有琴棋书画为伴,声色犬马吃穿游乐,虽也不绝,但必有节制,以淡泊为雅,以能够欣赏自然之美,去尽浮华雕饰为趣;小人则纵情声色,贪婪口耳之足,尚浮华、富贵,喜雕饰做作,喜欢显露自己,浅薄世俗。抱负为志,情趣为性。志要靠天时,性却靠修养。因此,要想成为君子的文人士子,无不重视修身养性,表达雅致。喜山水,喜闲适,喜诗书,就成为雅士的标志。

南宋末年,浙江有一寒士许棐(生卒年不详),字忱夫,甚爱读书。他在住屋四周种了梅花,自号梅屋。屋中悬苏东坡、白乐天像,说明他很崇敬这两位旷达而风流的雅士。虽然家道贫穷,却以读书爱书为自豪。在《梅屋书目》的自序中写道:"余贫喜书,旧积千余卷,今倍之,未足也。肆有新刊,知无不市;人有奇编,见无不录,故环室皆书也。"或曰:"嗜书好货均为一贪,贪书而饥,不若贪货而饱;贪书而劳,不若贪货而逸。人生不百年,何自苦如此?"答曰:"今人予不知之,自古不义而富贵者,书中略可考也,竟何如哉?予少安于贫,壮乐于贫,老忘于贫,人不鄙夷予之贫,鬼不揶揄予之贫,书之赐也。如彼百年,何乐之有哉!"可见许棐是真得读书之趣的。他在贪书与贪钱二者之间,弃钱而择书;在物质生活贫乏和精神生活贫乏之间,宁可选择物质生活之贫乏，也要精神生活之丰富。正因为读书使其具备了丰富的知识和高尚的情趣，因而世俗人们不会因其贫穷而轻视他，阴间的鬼神亦不会因其贫穷而讥笑他。这种满足，岂是丰衣足食之乐可以比拟的呢？

赵明诚和李清照这对恩爱夫妻也是酷爱读书，以读书为乐的典范。李清照是个才女，不仅诗写得优美，而且记性尤好。每天饭罢，夫妻俩在书房里坐定，蒸茶娱乐，常以说出某一事在某书卷第几行来斗输赢，胜者先饮。李清照常常是胜者，但是一赢她就要开怀大笑，一笑，满杯的茶不往嘴里去，却洒到了身上，没有饮反而要起身收拾。这种雅趣，亦从读书始。读书是风雅之事，但读书本身不是为了风雅。只有当读书成为一种自身欲望时才能成为乐事。对不爱读书的人来说，读书只是一种苦役；对为功名而读书的人而言，读书也无法使之潇洒怡情。而只有好书、乐书之人，读书才是精神自由的乐事。

南宋著名爱国诗人陆游以读书为乐，他将自己称作书虫，尤其到晚年，一年四季，天天与书为伴，其《夜半复起读》云："愁极不成寐，起开窗下书。似囚逢纵释，如痒得爬疏。"不读书时浑身不自在，夜半时分还要起来读书。一读书，便如被囚禁之人得以开释，精神得到解放。《冬夜读书》亦云："……人生各有好，吾癖正如此。所求衣食足，安稳住乡里。茅屋三四间，充栋贮经史。四傍设几案，坐倦时徙椅。无声九韶奏，有味八珍美，寝饭签帙间，自适以须死。"夜读自有夜读之妙。"八珍、九韶"，自然是最美的人生享受。然而陆游又强调"读书以取畅适性灵，不必终卷"，没有丝毫的勉强。这样的读书，恰是文人处世的雅兴和聪明之处。他们就是凭借读书来脱俗，从难断的君王天下事、生前身后的世俗之念中暂时摆脱出来，以驰骋想象、神游古今、超脱功利的读书之雅趣闲情作为人生的另一种寄托，取得人格理想的平衡和精神的平衡。

第九章 晚明彰显自我的"乐"伦理

所谓"晚明"是指从正德万历年间到明朝灭亡（1506～1644年）这一段历史时期。这是历史上一个比较特殊的年代，发生了一些中国历史上前所未有的新变化，封建社会生产与生活方式开始出现不同于传统的新的因素，是否可以称为"资本主义萌芽"另当别论。中国社会出现的一些因素对价值观产生了深刻影响，对个性解放与自我的觉醒也起了促进作用。

明朝以理学立国，道德理性的大山压抑了士人心灵近百年。明代中后期，商品经济的发展和资本主义经济的萌芽，市民意识的高扬，猛烈地冲击了正统理学的绝对伦理主义和封建文化专制主义。于是，士人心态发生了前所未有的裂变与转型。他们吸纳了市民文化的滋养，承受着市井风尘的洗礼，其生活方式、人生哲学、价值取向、审美情趣及文学艺术的创作范式均表现出"新"、"异"的色彩。从寂寞的圣殿走向淆乱的世俗，从冰清玉洁的"理"天地走向活泼的"情"世界，从庙堂学宫走向自然山水，即从伦理异化走向感性的自我，成为明朝中后期士人生活和心态的一般特征。

一　陈白沙的自然之乐

陈白沙即陈献章（1428～1500年），明新会（今属广东）人，字公甫，号实斋，因曾在白沙村居住而人称"白沙先生"，明代著名的思想家，其著作后被汇编为《白沙集》，其所开创的学派别称为江门学派。陈白沙突破了朱熹思想的统治，建立了明代第一个较为系统的心学体系。他的心学观点对王守仁哲学思想的形成有很大影响。陈白沙对苦乐问题多有论述，他从立世之道和物欲观出发，强调自然之乐乃真乐，追求乐的境界。

(一) 糅合儒道的立世之道

陈白沙主张一种入世主义的人生态度，这也是儒家的一贯思想。他主要认同于儒家，把"立世"视为人生的主要任务，主张认真地生活，做一个对社会有益的人。

人要"立世"必然会遇到如何看待名利的问题。一个人对社会作出自己应有的贡献，社会对他的精神回报就是名，对他的物质回报就是利。陈白沙指出，由于社会是复杂的，社会所作出的回报未必妥当。有的人贡献很大却默默无闻所得甚少；有的人投机取巧却名利双收。由此看来，一个人不可把名利看得太重，应当学会淡泊名利，切不可自寻烦恼。他认为，名利并不是人生的目的；倘若把名利当做人生的目的，实在是一个可怜的鄙夫。"鄙夫患得失，较计于其实，高天与深渊，悬绝徒嗟吁。"(《得何时矩书》) 陈白沙极力主张摆脱名利羁绊："高人谢名利，良马脱羁鞯，归耕吾岂羞，贪得而忘想。"(《归田园之二》) 为科举所苦的陈白沙，一旦翻然醒悟，不仅于学术上痛加自省，而且在行动上远离时流，自处边缘。一个人整天患得患失，争名争利必然活得苦累。陈白沙把名利看成身外之物，主张摆脱名利的束缚，堂堂正正地做一个人，决不做名利的奴隶。他在《送李世卿还嘉鱼》一诗中云："富贵何忻忻，贫贱何戚戚？一为利所驱，至死不得息。夫君坐超此，俗眼多未识。勿以圣自居，昭昭谨形迹。"由此可见道家对陈白沙的影响。庄子就把对名利的追求称为"丧己于物，失性于俗"(《庄子·缮性》)，警告人们不要把自己"物化"了。

人要"立世"也必然会遇到如何看待苦乐的问题。名利是来自社会的回报，苦乐是人生的自我体验，名利观和苦乐观有相通性。一个以名利为人生目的的功利主义者，必然以有所得为乐，以有所失为苦。他的情绪完全受到外因的左右，已丧失自我意识和独立的人格。陈白沙认为，功利主义的苦乐观是不足取的。人不应当把苦乐同外物相联系，而应当把苦乐同心中之道相联系。唯有得道之乐、自然之乐，才是真正的快乐，才不会让身外之物来骚扰平和洒脱的心境。他在《真乐吟》中以诗的形式抒发了自己关于真乐的看法："真乐何从生，生于氤氲间。氤氲不在酒，乃在心之玄。行如云在天，止如水在渊。静者识其端，此生当乾乾。""氤氲"即阴阳之气浑融一体。在陈白沙看来，人生真乐的体验，就在物我一体的浑然间，心与理一的自得之乐、自然之乐。真乐应当以得道为基础，同饮酒、嬉戏等外在刺激不相干。他追求的是一种动静自如的超然境界，讲究的是一种求道得道的哲人之乐。陈白沙在《湖山雅趣赋》中云："富贵非乐，湖山为乐；湖山虽乐，孰若自得者之无愧怍哉！"明确地否定了功利主义的苦乐观。他把湖山之乐提到自得之乐的高度，就把道家的苦乐观同儒家的"寻孔颜之乐处"的说法贯通起来了。儒家和道家都以得道为真乐。尽管二者之道有不同的内涵，道家侧重于天道，儒家侧重于人道，但这种差异在陈白沙思想体系中完全被化解了。在他的眼里，天道与人道本来就是一回事，足见陈白沙的苦乐观体现出儒道合流的特征。

陈白沙不因不得志而烦恼，能够随时处宜，另辟人生蹊径。他住在"天高皇帝远"的南国边陲小山村，恰好为他归隐提供了方便条件。他可以远离污浊的官场和喧嚣的闹市，得到心灵的安宁。他很满意于归隐的生活，从自然中体味到无穷的乐趣。他的《南归寄乡旧》诗云："山童呼犬出，狂走信诸孙。乳鸭争嬉水,寒牛不出村。墟烟浮树梢,田水到桑根。邻叟忻相遇,笑谈忘日曛。"在乡居归隐的生活中,陈白沙获得了精神上的自由,甚至有几分自傲。

陈白沙的处世之道,既注重自立也注重自然,主张养成我行我素的独立人格。这种独立人格就是他追求的理想人生。他在处理立世、名利、苦乐等问题时,都表现出很强的自我意识。在他的自我意识当中,包含着自然、自得、自立、自尊、自信等多种意思。陈白沙糅合儒道两家,走出了一条独特的理路。

(二) 得失皆自然的物质欲望观

要探讨陈白沙的人生观,我们首先必须看其对生死祸福及物质欲望的观点。他认为人是道的一部分,主张人应当忘身,因为身不能离开现实,有身便有人欲,有人欲便有蒙蔽,有蒙蔽就会妨碍心境的安静。其《东晓序》云:"耳之蔽声,目之蔽色,蔽口鼻以臭味,蔽四肢以安佚。……溺于蔽而不胜,人欲日炽,天理日晦……刀锯非所畏,当亦有畏于斯乎。"这亦即老子所谓"五色令人目盲","吾有大患,惟吾有身"之意。在陈白沙看来,物质享受与人所以为人无干,追求物质享受会使人不能很好地体会道体,因此,认识物质享受与人并不相干,就能够摆脱物欲的蒙蔽,饮贪泉而心不易了。

陈白沙强调,对于得道者而言,即使轩冕金玉亦不过是极为渺小的东西罢了。这些东西的得失,简直丝毫不足轻重。这与老子之意有些相似:"故至大者道而已,而君子得之。一身之微,其所得者,富贵贫贱,死生祸福,曾足以为君子所得乎?……故卒然遇之而不惊,无故失之而不介,舜禹之有天下而不与,烈风雷雨而弗迷,尚何铢轩冕尘金玉之足言哉!"(《论前辈言铢视轩冕尘视金玉·上篇》)有鉴于此,一个人的得失都是自然的。不应厌薄"得",因为物既在我,与我就不能说毫无相涉;"失"

也是自然的,和我无关。他在《论前辈言铢视轩冕尘视金玉·下篇》中曰:"天下事物,杂然前陈,事之非我所自出,物之非我所素有,卒然举而加诸我,不屑者视之,初若与我不相涉,则厌薄之心生矣……君子一心,万理完具,事物虽多,莫非在我,此身一到,精神具随。得,吾得而得之矣;失,吾得而失之矣。厌薄之心,胡自而生哉?"如此,在得失之间,陈白沙就调和了他的清高与现实封建伦理之间的冲突,而且也调和了享乐主义和禁欲主义的冲突。他把轩冕金玉看成是微不足道的,但也不有意识地加以厌薄,他所主张的就是不必把这些东西放在心上。

从形而上的道来看,现实社会中得失是渺小不足道的;从形而下的我来看,现实社会中的得失也是暂时的。无论得也好失也好,都只是"一场空"。这就表明陈白沙哲学中消极厌世的因素与他要在现实社会中保持自我独立的清高精神是互相混合的。

(三) 自然之乐乃真乐

陈白沙主张人的生死、得失,亦不外乎自然,认为自然之乐就是真乐。他在《与湛民泽(之九)》的信中云:"自然之乐,乃真乐也。宇宙间复有何事。故曰,虽之夷狄,不可弃也。"

所谓自然,就是顺其自然,关键在一个"忘"字,不要让"身"、"事"、"家"、"天下"、"荣"、"辱"、"得"、"失"、"寿"、"夭"、"穷"、"贱"等身外的东西骚扰人的心境。《白沙语要》云:"优游自足,无外慕,嗒乎若忘。在身忘身,在事忘事,在家忘家,在天下忘天下。""能以四大形骸为外物,荣之辱之,生之杀之,物固有之。安能使吾戚戚哉?"不戚戚,自然就能够快乐了。陈白沙的真乐"生于氤氲间","乃在心之玄","行如云在天,止如水在渊。静者识其端"。由此可见,陈白沙的自然之乐主要内涵有三:一是明确了真乐产生于心理状态,即一心追求哲学的极境。二是解释了自然之乐只是一个动静自如的超然境界，不牵累于一切身心事物。三是真乐的取得是从静中养出端倪。

为了更加具体地说明陈白沙的真乐内容，可再看其《湖山雅趣赋》，从中我们可以对其"真乐"有更多的理解：

> 所过之地，盼高山之漠漠，涉惊波之漫漫，放浪形骸之外，俯仰宇宙之间。当其境与心融，时与意会，悠然而适，泰然而安，物我于是乎两忘，死生焉得而相干？亦一时之壮游也……于焉优游，于焉收敛，灵台洞虚，一尘不染，浮华尽剥，真实乃见，鼓瑟鸣琴，一回一点，气蕴春风之和，心游太古之面。其自得之乐，亦无涯也……嗟夫，富贵非乐，湖山为乐，湖山虽乐，孰若自得者之无愧怍哉？客有张暻者，闻余言，拂衣而起，击节而歌曰："屈伸荣辱自去来，外物于我何有哉？争如一笑解其缚，脱屣人间有真乐。"

可见，陈白沙的"自得之乐"是道德境界与审美境界的统一。这里的"一回一点"就是颜回的道德境界与曾点的审美境界的统一。陈白沙的真乐论，固然不主张放纵物欲，陷于官能的享乐主义，但他也没有陷于禁欲主义，主张从清苦的生活中去追求人生的快乐。他在这两者之间采取了自然主义的道路，让得失、物心付予自然安排，贯彻了其"得亦欣然，失亦可喜"的自然的理想。得失对于人的快乐无足轻重，只有自然之乐，才是真乐。陈白沙的快乐主义充满了自然的味道，可称为自然主义的快乐主义，比享乐主义和禁欲主义更切合于他自己的人生实践。

陈白沙的自然之乐境界论的提出，是以其学生或友人伍光宇对乐的疑难发问为契机和起点的。据《寻乐斋记》记载，伍云曾问："不知其所谓乐，寻常间自觉惟坐为乐耳。每每读书，言愈多而心愈用。用不如不用之为愈也。盖用则劳，劳则不乐。不乐则置之矣。夫书者，圣贤垂世立教之所寓也，奚宜废？将其所以乐者，非与？愿先生之教之也。"伍云是伍光宇的别名，伍云对乐与非乐的迷惑与提问，可以看出"乐"是理学家所关心和重视的问题，也是陈白沙所关心和重视的问题。从伍光宇的提问中可以看出，他对乐与非乐的理解仅仅停留在世俗社会中人们的理解上。伍光宇认为，在世俗生活中，平时静坐不看书，不思考，不劳心费神，即身心愉悦，故非常快乐。如果读书学习，既要劳心费力又要思考问题，当然不快乐。伍光宇对乐与非乐的理解没有达到理学家对乐的理解的高度。在理学家看来，读书不仅不是最苦的事，反而是最快乐的事。理学家邵雍曰："学不至于乐不可以谓之学。"（《观物外篇》）即读书学习不应停留在费心劳神的感性经验层面上，认为是最苦之事。应该超越费心劳神的经验层面，在读书学习中体味到身心的快乐，这种快乐已经不是感性经验层面的情感之乐，而是超越感性经验层面的精神之乐。陈白沙对于伍光宇关于乐与非乐的提问没有给予直接正面的回答，他在为伍光宇作的《寻乐斋论》中间接地引用理学家关于乐的论述进行解释：

……周子、程子大贤也，其授受之旨，曰："寻仲尼、颜子乐处。"所乐何事，当是时也，弟子不问，师亦不言，其去仲尼、颜子之世千几百年，今去周子、程子又几百年。呜呼，果孰从而求之？仲尼饮水曲肱，颜子箪瓢陋巷不改其乐。将求之曲肱饮水邪？求之陋巷耶？抑无事乎曲肱陋巷而有其乐耶？吾子其亦慎求之，毋惑于坐忘也。

由此可见，陈白沙认为伍光宇关于"乐"的提问是一个非常重要的问题，并告诫伍光宇应该好好思考这个问题，不要以静坐为乐而迷惑自己对乐的理解，即"毋惑于坐忘也"。同时，陈白沙以周敦颐、程颢、程颐关于"乐"的理解进行启发,认为"孔颜乐处"是理学家关于"乐"的问题的核心所在。

陈白沙提出了"孔颜之乐"就是"心之乐"的思想命题。他在《心乐斋记》中云:"仲尼、颜子之乐,此心也;周子、程子,此心也。吾子亦此心也,得其心,乐不远矣。愿吾子之终思之也。""心之乐"其实就是陈白沙反复强调的"自得之乐"。陈白沙由心而乐的主要媒介是自然,由自然而自得,因而其心学活脱生趣,超然妙味。

陈白沙的"自然之乐"深受道家"真乐"思想之影响,他反复强调"自然之乐,乃真乐也"。他认为"真乐"是形而上审美境界的另一种表述,指人达到了"真乐"的审美境界。因此,陈白沙把"真乐"与"脱屣人间"紧密联系起来,强调"真乐"是"脱屣人间"的形而上境界。陈白沙认为,超越人世间才有真乐,这种思想是受道家"真乐"思想影响的直接结果。他吸收、改造了庄子的"天乐至乐"思想,提出了"至乐"不可言说,"真乐"在"心之弦"的形而上的境界之乐的思想。"至乐终难说,真知不着猜"。"至乐"不是世俗之快乐,是无法言述的,当然"至乐"也就不是指世俗生活的快乐和愉悦,它存在于人的境界之中,即存在于"心之弦"。足见陈白沙的"自然之乐"是儒家的"孔颜之乐"与道家的"至乐真乐"思想的创造和发展,是道德境界与审美境界综合与统一的形而上境界。陈白沙的"自然之乐"具有形而上的本体超越特性,它既超越于世俗的感性的幸福快乐,也超越于个体的身心情感愉悦。但陈白沙的"自然之乐"又深深地倾注于现实的世俗生活之中,具有浓重的感性经验的内容。换言之,陈白沙的"自然之乐"既是超验的,又是经验的;既是一种形而上的境界之乐,又是一种形而下的世俗经验情感之乐。陈白沙的"自然之乐"的感性经验内容,首先是他对大自然的美的感受,对自然山水的热爱和体会。"江山鱼鸟,何处非吾乐地?"在陈白沙看来,自然界处处充满着美,处处给人们以美的享受。既有高山大川的静态美,又有沉鱼飞鸟的动态美。这种美是自然而然的,具有丰厚的感性内容,它比世俗社会中有些人以富贵为乐要崇高、深刻、永恒得多。

陈白沙把"乐"分成三个层次:一个层次是富贵之乐,一个层次是湖山之乐,一个层次是"自得之乐"。前两个层次是世俗的、经验的,后一个层次是"脱屣人间"的、超验的。陈白沙认为,世俗社会中,有一种人以富贵为乐,他们得志之时便得意扬扬,失志之时便心中悲戚。陈白沙认为这种快乐从根本上来说就算不上快乐,"富贵非乐",这种快乐比起"湖山之乐"还要低一层,因为它还没有摆脱世俗名利富贵的束缚,有违人的自然本性。陈白沙认为,世俗之人最基本的人生态度应该是"知足常乐",顺应自己的自然本性自然而然地生活,一切都顺其自然。陈白沙认为,"厚禄安可荣……清谣渺遣情,人生亦易足"。这就提倡人生"以知足为乐"。在这种思想的影响下,陈白沙否定世俗社会中以"富贵为乐",提倡在世俗生活中享受、体味"湖山之乐",即体味大自然的美,陈白沙的"湖山之乐",虽然还没有达到"自得之乐"的境界,但它却能给人们的身心带来无限的欢愉,也表现了陈白沙"自然之乐"的形而下的感性经验的内容。

陈白沙还指出人们在世俗生活中也有劳动之乐。陈白沙生活在乡村,从事过农业劳动,感受到劳动成果的喜悦之情。他同劳动人民和睦相处的喜悦心情,特别是当自己的辛勤劳动换来了丰收的丰硕成果,人们为喜获丰收而举行庆祝之时,陈白沙的喜悦之情更是溢于言表。其《和陶归田园》诗之一首云:"今年秋又熟,欢呼负禾往。商量大作社,连村集少长。但忧村酒少,不充侬量广。醉即拍手歌,东西卧林莽。"劳动带来了欢乐,秋天丰收之时召集邻近乡村的老少男女一起举行丰收庆典，陈白沙同大家一起祭祀社神，一起饮酒、唱歌，享受人世间的欢乐。陈白沙把这种欢乐倾注到自己的日常生活之中，使自己的生活处处充满欢乐。陈白沙喜欢喝酒、吟诗、写字、弹琴，也喜欢种花、种树。他在喝酒、吟诗、写字、弹琴等日常世俗生活中享受欢乐。陈白沙喜欢种花，特别欢喜种菊花。他崇拜陶渊明，向往陶渊明田园之乐式的生活，通过田园生活寄托自己的欢乐情感。田园之乐的内容丰富多样，可乐之事多姿多彩，它是陈白沙世俗生活的缩影。这种田园之乐既有与山水之乐相同之处，也有不同之处。如果说山水之乐纯粹指大自然之美，那么田园之乐既包含了大自然之美，也包含了人类劳动之美和人伦之美。陈白沙充分地认识到这一点，认为在田园之乐中，既有种花、植树、钓鱼等闲情逸致，又有孝敬父母、尊敬兄长、嬉戏儿孙的人伦之乐。这种世俗之乐，构成了陈白沙"自然之乐"的感性生活的丰富内涵。

陈白沙的"自然之乐"境界论，既突破了儒家境界论重道德境界的偏向，也突破了道家境界论重审美境界的偏向，把二者有机地统一起来形成新的"自然之乐"境界论。陈白沙虽继承发展了庄子的"天乐至乐"思想，提出了"自然之乐，乃真乐也"的思想，认为"真乐"是完全超越世俗社会和现实人生的，给人一种纯粹的道家境界的感觉。其实，陈白沙的"真乐"是立足于世俗生活之中的，其《随笔》诗云："一岁十匹衣，一日两杯饭。真乐苟不存，衣食为心患。""真乐"就存在于人们日常的穿衣吃饭的人伦生活中，它虽具有"脱屣人间"的形而上意义，但更具现实人际关系的形而下味道。陈白沙主张在世俗的物质生活中和现实的人际关系中体味人间"真乐"，它与儒家文化的道德境界关系更为密切。因而儒家是陈白沙"自然之乐"境界论的主色调。

陈白沙的"自然之乐"达到了超越世俗社会和现实人生的

境界。在这种境界中，人完全没有生死的束缚、富贵的羁绊、名利的诱惑。正是这种超越生死名利的价值取向，才显示了陈白沙"自然之乐"境界论的精神实质和理论意义。同样，也正是陈白沙的"自然之乐"的境界论为现代人的精神追求和价值选择留下了可资借鉴的思想资源。

二 王阳明的自由境界快乐论

王阳明即王守仁（1472～1529年）原名云，后改名守仁，字伯安，浙江余姚人。因在绍兴会稽山阳明洞侧筑室攻读，创办阳明书院，别号阳明子，世称阳明先生。阳明先生素以哲学家、教育家著称于世，其思想实集南宋陆九渊以来心学之大成，世称其学为"王学"，而与"陆学"并称。著作有《王文成公全书》。王阳明对快乐问题和音乐问题皆有专门论述，他的自由境界快乐论和音乐教化思想皆与其"心学"密切相关。

（一）追求"真吾"的道德境界

王阳明主张"真吾"，所谓之"真吾"，是先天的本真状态的我，是无私之我。其《从吾道人记（乙酉）》曰："夫吾之所谓真吾者，良知之谓也……富贵、贫贱、患难、夷狄，无入而不自得，斯之谓能从吾之所好也矣。"（《王阳明全集》卷三《悟真录一》）这个所谓"真吾"与良知具有同位意义，是对个体私我的超越，具有无我的涵养，是有我与无我的统一，当然是一种自我的理想状态。

王阳明一方面主张无我与"廓然大公"，另一方面又强调和重视人性的全面发展，两者和谐地统一着。他并不反对有个性，其"真吾"就是极具个性的无我境界。他反对偏执一面的个性，主张个性与社会标准的统一。其《答南元善（丙戌）》曰："果能捐富贵,轻利害,弃爵禄,快然终身,无入而不自得已乎?夫惟有道之士,真有以见其良知之昭明灵觉,圆融洞澈,廓然与太虚而同体。"(《王阳明全集》卷二《静心录三》)其理想人格包括心态健康。而健康的心态即要克服一切偏激、狭隘等造成心态扭曲的因素,而这些因素在王阳明看来,主要是私己之欲。一旦心地澄明,廓然大公,无一己小我之私心,就会坦然面对一切艰难困苦,在任何打击与挫折面前都会不屈不挠,心的舒朗与健康是人性发展的一个重要表征,也是成就理想人格的关键。

既追求无我的道德境界,又要保持独立的自我人格,说明王阳明既继承了传统理学的精华,也接受了时代思潮的影响,体现了具有原创性哲学家不辱使命的价值所在。

(二) 乐是一种自由境界

理想自我是一种自由境界,这种自由就是真、善、美的统一,而人性的丰富与全面发展的最高境界大抵就是这种自由。这种自由在王阳明看来,首先是一种心境,就是主体对自由的一种内心体验,这种体验就是乐,在王阳明那里,乐有三层含义。

首先,乐是本体意义上的心体境界之乐。王阳明"乐是心之本体"的提出,可说是由此问题之讨论而来。其《答陆原静书》曰:

> 来书云:"昔周茂叔每令伯淳寻仲尼、颜子乐处。敢问是乐也,与七情之乐,同乎?否乎?若同,则常人之一遂所欲,皆能乐矣,何必圣贤?若别有真乐,则圣贤之遇大忧大怒大惊大惧之事,此乐亦在否乎?且君子之心常存戒惧,是盖终身之忧也,恶得乐?澄平生多闷,未尝见真乐之趣,今切愿寻之。"

"乐"是心之本体,虽不同于七情之乐,而亦不外于七情之乐。虽则圣贤别有真乐，而亦常人之所同有。但常人有之而不自知，反自求许多忧苦，自加迷弃。虽在忧苦迷弃之中，而此乐又未尝不存。但一念开明，反身而诚，则即此而在矣。每与原静论，无非此意。而原静尚有何道可得之问，是犹未免于"骑驴觅驴"之蔽也。（《王阳明全书》卷二《传习录中》）

此段话中，陆澄问所谓孔颜之乐，与喜怒哀乐等气发之情，是否相同。若是等同，则一般人嗜欲之满足，就能感觉到快乐，不独圣贤有之。若不同，则圣贤亦有忧怒惊惧之时，则乐又何在？更何况君子常怀戒惧，忧以终身，如何可乐？陆澄虽对孔颜之乐和七情之乐有同与不同之疑，然而依其理解，二者乃属同一层：若是相同固然可疑；但若是不同，忧惧与乐又似不可并存，则圣贤君子之乐有断时。王阳明即指出"'乐'是心之本体"，与喜怒哀乐之情不同，而心体借情以发用而言"不外"。此"乐之心体"为人人共有，无论圣凡，唯常人不知此心之存，而自求忧苦，若一念自反，则"乐之心体"当下即是。王阳明由"虽在忧苦迷弃之中，而此乐又未尝不存"，暗示了此乐与喜怒哀乐之情不在同一层，既然言"'乐'是心之本体"，则当属超越者。

在王阳明看来，心体之乐与嗜欲之乐绝不相同，其《为善最乐文》云：

> 君子乐得其道，小人乐得其欲。然小人之得其欲也，吾亦但见其苦而已耳。"五色令人目盲，五声令人耳聋，五味令人口爽，驰骋田猎令人心发狂。"营营戚戚，忧患终身，心劳而日拙，欲纵恶积，以亡其生，乌在其为乐也乎？若夫君子之为善，则仰不愧，俯不怍；明无人非，幽无鬼责；优优荡荡，心逸日休；宗族称其孝，乡党称其弟；言而人莫不

信,行而人莫不悦。所谓无入而不自得也,亦何乐如之!(《王阳明全集》卷二十六《外集六》)

一般人所谓的嗜欲之乐,若就心体之安然自得而言,根本非真乐,反而是忧患之苦。

除了区别心体之乐与气发之情为两个层面,王阳明在《与黄勉之》中也说明了由乐来理解心体,亦不外于良知学,可说乐之根源即在于此:

> 乐是心之本体。仁人之心,以天地万物为一体,欣合和畅,厚无间隔。来书谓"人之生理,本自和畅,本无不乐,但为客气物欲搅此和畅之气,始有间断不乐"是也。时习者,求复此心之本体也。悦则本体渐复矣。朋来则本体之欣合和畅,充周无间。本体之欣合和畅,本来如是,初未尝有所增也。就使无朋来而天下莫我知焉,亦未尝有所减也。来书云"无间断"意思亦是。圣人只是至诚无息而已,其工夫只是时习。时习之要,只是谨独。谨独即是致良知。良知即是乐之本体。(《王阳明全集》卷五《文录二》)

王阳明以为,能有此乐,乃在心体毫无遮蔽,和畅明朗;若为物欲所障,此乐便间断了,便要有复本体的工夫,这进一步要求心体应时刻光明朗现。故需至诚无息,心体之乐便不间断,工夫便是时习、谨独,王阳明将此工夫归结为"致良知"工夫,并言"良知即是乐之本体"。由此可见,王阳明认为,本体之复在于能体会心体之悦乐;而心体之悦乐,即是由恢复扩充良知而来。故良知乃为心体之乐之根据、根源。其《传习录》有同样的表述:"良知是造化的精灵。这些精灵,生天生地,成鬼成帝,皆从此出,真是与物无对。人若复得他完完全全,无少亏欠,自不觉手舞足蹈,不知天地间更有何乐可代。"(《王阳明全集》卷三《语录三》)因而良知圆满,毫无私欲之蔽,乃是真乐。

由上可知,阳明以"乐"言心体有二:一者为区别此乐与嗜欲之乐、七情之乐为两层;二者为此乐之根据在于良知之完满体现。

总体来看,王阳明的心体之乐因超越单纯的感性快感,是一种精神愉悦,但又不是抽象的理性认知,这种本体之乐不外于七情之乐。有限的个体生命与无限的本体融为一体,大抵是对永恒意义的把握与体味。此乐不是一般情感中的喜,而是一种"欣合和畅"的平恬无忧的自由状态。虽然乐是本体意义的平和心态,具有普遍意义,但它绝不脱离个人的具体情感体验。然而,心中要保持常乐并不是件易事,人生烦恼太多,忧苦多于快乐,因而从尊重生命自然原则出发,当忧伤过重影响身体健康之时,"须是大哭一番方乐,不哭便不乐矣。虽哭,此心安处,即是乐也,本体未尝有动"(《王阳明全集》卷三《语录三》之《传习录下》)。当哭则哭,当乐则乐,这样的自我才是洒脱、自由的。

首先,宋明儒学所讲的"乐"主要有两个来源,即《论语·雍也》所讲的孔颜乐处与《论语·先进》所讲的"吾与点也"。王阳明与陈白沙一样酷爱自然,其《龙潭静坐》等诗不逊于陶渊明。王阳明真正从山水中获得人生乐趣,谪贬贵州龙场时作《龙潭夜坐》:"何处花香入夜清?石林茅屋隔溪声。幽人月出每孤往,栖鸟山空时一鸣。草露不辞芒屦湿,松风偏与葛衣轻。临流欲写猗兰意,江北江南无限情。"暗暗花香、淙淙溪流,月夜下独自徜徉于山间,是何等的境地啊!

其次,乐是艺术与审美之乐。依据对乐的心体追求,引导出其对审美境界的追求,这也是王阳明达到自由境界的一种方式。王阳明对审美境界的追求与其道德理想是一致的。他说:"古人为治,先养得人心和平,然后作乐。比如在此歌诗,你的心气和平，听者自然悦怿兴起。"（《王阳明全集》卷三《语录三》之《传习录下》）这种审美的平和境界当为儒家审美意识传统。

再次，"孔颜乐处"之乐。王阳明追求自我人生之乐，即自保自适以自乐与讲学求道以救世。在社会政治黑暗的情况下，他表示过归隐的意向，其《别三子序》云："予有归隐之图，方将与三子就云霞，依泉石，追濂、洛之遗风，求孔、颜之真趣；洒然而乐，超然而游，忽焉而忘吾之老也。"（《王阳明全集》卷七）在野讲学，既可无拘无束以洒然而乐，又可授徒施教以拯济天下。只不过他当时正在赴贵州贬所途中，根本无归隐的条件罢了。

对"孔颜乐处"的设问是理学发轫的一个重要缘由，无论理学家和心学家都有自己的答案。解决了这个问题，才能真正回应佛教对儒家思想的挑战，才能最终取代佛教而为传统国人提供人生意义的信仰。王阳明自然也沿着这一思路进行思索，追求这种自由的人生境界，也就形成了王阳明精神世界中的理想情结。

然而，"濂、洛之遗风，孔、颜之真趣"与道家的归隐思想不同，它是天下无道以富贵为耻的儒家理想人格；因而在追求人生境界的过程中，王阳明是不可能忘却关切现实社会的。随着政治环境的更加险恶复杂，王阳明的人生阅历也更加丰富，尤其是通过龙场悟道与忠、泰之变，使他悟得了良知的大道，具备了空前的人生自信与超然胸襟，最终形成了其"用之则行舍即藏"的通达人生态度。因而他此时的归隐与一般士人之隐有了较大区别：他要摆脱官场的束缚与仕途的险恶，归向自然山水，享受自由的人生之乐；然而，他在追求庄禅的超然境界时，却没有放弃儒家的人生责任，他不仅准备着朝廷需要时可以随时出山，而且他还向前来求学的士人讲学论道，启悟其良知，提升其人生境界，让其承担起拯救天下的重任。这种归隐讲学的人生模式不仅使王阳明从沉闷险恶的官场中解脱出来而获得身心的舒展，而且会比在仕途中更能发挥救世的功能。这就是王阳明在《思归轩赋》中所显示出的人生境界与人生理想，也是其归隐意识的主要内涵。

（三）乐本于心的音乐思想

王阳明虽然没有写过专门论述音乐的文章，但是《传习录》上收集的他和学生多次有关音乐问题的谈话表明，他不仅十分重视音乐教育，有相应的教育方法，而且对音乐有某些独到的见解。这些见解既是其心学在音乐领域的体现，也是对其心学的又一种阐释。

首先，乐本于心。王阳明的重要思想是"心即理"、"心外无理"说。因而对音乐他采用了乐本于心的说法，把音乐也看做人心的一种观照。前述《传习录下》曰："古人为治，先养得人心和平，然后作乐。比如在此歌诗，你的心气和平，听者自然悦怿兴起，只此便是元声之始。"音乐是更需要靠人的心灵去领悟的，强调人的主观作用。王阳明强调心为乐本，强调领悟，因而在实践中，王阳明十分重视音乐学习中的聆听和感悟。《传习录》卷二《教约》中有一段话："每学，量童生多寡，分为四班，每日轮一班歌《诗》，其余皆应席，敛容肃听。每五日，则总四班递歌于本学。每朔望，集各学会歌于书院。"这种一班唱三班听的方式是否可取，固然可以商讨，但听多于唱，"悟"频于"行"，以"知"导"行"的意图是鲜明的。"知是行的主意，行是知的功夫。"王阳明正是按照这一理论来指导其音乐教育实践的，这应是一种具有创造性的实践；这样的实践反过来，也证明了王阳明的"心为乐本"说，并不能简单地以其否认"求之于外"而视之为主观唯心论，加以否定。

正因为王阳明将人心看做乐本，所以他十分注意接受对象的心理状态，在《传习录中·训蒙大意示教读刘伯颂等》中，他提出了对青少年教育，宜"宣诱之歌诗以发其志意"的主张，

279

即"今教童子必使其趋向鼓舞,中心喜悦,则其进自不能已……故凡诱之歌诗者,非但发其志意而已,亦所以泄其跳号呼啸于咏歌,宣其幽抑结滞于音节也……"这就指出了音乐的宣泄功能。在程朱理学盛行的年代,能提出要考虑顺应儿童"乐嬉游而惮拘检"的天性,采取"舒畅之",使其"趋向鼓舞,中心喜悦"等与"美育"相结合的主张,无疑是一种新的声音,具有积极的意义。

其次,强调复古乐与创新的关系。王阳明出于维护封建统治利益的需要,虽然讲过一些推崇古乐、厌恶郑声的话语,但是他对民歌、当时盛行的民间戏曲,自有其不同于当时卫道者们的看法,显示了其独到见解。

王阳明的知行合一之外化和显现,就是强调既重视对古乐的继承,又注重当时出现的"今之戏子"的创新,并认为"古乐"与"今之戏子"的内在精神是统一的,都是"吾心"之显现。《传习录下》有一段文字集中反映了这种思想:

先生曰:"古乐不作久矣!今之戏子,尚与古乐意思相近。"未达,请问。先生曰:"《韶》之九成,便是舜的一本戏子;《武》之九变,便是武王的一本戏子。圣人一生实事,俱播在乐中。所以,有德者闻之,便知他尽善尽美,与尽美未尽善处。若后世作乐,只是做些词调,于民俗风化绝无关涉,何以化民善俗?今要民俗反朴还淳,取今之戏子,将妖淫词调俱去了,只取忠臣孝子故事,使愚俗百姓人人易晓,无意中感激他良知起来,却于风化有益。然后古乐渐次可复矣。"(《王阳明全集》卷三《语录三》)

不少学者认为这段文字是宣扬复古乐,实际上从其良知说精神来看,王阳明当是强调继承与创新的关系。其一,他认为继承古乐是指继承中国古代的艺术精神实质，促使社会和谐有序。但又反对照搬古乐的形式而脱离社会现实的风习，提倡今之戏子，这即王阳明既不同于宋儒又不同于明代复古主义的根本之处。正是从这一思想出发，王阳明才认为古乐与今之戏子意思相近。这与其"人人皆可为尧舜"的思想是相似的。其二，正是古乐随着时代的变化而不断创新或改造，才使它们被注入了特定时代的审美理想、审美情趣等新鲜血液。如《韶》之九成，《武》之九变，才使它们更加世俗化而为人所熟知。今之戏子就是新时代的《韶》、《武》。其三，他严肃批评了"今之戏子"中出现的有伤民俗，只注重形式改革而不关心民俗风化的贵族艺术习气。他强调要去掉"今之戏子"中的"妖淫词调"。"妖淫词调"是指那种伤人伦、败风俗之词即虚文、人欲。历朝历代都反对、禁止"妖淫词调"，但当时文坛有从雅到俗的趋向。在这一趋向中，"俗"有时是庸俗和低级趣味的，是有害于社会的。这样的东西不可能化民善俗，理当大加反对。为了促进社会健康发展，王阳明认为要以那些能使人向上的美好的东西来取代"妖淫词调"，使民俗返朴还淳。其四，他认为如果有这种健康活泼的"今之戏子"，就会使"古乐渐次可复"，"愚俗百姓人人易晓，无意中感激他良知起来"，艺术也就更有其生命力了。

　　从总体上看，王阳明对古乐是推崇的，确有恢复古乐的想法，但他并不一概否定民间的歌谣。他反对的是不关涉民俗风化的妖淫词调，主张将其换成百姓易晓的劝忠劝孝的内容。他把《韶》、《武》和民间"戏子"等同起来，并认为当时的"戏子"经过改良，可以成为恢复古乐的契机，这就与其之前的恢复古乐论者大不相同了。在一定意义上说，王阳明是赞赏并支持民间戏剧演出的，因为时代在变革，他无法完全拒绝"世俗多所喜传"的感染和影响。他处理音乐问题，古乐既要推崇，民间喜闻乐见的"戏子"只要去掉淫词，也允许存在。王阳明确实比一般封建卫道者高明。他虽不是音乐美学学者，但他关于音乐问题的诸多见解，无疑仍有其有益的美学意义。

三　王心斋、颜山农走向世俗的自我之乐

王心斋即王艮（1438~1514年），原名王银，字汝止，号心斋，明泰州安丰场（今江苏东台）人。他是王阳明的学生，但由于他的出身与文化背景，使之很快沿着自己的思路发展。王阳明去世后，回乡自立门户讲学，创泰州学派。著作有《王心斋先生遗集》。出身于商者的王艮思想中的市民意识，使其思想具有鲜明的特性。

（一）王心斋的世俗化自我之乐

1. 理想人格

儒家刻意追求的理想人格，被出身低微的王心斋揭去了神圣的光环。"良知天性，往来古今，人人俱足，人伦日用之间举措之耳。"（《答朱思斋明府》，《王心斋先生遗集》（袁承业重编本）卷二）明末是一个肯定并宣扬人的私欲的时代。王心斋所谓的日用良知就是说明人的饮食男女之类的家常就是良知的体现。在他心目中，天理不再具有外在的权威性，而只是自然之理，良知所知之理成为身边日常事物之理。理想人格与现实人格也没有了区别，"百姓日用条理处，即是圣人之条理处，圣人知便不失，百姓不知便为失"（《明儒学案》卷三十二《泰州学案一》）。圣人与百姓之间的差距只不过是对这"条理"的知与不知而已。

王心斋有着极强的自我意识，政治抱负是其典型的表现，他渴望能够"出则必为帝者师，处则必为天下万世师"。这种志向所表达出来的主体意识虽然是儒家传统的窠臼，但是出自王心斋

之口就有特定的意蕴。因他出身低微，能否实现自我价值，虽然更多地取决于命运，但他抱定主观努力能够改变命运的信念，显示出一种面对命运决不甘心的气魄。王心斋曰："孔子不遇于春秋之君亦命也；而周流天下，明道以淑斯人，不谓命也；若夫民则听命矣。故曰：'大人造命。'"（《明儒学案》卷三十二《泰州学案一》）这就是主观意志对命运的抗争。能够通过主观努力实现自己的理想，才是王心斋心目中的理想人格。

王心斋的理想人格，对自由的追求及其使命感在他以寓言形式写作的《鳅鳝赋》中表现得淋漓尽致。他自比育鳝缸中的泥鳅，当时机一到，即"风云雷雨交作，其鳅乘势跃入天河，投于大海，悠然而逝，纵横自在，快乐无边"。可它又不愿意看着鳝依然在笼中受苦，所以又化作龙，"复作雷雨，倾满鳝缸"，于是那些缠绕覆压的鳝，不但"欣欣然有生意"，并且"同归于长江大海矣"（《王心斋杂著》）。这有点像佛教中救苦救难的菩萨，但与之不同的是，它没有外在目的，而只是率性而行。这正是王心斋主张的自由境界与其使命感的形象化，与其意志论倾向是一致的。然而，在现实生活中顺应自然，但在精神上又渴望成圣成贤有所作为。现实中的自然原则与精神世界中的意志论就这样矛盾交织在其思想中。

2. 心之真乐

心灵的矛盾是理想与现实、主观与客观的矛盾反映，化解或超越它的办法就是"真乐"。自然与人为的矛盾和对抗在"乐"的境界中达到一种统一，也可以看做一种否定之否定的精神升华。顺应生命自然的动物之乐是乐，圣人之学有无边快乐，能够造命或者掌握自我命运更是乐。

王心斋对心体的理解，专承王阳明"乐是心之本体"而发明，其言："'不亦说乎？'说是心之本体。"（《明儒学案》卷三十二《泰州学案一》）并提出何者为人心之真乐：

尘凡事常见俯视无足入虑者,方为超脱。今人只为自幼便将功利诱坏心术,所以夹带病根,终身无出头处,日用间毫厘不察,便入于功利而不自知,盖功利陷溺人心久矣。须见得自家一个真乐,直与天地万物为一体,然后能宰万物而主经纶。所谓乐则天,天则神。学者不见真乐,则安能超脱而闻圣人之道。(《王心斋语录》上)

王心斋以为一般人常陷溺于功利私欲之中,却不自知,若能见得自家之心有个"真乐",便能超拔而出;且此心之真乐,乃直接与天地万物之理为一体。由王心斋特别标明"真乐",便表现了此不同于一般的逐得功利之乐,并且此乐之位置可谓与天理相同,方可言见得此心之真乐,便"直与天地万物一体",且能"宰万物主经纶",因而此乐是就德行层面而言的,非就感性层面而言的。

但是,王心斋这种"乐"与王阳明主张的"乐"有了很大的区别,王阳明所谓的"乐"是无忧状态,是内心的一种平静,而王心斋的"乐"则是自我认识了世界并且主宰了命运之后的自信与喜悦,"我知天,何惑之有;我乐天,何忧之有;我同天,何惧之有"(《王心斋语录》下)。本来乐是一种无忧的心态,但在王心斋处却表现得与生活过程中喜悦的情感有密切的联系。换言之,王心斋的"乐"比王阳明的"乐"多了些情绪内容,这与其沉浸在日常生活的感性存在之中,以日常生活的道理为理是一致的,也与其"造命"的努力是一致的。

3. 学与乐的关系

王心斋从其"百姓日用即道"的观点出发,认为儒家圣学的目的是得到"乐"。追求儒家圣学是一种乐事。因而其言为学亦由乐入手,其著名的《乐学歌》云:

> 人心本自乐，自将私欲缚。
> 私欲一萌时，良知还自觉；
> 一觉便消除，人心依旧乐。
> 乐是乐此学，学是学此乐。
> 不乐不是学，不学不是乐；
> 乐便然后学，学便然后乐。
> 乐是学，学是乐。呜呼！
> 天下之乐何如此学，
> 天下之学何如此乐。（《明儒学案》卷三十二《泰州学案一》）

王心斋把王阳明的"良知"之教推至极致，变成了一种超功利的"快乐"之学。在他看来，学圣人之学会给人带来诸多快乐，一是产生一种得道的愉悦，这就是"孔颜乐处"。二是圣人之学能给人一种受用，追求道德修养，从自己的内心而言能获得某种觉解，这种觉解使人进入一种高朗的境界。从外在兴亡说，能够"仕止久速，变通趋时"，得到一种合目的与合规律统一的愉悦感。从救世拯衰说，能帮助百姓脱离苦境，康乐富足，也会产生由万物一体的悲悯感转换成的济拔群生的道德愉悦。有鉴于此，圣人之学是人乐于学的，因为能从中得到诸多快乐。学圣人之学不是受他人的逼迫，也不是为了科举的目的，而是出于自己的道德理想的自愿自觉的行为，因而这种学便充满了自愿快乐的气象。《乐学歌》把学习过程看得如此快乐，表现出对学习本身的兴趣，学习不再是因为外在功利目的而使人悬梁刺股，而因其内在价值使学习者体味着学习过程中的无限乐趣，使得读书成了一种精神自由的享受。一方面愿意学，另一方面学后感到精神愉悦。因而王心斋的《乐学歌》中既没有儒家经典中所具有的沉闷，也没有天理人欲的激烈搏战中所呈现的痛苦，更没有精英文化的矫情，一切都在坦乐平易中，一切都在自然和谐中。这里透显着强烈的平民境界。

乐是儒家修身的自然结果，孔颜之乐是儒家追求的最高境界。周敦颐教二程"寻孔颜乐处，所乐何事"，王阳明也说"乐是心之本体"。但王心斋的学乐与他们不同，他们以乐为境界，而王心斋的乐既是境界也是具体的心理感受。作为境界的乐更多的是崇高感、壮美感。而作为感受的乐则是一种具体情感和具体体验。《乐学歌》中境界和情感两个方面，把儒家最高精神追求放在理想和现实、目标和过程的结合上，把儒家修身问学，放在和乐坦易的基点上。这是其平民文化的一个特点。

王心斋之子东崖，曾与人论"学乐"以发明其父之意，且做了更详细的分解：

> 问："学何以乎？"曰："乐。"再问之，则曰："乐者，心之本体也。有不乐焉，非心之初也。吾求以复其初而已矣！""然则必如何而后乐乎？"曰："本体未尝不乐，今日必如何而后能是，欲有加于本体之外也。""然则遂无事于学乎？"曰："何为其然也？莫非学也，而皆所以求此乐也。乐者，乐此学；学者，学此乐。吾先子盖常言之也。""如是则乐亦有辨乎？"曰："有所倚而后乐者，乐以人者也。一失其所倚，则慊然若不足也。无所倚而自乐者，乐以天者也。舒惨欣戚，荣悴得丧，无适而不可也。""既无所倚，则乐者果何物乎？道乎？心乎？"曰："无物故乐，有物则否矣。且乐即道，乐即心也。而曰所乐者道，所乐者心，是床上之床也。""学止于是而已乎？"曰："昔孔子之称颜回，但曰'不改其乐'；而其自名也，亦曰'乐在其中'。其所以喟然而与点者，亦以此也。二程夫子之闻学于茂叔，于此

盖终身焉而,岂复有所加也?"曰:"孔、颜之乐,未易识也。吾欲始之以忧,而终之以乐可乎?"曰:"孔、颜之乐,愚夫愚妇之所同然也,何以曰未易识也?且乐者,心之体也;忧者,心之障也。欲识其乐而先之以忧,是欲全其体而故障之也。""然则何以曰忧道?何以曰君子有终身之忧乎?"曰:"所谓忧者,非如是胶胶役役然,以外物为戚戚者也。所忧者道也,其忧道者,忧其不得乎此乐也。舜自耕稼陶渔以至为帝,无往不乐,而吾独否也,是故君子终身忧之也。是其忧也,乃所以为乐其乐也,自无庸于忧耳。"
(《明儒学案》卷三十二《泰州学案一》之《东崖语录》)

王东崖首先言本体本乐,无须外加,只要复初而已,故学不过学此乐,所乐者亦是此学,与其父王心斋《乐学歌》意味相同。王东崖顺着所问,进一步区别不同层次之乐,有"有所倚而后乐者",须依待外物方乐,此为"乐以人者",既然此乐乃攀缘于外而有,那么乐之有无便由外在决定,随时可去;有"无所倚而自乐者",无所依恃之自乐,所谓"乐以天者",因无所待,故此乐必然恒久,外在之起伏变化,皆不能消损此乐。"乐以人者"与"乐以天者"的区分,前者落于经验私欲层面中;后者则就超越层面说,故心体之乐乃是超越的,具有独立永恒性。问者又疑乐者为道抑或为心?王东崖言"乐即道,乐即心",这便是心即理,唯以"乐"来说此心此理,既然心即是道,因而无所谓所乐者是心抑或道的问题。王东崖又言孔颜之乐乃愚夫愚妇之所同然,有何"未易识"之有?则此心体之乐又是普遍具有的,欲之即至。故而王东崖于开头便言,若有不乐即非心之初,"吾求以复其初而已矣"。此番分别,亦可谓承王阳明而来,此"乐以天者",即王阳明之"本体未尝有动"。而王东崖言"无物故乐,有物则否矣",进一步展现了以"乐"言心体之平常自然处。不以道为追求之对象，故而不显勉强严肃之相，而是此心之流行即道之流行，自然而然。

明代中后期，许多文人喜爱逗乐调笑，肆无忌惮，成为明代很特别的一种文化现象，较之魏晋有过之而无不及。所以会有如此现象，是因为当时的文人一般都持有娱乐乐生的人生哲学，性格较为豁达。泰州学派多认为人心本是快乐的。王心斋的弟子罗汝芳曰："盖人之出世，本由造物之生机，故人之为生，自有天然之乐趣。"（《明儒学案》卷三十四《泰州学案三》）人生活在世界上总要寻求自己的乐趣，此乃天性使然。有了这种快乐的哲学，便有了明代人快乐的笑和快乐的生活。

（二）颜山农的惜生保命快乐论

颜山农即颜钧（1504~1596年），字子和，号山农，又号耕樵，江西吉安府永新县人。颜山农是明末泰州学派的重要人物，是王艮的大弟子，与其师一样，也主张"日用之道"，但却不满足于此。泰州学派有其一定之宗旨，然其学者各有家风，颜山农无疑是其中最有性格、特立独行者。与心学家一样，他也信奉"乐是心之本体"的观点，这种圣人才有的精神境界也是他求圣的目的与理想自我的实现。著有《颜山农集》、《耕樵问答》等。

1. "从心所欲不逾矩"的道德自由境界

以生命为本体，感性生命的存在就具有了优先地位。以此为社会伦理道德提供理论基础，必然会引起长生保命的个体生存态度，颜山农将孔子"从心所欲不逾矩"的道德自由境界，解释为保命之方。颜山农在《论长生保命》中说明了其观点：

> 夫生也，天地大生之性。生天地人物，不易不磨之命也。故曰：性也，有命焉。命即性之生生成象，有定分也。性为命之自天秉赋，无方体也。是为无方体也，是为有定分

也，而焉以长之保之哉？此宣尼一生耽志愤乐，敏求乐止之全功合修，曰"从心所欲不逾矩"，即长生保命之造端贞干也。玄门变幻，其为长，其为保也，亦自"从心所欲不逾矩"中窃取玄能，以自支幻其心，诱掖人闻人信者也。讵知心所欲也，性也；继曰矩也，命也，能从能不逾，即长也保也，何必改换名色，然后为双修哉？是以蓬鳏笃信耽志，遇师传授，敢自得此几，以自乐自强，不贰不息，叨获今日年精力齿，实确乎不拔为定见定守者也，遂发长生保命云。（《颜山农集》卷二）

需要说明的是，此文是谈"性命"的，其所谈"性命"确实与理学有不同处，故名为"长生保命"。此"性命"、"生命"所包含的意义接近于现代汉语所言之意，不能离开人的肉体存在。颜山农自述此文缘起，以其笃信孔子"从心所欲不逾矩"宗旨，又遇明师指点，自强不息，得获今日年齿（颜山农长寿，90多岁乃卒），由此而发"长生保命"之论。"长生保命"是道教宗旨，颜山农所谓"玄门"是也。以儒学"大生之性"训道教宗旨的"长生"之"生"，则在于表明颜山农所谓"长生保命"区别于"玄门"之"长生保命"。但既以此训"生"，又不舍"生"之肉体存在之意义，则此二"生"之意实则相通，故颜山农谓孔子"从心所欲不逾矩"宗旨是"全功合修"。"从心所欲不逾矩"本来是一种个人的精神境界，是一种道德自由，而道教养生学的核心是将人的精神等同于人的生命过程，将意念的自由驰骋看做精神对生命过程的驾驭。"从心所欲不逾矩"与作为宇宙根源的生命之"玄门"统一起来，具有传统意义的道德自由便成了对生命本体的内心体验。自由变成对生命自然过程的驾驭，是对个体生命有限性的超越。

"从心所欲不逾矩"一旦能够"长生保命"，对生命自然的遵从与超越，使社会伦理道德失去了天理一般的规范作用。欲是人的生理需要与主观意愿，而不可纵欲的矩的限制不再是社会伦理道德，而是自身生命的正常生存。换言之，节制欲望以是否戕害生命为标准，这是贵生保命的"生命本体论"的必然结论。在颜山农看来，"从心所欲不逾矩"不仅是道德境界，更是一种理想的生命状态。

颜山农具有较深的宿命论感受，即"人生堪舆，身根大本，谓之己也"。他将"堪舆"视为"身根大本"，是自我存在与发展的依据，我之所以为我早已是命中注定的，可见他内心宿命的感受颇深。同时，他强烈地感受到生命的流逝与生命过程的短暂。在他看来，浮生日景，瞬息隙过，顺逆、安恬、烦恼等皆由命定于天。这种自我意识完全是宿命的，但他并不甘心命运的主宰，渴望改变命运，"我欲斯人生化巧，御天造命自精神"，这种理想自我无非是要成为宇宙的主宰。在颜山农的眼中，人一旦到了主宰乾坤的地步，人间的功利自然便微不足道了。在颜山农的心目中，只有长生久视、"御天造命"才是人生的根本意义所在，因为这是自由境界的根本，亦是其终极关怀。

2. 乐天知命的人生境界

在无法做到超然自然而又感受着宿命力量的同时，颜山农企望在有限的生命过程中寻求永恒的意义，就只能回到儒家理想中来，他更希望成为一名孔夫子那样的圣人，"立己达人宗孔业，沿生造命遂心筹"。这种自比孔子的气魄和以道统承继人自许的自我评价，是宋明道学诸派人物的一个共同特征。

颜山农变"孔颜乐处"为生命的喜悦。理学的发端之一是追问"孔颜乐处"，而心学家都信奉"乐是心之本体"的观点，而颜山农则将这种"乐"改造成驾驭生命过程而体验到的喜悦。颜山农的人生道路是十分坎坷的，曾受冤入狱长达三年，并且遭受严刑，疮溃肤烂，但他并没有改变心中之乐，自称"三年缧继兮,如坐福堂。日怀夜梦兮,朋侣文王"。在人生的磨难中体验悠长的滋味,常人难以忍受的惨烈遭遇,他却能够坦然以对如坐福堂。在磨难中支撑他的是什么力量呢?除了儒家传统的"朋侣文王"的政治信念之外,就是道教"生道合一"的信仰,是养生家以个体生命的存在为最高价值的信念使然。在生存意志的作用之下,历尽艰辛,大难不死,这种生命感觉便成了他"御天造命"的体味,这种体味使"乐"在他的情感中始终占据主导地位,"御天造命,愤乐在中,无入而不自得焉"。因为这种"御天造命"是对生命过程的驾驭与超越,所以由此而生的乐就不是理学所谓的"无忧",而是一种体味生命过程的喜悦。

颜山农之"乐"与王心斋之"乐"虽然在理想人格的精神境界与战胜命运这点上有相似之处,但二人对乐的体验有所区别。王心斋乐在学圣读书与"造命由我"的自我价值的创造过程中,而颜山农则乐在对生命本体的体味之中。颜山农的"乐"已不再是为某一类事物而乐,而是一种具有人生意义与永恒价值的精神境界,所以他能够一直保持这种乐观心态。他的"乐"既是由于他心中有着坚定的信念,也是他通过养生达到了一种健康的精神状态。既重视个体的生命存在,又保持着理想境界,其理想境界就是"乐"的生命存在过程,这既是颜山农自我观的最大特点,也是他区别于同时代许多重感性存在而心无永恒理想原则者的根本之处,这也与那些为追求理想原则而克制压抑生命过程的理学家大相径庭。

四 吕坤的精神境界快乐论

吕坤(1536~1618年),明河南开封宁陵县(今河南商丘市西)人,初字顺叔,后改字叔简,别号新吾、心吾,晚号抱独居士。吕坤一生著作颇丰,除《呻吟语》外,还有《去伪斋文集》等。由于心学与理学的弊端均已非常明显，吕坤努力弥合两个极端之间的紧张，使其思想明显带有双重性和自身无法解决的矛盾。

吕坤追求独立自我与无我的双重境界。他主张设计自我，实现自我，其自我的设计就是立志。吕坤之志就是："人生天地间，要做有益于世底人。"（《养生》，《呻吟语》卷三）古代那些开创伟业的英雄，以德行垂范后世的圣贤，就是吕坤的人生目标。他说："把意念沉潜得下，何理不可得？把志气奋发得起，何事不可做？"（《存心》，《呻吟语》卷一）这种志向就包含了意志的品格，志向与意志统一，才能成就理想人格。

吕坤所强调的"匹夫有不可夺之志，虽天子亦无可奈何"（《治道》，《呻吟语》卷五）的独立人格，是儒家所少见的，表现出鲜明的反封建意识。这种意识又反过来强化了吕坤的个性色彩，使他更深切地感受着自身的存在价值与独立性。他说："故贫富、贵贱、得失、荣辱，如春风秋月，自去自来，与心全不牵挂，我到底只是个我。夫如是，故可贫、可富、可贵、可贱、可得、可失、可荣、可辱。"（《修身》，《呻吟语》卷二）一切贫富、贵贱、得失、荣辱都是外在于自我的社会评价，能够撤去社会角色与外在评价，直接感悟自身的存在，如果没有高度自觉的自我意识和独立人格，是很难做到的。

独立人格往往取决于对自我的自证、自信，相对独立于外在的社会标准的评价，而这种独立性是与内心的信念紧密相关的。吕坤云："多少英雄豪杰可与为善，而卒无成，只为拔此身于习俗中不出。若不恤群谤，断以必行，以古人为契友，以天地为知己，任他千诬万毁，何妨？"（《修身》，《呻吟语》卷三）在他看来，众多英雄无成者，就在于自己没有脱离习俗，没有独立的自我。

只有自信才能使自己独立思考。吕坤强调人应当独立思考，一旦通过自己独立思考而获得了真理性认识，就要勇于坚持，不怕任何压力，真正做到"此心果有不可昧之真知，不可强之定见，虽断舌可也，决不可从人然诺"（《存心》，《呻吟语》卷三）。敢于坚持真理的独立人格，面对强权会表现出铮铮硬骨与凛然正气。

吕坤既坚持自我的独立人格，又追求着无我的精神境界。换言之，与我行我素、毁誉任由他人的独立自我并存着无私无我的一面。其无我的表现，一是反对有个人隐私。即"平生无一事可瞒人，此是大快乐"（《圣贤》，《呻吟语》卷四）。不是内在品性的提升，化他律为自律，而是外在规范与内心隐私间张力的消除。没有隐私就消除了内心的矛盾与双重人格的内在紧张，方能坦坦荡荡地面对世人，这时的心情自然就是快乐的。二是与世无争。吕坤提出"五不争"："不与居积人争富，不与进取人争贵，不与矜饰人争名，不与简傲人争礼节，不与盛气人争是非。"（《应务》，《呻吟语》卷二）这种不争，并非是放弃外在的追求，而是内心不设置外在的有形标准，这样的不争，就是知足，"凡在我者都是分内底，在天、在人者都是分外底"（《修身》，《呻吟语》卷二）。只有这样才能做到"不为外憾，不为物移"，保持心灵的自由。心灵的自由是独立人格所必需的。

吕坤为了统一个性自我与无我的境界，提出了"我境"的概念，即"胸中情景，要看得春不是繁华，夏不是发畅，秋不是寥落，冬不是枯槁，方为我境"（《存心》，《呻吟语》卷一）。这是独立人格、自由心灵与无我境界的统一。这种境界有两个特点：一是敢于担当社会责任。"宇宙内几桩大事，学者要挺身独任，让不得人，亦与人计行止不得。"（《修身》，《呻吟语》卷二）在担当社会责任之时，一己的私我处于从属的地位，才有理想的追求与实现过程，才会有"斯道这个担子，海内必有人负荷"的责任感。勇于担当社会责任，人生便具有了永恒的意义。二是人生境界。天是人所无法抗拒的命运，而毁誉之评论又属于他人，自己的行为与德行取决于自己，"吉凶祸福是天主张，毁誉予夺是人主张，立身行己是我主张，此三者不相夺也"（《修身》，《呻吟语》卷二）。这种决定自我个性与德行的"我"遇变而不乱，从容镇定，显示了非凡的气度。"真沉静底自是惺惚，包一段全副精神在里。"（《存心》，《呻吟语》卷一）这种自我的价值不在于外界的评价与承认，而是内心有"一段精神"。这种精神，就是克服一己之私，达到了天与我的圆融统一，这种"我境"是主体的一种自由境界，并且具有一定的审美意义，正所谓"无边风月自在"（《存心》，《呻吟语》卷一）。

吕坤一方面珍视自己的生命；另一方面又不能放弃理想，试图在保全生命的同时，捍卫心中的真理。可以说，吕坤是在严酷的封建统治与残酷的官场倾轧中，在既要生存又要坚持理念与人格的两难中挣扎的中国古代士大夫的典型。

五 东林党人的力拯天下快乐论

明朝末年是一个价值迷失而缺乏理想、普遍存在着信念危机的时代。以顾宪成、高攀龙为代表的东林党人，意欲拯救世风，创立东林书院，一方面形成在野士人对朝政议论的中心；另一方面努力从生活实际出发，以理性主义为路径，试图重新寻求新的精神支柱，并以一种人格力量垂范当世，建立新的具有凝聚力的共同理想以匡扶危颓欲倾的晚明江山。东林党人以救世济民、力拯天下为乐。

（一）顾宪成以救世与垂范天下为乐

顾宪成（1550~1612年），南直隶无锡县（今属江苏）人，字叔时，别号泾阳先生。东林学派的主要领导者，被称为东林先生。著有《小心斋札记》、《泾皋藏稿》等。

作为东林党著名领袖的顾宪成意欲拯救世风,重建理想原则,从人们的生活实际入手,寻找当下与永恒之间的通道。以此为基础,通过永恒心体的建立表达出人己两得的义利兼顾的思想,使得他对自我的设计与评价,对理想人格的构想与追求,表现出一种理性的永恒与独立不羁的自由意志,使他对无我境界的追求赋予担当天下的社会责任感。

面对黑暗腐败的社会,为了重树信念与理想原则,顾宪成提出了自己对永恒与普遍意义的见解。他认为,"立极存乎体。体有常,不得不统于同……可以使人入而鼓焉舞焉,欣然欲罢而不能"(《日新书院记》,《泾皋藏稿》卷十一)。所谓"立极",也就是确立终极意义,而建立永恒本体亦即"存乎体"。"体有常"即"体"是永恒的,这"有常"的"体"又是具有普遍意义的,即所谓"不得不统于同",就是说这种终极意义与永恒本体是统一的。在鲜活的日常生活背后,在人们的心底,无论在什么情况下,都有一个永恒的追求与终极目标,不因生活琐碎而失去人生的意义与价值,人的心灵一直有一个永恒意义的精神家园。

顾宪成以救世与垂范天下为乐。建立理想的社会,是顾宪成重建思想原则的努力,"士之号为有志者,未有不亟亟于救世者也"(《赠凤云杨君令峡江序》,《泾皋藏稿》卷八)。这种意欲救世的愿望就是要使自己的理想化为现实,这就是他建立东林书院的目的,建立东林书院无疑是为了实现他的政治抱负与社会理想。

要实现自己的理想,首先要从自我做起,自己的言行就是自己的理想的具体化。要使自己的理想被众人接受,必须使自己的人格与德行被众人景仰。"闻之瞻之,为言望也。夫士者,众之望也,不可不慎所繇焉。"(《斗瞻说赠陈稺骥》,《泾皋藏稿》

卷十二）要想重建理想原则，就必须使自我成为理想的载体，亦即培养与造就理想人格，从而成为人们行为的楷模，成为价值和道德判断的标准。只有这样才能具有感召力。

顾宪成对高洁的人生理想与境界的追求，在物欲横流的晚明社会，必然不为世人所理解，其理想原则的确立与理想社会的实现都是极其艰难的。虽然理想与现实之间的差距很大，但是顾宪成放不下终生所追求的理想，不管是退还是进，是顺境还是逆境，他心中的理想原则始终不渝，"必永矢初心，益敦晚节"。因为他自己有强烈的使命感，便"系命安往而不砥柱哉"（《题中流砥柱图》，《泾皋藏稿》卷十三）。这种使命感，既是他的理想自我，也是他对自我力量的确信不疑。他强调："天地间至尊者，自，至贵者，自得也。自得云何？是必慊乎心之所真是，举天下非之不顾也；非必慊乎心之所真非，举天下是之不顾也。"（《明故翰林院庶吉士完初唐叔子暨配蒋孺人合葬墓志铭》，《泾皋藏稿》卷十六）天地间最尊贵的是自我，最高贵的也是自我，一切要靠自我的努力，因为这是有理想与信念的自我。只要合乎自己心中的理想，不管天下人如何看待与评价，依然我行我素。这不是自以为是的固执，而是确信真理在手。

顾宪成以具有忧国忧民的人生真精神为乐。心中有真理，就会表现出一种与众不同的精神面貌。顾宪成强调："人身一副真精神，必从忧患中抖擞过来，方能全体透露一切浮心躁气。"（《赠少府荣洲连公擢南民部郎序》，《泾皋藏稿》卷九）这种精神只有经历忧患才能获得。这种忧患显然不仅是个人遭遇的不幸，而是一种忧国忧民的忧患意识，有了这种忧患意识就能超越个体自我的感性存在。忧患是对自我志向与理想的坚定程度的考验，只有自我的强大才能承受得住忧患的考验，"凡不为忧患推志者，必不为安乐肆志；夫不为忧患摧志，则常有以自振也，不为安乐肆志，则常有以自检也"（《赠少府荣洲连公擢南民部郎序》,《泾皋藏稿》卷九)。只有如此才能够培养出人的"真精神"。

这种"真精神"就是永恒的理想原则,这种"真精神"由于超越个体的感性存在,就可以超越生死而达到永恒。顾宪成云:"人世共此宇宙,宇宙共此血脉。无今昔,无生死,无去来,无尔我。总之,共此担负,共了此一事耳。"(《虎林书院记》,《泾皋藏稿》卷十一)这种境界就是"真精神",是顾宪成的永恒的理想与信念。这样的无我,恰恰是对自我的最好的肯定与自我价值的最理想的实现。

(二) 高攀龙以人格独立为乐

高攀龙(1562～1626年),字存之,又字云从,别号景逸,无锡人。东林书院的创始人之一,他与顾宪成一道试图为整个民族寻求新的精神凝聚力。高攀龙为学尚程、朱,亦受陆、王某些影响,他认为天理既不在于主体之外,也不是主体之心,而是主体之心对天理的反思,反思达到纯然状态的无我,构成"冰清玉洁"的理想人格。著作有《高子遗书》、《周易易简说》、《春秋孔义》等。

高攀龙强调精神世界的纯净。他提出"心中无丝发事,此为立本"(《高子遗书》卷一)的要求,要让"一念反躬"的是天理而不是情与欲;让"猛自反观"的是生命与精神本身,而不是纷纭复杂的万千世界在心底留下的种种印迹。高攀龙曰:"原来如此,实无一事也。一念缠绵,斩然遂绝。忽如百斛担子顿尔落地,又如电光一闪,透体通明。遂与大化融合,无际更无天人内外之隔。"(《困学记》,《高子遗书》卷三)这是一种神秘主义的内心体验,斩断尘缘,放下心中种种念头,通过入静与冥想,去除所有杂念而达到的一种心态的纯净无染状态,从而体验到一种至纯至美的精神自由。

如果心中有事就会执著于具体事物与一己的狭隘私事，无法摆脱肉体欲望，因而也无法体会到大化之中，六合之内，主体精神与整个世界融为一体的"天人合一"的感受。因此，心中无事与心中有事，自然表现出不同的行为方式与生存感受。高攀龙曰："人心战战兢兢，故坦坦荡荡。何也？以心中无事也，试想临深渊，履薄冰，此时心中还著着一事否？故如临如履，所以形容战战兢兢，必有事焉之象。实则形容坦坦荡荡，澄然无事之象也。"（《高子遗书》卷一）心中如果有事时，必然战战兢兢；心中无事时，临深渊，履薄冰，亦能坦坦荡荡，潇洒自如。

保持心中无事，是为了内心平静，平静的心才与天理同。所谓"理不明，故心不静"。高攀龙对"体认天理"的解释为："体认天理者，谓默坐之时，此心澄然无事，乃所谓天理也。"（《高子遗书》卷一）"澄心"释"体认"，使"心无丝发事"的同时，不仅将感性知觉的内容从心中完全剔除出去，也没有了作为体认对象的天理。其《复钱渐庵》云："胸中何曾有一物来？人心一片太虚，是广运处。此体一显即显，无渐次可待，澈此则为明心。一点至善，是真宰处。此体愈穷愈微，有层级可言，澈此方为知性。"（《高子遗书》卷八上）因为没有感知的对象与思维内容，这"一片太虚"的心，就能够"一显即显，无渐次可待"。将反思过程中的思维内容剔除，那反思就成为不思。这种不睹、不闻、不思的状态，就是高攀龙心目中的"真宰"或"至善"。这种"真宰"和"至善"统率着整个身心的全部过程的整体感受，"心不专在方寸，浑身是心也，顿自轻松快活"（《困学记》，《高子遗书》卷三）。从而将生命纯化为精神，达到"浑身是心"的境地。

高攀龙以心灵的自由与人格的独立为乐。他重视精神世界的纯净，这种纯净是不受外物左右与内心欲望驱使的自由。那便是他心灵自由的本体论基础,而要保持心灵的自由,就必须超越一己的私欲和对名利的追求。他强调:"吾辈若透却利名关,人安能轩轾我?纵毁我誉我万方,我只消不见不闻便都了却。"(《答史玉池》,《高子遗书》卷八上)这种任他人毁誉而不闻的自由人格并不是肆意放纵自己,因其心中有着明晰而永恒的理想追求,不求名利的确是一种心灵自由,但这并不意味着不重名节,在高攀龙看来,名节与官场和世俗的虚名是完全不同的,虚名总是背后隐藏着功利追求,而名节却是追求人性的高洁,与自己心灵的高贵、与精神的自由是分不开的。

与高攀龙对"心无丝发事"的理想追求一致,其理想人格是"冰清玉洁"的"本色"。正是这种"冰清玉洁"的"本色",使高攀龙摆脱一切世俗的困扰,保持自由人格。其不为任何事所动的境界,昭示其所注重的"心中无事"不是禁欲主义的命题,因它内含着心灵的自由与独立。

然而,在物欲横流的晚明社会,心灵的自由和人格的独立是不会有什么安逸与顺境的,高攀龙面对逆境却并不为之所动,认为"人生处顺境,好过却险;处逆境,难过却稳"(《答吴安老》,《高子遗书》卷八上)。只有在困境中,才能砥砺人的意志,而顺境却往往会消磨人的意志,"造化每以逆境成全君子,以顺境坑陷小人"(《与黄凤翙一》,《高子遗书》卷八下)。人在逆境中应保持不渝的理想追求,即"食无求饱,居无求安,不作居食想。彼以富,吾以仁;彼以爵,吾以义;不作富贵想。不怨天,不尤人,不作怨尤想。用则行,舍则藏,不作用舍想"(《洗心说》,《高子遗书》卷三)。不求富贵,不怨命运,进退自如,舍藏无意,这种独立人格正是儒家思想的传统,也是古代知识分子的优秀品质之一。当然,高攀龙的思想深处也包含着道家避世退隐、纵情山水,佛教清心寡欲、求超凡脱俗的意愿。

高攀龙以追求真理为乐。以创造生命永恒意义和创造自我价值为理想的高攀龙，自然无法忍受平庸的生活，他希望过一种富有冒险性的生活，投身于东林党人对朝廷阉党的斗争。人格往往在知其不可而为之的时候更显伟大，在政治斗争的风险中才更领略生命的价值与意义。为了追求理想，创造生命的永恒价值，就必然要与现实的黑暗进行斗争，"与其得罪千古，无宁得罪一时"（《答王无咎》，《高子遗书》卷八下）。高攀龙将纷纭复杂的政治斗争与可能面临的灾难与迫害统统不著于心，他为追求真理而视死如归的大义凛然的德行境界，应是其平日追求心灵自由与人格独立的必然结果。

重视道德修养，修身为了救世，是东林学派的一大特点。高攀龙强调修养到"至静"的境界，"学无动静，其初静以澄之，至不缘境而静，不缘境而静，乃真静也"（《高子遗书》卷一）。顾宪成曰："士之号为有志者，未有不孳孳于救世者也。"（《赠风云杨君令峡江序》）东林党都是一批"有志"于"救世"者。他们的大多数能够坚持气节，主要是由其人生观和道德修养决定的。他们那种不图个人享受、不谋私利，主张"实念实事"，汲汲于"救世"的人生观是积极向上的，他们以力拯天下为乐更是积极有为的，值得肯定的。

六　晚明人文思潮追求的快乐论

道家首创的顺天理想人格，在后世虽没有像儒家提倡仁德人格那样普遍地融入大众百姓的心态，但其影响仍然不可低估。这不仅是因为它作为一种必要的调节因素，被后来的儒士部分吸收，形成"儒道互补"的士大夫人格结构模式；更重要的是，它在魏晋和晚明这两个中国历史上罕见的个性解放时代，发出了独特的异响，在理论和实践上获得了进一步的发展。

(一) 快乐论代替克己论

晚明的人文思潮以李贽、冯梦龙、公安三袁、汤显祖、唐伯虎等为代表。晚明人文思潮追求洒脱自由的心态，顺适自然天性，主要是顺适与生俱来的不可遏制的情欲。在他们看来，自然即情欲，情欲即自然，"天地间惟声色，人安能不溺之"（李梦阳：《空同子》）。晚明人文思潮的顺天人格则是以承认、推崇、放纵人的各种世俗欲望为前提来获得主体的自由洒脱，使顺天从性的人格理想彻底的现实化、世俗化。

晚明人文思潮所高举的顺天从性旗帜的基本口号是"主情反理"。传统儒家的仁德人格理想给人的情欲设置种种规范。人心有善恶，所发之情必有"邪正"，必然产生社会的"是非"。宋明理学要求人们对自己的情欲来一个黜邪扶正、存理灭欲。宋明礼学以礼义来约束情欲，晚明人文思潮认为，情欲就是礼义、自然。

在现实的人格形象中，最能典型地体现晚明人文思潮之顺天理想的，当数著名的诗人、画家，"江南第一风流才子"唐伯虎了。他佯狂使酒，佻达自恣，于功名不甚在意，日与所善者诗酒作乐。在一次会试中被诬下狱后，便越发放荡不羁，形成了坚定明确的不侍奉君王，一切皆为满足自己的感性要求的生命意识："我也不登天子船，我也不上长安眠。"（唐伯虎：《把酒对月歌》）他的一生都在诚实地追求现实的感官快乐："日与祝希哲、文征仲诗酒相狎。路雪野寺，联句高山，纵游平康妓家；或坐临街小楼，写画易酒。醉则岸帻浩歌，三江烟树，百二山河，尽拾桃花坞中矣。"（曹元亮：《唐伯虎全集·序》）唐伯虎靠卖文卖画维持生活，以保障自己的意志、感性和情趣的任性自由。他身上表现了知识分子的隐逸风流。唐伯虎所要求的是凡人的幸福，他还抓紧兑现这种幸福："人生七十古来少，前除幼年后除老，中间光景不多时，又有炎霜与烦恼"，因而"花前月下且高歌，急须满把金樽倒"（唐伯虎：《一世歌》），鲜明地提倡人要"率性而行"。晚明人文思潮的顺天人格理想，根本上是一种快乐论代替克己论，感性突破了理性。其放浪形骸的厌世论背后，是对尘世的热恋和自我实现的执著追求。

明末，以李贽、袁宏道、汤显祖、冯梦龙和凌濛初等为代表，在思想界及文学领域尤其是通俗文学领域掀起了一股新的社会思潮。其突出特点有二：一是抨击禁欲主义思想，反对封建礼教对人性的束缚。他们极度宣扬人的自然本性和情感，认为"好货好色"是人的本性，不应予以人为的限制，因而肯定男女间热烈的感情，极力讴歌世俗生活的享乐。二是主张"率性而行"，以自我心理的愉悦和满足为最高的生活准则。这股新的社会思潮，不仅严重冲击了封建传统道德的价值规范，而且在中国历史上第一次广泛地关注自身的情感欲望、心理体验等，个人的自我意识开始觉醒，开始探索自我并积极在现实社会中寻找展示自我存在的最佳方式。这比历史上任何一种思潮都更贴近生活，更具有生命的活力。

李贽首揭晚明社会思潮的大旗，其目的是想改造压制人性、抑制人欲的传统道德规范，要为人性、人欲在伦理道德领域争取一席之地。李贽提出："士贵为己，务自适"，"不必矫情，不必逆性，不必昧心，不必抑志，直心而动"（《焚书》卷二）。在他看来，人要做什么事情，大可不必顾忌别人的说法和愿望。李贽认为当时现实生活中的普遍趋向，"如好货，如好色，如勤学，如进取，如多积金宝，如多买田宅为子孙谋，博求风水为儿孙福荫，凡世间一切治生产业等事，皆其所共好而共习，共知而共言者，是真'迩言'也"（《焚书》卷一《答邓名府》）。他认为人们孜孜以求的这一切根本无须别人教导，自然而然就会去做，而考察历史的结果又使他得出"虽大圣人不能无势利之心"（《明灯道古录》卷上,《李氏文集》卷18)的结论。对此他只能有一个解释:人人皆有势利之心和趋利避害之心,这是人的自然本性,人心必然有私。有鉴于此,李贽把人的自私欲望、趋利避害、追求享乐等看做整个道德的基础。他认为既然是人的本性就是合理的,不应该予以人为的限制。他进一步发挥了泰州学派"百姓日用即道"的命题,认为"穿衣吃饭即是人伦物理;除却穿衣吃饭无伦物矣。世间种种,皆衣与饭类耳"(《焚书》卷一《答邓石阳》),从而确认吃饭穿衣种种最基本的生活需求包容了世间一切伦理道德,道就是饥来吃饭、困来睡眠般自自然然,不能勉强,更不能强制。

晚明人文思想家主张人们应当率性而为,快活一生。袁宏道等一批文人直接倡导了享乐主义的思想,他们认为既然趋利避害、追求享乐是人之本性,那么追求享乐生活便是非常正当的事情。他们推崇"积财以防老,积快活防死"的处世哲学。袁宏道明确提出,只有"率性而行,是谓真人"(钱伯城:《袁宏道集笺校》卷四)。他还坦白地宣称,人生有五种真正的快乐,真人不可不知。其鼓吹的人生五大乐为:

> 岁月如花,乐何可言?然真乐有五,不可不知:目极世间之色,耳极世间之声,身极世间之鲜,口极世间之谈,一快活也;堂前列鼎,堂后度曲,宾客满席,男女交舃,烛气熏天,珠翠委地,金钱不足,继以田土,二快活也;箧中藏万卷书,书皆珍异,宅畔置一馆,馆中约真正同心友十余人,人中立一识见极高,如司马迁、罗贯中、关汉卿者为主,分曹部署,各成一书,远文唐宋酸儒之陋,近完一代未竟之篇,三快活也;千金买一舟,舟中置鼓吹一部,妓妾数人,游闲数人,泛家浮宅,不知老之将至,四快活也;然人生受用至此,不及十年,家资田地荡尽矣。然后一身狼狈,

朝不谋夕。托钵歌伎之院，分餐孤老之盘，往来乡亲，恬不知耻，五快活也。（钱伯城：《袁宏道集笺校》卷五《与龚惟长先生书》）

在袁宏道看来，人生有五大快乐，除了吃、喝、玩、乐外，还有狎妓冶游。他不仅要玩，而且还要玩得昏天黑地，他认为，五乐之中有其一，便可生而无愧，死可不朽。袁宏道这种快乐观直陈己见，率真可爱，当然也包含蔑视礼教的因素。但这并不能改变其观点的性质，其中除了声色歌舞、醉酒妇人等名士风流外，最颓废的是他竟然把一身狼狈，朝不谋夕，托钵歌伎之院，分餐孤老之盘，恬不知耻的境界也算作一乐。

享乐主义对袁宏道理想人格的选择起了决定性的作用，这点从其对"恬不知耻"偶像的向往中就可看出。他在给徐汉明的信中，将天下学道人分为四种，从中确定了自己的人格取向：

弟观世间学道有四种人：有玩世，有出世，有谐世，有适世。玩世者，子桑伯子、原壤、庄周、列御寇、阮籍之徒是也。上下几千载，数人而已，已矣，不可复得矣。出世者，达摩、马祖、临济、德山之属皆是。其人一瞻一视，皆具锋刃，以狠毒之心，而行慈悲之事，行虽孤寂，志亦可取。谐世者，司寇以后一派措大，立定脚跟，讲道德仁义者是也。学问亦切近人情，但粘带处多，不能迥脱蹊径之外，所以用世有余，超乘不足。独有适世一种其人，其人甚奇，然亦甚可恨。以为禅也，戒行不足；以为儒，口不道尧、舜、周、孔之学，身不行羞恶辞让之事；于业不擅一能，于世不堪一务，最天下不紧要人。虽于世无所忤违，而贤人君子则斥之惟恐不远矣。弟最喜此一种人，以为自适之极，心窃慕之。除此之外，有种浮泛不切，依恁古人之式样，取润

贤圣之余沫，妄自尊大，欺己欺人，弟以为此乃孔门之优孟，衣冠之盗贼，后世有述焉，吾弗为之矣。（《袁中郎尺牍·徐汉明》）

四种人中，第一种袁宏道比较满意，但是已经不可企及。第二种虽然可取，但是具体到实践中太费劲，有违享乐原则。第三种袁宏道最不感兴趣，晚明许多人对孔子和儒家颇不敬重，袁宏道较明显，他公然称"六经"还不如《水浒传》，对孔子和儒者出言不逊。他最喜欢的是第四种人，这种人非儒非禅，散漫悠闲，但也不是平常之人，他得又甚奇又甚可恨，够得上让贤人君子斥责的资格。这一选择不可不谓是大胆之举，既是对传统的反抗，也是对现实的秩序和观念的蔑视。

袁宏道之弟袁小修有一首诗宣称："人生贵适意，胡乃自局促。欢娱极欢娱，声色穷情欲。"（袁中道：《珂雪斋集》卷2《咏怀》）类似的思想在陶望龄等人的诗作中也多有表现。张岱自称"好精舍，好美婢，好娈童，好美食，好骏马，好华灯，好烟火，好梨园，好鼓吹"（张岱：《琅嬛文集》卷5《自为墓志铭》）。在这种思想指导下，晚明时期的文人大都纵情声色，出入酒馆妓院，沉迷于歌舞宴乐之中。袁宏道、董其昌等都不以谈房事为耻，而且津津乐道。

从历史和现实的背景来看，以上快乐主义原则主要缘于当时环境中的享乐气氛和传统享乐主义以及晚明的狂禅精神的结合。历来的统治阶级都对自己实行了实际上的纵欲和享乐，只不过是敢不敢公开的问题。尤其在中国，这与封建伦理道德是严重背离的，因而采取讳言的态度。袁宏道等都是文人，他们继承了统治阶层的生活作风，再加上历代封建文人饮酒狎妓等一些狂放不羁的传统，面对新时代的呼唤，他们更容易感受到自身情感欲望所受到的压抑。但是他们摆脱禁欲后，要求得到承认的仍不过是无所顾忌的纵欲和享乐，把人生意义局限于自我无所拘束的宣泄，因而他们在反对传统道德规范的同时，对理想人生的规划不过是对过去生活方式的发挥和极端肯定，弥漫着浓厚的颓废色彩而毫无新鲜气息可言。任何时候，赤裸裸的纵欲、享乐主义成为一种思潮，一种文化表征，都是没有长久生命力的。袁宏道等人的思想虽然具有张扬生命、呼唤自我、回归个体觉醒的成分，但是由于过多地掺和了封建没落颓废的意识，很难说有多大的进步性。他们厌恶社会环境，厌恶束缚他们的罗网。但是他们呼唤出的是一种缺乏理性、缺乏人生价值追求和人生责任的生活态度。把对情感欲望的无限追求视为人生最自然的要求，视为人生目的，这显然是对人性的扭曲。其快乐原则，即使冲破束缚自己的罗网，也不能进入一个全新的境界，只能是肉体上的"适世"，精神上的无着落，成为随意游荡的浪人。

（二）晚明士人的世俗之乐

在历史发生重大变革的时期，常常会在伦理失范中出现一批桀骜不驯，被称为"狂人"、"狂士"的人物。明代中后期，出现了一批具有批判头脑和追求人性解放的"狂人"。那时凡有新思想的哲学家、文学家、艺术家往往以"狂"自许。李贽善于发道学之隐情，自赞"其心狂痴，其行率易"（《焚书》卷三）。画家徐渭也喜以狂人自居，袁宏道则更以生性狂僻，不耐羁锁为时人所知。他青年时代作《狂歌》诗，居然将"六经"比作随时可以扔掉的稻草扎成的刍狗，又骂那些不知天高地厚、自命清高、假圣人之言以虚张声势的腐儒像醋坛酒缸中之物一样可笑可怜。晚明狂士对维护封建名教的批判，其肆无忌惮，大胆辛辣，可谓史无前例。

明代中后期的士人大都在思想上贴近市民社会，他们面对现实，热爱人生，执著追求世俗中的幸福快乐。在他们看来，尽情地享受现实的幸福，按照自己的志趣爱好去生活即"天性"。有了这种对人生的理解，晚明士人的生活态度、价值取向、审美情趣均从正统理学的伦理本位主义中解放了出来：他们不再安于斯文礼义，而甘愿醉卧于风月场中；不再安于箪食瓢饮的孔颜之乐，而公开追求放纵情欲的感性快乐。简而言之，他们不再以传统儒家的忧乐为己任，而完全投向世俗之乐。人心流于逸荡，生活失之放纵，成为明中后期民风士习的基本征象。标榜"礼义廉耻，国之四维"的儒家名教和"存理灭欲"、主静持敬的程朱教条再也无法束缚日趋世俗化的士子之性灵。

人之情志必有所寄托而后快乐。明代人的兴趣爱好十分广泛，多偏重于文学艺术和文化娱乐活动，诸如诗文、戏曲、书法、绘画、山水、园林、珍玩、古董，等等。晚明人兴趣爱好的一个显著特点是，一旦对某种玩意儿产生兴趣，便乐此不疲，难以改易，形成"癖好"。癖好成为晚明人快乐的泉源。人有兴趣爱好，则情有所寄，志有所向，神有所托，于是才能感到生活的快活。否则，无所事事，百无聊赖，纵有锦衣玉食也会感到烦闷，毫无情趣。袁宏道在写给李子髯的信中云："人情必有所寄，然后能乐。故有以弈为寄，有以色为寄，有以技为寄，有以文为寄。古之达人，高人一层，只是他情有所寄，不肯浮泛虚度光景。每见无寄之人，终日忙忙，如有所失，无事而忧，对景不乐，即自家亦不知是何缘故……可怜！可怜！"（《袁宏道集笺校》卷五）兴趣爱好能够使人将神智安寄在所爱好的对象上，神智有所寄而后身心得以放松，从而感受到生活本身的愉悦。兴趣之乐为真乐，"人有真乐，虽至苦不能使之不乐"（《袁宏道集笺校》卷五）。此所谓"真乐"，指发自人的天性的快乐。由于追求本真的快乐，因而人多能笑得自然开怀，笑得毫无顾忌。大凡人在事业和艺术上能有成就者，除了其天分和勤奋外，兴趣是一个不可缺少的因素。

明末清初学者自述快乐时刻,其中最幽默者当数金圣叹。金圣叹原名金采,字若采。明神宗万历三十六年戊申三月初三日降生,这一天俗传是文昌君的生日,因此他被看做文曲星降世。他很小就补为博士弟子员,但不久即因为岁试之文怪诞不经而黜革。后来顶金人瑞名,才考中了一个秀才。清朝鼎革以后,改名喟,字圣叹。此名字出自《论语·先进》,孔子让他的学生各言其志,子路、冉有、公西华都表示要建立一番政治功业,唯独曾皙(点)追求的是"暮春者,春服既成,冠者五六人,童子六七人,浴乎沂,风乎舞雩,咏而归"的适性自由。听了几个学生的讲述,"夫子喟然叹曰:吾与点也"。金圣叹用这个故事为自己取名,并非如后人所推测的他认为自己可以得到圣人的赞叹,尽管这种解释也许更加符合后人观念中金圣叹的形象。作为一个符号,这个名字是想对世人表明,名字的所有者是一个鄙弃功名、追求逍遥的名士。金圣叹的《不亦快哉》歌,写下了三十三种他觉得最快乐的时刻:

其一:夏七月,赤日停天,亦无风,亦无云;前后庭赫然如洪炉,无一鸟敢来飞。汗出遍身,纵横成渠。置饭于前,不可得吃。呼簟欲卧地上,则地湿如膏,苍蝇又来缘颈附鼻,驱之不去。正莫可如何,忽然大黑车轴,疾澍澎湃之声,如数百万金鼓,檐溜浩于瀑布,身汗顿收,地燥如扫,苍蝇尽去,饭便得吃。不亦快哉!

其二:十年别友,抵暮忽至。开门一揖毕,不及问其船来陆来,并不及命其坐床坐榻,便自疾趋入内,卑辞叩内子:"君岂有斗酒如东坡妇乎?"内子欣然拔金簪相付。计之可作三日供也。不亦快哉!

其三:空斋独坐,正思夜来床头鼠耗可恼,不知其戛戛者是损我何器,嗤嗤者是裂我何书。心中回惑,其理莫错,忽见一狻猫,注目摇尾,似有所睹。敛声屏息,少复待之,则疾趋如风,唧然一声,而此物竟去矣,不亦快哉!

其四:于书斋前,拔去垂丝海棠紫荆等树,多种芭蕉一二十本。不亦快哉!

其五:春夜与诸豪士快饮,至半醉,住本难住,进则难进。旁一解意童子,忽送大纸炮可十余枚,便自起身出席,取火放之。硫磺之香,自鼻入脑,通身怡然,不亦快哉!

其六:街行见两措大执争一理,既皆目裂颈赤,如不共戴天,而又高拱手,低曲腰,满口仍用"者也之乎"等字。其语刺刺,势将连年不休。忽有壮夫掉臂行来,振威从中一喝而解。不亦快哉!

其七:子弟背诵书烂熟,如瓶中泻水。不亦快哉!

其八:饭后无事,入市闲行,见有小物,戏复买之,买亦已成矣,所差者至甚少,而市儿苦争,必不相饶,便掏袖下一件,其轻重与前值相上下者,掷而与之。市儿忽改笑容,拱手连称不敢。不亦快哉!

其九:饭前无事,翻倒敝箧,则见新旧逋欠文契不下数十百通,其人或存或亡,总之无还之理。背人取火拉杂烧净,仰看高天,萧然无云。不亦快哉!

其十:夏月科头赤足,自持凉伞遮日,看壮夫唱吴歌,踏桔槔,水一时奔涌而上,譬如翻银滚雪。不亦快哉!

其十一:朝眠初觉,似闻家人叹息之声,言某人夜来已死,急呼而讯之,正是一城中第一绝有心计人。不亦快哉!

其十二:夏月早起,看人于松棚下,锯大竹作筒用。不亦快哉!

其十三:重阴匝月,如醉如病。朝眠不起,忽闻众鸟毕作弄晴之声,急引手搴帷,推窗视之,日光晶荧,林木如洗。不亦快哉!

其十四：夜来似闻某人素心，明日试往看之。入其门，窥其闺，见所谓某人，方据案面南看一文书。顾客入来，默然一揖，便拉袖命坐曰："君既来，可亦试看此书。"相与欢笑，日影尽去。既已自饥，徐问客曰："君也饥耶？"不亦快哉！

其十五：本不欲造屋，偶得闲钱，试造一屋。自此日为始，需木、需石、需瓦、需砖、需灰、需钉，无晨无夕，不来聒于两耳。乃至罗雀掘鼠，无非为屋校计，而又都不得屋住。既已安之如命矣。忽然一日屋竟落成，刷墙扫地，糊窗挂画。一切匠作出门毕去，同人乃来分榻列坐。不亦快哉！

其十六：冬夜饮酒，转复寒甚，推窗试看，雪大如手，已积三四寸矣。不亦快哉！

其十七：夏日于朱红盘中，自拔快刀，切绿沉西瓜，红瓤如瑙。不亦快哉！

其十八：久欲为比丘，苦不得公然食肉。若许为比丘，又得公然吃肉，则夏月以热汤快刀，剃发净头。不亦快哉！

其十九：存得三四癞疮于私处，时呼热汤开门澡之。不亦快哉！

其二十：箧中无意忽检得故人手迹。不亦快哉！

其二十一：寒士来借银，谓不可启齿，于是唯唯亦说他事。我窥见其苦意，拉向无人处，问所需多少。急趋入内，如数给与，然而问其必当速归料理是事耶，为尚得少留共饮酒耶。不亦快哉！

其二十二：坐小船，遇利风，苦不得张帆，一快其心。忽逢画舫，疾行如风。试伸挽钩，聊复挽之，不意挽之便着。因取缆绳向其尾，口中高吟老杜"青惜峰峦过，共知桔柚来"之句，极大笑乐。不亦快哉！

其二十三：久欲觅别居与友人共住，而苦无善地。忽一人传来云有屋不多，可十余间，而门临大河，嘉树葱然。便与此人共吃饭毕，试走看之，都未知屋如何。入门先见空地一片，大可六七亩许，异日瓜菜不足复虑。不亦快哉！

其二十四：久客得归，望见郭门，两岸童妇，皆作故乡之声。不亦快哉！

其二十五：佳磁既损，必无完理。反复多看，徒乱人意。因宣付厨人作杂器充用，永不更令到眼。不亦快哉！

其二十六：身非圣人，安能无过。夜来不觉私作一事，早起怦怦，实不自安。忽然想到佛家有菩萨之法，不自覆藏，便成忏悔，因明对生熟众客，快然自陈其失。不亦快哉！

其二十七：看人作擘窠大书，一挥而就。不亦快哉！

其二十八：推纸窗放蜂出去，不亦快哉！

其二十九：做县官，每日打鼓退堂时，不亦快哉！

其三十：看人风筝断，不亦快哉！

其三十一：看野外烧荒，不亦快哉！

其三十二：还债一身轻，不亦快哉！

其三十三：读《虬髯客传》，不亦快哉！

总之，由于生活方式和生活情趣的变化，明代中后期有不少文人对"三不朽"的传统价值观不再执著。他们发现，实现人生价值观并非只有科举一条狭窄的道路，还有其他东西安身立命。晚明时期，士人的人生价值观、人生态度和快乐幸福观念都出现了很大的变化，他们大多希望摆脱礼教的束缚，追求率真的人性，在促进个体自我觉醒的同时，过于偏激也是突出现象。

第十章　清代的"乐"伦理

清朝是中国封建历史上的最后一个朝代。明末清初和清朝末年的社会大动荡时期，知识分子有着形形色色的表现和变化。伴随清代封建社会的衰败和社会的动荡，内忧外患，使得知识分子背负了沉重的压力，他们没有闲情逸致来游山玩水，而是把改革现实社会、济世救民、建功立业作为人生的目标，因而此时期对乐伦理的阐述较之宋明时期明显比较薄弱。

一　王夫之的献身理想之乐

王夫之（1619～1692年），明清之际衡阳（今属湖南）人，字而农，号薑斋，中年别号卖薑翁、壶子、一壶道人等。晚年隐居湘西蒸左的石船山，自署船山老农、船山遗老、船山病叟等，学者称为船山先生。王夫之曾积极组织抗清斗争，失败后到南明桂王的政权中任职，南明亡后，更名隐居，潜心著述。著述宏富，达百余种，主要有《思问录》、《周易外传》、《张子正蒙注》、《读四书大全说》、《读通鉴论》等。后人辑为《船山遗书》。

王夫之鉴于明王朝失败和明末历史教训，有感于理想沉沦、信仰迷失、理学失范的极端危害，开始了重建本体论的哲学努力，力图为民族也为自己建立永恒的理想。

(一) 道尽安命不以死为忧

死亡虽然是命定的自然规律，而生却完全可以由人安排。王夫之认为，生命一旦作为人而获得个体的存在，就有了自我意识与意志，便可以主宰生命过程，发挥主观能动性，自觉地走一条有意义与价值的认识道路；生命的死亡，个人是无法避免的，但生却可以经过设计而实现最高价值。所谓"生而人，死而天，人尽人道而天还天德"（《张子正蒙注·乾称篇》）。生命的价值在于自己，生命的夭寿在于自然，人尽生命过程而创造价值，与自然运行生成万物一样多合乎天德。有鉴于此，无忧死亡，尽人道而创造生命的价值，也是对自然规律的一种遵从，正所谓"修人事即已肖天德，知生即已知死"（《张子正蒙注·太和篇》）。

因执著于生的意义，死亡或者如何走向死亡便成了生命意义的重要组成部分，是人生旋律的终曲。当面对死亡或走向死亡之时，我们还没死，仍是生的方式，不能贪生怕死而违反了生存的理想与做人的原则。贪生怕死固然违反理想原则，但"不惜死以枉生"的态度是对生的否定也不可取。如此就形成了一种对待生死的泰然："须穷时索与他穷，须困时索与他困，乃至须死时索与他死，方得培壅此羞耻之心，与气配而成其浩然。"（《读四书大全说下·梁惠王下篇》第十五）一旦穷困、生死都置之度外，才能做到像人一样地生存，才能具有自觉的自我意识，从而才能达到理想人生的最高境界。这是中国人的"终极关怀"，它指向现实生活如何生得有意义，而不理会死后到哪里去，这与西方的"终极关怀"迥然相异。

心以永恒原则为底蕴，终身理想不泯，灵魂驻守在永恒的理想家园，这是人生最大的幸福。王夫之强调这点："行道而有得于心之谓'德'，唯行道之所得者为'不孤'。"（《读四书大全说中·里仁篇》第二十四）人在献身于理想的过程中，也提高和丰富着自我的精神境界，既不怕在世孤立，也不会因暂时的不被理解而感到孤独。人的精神世界充满获得理想与真理的愉悦。"外利内养，身心率循乎义。"在王夫之看来，终身持守着理想原则，向外创造价值，向内成就德行，达到人生的最高境界。王夫之对人生、人性、自我的价值，对自我成就理想人格，都充满了自信与乐观精神，很难看出他是一位身遭乱世与丧国之痛，常常陷入困境之中的志士，这即所谓"困境成圣"。

（二）"任天下"的人生观

王夫之强调人的能动性和道德自觉，论述了"立志"的重要性。他说："栽之于天下，正之于己，虽乱而不与俱流；立之于己，施之于天下……即欲乱天下，而天下犹不乱也……若其权不自我，势不可回，身可辱，生可捐，国可亡，而志不可夺。"（《续春秋左氏传博议》卷下）在此，王夫之充分估计了"正之于己"所能产生的道德威力：它可使人"虽乱而不与俱流"；保持人格的尊严；甚至可以安定天下，达到"欲乱天下，而天下犹不乱"的程度；即便到了"权不自我"、"势不可回"之时，它还可以使人不至于动摇自己的志气，丧失自己的人格，做到"身可辱，生可捐，国可亡"而"志不可夺"。在《读通鉴论》中，王夫之还强调："夫志者，极持而不迁之心也，生于此，死于此，身没而子孙之精气相承以不间。"（《读通鉴论》卷一三《成帝》）这些观点虽不无夸大道德作用之嫌，却充分表现了王夫之爱国主义者的气节和情操。

王夫之的立志主张，最终集中表现在其"以身任天下"的人生观上。他认定人有主观能动性，能有所作为，改造自然和社会，因而若是一切"任天而为"，人将"无以为人"（《续春秋左氏传博议》卷下），"匹夫之志"应当表现在"以身任天下"

的事业上。由此出发，王夫之阐发了其生死、成败观。"生之与死，成之与败，皆理势之必有，相为圜转而不可测者也。既以身任天下，则死之与败，非意外之凶危；生之与成，抑固然之筹画……"（《读通鉴论》卷二八《五代上》）显然，王夫之的生死观既不同于传统儒家的"轻生重义"说，也不同于道家的"长生久视"说。他把"生"与"义"、"珍生"与"载义"统一了起来。他认为，"生生"是自然的本性，"生人"则尤为"可贵"。他还认定"珍生"与"载义"是不可分割的："生以载义，生可贵；义以立生，生可舍。名以成实，名不可辱；实以主名，名不可沽。"（《尚书引义》卷五《大诰》）所谓"生以载义"，就是把生命看成是实现道德原则的前提和基础；而"义以立生"，则是把维护道德原则作为生命的重要价值。有鉴于此，生命是"可贵"的，但当"生"与"义"二者不能兼顾时，均应勇于"舍生"即自我牺牲。王夫之的这种人生观，继承了儒家"以身殉道"、"舍生取义"的优良传统，而且更加突出了生命的价值和人格的尊严，具有鲜明的时代特色。

王夫之"以身任天下"的人生观，体现了他对以汉族为主体的中华民族的名誉的深切关注。其《尚书引义》卷三《说命中一》云："圣人之所忧者，非忧夫人之忧也。人之所忧，忧人也。圣人之所忧，自忧（之）（也）：有家而不欲其家之毁，有国而不欲其国之亡，有天下而不欲天下之失，黎民其黎民而恐或乱之，子孙其子孙而恐莫保之，情也……然而圣人所忧者，仁不足以怀天下，义不足以绥天下，虑所以失之，求所以保之。"这种对"天下"的忧患之感，在民族压迫深重的年代，其积极意义是毋庸置疑的。正是在这种道德情操的支配下，王夫之始终坚守着崇高的民族气节。在抗清失败之时，他表示"与仇敌战，虽败犹荣"。直到晚年，他还是"故国余魂长飘渺，残灯绝笔尚峥嵘"（《七十自定稿·病起连雨四首》）。王夫之这种热爱"故国"，反对民族压迫的思想和品德，对后世产生了深远的影响。

(三)"德""得"相通、义利均衡的幸福观

我国古代先哲虽然较少直接探讨幸福的问题，但关于德与福关系的思考却是不绝如缕的。生于明清之际的王夫之，抓住时代跳动的脉搏，对以往的以义利关系为表现的幸福观念进行大胆、辩证的梳理，构建了其独具特色、极富价值的"德""得"相通、义利均衡的幸福观。

首先，王夫之从人性的高度认识到义与利为幸福的两类要素。人既生活在世俗利益世界中，有"利"的需要，又生活在价值意义世界里，有"义"的需要。人之所以生活在世俗的利益里，有"利"的需要，是因为物质利益是人生存与发展的基础，而荣誉、地位等非物质性的功利则是人在世俗利益世界里确证与肯定的标志。人之所以生活在价值世界里，有"义"的需要，这是因为人们要进行物质生产就必须结成一定的关系，于是会产生人与人、人与社会的矛盾与冲突，产生了矛盾与冲突就需要调解，调解则要依据一定的原则，而这些原则就意味着对个体的约束，甚至要求个体放弃眼前利益而服从长远利益与整体利益，因此体现的是价值意义的需要。幸福就是主体对"利"的需要和"义"的需要的追求及其追求实现时产生的精神上的愉悦与满足，因此义与利就是幸福的基本要素。

其次，王夫之从理欲关系的高度论述了"义""利"相通的伦理精神原则就是幸福的评价标准。我国古代思想家关于幸福层出不穷的认识，蕴涵着共同承认的伦理精神原则，即"德""得"相通的伦理精神原则。早在殷周时期的《易坤》就有"积善之家，必有余庆"之说，而春秋时期的孔孟虽然认为在必要时要"杀身成仁"、"舍生取义"，但在根本上还是承认"德""得"的相通性。两汉时期，儒学被神化，"德""得"相通的

思想进一步在形而上的天人感应角度被论证。儒学如此，佛道两家更不例外，因为佛教的基本观点即是因果报应，道家则一贯主张天道祸淫福善。儒、道、佛三教彼此推波助澜，使"德""得"相通的思想成为我国传统伦理精神的逻辑起点与原则要求。

王夫之在继承前人思想的基础上，从理欲关系的高度精辟论述了传统"德""得"相通的幸福评价标准。他认识到"义"与"利"对于人生幸福的不同价值，"立人之道曰义，生人之道曰利，由义入利，人道不立；出利入害，人用不生。智者知此者也，智如禹而亦知此也"（《尚书引义》卷二）。这也就是说义与利均是人生幸福不可缺少的。在承认义与利是幸福的不可缺少要素的同时，王夫之还正确认识到义与利的互补性与替代性，并由此主张求利应符合义的要求，提倡"以理导欲"，必要时对利要有所超越，因为如果只谋利，则"无物不可有，无事不可图，无人不可徼，以苟不恤，则以无恒不信为从致之术"（《尚书引义》卷五）。王夫之还充分认识到幸福的获得还应是个体正义与社会正义的统一：他一方面认为"无理则欲滥"，实际上是强调个体正义；另一方面又主张"人欲即天理"，实际是讲"天理"应符合人欲的合理需要，否则就不是"天理"，其意就是讲社会正义。可见，王夫之认同"义""利"相通的伦理精神原则作为幸福的评价标准，并从理欲关系的高度进行了诠释。

（四）真善美相统一的"乐"范畴

王夫之的"乐"范畴将人性的自由境界与真善美统一起来，他所谓的"乐"，可以从以下两个层面去理解。

首先，"乐"的第一层含义是主体的意愿，而且比意愿更强烈，这种乐与道德修养方面的自由原则结合起来。即"苟非其中心之乐为，强之而不能以终日。故学者在先定其情，而教者导之以顺"。乐于为善,自愿从事合乎道德的事情而不勉强自己,这样的善才是真诚的,这样的善才是永恒的,这样的修养过程才能持之以恒。这种自觉与自愿的统一才会有道德的自由快乐境界。

其次,"乐"的第二层含义是情感的愉悦,这种情感的愉悦又可以从以下三个层面体验:

一是真,即源于对宇宙与人生命运达到真理性认识之后的情感检验,"心纯乎道,乐以忘忧"。这是理性思维对客观规律的把握,是全身心体味道之时所体验到的愉悦。这种境界本身就是道。王夫之强调"道本人物之同得而得我心之悦者"。早期儒家的"道"不是精神实体,不是具体的伦理规范,而是一种境界,是灵魂的一种自愿状态。因而孔子言"朝闻道,夕死可矣"!王夫之所理解的"道"亦如此,是指一种真善美统一的自由境界。有鉴于此,求道应该是一种精神愉悦的过程,必须乐于求道,并且求得道而乐,苦难的感受与道相悖。心情的愉悦是与理性的坚定联系在一起的,"富贵厚吾生,贫贱玉吾成,何怨乎"!

二是善,即因道德情感的满足而产生的愉悦。王夫之《读四书大全说下·离娄上篇》云:

> 缘乐之为教,先王以和人神,学者以治性情,似所用以广吾孝弟者,而非孝弟之即能乎乐。
>
> 唯能以事亲,从兄为乐,而不复有苦难勉强之意,则心和而广,气和而顺,即未尝为乐,而可以为乐之道洋溢有余;乃以之为乐,则不知足蹈手舞之咸中于律者,斯以情益和乐,而歌咏俯仰,乃觉性情之充足,非徒侈志意以取悦于外物也。此乐孝弟者所以为乐之实也。

在第一段话中,王夫之阐述了音乐对人之道德情操的熏陶和教化作用。第二段话则论述了伦理亲情的情感满足之快乐。伦理亲情的愉悦，自我个性全面发展的成就感，与前述求道的情感体验结合在一起，便是王夫之所能体验到的最大限度的情感愉悦。

三是美，即艺术与审美的愉悦。王夫之在《礼记章句·乐记篇》中较为全面地阐述了对广义的"乐"，即古代诗、乐、舞不分的浑然一体的综合艺术的基本看法，强调了"乐"最根本的艺术审美精神就是"和"，即和谐美。

王夫之从天地之气或阴阳二气的生化运动的角度论"乐"的本质是"和"。他认为，作为世界本原的太和之气处在一种氤氲变化的状态，这种神妙的氤氲变化实为一种有规律的和谐运动，它普遍地表现为万事万物的相互依存与和谐变化。音乐的本质绝非简单的表层的声音变化，而是这种太和之气氤氲变化、和谐运动的深刻体现，即"万物生以相滋，克以相成，合同而效天地之化，此万物之和也。化之交感，乐之机也"。"天地以和生万物，以序别群品；其理命于人而为性情，则中和之体具，而礼乐由是以兴。""'大礼'、'大乐'，谓礼、乐之极致。氤氲化生，天地之和也。寒暑成序，天地之节也。"足见王船山从天地之气或阴阳二气的化生运动的层面寻求"乐"的本原，认为"乐"的本原乃是太和之气氤氲化生的和谐运动，"乐"的本质是一种"和"或"和谐"。

王夫之依据理学的心性理论，从人的主观心理或人的本性的角度来寻求音乐的本原。他认为，太和之气运动规律的内在显现即为人的"性情"或简称"情"，因而"乐"是人的本真的内在心性和谐地得以外化的产物。故曰："太和之气凝之于人则发见于情，而乐由是以兴"；"乐之所自生因于人心之动机，固乐理之自然……静含动理，情为性绪，喜怒哀乐之正者，皆因天机之固有而时出以与物相应"；"乐之为体，本人心之正而无邪者利道而节宣之"；"心和而后乐以作"；等等。这些言论所表述的均是一个意思："乐"出自本真的天机或中和的本心，是和乐之

人心的外化。王夫之对这种外化还进行了论证:

> "德"者,心得其理。"德音"者,被之音以昭其美,则适如其和平之理。
>
> 乐动乎内以治心,而和方在中,不能宣畅流通以极其情之所必至,故动之者必引而传之,长言咏叹舞蹈之不足,抑取天地之产,摇荡其虚籁,华饰其形容,使形声充满于两间以宣其悦豫,此先王裁成礼乐之道。

换言之,"乐"即是"和乐之本心"借助于"长言咏叹舞蹈"而得到表现。

综上所述,在王夫之看来,乐的本质之所以是"和"或"和谐",原因在于乐起源于"天地之和"与"人的本性之和"二者的异质同构,这种"异质同构"被其称为"诚",即所谓"王者之德音本于其德之尽善,故顺人心而凝天命也"。王夫之指出:"礼乐之本,无间于幽明,流行不息,而合同以行其敬爱,故先王因之以立人道……明之礼乐,幽之鬼神,其体本一,则礼乐之兴,一皆诚之不可掩……"这种内外统一的"诚"具体体现为一种主客之间的和谐关系。因而王夫之进一步强调"施和于物之谓'德'",又曰:"天下之和于己,必己先之。己无谐物之情,则物不亲矣。故心畅之动于己者,和乐之所自生也……言礼乐之用于天下,皆因情理之不容已,施不可吝而报不可悖也。"显而易见,王夫之极为深刻地认识到,只有在人与物之间保持一种亲善友好而非异己的审美关系的前提下才会有"乐"的产生。其《四书训义》卷七《论语·八佾第三》对此亦有相近的表述,是他对孔子"人而不仁,如礼何?人而不仁,如乐何"的发挥,其中最关键的语句为"乐以宣其物我交绥之意",王夫之发挥了孔子的见解,认为真正的"仁者"应当对自然万物抱一种相互友善的亲密态度,这种"物我交绥"的态度才是艺术家真正的内在"欢忻豫说之忱",而"咏歌舞蹈"、"管弦干羽"只是对这种"物我交绥之意"的宣泄和传达。足见王夫之所理解的"乐"之本质是"物我交绥",用今天的话来说,就是人与自然之间的一种亲和、友好的关系,其要旨为"和","和"乃是"乐"的本质,也是整个艺术,包括诗、乐、舞的基本精神。

王夫之在对待艺术问题上,与孔子有相似之处,就是将音乐艺术当成道德教育的手段,但他并未因此而忽视艺术本身的独立价值。他认为:"自非心有日生之乐,志和气顺以手舞足蹈,自然无不可中之节奏,则竟不可以言乐。学者之学于乐,必足之蹈夫舞缀之位,手之舞夫干羽之容,得之心,应之手足,不知其然而无不然,斯以为乐之成。"(《读四书大全说下·离娄上篇》第二十)艺术应当是发自内心深处的真情实感,有乐才有音乐,但他却忽视了艺术的其他作用,也忽视了其他种类的艺术形式。"然使其心之乐不日生不已,则非其郁滞,即其放佚,音节虽习,而不可谓乐也。"(《读四书大全说下·离娄上篇》第二十)人类的情感并不仅仅是乐,而意识的情感基础也就不能只源于一种。王夫之的美学思想没有超越儒家的"中和"之美。

总之,王夫之不仅在学术上达到中国哲学史的巅峰成为集大成者,而且在人格与自我修养上也垂范后世。在困境与黑暗中,他内心的理想之光不熄,执著奋进,不怨天尤人;在磨难与失败中,他精神境界更趋向上,乐观常驻,不虚无不懈怠,心灵一直恬平地栖息在理性的家园。王夫之的人格与自我修养对在磨难中奋起的跋涉者无疑具有启迪与鼓舞作用。

二 颜元的"建功立业"幸福观

颜元(1635~1704年),字易直,又字浑然,号习斋,博野

(今河北安国县东北）人。颜元是明末清初杰出的教育家，一生培养了众多的学生。高足李塨（1650～1733年），字刚主，号恕谷，河北蠡县人。颜、李二人不仅有师承关系，且他们反对释老，批判宋明理学，倡导经世实学方面的基本观点相一致。后人称之为"颜李学派"。颜元的门人钟贠将其言行辑录成《习斋先生言行录》及《习斋先生辟异录》。颜元的著作被辑入《颜李丛书》。

颜元处于清王朝的统治已巩固时期。当时，宋明理学，特别是占统治地位的程朱理学，形成了一个"人人禅子，家家虚文"的所谓"文墨世界"。提倡"实学、实用"的"经世之学"的颜元高扬其"建功立业"的幸福观。

(一)"以义为利"的义利观

在义利关系问题上，颜元的基本主张就是"以义为利"。他是义、利并重，道、功兼收，反对重义轻利者的虚妄，也反对见利忘义之徒的贪鄙。言行一致是颜元在义利关系方面的难能可贵之处。颜元异于普通读书人之处，就在于他不仅具有较深刻的思想，而且极其注重实践。他认为那些言行不一的乡愿行为是可耻的。在义利关系上也是这样，他不仅有较为正确的认识，而且还始终践履着自己的准则。其表现主要有三：一是取利严守一个"义"字，正如李塨给颜元所致悼词中所谓"非其所有，一不取"；二是如他自己所称的"要贵善施"；三是当利益和事业发生冲突时，能够舍利益而重事业。

颜元不仅洁身自好，还经常教育自己的学生及后代也要这样做。有一个雪夜，他与自己的养孙烤火取暖，别人家的柴草近而自家的柴草远，其孙本想就近取些来烧，但一想这不是自家的不能取，就到远处取了自家的柴草来烧。颜元对此加以褒扬，说这有三好：一是暗夜不欺；二是义利明；三是举念能断。并以此为教，鼓励学生和孩子们都这样做。

"要贵善施，不为财虏"是颜元的一大理财主张。他虽反对矫廉邀誉，但对确有经济困难而需要资助者，则能做到解囊相助。他南游中州时，过淇县，拜访王余严柔之，五公先生之弟，"老病，留金于其孙世臣，为养资"（《王余佑文献资料汇编（中）》之五《颜李师承记·五公山人传》）。颜元的师友亲朋有难，凡能相助者，他都会尽力给予帮助。

在谋个人利益与干事业发生矛盾时，颜元能为事业而放弃个人利益，这是其不俗之处。颜元最初设馆授徒，本来为谋取生计而为，"解正学"后，恐教时文费工，有聘做馆师者，则辞之。如定州某人欲聘其为馆师，聘仪甚厚，颜元终不往就。在这方面，颜元还赋有一诗，以表自己的心志："千年绝业往追寻，才把工夫认较真，吾好且须从学习，光阴莫卖与他人。"这首小诗，把颜元中年以后为事业而弃利益的远大抱负表现得淋漓尽致。

（二）"利济苍生"的人生观和快乐观

与"气质相善"、"情欲合理"的观念相适应，颜元、李塨都奉行功利主义的道德观，把"义"和"利"看成是统一的，提倡"利济苍生"的人生观。他们提倡"谋利计功"，其着眼点首先在于谋天下人之利，计天下人之功，为天下人建功立业。这就是颜元所谓"斡旋乾坤，利济苍生"的事业。颜、李学的信奉者王昆绳曾经在《颜先生年谱序》中称，先生"慨然任天下之重，而以弘济苍生为心"。这话恰如其分地反映了颜元的人生观。颜元对于人生持积极的态度，他认为："人则独得天地之全，为万物之秀也。得全于天地，斯异于万物而得独贵。惟秀于万物，斯役使万物而独灵。"（《习斋记余》卷六）这虽然有点神秘，但实际上是要求人充分发挥自己的主观能动性。

颜元与李塨非常重视人类的社会义务和道德责任。他们以对天下贡献之大小作为衡量人生道德价值的尺度。《习斋记余》卷六《人论》曰：

> 生人之义虽同，生人之方各异，东西南北，地异而形声各异，至于四海之外则更异。智愚丑美，禀殊而心貌亦殊，至于习染之深则更殊，以至富贵贫贱……万有之不齐，凡皆二气五行参差错代之所为，而不可强也。而人之自为，则不以是拘焉。有为一人之人，有为十人之人……有为天下之人；有为一时之人，有为百年之人，有为千年之人，有为万年之人，有为同天地不朽之人。然则为之者愿为何许人也哉？

在"自为"的竞争之下，颜元的新世界是有差别的，这正是市民阶级的观点。这种"有为"社会是颜元的理想世界，由此就派生出其功利论。颜元提倡做"同天地不朽之人"。这种人需具有"千万人中不见有己，千万人中不忘有己"的一种极高的品德。对此，"不见有己"强调的是一种客观的忘我精神；"不忘有己"强调的则是一种自觉的道德责任感。从这种人生观以及功利主义道德原则出发，颜元主张"立功"、"立业"，以"富天下"和"强天下"。

颜元认为圣人应当是敢于"转世"的"宏毅之士"。他主张圣人要有这样的气概："勇往直前，以我易天下，不以天下易我，宏也；举国非之而不摇，天下非之而不摇动，毅也。"（《习斋先生言行录》卷下《杜生第十五》）"凡读圣人书，便要为转世之人，不要为世转之人。"（《习斋先生言行录》卷上《齐家第三》）所谓"转世之人"即"以我易天下"，敢于冲破一切阻力去实现自己理想的人。而"世转之人"则是随波逐流，任"天下易我"之人。可见,颜元所颂扬的"转世之人"、"宏毅之士",就是站在时代潮流前列的革新家。这反映了其以天下为己任的社会责任感。

颜元重视"践履践迹"的涵养功夫。颜、李提倡的"主动"精神,主要表现在"践履"、"习行"上。他们强调知识的获得即所谓"知至",必须"亲手下一番"工夫,否认有什么"生知圣人"。因而颜元十分强调"习"字,他指出:

> 孔门习行礼、乐、射、御之学,健人筋骨,和人血气,调人情性,长人仁义。一时学行,受一时之福;一日习行,受一日之福;一人体之,锡福一人;一家体之,锡福一家;一国、天下皆然。小之却一身之疾,大之措民物之安,为其动生阳和,不积痰郁气,安内捍外也。(《习斋先生言行录》卷下《刁过之第十九》)

在颜元看来,"习行"不仅是知识的源泉,而且是"健身"、"养性",造福人类的唯一途径。颜元把"习行"儒家礼乐视为快乐幸福,这种乐观念对促进儒家德化以及人们践行儒家社会责任无疑具有积极的推动作用。

三 戴震的"达情遂欲"快乐论

戴震(1724~1777年),清安徽休宁人,字慎修,又字东原。他学识渊博,卓然一代汉学大师,为皖派所宗。戴震认为世界是"气"的变化过程,"理在气中",反对程朱理学"理居气先"说。他主张"理存乎欲",反对理学家"存理灭欲"说,提倡"达情遂欲"的快乐观。戴震的著作丰厚,主要有《原善》、《绪言》、《孟子私淑录》和《孟子字义疏证》等。其著先后由后人汇编为《戴氏遗书》、《戴东原集》。

戴震充分肯定了"欲"的存在的合理性，阐明了"无欲则无身"的思想。即"喜怒哀乐之情，声色臭味之欲，是非美恶之知，皆根于性而原于天"（《绪言·上》）。"饮食男女，生养之道也，天地之所以生生也……是故去生生之道者，贼道者也。"（《原善·下》）换言之，"欲"是人的自然本性，它"根于性而原于天"，"原于天地之化"，是既不能"去"，亦不应当"去"的。如果否定了"欲"的存在，也就否定了人的存在。在正确而又深刻地肯定了"欲"的存在的必然性与合理性上，戴震是极其可贵的。

毋庸置疑，"欲"既可资生养身，也可戕身贼生；"欲"既是人生事业的强大推动力，也可使人变得卑琐低下。戴震虽然坚持"无欲则无身"、"无欲则无人生"的观点，肯定了欲的存在的必然性和合理性，但也不回避过于纵欲所带来的消极事实。他指出："专欲而不仁，无礼无义，则祸患危亡随之，身丧名辱，若影响然。"（《原善·下》）"欲，不患其不及，而患其过。过者，狃于私而忘乎人，其心逆，其行戾，故孟子曰'养心莫善于寡欲'。"（《答彭进士允初书》）对于欲望的问题，戴震同王夫之一样，表现出一种理性的理解。戴震进一步对欲与私进行了区分："天下古今之人，其大患，私与蔽二端而已。私生于欲之失，蔽生于知之失。"（《孟子字义疏证·理》）"私也者，其生于心为溺，发于政为党，成于行为慝，见于事为悖，为欺，其究为私己……得乎生生者仁，反是而害于仁之谓私。"（《原善·下》）可见，戴震所谓的私，并不是指正常的个人利益，而是指只顾自己的利益而忘记和损害他人的利益，只顾自己而忘记社会公德的自私自利。

戴震通过对"欲"与"私"的区分，使其对"欲"的认识也超越了"无欲则无人生"之类的评价，而进入了一个更深的层次。在他看来,人的自然感性欲求是无罪的,导致人们为"恶"的是"私"而不是"欲",因而"无私,非绝情欲以为仁",在道德理性和人格完善的过程中,所要克服的只是损人利己的自私自利行为,而不是人的感性欲望,"贤圣之道,无私而非无欲"(《孟子字义疏证·权》)。

戴震注意到了欲与私的区分,反复提倡"化欲"说。《孟子字义疏证·才》云:"遂己之欲者,广之能遂人之欲;达己之情者,广之能达人之情。道德之盛,使人之欲无不遂,人之情无不达,斯已矣。"这种"化一己之欲为天下之公欲"的思想,在中国历史上可谓源远流长,如孟子、陈亮、叶适等曾提出类似的观点。在现实生活中,人的欲望的满足总是要受到限制的,所谓使人之欲无不遂,使人之情无不达,只是一种无法实现的虚幻而已。

戴震还从"自然"与"必然"这一新角度论证了理与欲的关系,"欲者,血气之自然……由血气之自然,而审察之以知其必然,是之谓理义"(《孟子字义疏证·理》)。以"必然"出于"自然"而又高于"自然"来论说"理"为"欲"的升华,是戴震的高明之处。正因为如此,在人生价值的取向上就应"明其必然",而不应"任其自然",不能无限制地膨胀人的感性自然欲望,应当"节其欲而不穷欲"。如果不能"明于必然",那就会"任其自然而流于失",最终也就会"转丧其自然而非自然"。而只有重视对道德必然的认识,重视道德人格的培养,亦即"归于必然",才能"适完其自然"。所谓"适完其自然",是一种感性与理性、自然与必然的水乳交融,是一种无拘无束的和谐融洽,是一种"天人合一"的内在精神自由。

戴震阐明了"理存乎欲"、"欲中求理"的道理,提倡"达情遂欲"的理想境界。他说:"尽乎人之理非他,人伦日用尽乎其必然而已矣。""理也者,情之不爽失也,未有情不得而理得也。"(《孟子字义疏证》卷上）可见，"人之理"就是存在于"人伦日用"之中的必然法则；人的情欲有节、适中即"不爽失"就是"理"，离开情欲则无所谓"人之理"。据此，戴震批判了宋儒把"天理"与"情欲"截然对立起来的观点。他指出："欲不流于私则仁，不溺而为慝则义，情发而中节则和，如是之谓天理；情欲未动，湛然无失，是谓天性；非天性自天性，情欲自情欲，天理自天理也。"（《答彭进士允初书》）由此可见，戴震明确地把天性、情欲、天理三者看成是一致的。他提出了"达情遂欲"的主张，强调"天下之事，使欲之得遂，情之得达，斯已矣"（《孟子字义疏证》卷下）。在戴震那里，"达情遂欲"既是一种道德理想，又是一种政治主张。他认为，只有当人类辨别是非美丑的能力提高到"极致"时，人们才能由"遂己之欲"，推而广之到"遂人之欲"，由"达己之情"，推而广之到"达人之情"，最后达到"使人之欲无不遂，人之情无不达"的道德极盛境界。"达情遂欲"的理想境界，不仅是戴震的道德理想，也是其幸福快乐观的理想境界。

虽然戴震主张"达情遂欲"，但并不提倡任情纵欲。相反，他要求人们的行为做到"中节"、"无失"。他强调"情之当也，患其不及而亦勿使过；未当也，不惟患其过而务自省以救其失"（《答彭进士允初书》）。即对于"欲"与"情"，人们需保持在无过无不及的状态，而且还需要经常自觉地反省以补救可能产生的过失。只有这样，才能使人们的情欲控制在恰当的范围内，进而获得"达情遂欲"的快乐幸福感。

四　魏源的"君子乐道"

魏源（1794~1857年），原名远达，字默深，又字汉士，法名承贯图，湖南邵阳人。魏源与龚自珍同为当时"通经致用"

的代表人物,世称"龚魏"。魏源著作宏富,传世著作多达四十七种。主要有《默觚》、《诗古微》、《书古微》等。

魏源强调"众利"、"众福"的重要性,认为这是维护封建统治集团即所谓"君子之利"、"君子之福"的前提和基础。他认定"祸与福同根",所谓"根"就是众人的利益能否得到保护,如果民族的安危、命运都没有保障,那么君子的"利"和"福"就会没有根基。《默觚·学篇七》云:"众所福,君子不福,不福其福中之福也;众所利,君子不利,不利其害中之利也。消与长聚门,祸与福同根。岂惟世事物理有然哉?学问之道,其得之不难者,失之必易;惟艰难以得之,斯能兢业以守之。"魏源这种对祸福的分析是深刻的。所谓"消与长聚门",即"祸"与"福"不是固定不变的,二者在一定条件下可以互相转化。表面看来,众人之"福"与"利"同君子之"福"与"利"是矛盾的,实际上只要"众所福"、"众所利",也使君子免了"祸"与"害",因此,君子也得到了"祸中之福"、"害中之利"。魏源的这些论断,实际上强调了国内政治革新、众人"得福"为抵御外侮的前提。这种见解是相当深刻的。

有鉴于此,魏源要求统治者和一切士人都"以义为利"(《默觚·治篇十六》),即以民族大义为重,把全民族的利益放在首位。魏源在提倡君主应当"利民利国"的同时,还阐发了民族大义与个人利益的一致性,强调了加强道德修养与提倡个性解放的一致性,极力提倡"见利思义"、"见利思害"(《默觚·治篇十六》)和"朝闻道,夕死可矣"(《默觚·学篇十四》)的精神。魏源还进一步将其祸福观与义利观联系起来,《默觚·治篇十六》云:

见利思义与见利思害,讵二事哉?无故之利,害之所伏也;君子恶无故之利,况为不善以求之乎?不幸福,斯无祸;不患得,斯无失;不求荣,斯无辱;不干誉,斯无悔。暴实之木根必伤,掘藏之家必有殃。非其利者勿有也,非其功者勿居也,非其名者勿受也。幸真人之有者害,居人之功者败,无实而享显名者殆。

魏源的这段议论,是建立在其是非与利害、义与利相统一的基础之上的。即"得失一决之于利不利","是非之与利害一也"(《默觚·学篇八》)。"见利思义",即如果"利"是适宜的、合理的则得之无愧。"见利思害"就在于这"利"是"无故之利",则为"害之所伏"。魏源反对那些"幸人之有"、"居人之功"、沽名钓誉等不道德的行为,他认为这样做皆无好结果。这显然是对那些只图谋私利,不顾民族安危的道德败坏的官僚士大夫们的警告。

关于祸福之天命与人为的关系,一方面魏源认为"福利荣乐,天主之";另一方面又强调"祸害苦辱,人取之"(《默觚·治篇十六》),二者的矛盾是显而易见的。不过,魏源强调的是后者,即人为的作用。《默觚·学篇八》云:"诚知足,天不能贫;诚无求,天不能贱;诚外形骸,天不能病;诚身任天下万世,天不能绝……人定胜天,既可转富贵寿为贫贱夭,而贫贱夭亦可转为富贵寿。"在他看来,"富贵寿"与"贫贱夭"之间是可以相互转化的,关键就在于人为的作用。当然,在这个问题上,魏源并没有也不可能觉察到社会条件在实现这种转化中的重要作用。

魏源强调君子乐道和"灵魂自悟"。《默觚·学篇十》云:"君子以道为乐,则但见欲之苦焉;小人以欲为乐,则但见道之苦焉。欲求孔颜之所乐,先求孔颜之所苦。"君子把道义当做快乐,只要见到贪欲就以为是苦;小人把贪欲当做快乐,只要见到道义就以为是苦。要想获得孔颜之乐,必须先经历孔颜之苦。魏源认为人通过学习和修养可以达到思想上的"灵魂自悟"之境界,就可以成为大知大觉的人,从而也能做到"人能与造化相通,则可自造自化"(《默觚·学篇二》)。这种说法不免有夸大个人的精神力量的唯意志论倾向。但在当时的历史条件下,魏源强调"造化自我",不为命运所拘,自然具有鼓舞人们投身挽救民族危亡的积极作用。

总之,魏源同龚自珍一样主张革新解放,强调人的主观能动性,认定"才智自雄,自造自化",认为不管是祸福、智愚的转化,学业、德业的进退,都决定于自身的努力程度。他想象"人定胜天",歌颂"匹夫之志",反对宿命论。这些思想在当时具有重要的启蒙作用。

第十一章　近代新学家的"乐"伦理变革

中国近代社会是一个半封建半殖民地的畸形的过渡的社会形态，是中国历史上又一个大动荡、大变革的时期。伴随中国社会的动荡与变革，传统儒学经历了一个由衰落、正统地位的丧失以及向近代转换的过程。严复、康有为、梁启超等新学家从西方接受了"幸福论"、"快乐论"，并对其进行了发挥。于是，在中国又出现了一种新的苦乐观。这种苦乐观与传统儒家的苦乐观既存在分歧，又有契合之处。

一　康有为的"求乐免苦"论

康有为（1858～1927年），原名祖诒，字广厦，号长素，又号更生，广东南海人，人称南海先生。其著作丰厚，主要有《大同书》、《新学伪经考》、《论语注》、《孟子微》等。

康有为既是戊戌维新运动的首要人物，也是近代思想史意义上的第一位思想先驱和领袖。他在民族危亡的时刻，毅然担当起思想上启蒙和政治上变革的大任。他不仅对中国近代社会的政治变革进行过不懈的努力，而且对近代中国新伦理的构建也作出了贡献。他宣称平等、博爱的人道主义伦理学说，提出"求乐免苦"的苦乐观。

（一）博爱主义

博爱主义是康有为哲学的鲜明特点。梁启超称康有为之哲学为"博爱派哲学"。因此，康有为重点强调"爱人为贵"、"舍仁不得为人"的民生关怀。

康有为博爱思想的哲学论证是其人性论。康有为认为人性是指人的自然本质，是没有善恶之区分的。作为封建主义正统思想的程朱理学倡导的是天理与人欲对抗论，它把封建的道德礼义、尊卑秩序吹捧为"天理"，规定为"人的本性"，并以之与人的自然情欲相对抗，视人的自然情欲为万恶之源，由此而提出"存天理，灭人欲"之类的异常冷酷的封建禁欲主义。康有为反对宋儒的禁欲主义，他继承了传统人性论中的"气质之性"说，并引向乐利主义。根据人性出于自然之性的原则，康有为直接导出人的情欲合理的主张，以为人生而有欲乃是天性。人欲并非理学家们所谓的恶德，而是体现人之本性的合理要求。因此，人的欲望"只有顺之，而不绝之"。康有为所谓的欲望，是人的本性中表现出来的要求，因而是善的、合理的。他认为应该加以实现和发展，这是他对人的发展的肯定思想中的最重要内容，也是人性的更高层次的实现主张。

康有为强调人的情欲应当予以保障和实现，而人性的最高层次的实现，就是其《大同书》中所追求的使人去苦获乐之目标。《大同书》是建立在纯粹的自然人性论基础之上的，康有为在该书中多方面论证了人生去苦求乐的正义性和合理性，肯定了发展物质文明的极端重要性，要求改善人们的苦难生活，渴盼在人间建筑起"大同世界"的美满天堂。在此，"人欲"并不是"恶"，而压制人欲的"理"也并非就是"善"，"性"本身的完满实现才是"善"，而"性"本身又不过是"人欲"即"去苦求乐"而已。正所谓"普天之下，有生之徒，皆以求乐免苦而已，无他道矣。其有迂其途，假其道，曲折以赴，行苦而不厌者，亦以求乐而已……立法创教，令人有乐而无苦，善之善者也，能令人乐多苦少，善而未尽善者也，令人苦多乐少，不善者也"（《大同书》，上海古籍出版社1956年版，第6~7页）。人性的实质性内容便是人的求乐免苦的特性。求乐免苦表现为欲望的存在、合理发展到幸福的最高实现。由此得出的结论必然是：肯定个人的独立与自由，颂扬人的个性与尊严，进而倡导博爱主义。

（二）"免苦趋乐"、"以礼节欲"的理欲观

康有为受到先秦两汉及明末清初一些思想家的影响，也接触到了西方的快乐主义道德学说。他不同意程、朱"存天理，灭人欲"的理欲观，对西方快乐主义伦理观的某些观点也提出相异的意见。他的理欲观总体上继承了先秦儒家的学说，但也有较大的改变，即"免苦趋乐"、"以礼节欲"。康有为指出，人的物质生活欲望是出于人的自然"天性"，"人生而有欲，天之性哉！"只有满足人的各种欲望，才能畅其天性，使人感到快乐。

康有为列举了人类诸多的欲望，指出人类"求乐免苦"的欲望，是推动社会向前发展的原动力。他认为，人们为了满足自己的各种欲望，经过长期不断地同大自然作斗争，才得以改善自身生存的各种物质生活条件和精神生活条件。只有满足人们生理的、物质的和精神的各种欲望之后，社会才能有序，政治统治才能稳固，人类社会才能进步。

康有为认为人类社会之进步与倒退、创教立法之是非善恶，治乱文野之基本标准，就是能否满足人情人欲，适应人们"去苦求乐"的要求。"一切政教，无非力求乐利生人之事。故化之进与退，治之文与野，所以别异皆在苦乐而已。"（《大同书》，第293页）

不仅如此，康有为还认为，人类的各种欲望和求乐免苦的要

求,是一切社会伦理道德得以产生的重要依据。即伦理道德"皆以为人谋免苦求乐之具而已矣,无他道也"。"父子、夫妇、兄弟之相亲、相爱、相收、相恤者","人之所乐也"。为满足人情人欲的这种要求,"圣人"乃"因人情之所乐,顺人事之自然,乃为家法以纲纪之,曰:父慈、子孝、兄友、弟敬、夫义、妇顺","其术不过为人增益其乐而已",为"保全人家室财产之乐","为之立国土、部落、君臣、政治之法"(《大同书》,第5~6页),以免除无人保护之苦。康有为的"求乐免苦"肯定了人对于物质和精神生活而产生的各种欲望的合理性。

康有为在充分肯定人类具有"求乐免苦"欲望的同时,还进一步指出"求乐"的欲望又可分为两种:其一是"有形之乐",即人们为了满足自身生理需求的物质欲望;其二是"灵魂之乐",即人们自身不必与现实世界发生任何关系,而使自己的精神得到满足的欲望。对于如何满足"灵魂之乐",康有为的途径为"专养神魄,以去轮回而游无极,至于不生、不灭、不增、不减"(《大同书》,第300页)。换言之,人们要完全摆脱现实的物质世界,舍弃一切物质欲望,依靠自己主观精神的"练神养魄",摆脱自己的形体,成为纯粹的灵魂,进入神仙的境界。这就是所谓的"灵魂之乐"。康有为认为,"身有生死,魂无变易"。"有形之乐"只是凡俗之乐,而"灵魂之乐"才是"浩大深长"的高尚之乐。

康有为虽然重视"灵魂之乐",但他特别强调的还是"人世间有形之乐",即肯定人们物质生活欲望的合理性。然而,他反对没有任何节制的纵欲,主张"以礼节欲"。即"人生而有欲,天之性哉!欲无可尽,则当节之"(《大同书》,第41页)。作为生活在社会中的个人,都不能纵欲过度,否则便是违背了礼。人们生活在群体当中,便应恰当处理个人与他人、个人与群体的关系,以达到人类"求乐免苦"的目的。假如一个人只顾满足自己的欲求,一味纵欲利己,那就必然会害及群体的利益,侵犯他人的权益,就会造成人与人之间的纷争,社会秩序的不稳定,最终个人的欲望也无法满足。因而康有为提倡"以礼节欲"的道德原则。

在康有为那里,"礼"就是人们言行的道德规范。通过礼的调节,维持社会成员之间的关系,使人们"各得其分,各得其乐,而不相侵","相与共其乐"。大体看来,康有为的"礼"与传统儒家的"礼"基本相同,但也有区别。康有为的"礼"体现了资产阶级合理利己主义的伦理观念。他试图在资本主义生产关系的基础上建立人与人之间的一种新型关系,就是既要满足个人的各种欲望和要求,又不侵犯他人满足欲望的正当权益和自由,不妨害群体的利益和正常的社会秩序,使每个人的"名分"地位各有所宜,人人"各得其乐"。

(三)求乐免苦的幸福观

康有为从其人性论出发,导引出其道德学说和社会理想目标。康有为的道德学说是功利主义性质的,其要义首先是去苦求乐的幸福观。在《大同书》甲部《入世界观众苦》中,康有为指出,现实社会充满各种各样的苦难。他详细描述了人世间的各种苦难,诸如"压制之苦"、"阶级之苦"、"卑贱之苦"、"贫穷之苦",等等。造成人间诸苦的根源是"皆因九界而已"(《大同书》,第51页)。所谓"九界",即"国界、级界、种界、形界、家界、业界、乱界、类界、苦界"。要脱离苦海,就要破除"九界"。而"去苦界至极乐"的极乐,是人类通过博爱相互关怀,在一种新的人道社会实现以后的幸福境地。因此,去苦求乐首先与佛教的思想有着本质差别。它既不是现实禁欲主义的修行,也不是彼岸净化的幻境。同时,它又与单纯追求享乐的市民思潮相异。近代资产阶级上升时期的免苦求乐的幸福观,首先是积极向上发展的人性论的直接认识成果,洋溢着人道主义精神。去苦求乐包括解除造成人的痛苦的一切束缚和障碍,而且把人的快乐的实现看成人的实现,并在大同社会的实现中予以确实的保障。

康有为将人们去苦求乐这一要求规定为道德原则。他认为,从人道的角度理解人的幸福观,不仅应给人的免苦求乐予以积极的肯定,而且一切的政策和社会活动的目的,都出于人去苦求乐欲望的满足。因而他明确指出:"立法创教,令人有乐而无苦,善之善者也;能令人乐多苦少,善而未尽善者也;令人苦多乐少,不善者也。"(《大同书》,第7页)

康有为既然肯定了人们追求物质利益的合理性,鼓励人们"求乐免苦",但又何以提倡人们追求"灵魂之乐"呢?这与其政治活动密切相关,当时维新派的变法活动遇到了许多困难和阻力。他们自身十分软弱无力,政治上十分孤立。在这种情况下,他们需要有一种与封建顽固势力相抗争、激励自己为变法维新而献身的精神力量。因之康有为找到了所谓的"灵魂之乐",以近似宗教虚幻的东西来激励自己和所有的维新改革者。

总之,康有为大同思想中最合理的内容,是平等观念、民主思想、博爱主义及其满足论的幸福观。康有为既重视现实之乐,强调以"人世间有形之乐"为主,但在现实的"求乐免苦"无法实现之时,他又主张精神之乐,倡导以"灵魂之乐"来安慰、激励人们。康有为的乐观念不仅具有鲜明的平民意识,而且具有现实适应性。

二 严复的"合理利己主义"快乐论

严复(1854~1921年),原名宗光,字又陵,后改名复,字几道,晚号愈樊老人,近代福建侯官(今闽侯)人。近代资产阶级启蒙思想家、翻译家,传播社会学的先驱者。其译著《天演论》宣传"物竞天择"、"适者生存"之生物进化论，唤起国人救亡图存，影响极大，其中也对苦乐问题进行了阐述，蕴涵着其苦乐观。

（一）善恶与苦乐的关系

善恶与苦乐的关系是善恶标准中的一个重要内容。禁欲主义通常以苦为善，道家认为善与乐是统一的，佛教则以苦为善。早期儒家在这个问题上处理得比较辩证，但至宋明理学则出现了强烈的禁欲主义倾向。深通西学的严复，很重视这个问题。他是从人生的根本目的之角度提出问题的。《天演论卷上·新反》按语记载，有人问严复曰："人道以苦乐为究竟乎？以善恶为究竟乎？"应之曰："以苦乐为究竟，而善恶则以苦乐之广狭为分，乐者为善，苦者为恶，苦乐者所视以定善恶者也。然则人道所为，皆背苦而趋乐，必有所乐，始名为善，彰彰明矣。"（《天演论》，商务印书馆1981年版）把"背苦趋乐"看做人的本性，以苦乐为善恶的标准，是西方快乐主义道德观的一种观点。它反映了资产阶级利己主义的道德观念。严复接受了这种快乐论思想，不过对于如何解释"苦"、"乐"问题，他与赫胥黎有着不同的看法。赫胥黎持极端利己主义的观点，认为"屈己为群无可乐"。严复不同意这种观点，主张全面地看问题。他认为，那些"摩顶放踵以利天下"的人，虽"苦者吾身"，而天下"乐者众也"。慈母对于子女，勤劳顾恤，若亡其身，虽"母苦而子乐也"，但"母且即苦以为乐"。因此，在非极盛之世，"必彼苦而后此乐，抑己苦而后人乐"，只有到了极盛之世，才能"人量各足，无取挹注"，人人极乐。有鉴于此，严复一方面肯定了"人道以苦乐为究竟"，另一方面又主张"摩顶放踵以利天下"，这说明他力图把西方资产阶级的苦乐观，同中华民族传统文化特点特别是墨家的"兼爱"观结合起来。同时也说明，严复所代表的中国新兴资产阶级自身的发展前途,与民族的命运有着密切的联系,发展民族资本主义与保卫民族独立生存的利益,皆被严复视为利乐天下的高尚行为。

既然善与恶的道德观念都是由人类后天的社会实践活动所决定,是相对而言的,那么,衡量善与恶的标准是什么呢?在回答这个问题时,严复提出"人道以苦乐为究竟"的命题。他指出,宋明理学家们将"天理"与"人欲"对立起来的观点是错误的,不符合人性的实际情况。因为"凡属生人,莫不有欲,莫不求遂其欲"(《天演论》导言十二《人群》);"世变无论如何,终当背苦而向乐。比如动植之变,必利其身事者而后存也"(《天演论》导言十六《进微》按语)。"生民有欲"是上天所赐予的,人的本性就是"去苦求乐"。衡量善与恶的标准应当是:能否符合人们"去苦求乐"的要求和欲望。如果符合人的去苦求乐之欲望,就越善,反之,就越恶。严复"去苦求乐"命题的构思,受赫胥黎影响很大。赫胥黎认为:"人们的天资虽然差别很大,但有一点是一致的,那就是他们都有贪图享乐和逃避生活上的天赋欲望。"① 这种观点是鲜明的资产阶级道德观和人生观。

(二) 屈己为群之快乐

严复对先秦墨家的某些思想观点非常感兴趣。他在自己译著的按语中,曾明确表示赞赏墨家以"自苦为极"、"摩顶放踵以利天下"的道德观点。严复之所以赞赏墨家的观点,是因为墨家的"兼爱"道德观念,与近代西方资产阶级的"博爱"观有某些共同之处。严复虽然注重以苦乐和功利作为评价行为善恶的

---

① 赫胥黎著,翻译组译:《进化论与伦理学》,科学出版社1971年版,第18~19页。

道德标准,但他还认为不能片面地强调个人的苦乐与功利,必须同时考虑到国家和民族的苦乐和功利。这显然受到墨家"兼爱"思想的影响。

在西方资产阶级思想家关于利己主义的诸多伦理学流派当中,严复最为赞赏"合理的利己主义"的道德学说,提倡"群己并重,舍己为群",兼顾社会群体与个人的利益。他反对毫无意义地为群体、为他人的利益而牺牲个人利益的行为,也反对为个人利益而不顾他人、不顾群体利益的极端自私自利的利己行为。因而严复所注重的"开明自营",即"合理利己主义"的伦理道德观念,与极端自私的利己主义道德观有着根本的区别。"自私"、"利己"以不损人、不害群为原则。"爱他"、"利群"又以不损己为前提。只要人人都能做到"开明自营",就可以做到既"爱他"、"利群",又"自私"、"利己"。严复宣称的"合理"、"开明"的利己主义,在当时的历史条件下,对于封建统治阶级所提倡的禁欲主义、以克己奉公为托词而否定人们正当的个人利益等传统伦理思想是一个沉重的打击。这种道德观念对于新兴资产阶级要求个性解放、维护个人的正当权益产生了积极作用。

严复强调屈己为群是快乐的事。赫胥黎著作中有这样两句话:"实践'自我约束'和断绝欲念并不是幸福,尽管它或许比幸福好得多。"[①] 严复在《天演论》按语中把上述观点概括为:"屈己为群为无可乐,而其效之美,不止可乐。"但是紧接着他就批评这个观点"于理荒矣"。言外之意,为集体而牺牲自己应当是一件快乐的事。

严复虽主张"屈私为群",但这一观点的提出,有一个逐渐

[①] 赫胥黎著,翻译组译:《进化论与伦理学》,科学出版社1971年版,第30~31页。

修改的过程。赫胥黎在其著作中主张人们必须"实践'自我约束'和断绝欲念"。严复起初意译为:"必在惩忿窒欲,爱人屈私。"其中,"惩忿窒欲"对应"断绝欲念","爱人屈私"对应"自我约束"。到了《天演论》定本中,严复则将"爱人屈私"改成了"屈私为群"。实际上,"屈私"一词已将"自我约束"的意思译出,故无论"爱人"或"为群",均系添加之词。那么严复为何非要把"爱人屈私"改成"屈私为群"呢?关键在于,"爱人"一词并没有说明爱谁,也没有说明爱多数人还是爱个别人。倘若为个别亲友而屈私,那意义就不大。反之,"屈私为群"就明确提出了为集体利益而抑制个人利益,其积极意义十分鲜明。

　　严复认为只有损己益群才能使群体强大。赫胥黎在其著作中写道:"不幸的是,这个形容词(指政治意义的)经历过这么多的改变,以至于把它应用到为了共同的善而命令人牺牲自己的理性上去,现在听起来几乎是有点可笑了。"[①] 严复将其译为:"盖惟一群之中,人人以损己益群,为性分中最要之一事,夫而后其群有以合而不散,而日以强大也。"(《天演论》,第85页)可见,二者的态度正好相反。赫胥黎公开嘲笑为集体利益而牺牲个人理性的主张,严复却大力提倡损己益群。在论述群己关系的第一阶段中,严复使用了多种提法:为群舍己、先群后己、屈私为群、屈己群和、损己益群,等等。这些表明,严复在第一阶段提倡牺牲个人利益时,对于如何把握分寸并未思考成熟。但是其只有损己益群才能使群体强大的思想观念已经十分鲜明,这种思想观念在今天仍有积极意义。

----

① 赫胥黎著,翻译组译:《进化论与伦理学》,科学出版社1971年版,第52~53页。

三　梁启超的乐利主义和心魂之乐

梁启超（1873~1929年），字卓如，号任公，别号沧江，又号饮冰室主人，广东新会人。他17岁时师从康有为，从此走上救国之路。21岁赴北京参加会试，随康有为发动"公车上书"，世称"康梁"。其学术渊博，著述宏富，其著作编为《饮冰室合集》。

梁启超是中国近代杰出的资产阶级政治家、学者、教育家。他一生最精彩也最有影响的活动当然主要是与康有为共同领导了戊戌维新运动。他既是西方学术、思想和文化的传播者，又曾是四万万蒙昧同胞民智的启迪者。在清末民初这个动荡不安而又急剧变革的时代，能将舆论、政治、学问三者集于一身并能登峰造极。梁启超作为时代的骄子，在19世纪与20世纪之交，他在实际的政治活动、学术文化、新闻、教育等多个领域驰骋，风云际会，虽说有成功、顺利，但迭遭失败、历经坎坷亦是事实。值得我们注意的是，梁启超从不颓唐，总是兴味盎然地去从事其事业。他这种乐观的人生态度，当然与其快乐观密切相关。

（一）"趣味主义"人生观

"趣味主义"是西方快乐主义伦理学中的一派，也是梁启超的人生观。快乐是一种心理状态，凡是对某些事物发生乐趣，人们就会产生一种欲保留或实现它的情感；相反，苦痛也是一种心理状态，凡是对某些事物发生厌恶，人们就会有一种欲除去它的情感。梁启超多次公开表示，自己所持的是趣味主义的人生观。他在一次题为《趣味教育与教育趣味》的讲演中曾言："假如有人问我，你信仰的是什么主义？我便答道我信仰的是趣味主义。有人问我，你的人生观拿什么做根柢？我便答道：拿趣味做根柢。""我生平对于自己所做的事,总是津津有味而且兴会淋漓。什么悲观咧,厌世咧,这种字面,我所用的字典里头可以说完全没有。我所做的事,常常失败严格的可以说没有一件不失败然而我总是一面失败一面做。因为我不但在成功里头感觉趣味,就在失败里头也感觉趣味。"(《饮冰室合集》文集之三八)在另一次题为《学问之趣味》的讲演中,他又称:"凡属趣味,我一概都承认他是好的。但怎么样才算'趣味'?不能不下一个注脚。我说:'凡一件事做下去不会生出和趣味相反的结果的,这件事便可以为趣味的主体。'"事实上,这个关于"趣味"的定义是很不确定的,含混得很。但梁启超勉强从这个定义出发,认定赌钱、喝酒、做官之类,不属于趣味。他强调:"凡趣味的性质,总要以趣味始,以趣味终。所以能为趣味之主体者,莫如下列几项:一劳作;二游戏;三艺术;四学问。"他还特别强调:"因为学问的本质能够以趣味始,以趣味终,最合于我的趣味主义条件,所以提倡学问。"(《饮冰室合集》文集之三八)这样的趣味主义,显然具有道德的意义。

"趣味"在梁启超的文章中含义比较宽泛,在《学问的趣味》中,他说"趣味"就是"快乐"、"乐观"、"有生气"。显然具有正面的情感意味,蓬勃向上的生命意味。孔子所谓"好之者不如乐之者",讲的也是一种道德情操。西方伦理学中"心理的快乐论",把"感觉上的趣味"、"精神上的快乐",作为一种道德情操,认定凡是竞技、科学研究、从事职业,等等,其中皆蕴涵着乐趣,因而人们能够废寝忘食、为之奋斗。梁启超深受这种道德思想的影响,他总是津津乐道地自称:"我每天的活动有趣的很,精神的快乐,补得过物质上消耗而有余。"(《饮冰室合集》文集之三八)梁启超很看重"趣味"在人生中的地位。他认为"趣味是生活的原动力"。既然趣味在人类生活中占据重要的地位,那么趣味就不是指活着,而是指活得有意义。如果抱着一定要成功的目的去行动则就无趣味可言。趣味体现为对功利主义的超越，足见梁启超的"趣味主义"全然不是享乐主义，更不是颓废主义，它是一种审美主义。

梁启超很重视艺术的作用，艺术固然能给我们趣味，艺术的境界的确是超越实际功利的境界，但获得趣味的根本途径还不在于艺术而在于心。梁启超非常强调心的作用，如果说趣味是一种境界，那它正是由心造成的。梁启超的《自由书》曰："境者心造也。一切物境皆虚幻，惟心所造之境为真实。"（《饮冰室合集》专集第2册）既然"惟心所造之境为真实"，那么快乐与否也就在于心。"天下之境，无一非可乐可忧可惊可喜者，实无一可乐可忧可惊可喜者，乐之忧之惊之喜之，全在人心。"（《饮冰室合集》专集第2册）梁启超赞赏那些豪杰之士，"无大惊，无大喜，无大乐，无大惧"。作为人生境界来看，这种无大惊、无大喜、无大乐、无大惧，正是我国古代哲人所推崇的"与天地精神相往来"的至乐境界，即所谓"至乐无乐"。值得注意的是，梁启超并不是在谈理想境界，他希望人们在现实生活中就应有这种态度，一种积极而又达观的人生态度，勇往直前的而又能自由发展的人生态度。

梁启超的"趣味人生"观是具有积极意义的。从其个人的生活实践而言，这种"趣味主义"人生观正是他的生活动力之一。这种人生观使得他能正确地对待成功与失败，不以物喜，不以己悲，永远保持蓬勃的朝气和可贵的战斗精神，基本上做到与时俱进。众所周知，梁启超一生遭受许多失败，甚至危及生命，但他不悲观、不灰心，总是兴味无穷、不屈不挠地去从事其事业。为了更加全面地表达其人生观，他说其平生最爱用的有两句话：一是"责任心"，二是"趣味"。"趣味"是对生活持一种品赏的态度，玩味的态度。用来对待工作则为"乐业"，即工作首先要有"责任心"，力求把工作做好。梁启超称之为"敬业"。

敬业说的是功利的态度,乐业说的是审美的态度,二者缺一不可,应该统一起来。当今社会,物欲横流,急功近利,趣味低下,这对培养理想人格、建设和谐社会是极其不利的。从建设和谐社会这个意义而言,梁启超的"趣味主义"仍有积极的借鉴意义。

(二) 乐观主义的人生观

在人生观问题上,梁启超公开宣称自己是乐观主义者。其乐观主义主要体现在他对人类进化和未来抱有莫大的希望上。他主张要不惜牺牲当前利益而为未来的事业奋斗。他指出,释迦弃净饭太子之贵,而苦行穷山;路德辞教皇不赀之赏,而甘受庭训;加富尔舍贵族富豪之安,而隐耕黎里;哥伦布掷乡里优游之乐,而奋身远航。按照常人的观念,他们这种"好为自苦"的作为,"岂不嗤为大愚"。然而梁启超在《说希望》中认为:"苦乐本无定位,彼未来之所得,固足偿现在之所失而有余,则常人所见为失而苦之者,必固见为得而有以自乐。"总之,由于追求的不同,决定了人们对"苦"、"乐"的追求也不同。一切有远大眼光和宽广胸怀的有识之士,都能为未来的前途和利益而艰苦奋斗,且把这种"自苦"当做"自乐"。

梁启超曾经专门撰文《乐利主义泰斗边沁之学说》(刊于1902年9月2日《新民丛报》第15号),系统地介绍英国伦理学家边沁关于增长人的幸福为善恶之标准和公益私益是一非二的思想。梁启超是边沁乐利主义伦理观的崇拜者和信奉者。西方乐利主义即功利主义幸福观从历史渊源看,来源于感性主义幸福观。感性主义幸福观大都助长趋乐避苦,但这种幸福观不能不遭遇个人快乐与他人快乐、个人幸福与社会幸福之间的矛盾,为了解决这种矛盾,感性主义幸福观演变成了18世纪末和19世纪初的英国人边沁、约翰·穆勒的功利主义幸福观。梁启超的这种乐观主义的人生观，既是在长期艰苦的境遇中磨炼出来的，也是其受西方功利主义幸福观影响的结果。他以乐利主义伦理思想为武器，批驳了汉宋后学鼓吹的"人道以苦为目的"的荒谬说教。由此看来，在苦乐观上，梁启超既反对那种"有酒今日醉"的腐朽庸俗的人生观，也反对那种"以苦为目的"的苦行僧主义，而主张正确处理"现在"与"未来"、"私益"与"公益"的关系，做一个有远见卓识的人。

（三）以众生之苦乐为苦乐

"功利主义"被梁启超称为"乐利主义"。梁启超受功利主义伦理学说的代表人物边沁的影响，专门著文介绍边沁的功利主义伦理思想。他认为，边沁功利主义伦理学说的核心是所谓的"避苦求乐"，追求人生的最大幸福。

在介绍边沁幸福论的文章《乐利主义泰斗边沁之学说》中，梁启超介绍了边沁"使人增长其幸福者谓之善，使人减障其幸福者谓之恶"的伦理原则之后，引发出自己利他主义的理论："盖因人人求自乐，则不得不生出感情的爱他心，因人人求自利，则不得不生出智略的爱他心……而有此两种爱他心，遂足以链结公利私利两者而不至相离。且教育日进，则人之感情愈扩其范围，昔之同室之夺之乐为苦乐者，浸假而以同国同类之苦乐为苦乐，其最高者乃至以一切有情众生之苦乐为苦乐……若是乎则感情的爱他心，其能使私益直接于公益者一也。"（《新民丛报》第15号，1902年）在梁启超看来，为求得幸福，应私益和公益相结合，即在自利的同时，爱他利他心更重要。因为只有增进公益的同时，才能达到乐大于苦和最大幸福。梁启超对于群体发展的重视，成为其幸福观的基础，在这方面其思想与康有为、谭嗣同的博爱说和严复的合群观念相近。

梁启超的伦理观念是以强调"利群"、"益群"为标准的，强调以"利群"为乐。人不能离开群体而独立生存。因此，重要的是培养人们"固吾群"、"养吾群"、"进吾群"的道德观念。梁启超"利群"的最终目的是"利己"。他认为"利己"是人类的本性，是不应受到指责的。其伦理思想是边沁功利主义与达尔文进化论的有机结合。在《乐利主义泰斗边沁之学说》中，梁启超指出，从表面看来，利己与利他、爱己与爱他似乎是根本对立、不可调和的两个问题，但实质上是"异名同源"，两者最终统一于爱己，而非统一于爱他。梁启超将"爱他心"分为两种："感情的爱他心"和"智谋的爱他心"。他对此解释说："何谓感情？盖己所亲爱之人，其所受之苦乐，几与己身受者为同一关系，故不觉以其自爱者爱之，盖如是然后己心乃安。其爱之也，凡为我之自乐也。"从而，梁启超得出了"利己必先利群"的结论。

梁启超从西方近代学者，主要是从边沁、约翰·穆勒那里借用了功利主义伦理学说。边沁认为，从功利主义原则出发，个人利益与社会利益是统一的，社会利益就是"最大多数人的最大幸福"。个人利益的满足，从一定角度讲，实际上就是促进了最大多数人的最大幸福。约翰·穆勒作为边沁之后一位著名的功利主义伦理学家，他认为功利主义就是最大幸福主义，主张以良心来统一个人利益与社会利益。梁启超改造了此二人的功利主义伦理学说，并与中国传统伦理思想的某些内容结合起来，论证个人利益与他人利益、社会公利的关系。其基本观点是：反对极端自私自利的、狭隘的利己主义，主张为公、利群、利他、爱他。但他不反对利己本身，而是认为极端的、狭隘的利己主义最终不能利己，也不能利群，而只能损己害群。只有"知有爱他的利己"，才能在为公、利群、利他的同时"利己"。

梁启超以"利己主义"为基础的近代伦理观念在当时对于唤醒人们的爱国热情，激发进步知识分子投身于救亡图存的事业，起到过积极作用。同时他的伦理思想从根本上也是与"存天理，灭人欲"的禁欲主义道德说教完全对立的。他主张保护个人的私利，强调合理利己，这是中国新兴资产阶级维护自身经济利益的要求在伦理观上的反映，是对封建统治者侵犯个人利益、扼杀个人私欲的伦理观的否定，因而合乎时代潮流的发展。

(四) 魂乐真乐也

梁启超功利主义伦理观的另一个特点是将一切欲望、苦乐都分成肉体的和精神的两类。他除了受西方近代功利主义伦理思想影响之外，还受佛学宗教伦理学说的熏陶。梁启超后期笃信佛教。根据佛教伦理学说，他认为，"我之一身"具有两种生命、两个我，即"肉体之我"与"灵魂之我"，而两者之中"灵魂之我"才是"真我"，"肉体之我"不过是"躯壳"而已。他说："以己之心灵对于己之躯壳，则心理为我，而躯壳为物。"(《德育鉴·存养》，《饮冰室合集》专集之二十六) 在梁启超看来，我之躯壳只不过是"逆旅"，而我之精神才是"本身"，过分看重"躯壳"是愚蠢的。肉体是要消失的，而精神是永存的。因而梁启超非常重视精神、心灵的快乐，认为这才是真正的快乐；而肉体躯壳之快乐则是虚假的、暂时的快乐，即"富贵利禄不过是供吾耳目口体短期之快乐，耳目口体，物而非我，吾何自苦而乐彼物"(《德育鉴·存养》，《饮冰室合集》专集之二十六)？

梁启超由轻视"肉体之我"进而轻视"肉体之乐"。他指出："真苦真乐必不存于躯壳，而存于心魂。躯苦而魂乐真乐也；躯乐而魂苦真苦也。"(《德育鉴·存养》，《饮冰室合集》专集之二十六) 这样，梁启超就公开向人们表明其苦乐观和生死观，并且劝告人们不要追求物质享受。至此，梁启超的苦乐观已经远远偏离他曾经大力提倡的"合理利己主义"的轨道，以至于最终走向它的反面。正如他自己所承认的那样："真苦真乐

必不在唯物的，而在唯心的。"（《余之生死观》，《饮冰室合集》文集之十七）

梁启超的苦乐观和生死观是建立在佛教伦理思想基础之上的。他重精神而轻肉体，重灵魂而轻躯壳，把肉体与精神分裂开来，重视精神的净化和灵魂的修炼，反对人们追求物质享受。这种人生观的社会意义在于鼓励人们"舍其身以为众生之牺牲"的大无畏献身精神，投身于救国救民的运动。应当说明的是，梁启超重精神轻肉体的苦乐观和生死观，同他提倡的利己主义是相矛盾的。利己主义是要维护个人的物质利益，尽管他提倡的是"有知爱他"的利己主义。重精神轻肉体的苦乐观和生死观，抛弃物质利益，宣扬精神解脱，染上了封建主义和宗教的禁欲主义色彩。他劝告人们忍受暂时的"躯苦"，以追求永恒的"魂乐"。这就违背了他所赞同的功利主义"避苦求乐"的根本原则，在伦理观上自相矛盾。

1904年，梁启超发表过《余之死生观》一文，其基本内容是：作为个人的形体来说，死不能免，但精神是不死的；而作为国家、民族、社会的群体来说，则是世代相传的。梁启超这种死生观之目的在于激励人们为祖国、为民族、为社会作贡献，以至于不惜献出自己的生命。在梁启超看来，为群体的利益，为子孙后代造福，虽苦亦乐。

梁启超强调"精神不死"，谋"大我之幸福为乐"。梁启超的死生观，并不是要"劝为速死"，而正是为了激励人们不惜牺牲自己的生命，去"为吾之事业之幸福"而奋斗。平常人"莫不贪生而避死"，贪生避死为"人类志力薄弱之表征也"。如果懂得了"死后而有不死者存"之意就能自觉地去"节制其现在快乐之一部分以求衰老时之快乐"。梁启超认定，人"以善业之不死者遗传诸方来"，就能"使大我食其幸福"；相反，若"以恶业之不死者遗传诸方来"，就会"使大我受其苦痛"。因此，他明确反对那种"欲谋个人之快乐"的小我主义者。强调如果不懂得"小我之乐必与大我之乐相缘"的道理,人人都计量"小我之乐"而不为"大我之幸福"着想,那么,在外强我弱、彼富我贫的国际环境下我就要沦为"彼之奴隶"。不难看出,梁启超的死生观与苦乐观是密切结合的。其论述固然夹杂着一些佛学的观点,但却蕴藏着主张为国家为民族利益而奋斗这样一种积极客观的精神。

从总体上看,近代新学家们虽然对求乐免苦的思想作了充分的阐论,但他们并没有把求乐免苦规定为人的唯一本质,而是融入了理性主义的因素。与此相关,中国近代的一些思想家认为,在求乐免苦的过程中,人们应当处理好不同快乐之间的关系。这些快乐是目前快乐与将来快乐、感性快乐与理性快乐、自身快乐与社会公众快乐,等等。他们主张个人自身快乐应服从将来长久的快乐,为了后者,有时必须"牺牲目前之快乐"。因为"感性快乐人类与群动所同,智性快乐则人类所独有也"(李亦民:《人生唯一之目的》,《青年杂志》第一卷第二号)。所以人们更应当重视智性、理性快乐。有的甚至提倡"自苦以乐人",把"自苦以乐人"也看做一种快乐,即所谓"智性之乐"、"心魂之乐"。显然,中国近代主张求乐免苦的思想家们大都有协调感性与理性的愿望,可以说,他们的这种努力为中国伦理精神的整合开辟了一条现实的道路,值得我们借鉴。

第十二章 "乐"伦理在现代社会中的意义

传统"乐"伦理既包含中国历史上各个时代的幸福快乐观，也包含历史上各个时期之音乐观与礼乐教化之乐教观。中国历史上虽然各时期的思想家对乐伦理的看法不尽相同，但总体上以儒家乐伦理为主流，代表了传统乐伦理精神与快乐观的价值取向，及至今天，仍对我们正确对待幸福快乐问题和建立和谐社会具有一定的现实指导意义和借鉴意义。

一 对传统"乐"伦理的再认识

苦和乐是每一个人都经常体验的内心感受。而对于同一件事人们又往往有不同的感受，这种感受的不同也反映着人生价值观的不同。由于不同人对人的本质，人生的目的、意义理解各不相同，人们对苦乐的感受、理解也是各不相同的。正如近代思想家严复所言："人度量相越远，所谓苦乐至为不齐。"（《天演论》导言十八《新反》按语）这样，在历史上就形成了各种不同的苦乐观。其中既有精华也有糟粕，我们应当剔除其糟粕，吸取其精华，为建立人们的精神家园以及和谐社会服务。

（一）传统幸福快乐观的精华和糟粕

不同的苦乐观决定了人们不同的追求，由此形成了不同的精神境界。以儒家为主体的传统苦乐观注重精神境界的提高，强调精神快乐高于物质享受，这是其精华。

1. 传统快乐观的精华

儒家的苦乐观崇尚以道德理性的满足、德业的增进为乐，反对人成为外物的奴隶。这种苦乐观告诉我们，要正确对待人生的不同际遇，既能安于贫贱，也能安于富贵，不以外在环境的变化而改变自己的人生追求，做到"富贵不能淫，贫贱不能移"，宠辱不惊，达到孟子所谓的"大丈夫"的精神境界。这种精神境界能不为穷达所动，穷亦乐，达亦乐，使苦乐超越穷达。这就是说，孔孟不仅教人不要因贫穷困苦的环境改变自己对精神快乐的追求，而且教人要善处困境，要在困境中磨砺自己，促成自身的完善。这就是孟子所谓："天将降大任于斯人也，必先苦其心志，劳其筋骨，饿其体肤，空乏其身，行拂乱其所为，所以动心忍性，增益其所不能。"（《孟子·告子下》）宋代张载所言："富贵福泽，将厚吾之生也；贫贱忧戚，庸玉汝于成也。"（《正蒙·乾称》）

人生在世，有许多难以预料的艰难困苦甚至厄运，因此，苦与忧常会与人相伴。树立正确的苦乐观，苦与忧就会成为我们一笔不可多得的人生财富。作为人生之磨炼，苦与忧可以激励我们奋发进取的精神，培育我们不畏艰难险阻、坚韧不拔的品格，即使是遭遇困厄、身处逆境，也要乐观向上，笑对生活。孟子曾强调"生于忧患而死于安乐"，苦乐、忧乐是一种相互包含、相互转化，对立统一的辩证关系。先哲们的这些至理名言，对于我们正确对待困境、逆境，树立正确的苦乐观无疑具有积极的借鉴意义。

道家的苦乐观，是不以苦乐为意，"哀乐不入于心"，即"死生终始将为昼夜而莫之能滑，而况得丧祸福之所介乎"（《庄子·田子方》）。既然连死生都看做如昼夜变化一样的自然现象，不因此而扰乱心志，又何况祸福得失之类的小事呢，自然更不以苦乐为意了。道家对祸福持这样的态度，目的是"不以好恶内伤其身"，不让祸福得失引起的苦或乐损害身心健康。这样的态度，庄子称之为"有人之形，无人之情"（《庄子·德充符》），又称"用心若镜"（《庄子·应帝王》）。也就是说，对于外部的各种事物，有如镜子，来了就反映，过去就忘掉；既不刻意追求，也不记挂在心里。这种生活态度，有益于人们应付各种外来的干扰，减少和消除烦恼，保持心态平衡。

道家对人生的理解，既不像佛家那样悲观，把生活看成苦海无边，也不像儒家那样乐观，把生活看得那般温情脉脉。道家既不借"出世"寻求解脱，也不奢望"入世"给自己带来多少幸福，而是用幽默和智慧品玩人世的酸甜苦辣，近似游戏地走完人生的苦旅。知足常乐，适性逍遥成为道家根本的生存智慧。

靠主体意志去克服外在限制而获得成功与快乐，往往是不牢固的，转瞬即逝的。真正的强者不在于战胜他人，而在于善于战胜自己，即用极大的意志和勇气克制自己的欲望，将它限制在一定的限度内："去甚"、"去奢"、"去泰"，一曰"慈"，二曰"俭"，三曰"不敢为天下先"。像"道"一样自然，像水一样柔弱，像婴儿一样无私无欲。有了这样的智慧，有了这样的"不争"之德，便可以获得永久的快乐。

在生活现实中，对于绝大多数人来说，其生存智慧与其说是儒家道德理想主义，不如说是道家知足常乐的无为哲学和委运任化的自由主义。在某种程度上说，儒道互补更有益于人们在现实生活中战胜一切困难，获得成功和幸福快乐。

2. 传统快乐观的糟粕

利己主义和享乐主义是传统快乐观的糟粕。利己主义是一切以个人的特殊利益为根本出发点和归宿，把个人的特殊利益凌驾于社会公共利益和他人利益之上，专致于谋取和扩大个人的特殊利益。享乐主义从一种人生观的角度来看，就是指从人的自然本性出发，把追求享乐看成是人的生理本能的需要，认为人生的目的和意义，就在于追求个人的物质的享受与满足。享乐主义以前述《列子·杨朱》为代表，强调人生在世，活着就是为了享乐，尽情追求"丰屋美服，厚味姣色"。其苦乐观只为享乐，不顾名节和是非善恶；只为个人，不顾社会人群的影响；只为当生，不顾身后。与儒家重道德、重贡献、重青史留名的思想针锋相对；与道家不以苦乐内伤其身的思想也大相径庭。这种思想在世俗中随处可见，古代文献中却极少表现，为绝大多数思想家所不取。

3. 享乐主义与快乐论的区别

享乐与快乐是两个截然不同的概念，有着根本的区别。享乐主义本质上是利己主义，而快乐论的本质是个人主义。个人主义强调的是个人利益作为人类行为的基础，同时强调个人利益和集体利益的协调，主张牺牲个人利益，实现个人价值，争取社会进步。提倡个人应该追求幸福和快乐和应该为别人而牺牲个人的幸福、快乐，甚至把牺牲自己的福利而获得的高尚道德看做最高的快乐、幸福。个人主义承认个人利益的实现是在不侵犯别人利益的前提下的。个人主义是一种强调个人自由、个人尊严和个人价值的伦理学说和社会哲学[①]。利己主义则不同，它专致于谋取和扩大个人的利益，以至为此而不惜违反、损害和牺牲社会的公共利益和他人利益。因此，进行快乐观的教育并不是享乐主义的教育，而是在利用快乐论合理成分的基础上，对青少年进行合乎社会主义市场经济发展的快乐观的教育。

传统社会，人们在物质上只求温饱，按自己的本性过一种自然的生活，办事只求心安，精神只求舒畅，心灵只求宁静，因而

---

① 王守昌、王海泉：《关于新时期道德建设的若干问题》，《华南师范大学学报》1996年第3期。

人们享受着适意与快乐。现代社会,人们再也难寻这种快乐了,不少人只有享乐而没有快乐。快乐是精神适意、安宁、自足,享乐则从来没有安宁和自足感。享乐需要通过不断的刺激才能获得,刺激一停止就会感到无聊。

一个人的精神快乐并不需要荣华富贵和金钱,这些东西都不属于性命本身的,真正的快乐是从生命的本性流露出来的,它源于自己的精神内部。快乐则可以不受外物的影响,不为穷困而苦恼,不为富贵而得意,这是由于快乐不是源于外物的刺激而来自心灵。它是一个人具有生活目的、人生信念和创造乐趣后的一种情感状态,这样,快乐又是与对人生的憧憬、对未来的希望联系在一起的。快乐的心境是自在安宁的。

相反,享乐则源于生命的外部,它是身外之物刺激的结果,享乐者缺乏生活目的,没有人生信念,更没有创造乐趣,享乐者认为人生没有什么信念和意义可言,人生就是为了吃喝玩乐。享乐者狂热放纵,有时还失去了理智。得意就彻底狂欢,失意便垂头丧气,受伤则失魂落魄。享乐者的心理总得不到安宁,受到的刺激不同其心情就不同,旧的刺激刚过去又得马上寻求新的刺激,否则,享乐者就会百无聊赖、惶惶不安。许多享乐者今朝有酒今朝醉,瞻望前途,不寒而栗,因而享乐背后是病态和失望。享乐还常常与放荡、荒淫、堕落连在一起,享乐与堕落只有一墙之隔、一步之遥,甚至许多享乐本身就是堕落。

(二) 传统苦乐观的影响

儒家的道义主义苦乐观和道家的自然主义苦乐观互补形成了传统中国人乐天休命的精神家园。知足常乐是中国人自古以来形成的一种生存智慧,或者说是古代哲人教给人们在有限条件下尽情享受生活的快乐哲学。或许中国人遭受的磨难太多,或许中国人在生活中感知生存智慧和痛苦的神经比任何一个民族都更加敏感，因而这种生存智慧或快乐哲学对中国人更为不可缺少，它已经沉淀在中国人的心理结构之中。

1. 乐天安命的文化心态的形成

在人的短暂一生中，有时需要在烟波迷茫、无边无际的苦海中拼命挣扎，孤独漂泊，有时还要承受一些天灾人祸。人在苍凉无情的大自然面前，却只能可怜柔顺地任凭摆布，完全无法掌握自己的命运，并被迫要在凄凉痛楚、绝望无奈中不断劳作，疲于奔命。而最后等待自己的则是死亡。《庄子·齐物论》："一受其成形，不忘以待尽。与物相刃相靡，其行尽如驰，而莫之能止，不亦悲乎？"这种令人悲哀的情状一直存在人类发展的历史长河中。面对这种情状，人们一直需要精神家园，使自己在那恬静安宁、魂牵梦萦的心灵故乡，享受那久违的明媚阳光、轻柔细雨和情感交响。

传统儒家与道家的快乐观值得称道，如老子的"甘其食，美其服，安其居，乐其俗"（《老子》第八十章）；孟子的"乐而忘天下"，以及"万物皆备于我矣，反身而诚，乐莫大焉"（《孟子·尽心上》）；庄子的"与物为春"的"天乐"思想；荀子的"君子乐得其道，小人乐得其欲"等有关快乐的观点，以及孔子、《周易》关于"乐"的主体思潮和人生基调。为后来学者们所津津乐道、极力推崇和无限神往的"吾与点也"、"孔颜乐处"，即指这种以"乐"为核心内容的悠然自得的生活方式和超尘拔俗的审美境界。

宋明理学兴起，此"乐"盛极一时。如邵雍的"学不至于乐，不可谓之学"（《皇极经世·观物外篇·心学》）；程颢的"反身而诚，乃为大乐"，"学至于乐则成矣"（《二程遗书》卷二上）；朱熹的"于万物为一，无所窒碍，胸中泰然，岂有不乐"（《朱子语类》卷三十一）；王守仁的"乐是心的本体……亦常人之所同有"（《传习录》中）；等等。

儒家乐天的人生态度与其"知命"不无关系。"命"即非人力所能改变的一切客观必然性与偶然性的综合。孔子自称"五十而知天命",他强调"不知命无以为君子"(《论语·尧曰》),"知其不可而为之"。他一生周游列国,为恢复周代的伦理秩序而努力。他明知未必成功,仍然不放弃自己的理想。孔子认为:"道之将行也与?命也;道之将废也与?命也。"(《论语·宪问》)"命"就是命运,孔子则指天命或天意。后世儒家把命看做一切存在的条件和力量。我们的活动要取得成功,总是需要客观条件的配合,但是外部条件能否为我们所用,却又在我们能够控制的范围之外。有鉴于此,我们能够做的,莫过于一心一意地尽力去做我们应该做的一切,不必计较结果,计较也没有用处。这样做就是"知命"。一个"知命"的人,只求尽我所能地力行,至于行为的结果则听从命运的安排。既然我们尽了我们应尽的义务,便达到了我们的目的,这与我们行为的外在结果毫不相干。这样做的结果,我们将永不患得患失,因而永远快乐。

儒家乐观主义的人生哲学,包括对人的伦理情谊的关怀。伦理与道德往往连在一起,伦,次序之谓也,伦理指长幼尊卑的人伦关系道理。伦理与道德都在一定程度上起到了调节社会成员之间相互关系的作用。儒家学说在某种程度上可称为人伦关系学说,其人伦关系最典型的就是"五伦"。在社会关系中,人们互尽伦理义务,就形成一种伦理情谊。人们在伦理情谊中感受到普遍的关怀,一人有乐,众人乐其乐,其乐弥扬;一人有忧,众人忧其忧,忧而不伤。有了这种伦理情谊,中国人即使在十分低劣的生活条件下,仍能感受到人生的乐趣。

"乐"是人的本能需要和最高欲求,更是人生的最高境界,是人所神往的精神家园。人的一切活动都是为了"乐","乐"也是人的最大原动力和最终目标。王心斋的《乐学歌》对于促进"孔颜乐处"这种审美人生态度和境界由精英文化层下贯到大众文化层作出了一定贡献。

在传统中国文化里,没有西方文化那个沉重的原罪大包袱,没有西方相当流行的那种对于人生的荒谬、虚无、厌烦、恐惧、绝望的特殊感悟,也没有西方人那种对人类前途心灰意冷的淡漠。恰恰相反,在传统中国文化里,有的是对人的价值的充分肯定和极力高扬,有的是对美好理想社会的乐观眺望和无限神往,有的是"留得青山在,不怕没柴烧"这种对人生的乐观主义态度。因此,有的文化学家就称西方文化为"罪感文化"、"耻感文化"、"苦感文化",而用"乐感文化"来概括中国文化。

知足常乐,是中国人做人的一种境界,这说明人获得满足和快乐并不那么困难,关键取决于人的精神状况。知足常乐,在中国古代文学作品中通常是对乡间田园生活和乐天派的赞美,不少诗歌和私人书信中都能找到这种情绪。袁中郎写给诸舅的信就充分反映了这种知足常乐之情绪:

> 近日闻作十老会,最是乐事。有一分,乐一分,有一钱,乐一钱,不必预为福先。甥在此随分度日,亦自受用,若有一毫要还债,要润家,要买好服饰心事,岂能洒脱如此?田宅尤不必买,他年若得休致,但乞黄山数亩闲地,茅屋三间,志愿毕矣。家中数亩,自留与妻子度日,我不管她,她亦照管不得我也。(《袁中郎随笔·答诸舅》)

如此"有一分,乐一分"的生活态度,深深地浸润在中国人的文化心灵中,使他们习惯于生活在不慌不忙的生活节奏中,即使在十分艰苦的环境中也能找到幸福。

知足与快乐相关,因为知足后心境才能平和,待人才能慈祥,微笑才能自然。知足者绝不贪得无厌,知道什么都要适可而止。对于知足者来说,一切不幸和苦难都是一种必然,没有必要去痛哭流涕、捶胸顿足。相反，知足者能够"陶陶然乐在其中"，有琴有书，载弹载咏，是一乐；有朋自远道来，酣饮不知醉，亦能不亦乐乎；天高气清，临清风，对朗月，登山泛水，是一乐；乘兴而行，兴尽而返，也能不亦乐乎；好男儿志在四方，出去闯荡世界，是一乐；他乡遇故知，寂寞还故乡，亦是一乐……只要人的思想能放能收，能紧能松，能缩能伸，什么情况都能理解，什么地方都能找到知足快乐的理由。这种人生境界是整日泡在荣华富贵之中，而又永远没有满足感的人所无法想象的。

2. 忧患意识的形成

忧患意识在中国传统文化中是一种非常重要的价值观念和极为独特的人文精神。中国文化在强调"乐以忘忧"、"乐天休命"对建立精神家园的重要意义之时，并没有要人们乐得忘乎所以，得意忘形之意。相反，中国传统文化同时反复提醒人们应有乐不忘忧、居安思危的忧患意识，以防止乐极生悲、安而转危。中国文化的忧患意识，"并非如杞人忧天之无聊，更非如患得患失之庸俗。只有小人才会常戚戚，君子永远是坦荡荡的。他所忧的不是财货权势的未足，而是德之未修与学之未讲。他的忧患，终生无已，而永在坦荡荡的胸怀中"①。这种忧患意识，绝不是一般意义上的忧虑、烦忧、恐惧、苦恼，更不是神情沮丧、悲观绝望，它是"一种居安思危的理性精神……一种苦于对人生和宇宙的透彻了解。并为理想的实现而动心忍性的智慧"②。

在纷繁复杂、变幻无穷的人生旅途中，忧患意识无疑是一种能够促使我们顺利前进的精神动力。在身处春风得意、万事顺达的顺境之时，它提醒我们要居安思危、谨慎戒惧、敬畏无妄，

---

① 牟宗三：《中国哲人特质》，台湾学生书局1963年版，第16~18页。
② 庞朴：《蓟门散思》，上海文艺出版社1996年版，第331页。

"思患而豫防之"(《易传·象·既济》);而万万不可得意忘形,贪图安逸,不思进取,为胜利冲昏头脑,以至于恣意妄为、傲慢猖狂、自取灭亡。在身处艰难险境之时,它又能激励我们要临危不惧、忍辱负重、不畏艰辛、勇于拼搏,而绝不能心灰意冷、惊慌失措、一蹶不振、消沉绝望。因为"祸兮,福之所倚,福兮,祸之所伏"(《老子》第五十八章),因为"物不可以终通,故受之以否……物不可以终难,故受之以解。解者,缓也"(《易传·序卦》)。

前面述及乐天休命、乐感文化,现在又讲安不忘危、忧患意识,前者为乐而忘忧,后者为忧心始终,表面看来似乎二者有些相悖,实际上二者却是相互依存的。乐天休命使我们满怀热情,积极乐观地投入到绚丽的人生中,而忧患意识则会使我们充满欢乐的美好生活更加持久,二者在中国古代先哲发达的辩证思维和超前的长远眼光中得到了有机统一。庞朴称之为"忧乐圆融的中国人文精神"[1],可谓精当妙论。正是一"乐"一"忧"共同构筑了中国人挡风遮雨坚不可摧的精神家园,使得中国人在其中以自己优雅的仪态、雍容的气度、勤劳的双手和超凡的智慧创造了举世称颂的灿烂文化。对于现代文明社会中,那些奔波于名利之间而疲惫不堪、"无家可归"的人们,这个清雅恬静、云淡风清的精神家园自然具有无穷的魅力,也恰是他们栖息、休恬的好地方。

3. 传统乐天休命的局限性

与自强不息的进取精神相对立,是所谓乐天安命的"豁达"态度之消极的一面。正如有的学者所言,所谓"乐天",实质上就是乐封建统治之天。"命"是天对人的贫富贵贱的安排,"安命"就是要安守本分,合"乐天"与"安命"两个方面,乃形

---

[1] 庞朴:《蓟门散思》,上海文艺出版社1996年版,第338页。

成一种即世间而求出世间的人生态度,于日用之常中显示其"豁达"与"超脱",于"洒扫应对"中达到"尽性至命"的境界。①

乐天知命与知足常乐,从自我的角度进行审视,是在追求一种心理的稳定与安全感,故此不求身外之物、难得之货,不逆潮流而作顺水行舟,不言争而言顺,会通为一,和合而无间,不求抗争,只为明哲保身,自然"安命"而"常乐"了。

从自我与社会的关系角度而言,乐天知命与知足常乐是对客观天命和现实权威的崇拜与敬畏。自孔子提出"畏天命,畏大人,畏圣人之言"(《论语·季氏》)到荀子确立"天地君亲师"、"上事天,下事地,尊祖先而隆君"(《荀子·礼论》)的崇拜系统,中国人的敬畏意识是逐渐强化的。这样一来,个人的自觉意识,自由、民主的要求,都被崇拜与敬畏吞噬,使个人自我失落在"吃人礼教"之中。因而,个人自我不被发现,成为中国文化的一大偏失。在封建专制皇权统治之下,臣民要绝对服从君上的号令,为安其命而服帖屈从;自觉遵循"三纲五常"的封建伦理规范,就可在束缚中感到满足常乐。传统中国人的这种乐天安命与知足常乐的人生态度,必然导致两种结果:一是由于求"安"、"知足",在客观上保证了社会秩序的稳定与文化传统的连续发展,并给社会和个人带来了某种安全感。二是由于求"安"与"知足",束缚了个人的创造力和社会发展。个人的无所作为,社会发展的缓慢、停滞,同中国传统的这种求"安"与"知足"文化心态当是有所关联的。

对于传统中国人乐天安命的消极影响,以往学者多有论述。胡适先生认为,知足的东方人自安于简陋的生活,故不求物质享

---

① 许苏民:《中华民族文化心理素质简论》,云南人民出版社1987年版,第61页。

受的提高；自安于愚昧，自安于"不识不知"，故不注意真理的发现与技艺器械的发明；自安于现成的环境与命运，故不想征服自然，只求乐天安命；不想改革制度，只图安分守己，不思革命，只做顺民。[①] 这种看法比较符合中国古代的历史事实。还有的学者强调，这种所谓乐天安命的豁达态度，严重地压抑了中华民族的广大人民群众对于物质上和精神上的美好生活的追求，窒息了人民的尽情精神，因而是阻碍中国社会发展的巨大惰力。[②] 这种说法虽有其道理，但未免有夸张之嫌。

总之，在某种程度上说，乐天安命与知足常乐，是传统中国人长期处在专制皇权统治下，一种虚妄的、无可奈何的、心理的自宽自慰。其实他们不可能真正"乐天"，也不可能真正"常乐"。自然灾害、内患外辱，都会给其肉体与精神、生存与发展带来无穷的困惑与灾难。然而，生灵涂炭却又"安命"，衣食不能温饱却又"知足"、"常乐"。这在某种程度上而言，是一种既不能正视现实也不能正视自己的自我麻痹。

二 快乐观教育对当代道德教育的重要性

快乐论与享乐主义相比较而言，主要指精神的满足而不是物质的满足，快乐常与理想、事业相联系，渗透在人生的各个方面。正确看待快乐是我国当今道德教育亟待完成的任务。

（一）快乐观教育的含义

所谓快乐观的教育，就是指选择快乐、享受快乐、创造快乐

---

① 胡适：《我们对于西洋近代文明的态度》，《胡适文存》三集卷一，上海亚东图书馆1931年版，第20页。
② 许苏民：《中华民族文化心理素质简论》，云南人民出版社1987年版，第64页。

的教育。

所谓选择快乐的教育,就是提倡在适度物质需要得到满足的条件下,追求高尚的、精神上的快乐。那种放纵个人欲望的寻欢作乐所带来的快乐只是感官上的快乐代替了心灵的快乐,感官刺激代替了智慧,表面的惊奇感受代替了真实的美感。欢乐一过,立即就会感到精神空虚、庸俗无聊甚至是身心的痛苦。因而快乐观的教育是教育青少年选择精神上的快乐、心灵上的满足,选择不会带给自己和别人痛苦的快乐。树立生活的合理思想信念,正确对待金钱和享乐,坚决摒弃享乐主义与"将自己的快乐建立在别人痛苦上的"错误的、自私的人生哲学。

所谓享受快乐的教育,就是不提倡"禁欲主义"、"苦行主义",应鼓励青少年体验快乐、表达快乐。享受快乐不仅意味着享受理想的实现,精神、物质的满足,也意味着善于忍受生活中的平凡、单调和不如意。因为任何伟大理想目标的达到是由无数个平淡、平凡的岁月组成的,不能体验平淡的快乐最终是难以实现理想的。罗素曾言:"没有坚韧不拔的工作,就没有伟大的成就"、"不能忍受厌烦单调的一代,定是渺小无为的一代"[1]。同时,为达到理想目标而工作是快乐的,但要避免忧心忡忡、急功近利,总担心失败会使心情永远不得安宁。享受快乐还意味着如何看待失败,如何改变困境、战胜不幸。若没有"苦中作乐"就不能"变苦为乐"。因而享受快乐在一定程度上而言,就是享受恬静淡泊,正视困难和战胜困难。

所谓创造快乐的教育,就是快乐不是天上掉下来的,是要靠自己去创造的。快乐在某种意义上说是一种心态的把握和平衡,

---

[1] [英]伯特兰·罗素著:《快乐哲学》,王正平、杨承滨译,中国工人出版社1993年版,第39~40页。

是一种自我的满足。只有自我创造的快乐才是真正的永恒的快乐。创造快乐有两条途径：一是进行有建设性的工作。工作是人生快乐取之不尽、用之不竭的重要源泉。建设性的工作之益处在于排除生活的烦闷，给人以成功的机会和满足志向的条件。罗素曾言："最令人满意的目标，是能使人无限制地从一个成功引向另一个成功，不会陷入绝境……建设是更大的快乐之源"，"因成功一项伟大的建设性事业而感到的快乐，是人生所能获取的最大快乐之一"①。二是培养闲情逸致。闲情逸致不仅可使人得以放松，还能帮人保持平衡的心态，体验与欣赏多样的人生；开阔视野，打破心灵的自我封闭，从而获得快乐。

（二）快乐观教育：道德教育的重要组成部分

快乐观是与人生观、价值观联系在一起的。快乐既然有关人们对待人生、利益与快乐关系的总体看法，它自然与人生观、价值观密切相关。快乐观的扭曲，其人生观、价值观也必然是扭曲的。如有些人认为吃喝玩乐就是最大的快乐，其人生的全部目的和意义就在于物质享受，"对酒当歌，人生几何"就是他们的价值取向。相对应地，错误的人生观、价值观也会形成错误的快乐观。特别在当今市场经济条件下，由于"利益"是市场经济发展的基本原则之一，因而在某种程度造成了思想混乱，形成错误的人生观、价值观。例如认为有钱的人就是能人，赚钱越多贡献越大，而不管赚钱的途径是否合法，是否符合道德的要求。鼓励一切向钱看，只讲经济效益、物质奖励而不讲社会效益、精神奖励。结果，拜金主义泛滥，钱欲横流，也是造成"有钱就能买到快乐"这种扭曲的快乐观盛行的原因之一。有鉴于此，快乐

---

① ［英］伯特兰·罗素著：《快乐哲学》，王正平、杨承滨译，中国工人出版社1993年版，第139页。

观是与人生观、价值观息息相关的,快乐观的教育是道德教育的一个重要组成部分。

快乐观有必要进行引导。渴望生存的愉悦,追求生命的快乐,既是人的天性,也是人的权利。但人活在大千世界中,难免遭受种种忧虑、烦恼和痛苦,特别在现代社会生活中,人们面临着生存竞争、观念冲突、社会变动等问题,有的人忧心忡忡、郁郁寡欢;有的人悲叹"进取心越强,苦闷越盛";更有的人误入歧途,信仰邪教,给社会家人带来了痛苦、伤害。再者,由于传统社会"禁欲主义"、"苦行主义"的盛行,造成人们对快乐望而生畏,视为洪水猛兽而拒之门外。但现代社会一旦摆脱了"禁欲主义"、"苦行主义"的束缚,又陷入了另一个"享乐主义"、"纵欲主义"的怪圈。有些人只满足于追求肉体上、物质上的快乐而忽视追求精神上、文化上的快乐,因而需要引导青少年形成正确的快乐观。

快乐观的教育是进行新时代伦理道德教育的要求。一定的社会经济结构以其特定的利益结构关系规定着社会伦理道德的基本原则和规范的主要内容和性质。社会主义市场经济是以"诚实公正、守时守信、讲求效益、勤奋节约、创造创新"作为道德基础的。鼓励个人价值的实现,承认社会成员的自身存在和发展是社会存在和发展的前提,也是社会存在和发展的原动力。承认追求个人利益和快乐的思想行为有其天然的合理性,承认个人之间利益的不一致与不平等有利于促进社会发展。但实现个人利益和快乐的手段应该正当合法、合乎道德要求,鼓励以正当合理合法的手段实现个人的利益、快乐、幸福。提倡集体利益、快乐是个人利益、快乐实现的基础。正如有的学者所言:社会主义新时代的快乐既非禁欲,也非享受,而是健康的物质需要、文化需要的适当满足。它包含着物质和精神的统一,个人和集体的统一。违背社会利益的个人快乐是不道德的,也不是真正的快乐,为整个社会、绝大多数谋幸福,才是最大的快乐、幸福。①

(三) 获得幸福快乐的主要因素

正确的幸福快乐观是一种贴近现实的人生哲学,能集中地理解人生的价值和生活的态度。因此,用正确的幸福快乐观来指导人生,会更有利于人们幸福愿望的实现。但要真正实现幸福快乐的愿望应注重以下几个方面:

首先,物质追求和精神追求相统一。无论幸福或快乐,都必然地涉及物质和精神因素。马克思主义幸福观认为:幸福在本质上是物质和精神相统一。人不但是生物性的存在、社会性的存在,同时也是精神性的存在。幸福既不是超验的纯粹的精神体验,也不是单纯的肉体感官的满足。作为人除了外在的物质生活之外,还有内在的精神生活。恩格斯曾言:人"需要和外部世界来往,需要满足这种欲望的食物、异性、书籍、谈话、辩论、活动、消费品和操作对象"②。其中所罗列的八项内容既有物质性的又有精神性的。要想获得现实意义上的幸福快乐就不单要有物质生活水平的不断提高,同时也需要有精神境界的追求。众所周知,幸福是作为对生活的整体性感受和评价,它总是根植于现实又关注着人所追求的目标和理想;理想是人最高的奋斗目标,也就是人们对未来生活的、合乎规律的向往;更高层次的幸福,也是作为社会关系总和的人所希望的理想。一个人在向理想迈进的过程中体验到各种幸福的因素,因为理想不仅是理性化的,而且还总是携带着强烈的情感色彩——寄希望于未来,希望又激起人浓烈而丰富的情感。这时候,幸福就体现在一个人在所处状况

---

① 罗国杰主编:《伦理学名词解释》,人民出版社1984年版,第113页。
② 马克思、恩格斯:《马克思恩格斯全集》(第21卷),人民出版社1995年版,第331页。

下对生活的热情向往之中。从这个意义而言，幸福可以说是实现了的或者是尚未实现的希望，是一种对理想和目标的不懈追求；理想作为精神方面的需要，它又是人的精神生活的核心。理想和目标越崇高，精神的领域和内容就越宽广，精神的感受就越快乐，为达到预期目的之意志和毅力就越坚强，在前进道路上体验到的幸福就越强烈、深刻。因此，要追求深刻而持久的幸福，需要与美好的理想结合在一起，只有获得了精神上的满足感，才能达到高度幸福的境界。

其次，一定的物质生活条件是人生幸福快乐的基本要素之一。无论我们怎样提倡高尚、清心寡欲、淡泊明志，要否定人必须具备一定的物质生活条件都是不可能的。但是物质财富越多，并不意味着获得的幸福快乐就越多。历史上和现实中，的确有许多人富甲天下、锦衣玉食，但却感觉不到幸福；有人骄奢淫逸、纸醉金迷，但到头来却身败名裂，更得不到幸福；寻欢作乐、声色犬马，但却"玩物丧志"，难有善果。自古以来，自然条件相对恶劣的人，其所需要的生活资料都要通过极其艰苦的努力才能获取，他们勇敢、勤奋、乐观，人的优良品质大都是在十分恶劣的条件下生成和发展起来的。如果用此观点来观察芸芸众生，在许多条件下也似乎是成立的。拥有优越物质生活条件者没有获得自由和幸福，而一无所有的人却通过自己的奋斗和努力，最终拥有了自由和幸福。其关键就在于人的精神状况。没有精神支柱，就会甘于贫困、不思进取，或在物欲横流中沉沦。有精神支柱和充实的精神生活，就可使人奋起拼搏，改变恶劣的物质生活条件和社会环境，也可使充足的物质生活条件成为人进一步提升的坚实基础；贫乏的精神生活，既可使贫困的人无所作为、安于贫困、不思进取，亦可使富裕的人傲慢、懒惰、愚钝、堕落。

再次，人的情感也是获得幸福的一个重要因素。人拥有丰富复杂的情感世界。一方面，人可能具有无私、仁爱、同情、自尊等各种积极情感；另一方面，人也可能具有自私、褊狭、嫉妒、恐惧、仇恨、愤怒、自暴自弃等各种消极情感。显然，前者有利于人的心理和精神健康发展，有利于人的幸福。拥有这些积极情感，人在创造和感受生活的过程中就会体验到做人的乐趣、自豪与价值。许多人之所以在艰难困苦中还能充满希望，保持乐观主义的人生态度，其原因不外乎无私、仁爱、同情，等等。因为无私的人才能无畏，才能消除褊狭，才能坚定相信人间自有真情在，也才能成为真情的拥有者。自私的人想到他人与自己同样自私，且由于自私，在生活中绝不会想到尽可能给别人提供帮助，因此，极端自私的人也很难得到他人的帮助，他不大可能乐观起来，只有无私者才可能具有坚定的乐观人生态度。同情和爱则是一切高尚行为的发端，没有爱和同情，人类一切美德就将荡然无存。自古迄今，因为爱和同情，留下了无数震撼人心的故事。正是爱和同情使人能够联系在一起。这种爱是一种博爱，是对人的生命价值和尊严的敬畏，这种同情是个体生命对人作为类存在的一种体验，是推己及人，是"己所不欲，勿施于人"。范仲淹的"先天下之忧而忧，后天下之乐而乐"就是这种仁爱与同情的真实写照。一个人有了爱与同情，就有可能身处绝境仍从容不迫，这是一种引导人们成为一个高尚的人的十分强大的精神力量，它赋予了人生存在的意义和价值。

与此相反，与积极情感相对的各种消极情感，对人获得幸福具有腐蚀和破坏作用。自私、褊狭、嫉妒、愤怒、恐惧等显然是一种破坏力量，它们降低人们的生活质量、恶化人的生存境况，使人的灵魂处于严重的不安和烦乱之中，从而使人生幸福荡然无存，因此，要获得幸福，就必须尽量消除消极情感，维护和保持积极情感。

最后，意志在人追求和获得幸福的过程中扮演了重要的角色。所谓"三军可以夺帅，匹夫不可夺志"，"穷且益坚，不坠青云之志",等等,强调的就是意志的作用。追求幸福,需要意志的作用。没有强烈的追求幸福的愿望和要求,对人生幸福采取一种模棱两可甚至是可有可无的态度,既不可能去重复地开发自己的潜力、发展自己的能力、努力地使自己成为具有高尚德行和智慧的人,也不可能通过努力奋斗促使自然和社会发生适合于人的生存和发展的变化。实现或获得幸福更需要有意志的作用。因为争取幸福的现实过程绝非一条坦途,而是充满荆棘的曲折小径,需要人们克服无数艰难险阻,付出巨大的艰辛,如果缺乏意志,就必然半途而废,从而与幸福失之交臂。

三 传统乐天休命的精神家园及其现代意义

现代社会,伴随着社会经济的巨大发展,物质生活的巨大丰富,社会竞争的日益激烈,许多人却失去了自我,失去了幸福快乐感,他们没有精神的支撑点,没有生活的目的,没有高尚的追求。经济极大地丰裕了,反而精神陷入了困境。若人生没有了根基,生命就成了无源之水,无本之木。中国传统乐天休命的精神家园对于现代人回归自己的精神家园无疑具有现实的指导意义和借鉴意义。

(一) 现代社会人生所面临的困境与出路

当今时代,虽然物质生活极大丰富了,但人的幸福快乐感却难以相应提高。财富与幸福快乐的关系不是成正比的,财富不能带来幸福快乐。财富只是使大家变得更富裕,并没有相应地使大家变得更幸福快乐,相反,人们精神上仍是个穷光蛋,没有哪个时代比今天更富裕,但也没有哪个时代比今天更渴望和羡慕金钱。人们把金钱看成生活的唯一目的,没有金钱的时候追逐金钱,占有了大量金钱之后又觉得百无聊赖。烦躁、动荡、幻灭、失望、焦虑、紧张、迷惘,一直像噩梦一样纠缠着现代人。我们的人生失去了方向,自我丧失在贪欲中,本性迷失在浮躁的世俗里,精神生活陷入了困境。

今天最容易使人失去自我的东西是:财、官、色、味。为了口腹之乐不惜盗用公款,为了声色之娱可以丧心病狂,为了金钱可以出卖肉体,为了当官更可以出卖良心。这些人搞到了官、财、味、色就以为自己有所得,脸上就会浮现出得意的神情。这是靠出卖自己换来的金钱地位。今天的生活,人们只知拼命积攒金钱财富,只看重动物性的满足发泄,全部身心都沉浸在财富的追逐中,都浸泡在放纵感官肉体的快乐里面。这样,人们追逐到的财富越多,心灵就越空虚,本性的丧失就越厉害,精神就越贫乏,生命表现就越少。

不幸根源于人生存在的欠缺性。这种欠缺性是不可能完全根除的,我们不可能消除现实人生和理想人生之间的距离。既然许多问题是不可能消除的,但我们可以通过对这些问题的正确认识和把握,减少我们在面对这些问题时产生的慌乱、恐惧表现和巨大压力。一旦能够正确认识这些问题并表现应有之正确态度时,我们就减少了许多不必要的痛苦和悲哀,也就事实上增加了我们的幸福快乐。从这种意义上而言,提出消解或减缓不幸的策略问题就具有重要的现实意义。

社会上的虚伪、奸诈、贪婪、荒淫,人类的苦难、哀伤、不幸,都是由于背离了大道的恶果。要想人类和谐安宁,要想自身幸福快乐,要想不丧失自我的本性,我们就必须重新回到"大道"上来,重新找回生命的根基和精神家园。

(二)传统乐天休命的精神家园及其现代意义

1. 知足常乐与对待人生欠缺

人们对于人生的欠缺主要有两种态度。一是容忍这种欠缺,知足常乐。我们只求改变自己的欲望，不求改变世界。从某种视角来看，知足常乐亦有积极意义。它或许能使我们安贫乐道；或许能使我们克服各种奢望杂念寻求一种悠然自得、闲散清净的生活；它也可以使人达观大度、无欲则刚，等等。当然"知足常乐"也具有消极意义，它使人安于现状，不去积极地改变环境，它甚至使人逆来顺受、忍气吞声、苟且偷生，既在严酷的自然界面前表现出怯懦，又在现实的社会生活中表现出畏首畏尾，满足于自我保存、自我麻醉，这种知足常乐自然不是一种积极进取的人生。

知足常乐甚至应当扩展到这样一种程度：即便是人生的种种欠缺，也不单单是欠缺，毋宁说它们是人的永恒存在的前提条件和内在动力，没有它们，人的存在、人的进一步发展就被取消了，代之而起的是神的存在。对人生的种种欠缺，人们安之若素，不那么惶恐不安，不那么焦躁烦恼，而只是诚心地过好自己的生活，筹划好自己的生活世界，完成人的所有使命，这就实际上增加着人们的幸福快乐。人们如能在此种积极意义上欣赏知足常乐的人生态度，就更可以对人生存在持积极进取的态度。人们不必太过愤然于人世间的诸多不幸、苦难，更不要抱怨说我们何以要不幸而为人。生活常常就是这样，总有许多这样那样的困难、麻烦在等着我们去解决。人生在世即已是幸事，如果我们更能在同人生中的欠缺、困难、痛苦和不幸的斗争中，增长智慧、升华情感、锤炼意志，并对这个世界有所改变、有所贡献，人生就是一种精彩。

2. 传统快乐的层次性与现代人生价值的选择

传统儒家对人生的基本看法是温柔敦厚的乐观主义。人生的快乐与物质财富的丰裕程度不成正比，只有道德能够使人获得真正的快乐。道德对于人来说，是一种内在的价值，它不因物质财富增加，也不因贫穷而减少。道德境界使人的生活脱离开低级趣味，变得充实和崇高，也是这种境界使人的胸怀和乐舒畅，心地坦荡，不再为生活中的名利得失而困扰。道德高尚者穷也乐通也乐，他们把穷通当成一种自然的事情。他们看重的是有没有背离道德，其悲乐不在于穷通。

从现实看，明确儒家幸福快乐观，对于指导人们的现实生活具有重要作用。随着经济的发展，人们的生活逐渐好起来，这自然是好事，但由此也产生了不少问题。生活奢侈、比富斗阔、纸醉金迷、精神空虚的风气在一部分人中间渐渐滋长。虽说这种情况带有一定的历史必然性，虽说历史评价与道德评价始终是一对悖论，但这种情况发展之快、来势之猛、程度之高也足以引起有识之士的警惕。在这种情况下，重温孟子之乐，可以使现代人明白食色之乐只是各种幸福快乐中的一种，如果只求食色之乐而不求事业之乐和道德之乐，则与禽兽无异。大力宣传这个道理，有助于人们提高精神品位，使人们既有食色之乐又有事业之乐和道德之乐，使中华民族既物质昌盛又精神充足。

特别需要强调的是，在前述孟子之乐的三个层面中，事业幸福虽然高于利欲幸福，但又低于道德幸福。孟子之乐的三个层面就是古人所谓的"泰上立德，其下立功，其下立言"，也就是今天通常所言的"先做人，后立业"。由于种种历史原因，很长一段时间以来，我们对这个问题重视得不够。人们学哲学只是为了变得"聪明"，人活着只是为了事业有成，至于要不要"先做人"，要不要"堂堂正正做个人"，则很少被人关注。这种做法造成的结果是"聪明人"越来越多，正人君子却越来越少。支撑社会道德的内在动力枯竭了，社会道德当然就会出现问题。要解决这些问题，西方的东西所能起到的作用是极其有限的，我们应当将眼光回归中华传统，从中华传统的无尽宝藏中汲取营养。在传统的宝藏之中，孟子之乐是一个非常重要的内容，深入挖掘这个内容，对于教育人们懂得道德之乐的重要性，确立"先做人,后立业"的正确价值选择,无疑具有重要的现实指导意义。

只有儒道互补的人生哲学,才是最符合人性的哲学。对儒家的人伦主义和道家的自然主义加以中和,恰恰可以得到这种人性的哲学。按照儒家中庸之道,人生最崇高的理想,应是一个不必逃避社会和人的本性仍能保持快乐的人。能做到如此的,只有那些"隐于朝"、"隐于市",在世俗中过着出世生活的真正隐士,无论是身居庙堂之上,还是市井之中,其心都无忧无虑、简朴自然。这种无忧无虑、心地坦然的哲学对于提高现代人的生活质量是十分必要的。它可以适当调节现代人过于繁忙和沉重的人生步履,不断调息现代人一味追求功利目标的浮躁之心。而道家幽默闲适、知足常乐的智慧,可以调剂现代人过于紧张的精神和过于拥挤紊乱的生活空间。这种生活艺术对现代人是十分必要的,它有助于现代人的精神更加快乐。

3. 认识快乐与幸福之关系,确立正确的人生目的

幸福与快乐作为既关联又区别的两个概念,快乐侧重于感官方面的满足,幸福则侧重于精神方面的满足。当然,如果单纯把快乐看成感官上的享受是有失偏颇的。作为人,必然是形神合一、身心并重的统一整体,对快乐的感受也需要心灵的参与和体会,甚至还需要作理性上的理解。人的精神修养越高,对快乐的感受越高深。然而,快乐只是欲望的暂时满足,幸福是内在心理所达到的快乐,使人能获得恬静享受的境界,是生活美满的综合反映,因而幸福具有快乐无法比拟的深刻性与持久性。幸福以快乐为基础而又高于快乐。

幸福与快乐的根本区别在于,幸福是对人之存在意义的完整把握和理解,并在此基础上,对自我完善和自我实现的追求。因而被称为幸福的人,一定有着正确的人生目的和人生策略,使生活中之每一活动、每一行为都成为整体的一个有机部分,甚至,不用说快乐,即便生活过程中的痛苦、焦虑、感伤等也都是有意

义的,是绚丽生活的不可或缺的环节。而快乐如不与人生目的、人的使命、人的终极价值等联系起来,就是盲目的,它不免被吸收为人生幸福的一个有机成分或环节。不仅如此,不与人生终极价值和意义相联系的快乐,还有可能使人单纯为了某种快乐而存在,从而使生活者导致两种结果:第一,失去快乐。一个人无论是单纯追求生理满足还是心理满足,都有可能导致"失乐"。如果追求感官享乐,就有可能使自己成为感性欲望的奴隶,人就会被感官所支配,在这种情况下,一个人就需要不停地寻找新的刺激,而新的感官刺激又会滋生出更强的欲望要求,因为感觉器官,人的神经系统似乎具备某种不断追求新的刺激形式的要求,这种不断生长起来的需要使一个将快乐视为唯一的人永远处于饥渴状态之中,因此,这种人也就极易成为最不快乐的人。如果单纯心理欲望的满足,追求心理快乐,也会导致同样的结果。如贪恋荣誉的人会为了得到更多的荣誉而变得虚荣和沽名钓誉,必然使一个人生活得非常烦累和痛苦,最终失去心理快乐。第二,失去尊严。如果将快乐主义推向极端,即无论通过什么手段,只要获得快乐就行,其结果必然是失去人之为人的尊严,而一旦一个人的颜面尽失,其所谓快乐就只能是一种可怜的快乐而已。如果一个人不要尊严,失去了人格,也就失去了做人的资格,在此前提下的所谓快乐就不能是人的快乐了。作为人,为了尊严、为了自己的人格,不仅可以摒弃快乐,反而会十分愿意忍受苦难,这表明人生必然有比快乐更重要、更有价值的东西存在。

单纯的快乐和追求感官刺激只能使人为情所牵、为物所役,它使人的心灵受制于肉体,因为肉体快乐比其他快乐更强烈,以追寻快乐为目的的人说到底一定是以追求肉体快乐为落脚点。耽于肉体快乐的人,无法思考人生价值与意义等重要的问题,从而使生活变成一种追逐享乐的烦累旅程。

在当今这个物欲横流的时代,要想获得感官上的满足,方式多种多样，也是唾手可得的，但却无法从一时的快乐中获得心灵的满足，而且会常常感到在得到快乐的同时又失去了快乐，甚至有些快乐给人带来了痛苦。究其原因，这种快乐多半来自物质欲望的暂时满足，给人生带来的意义是有限的，它无法填补人灵魂上的空虚与无聊。与快乐相比，每一种幸福则是人高难度的需求，它既难以达到又会使人难以舍弃，并且以意义的方式被保留积累下来，诸如爱情、亲情、友情之类的事情，它们具有永久的魅力并且成为生活永恒的主题。因而可以作出总结：一是快乐是人生所必需的，没有快乐的人生是可怜的人生。二是幸福对人生的意义比快乐更重要，是决定性的，没有幸福的人生则是毫无意义的人生。三是快乐并不是人生的全部意义，而幸福则直接指向整个人生。虽然快乐也有短暂、浅薄、深刻、持久的分别，甚至也存在着性质上的差异，但它只是生命活动伴随的现象；况且如果把感官和物质上的享乐推向极端而沉湎于各种低级的短暂刺激中，将会导致与追求幸福的愿望相背离，甚至陷入绝境和深渊而不能自拔。加之，快乐的感觉只能影响到生命意义的局部，而且影响的力度不够。事实表明，人类不仅善于寻欢作乐，并且趋向精益求精，从高度发达的衣、食、住、行、性到旅游、娱乐、健身、吸毒，人类谋求取乐的方式是多种多样的，但没有人以此来标榜自己的人生价值，这表明幸福绝不是以上各种乐子。幸福生活是快乐的，而快乐并不等于幸福，幸福较之于快乐更积极、更激动人心，它是以全部身心做依持，它始终在流动着并趋向于对美好世界的追求；因而幸福影响的是生活的整体效果，对人生构成了无限的意义。一个人即使曾经有过幸福，其人生都将是有意义的。因而幸福是人生中永恒性的成就。

总之，现代中国的发展，不仅需要经济的迅速增长和物质的极大丰富，更要求人的道德的完善、精神的充实和情感的真挚。人不应当沦为单纯的经济动物，无度地追求物质享乐和感官刺激，成为物质文明的奴隶，而应树立正确的幸福快乐观念，提升人的道德品格。客观地分析与继承中华民族特有的幸福快乐思想观念，发扬传统儒家的道德快乐论和创业快乐论，同时融合乐天知命等传统乐观念，对于现代人树立正确的幸福快乐观，找回失落的精神家园，获得幸福快乐，促进建立和谐社会，皆具有重要的导向功能和借鉴价值。

主要参考文献

1. 《论语译注》，杨伯峻译注，中华书局1980年版。
2. 《孟子译注》，杨伯峻译注，中华书局2005年版。
3. 《老子译注》，辛战军译注，中华书局2008年版。
4. 《庄子》，孙通海译注，中华书局2007年版。
5. 《墨子》，李小龙译注，中华书局2007年版。
6. 《荀子集解》，王先谦撰，沈啸寰、王星贤点校，中华书局1992年版。
7. 《韩非子集释》，陈奇猷校注，上海人民出版社1974年版。
8. 《吕氏春秋译注》，吕不韦主编，张玉珍译注，山西古籍出版社2008年版。
9. 《淮南子译注》，刘安撰，赵宗乙译注，黑龙江人民出版社2003年版。
10. 《春秋繁露义证》，董仲舒撰，苏舆义证，中华书局1992年版。
11. 《论衡校释》，王充撰，黄晖校释，中华书局2006年版。
12. 《世说新语校笺》，刘义庆撰，刘孝标注，徐震堮校笺，中华书局1984年版。
13. 《佛教十三经》，中国佛学院编，书目文献出版社1993年版。

14. 《列子集释》，杨伯峻集释，中华书局1979年版。

15. 《嵇康集》，戴明扬校注，人民文学出版社1962年版。

16. 《王弼集校注》，楼宇烈校注，中华书局1980年版。

17. 《陶渊明集》，逯钦立校注，中华书局1979年版。

18. 《二程集》，程颢、程颐撰，王孝鱼点校，中华中局1981年版。

19. 《张载集》，章锡琛点校，中华书局1978年版。

20. 《苏轼文集》，孔凡礼点校，中华书局1986年版。

21. 《朱子全书》，朱熹撰，朱杰人等主编，上海古籍出版社2002年版。

22. 《陆九渊集》，钟哲点校，中华书局1980年版。

23. 《王阳明全集》，吴光等编校，上海古籍出版社1992年版。

24. 《袁宏道集笺校》，钱伯城笺校，上海古籍出版社1981年版。

25. 《黄宗羲全集》，沈善洪主编，浙江人民出版社1988年版。

26. 《船山遗书》，王夫之撰，傅云龙等主编，北京出版社1999年版。

27. 《戴震文集》，赵玉新点校，中华书局1980年版。

28. 《颜元集》，王星贤等点校，中华书局1987年版。

29. 《魏源集》，中华书局1976年版。

30. 《大同书》，康有为著，上海古籍出版社1956年版。

31. 《饮冰室合集》，梁启超著，中华书局1989年版。

32. 《严复集》，中华书局1986年版。

33. 《谭嗣同全集》，三联书店1954年版。

34. 《先秦伦理思想概论》，朱伯昆著，北京大学出版社1984年版。

35.《中国伦理思想史》，陈瑛主编，湖南教育出版社 2004 年版。

36.《中国伦理思想史》（上中下），沈善洪等著，人民出版社 2005 年版。

37.《中国伦理学说史》，沈善洪等著，浙江人民出版社 1985 年版。

38.《中国传统伦理思想史》，朱贻庭主编，华东师范大学出版社 1989 年版。

39.《中国伦理思想通史》，张锡勤等主编，黑龙江人民出版社 1996 年版。

40.《中国儒家伦理思想发展史》，李书有主编，江苏古籍出版社 1992 年版。

41.《中国伦理学史》，陈少峰著，北京大学出版社 1997 年版。

42.《中国伦理精神的历史构建》，樊浩著，江苏人民出版社 1997 年版。

43.《中国传统道德》，罗国杰主编，中国人民大学出版社 1995 年版。

44.《中国伦理思想史》，罗国杰著，中国人民大学出版社 2008 年版。

45.《中国人性论史》，姜国柱等著，河南人民出版社 1997 年版。

46.《无我与涅槃·佛家伦理道德精粹》，张怀承等著，湖南大学出版社 1999 年版。

47.《醒醉人生——魏晋士风散论》，陈洪著，东方出版社 1996 年版。

48.《王船山伦理思想研究》，唐凯麟等著，湖南出版社 1992 年版。

49.《中国明代思想史》,王建著,人民出版社1994年版。

50.《王学与中晚明士人心态》,左东岭著,人民文学出版社2000年版。

51.《明代社会生活史》,陈宝良著,中国社会科学出版社2004年版。

52.《走向近代的先声:中国早期启蒙伦理思想研究》,唐凯麟著,湖南教育出版社1993年版。

53.《中国近现代伦理思想史》,张锡勤等著,黑龙江人民出版社1984年版。

54.《中国近代思想史》,张锡勤著,黑龙江人民出版社1988年版。

55.《中国近代伦理思想研究》,徐顺教等主编,华东师范大学出版社1993年版。

56.《近代伦理思想的变迁》,张岂之等著,中华书局1993年版。

57.《现代新儒家伦理思想研究》,王泽应著,湖南师范大学出版社1997年版。

58.《中国传统人生哲学纵横谈》,紫竹编,齐鲁书社1992年版。

59.《伦理学名词解释》,罗国杰主编,人民出版社1984年版。

60.《敲开幸福之门》,皮加胜著,湖北人民出版社2003年版。

61.《中华民族文化心理素质简论》,许苏民著,云南人民出版社1987年版。

62.《蓟门散思》,庞朴著,上海文艺出版社1996年版。

63.《快乐哲学》,[英]伯特兰·罗素著,王正平、杨承滨译,中国工人出版社1993年版。

后　记

应恩师傅永聚先生之约，笔者有幸参加了"中华伦理范畴"丛书的撰写，该书从框架到写作思路，皆得到了傅先生的指教，在此表示衷心的感谢。

该书的出版得到了中国社会科学出版社编辑冯春凤女士给予的大力支持和协作；在该书校对过程中，曲阜师范大学历史文化学院院长成积春先生在百忙中也给予了大力支持，在此一并深表感谢。

书中参阅和吸收了众多学者的某些成果，有些已在书中注明，有些因为篇幅所限或工作疏漏未能注明，在此一并表示谢意和歉意。

刘厚琴
2011 年 2 月于曲阜师范大学